LUCY UND IHRE KINDER

Oberschenkelknochen (Femur) eines *Australopithecus afarensis* aus Maka (Äthiopien).
Die Anatomie von Gelenkkopf und Schenkelhals zeigt, daß der Knochen von einem aufrecht gehenden Hominiden stammt, der vor etwa 3,4 Millionen Jahren lebte. *Photo von David Brill; mit freundlicher Genehmigung des äthiopischen Nationalmuseums.*

***Australopithecus africanus*, Sts 5.** Wie sich bei eingehender anatomischer Untersuchung dieses 2,5 Millionen Jahre alten Schädels zeigte, »waren diese menschenähnlichen, mit einem kleinen Gehirn ausgestatteten Geschöpfe schon nahezu menschlich«. Originalgröße. *Photo von David Brill; mit freundlicher Genehmigung des Transvaal Museum.*

***Australopithecus robustus*, SK 79.** Dieser 1,5 bis 2,5 Millionen Jahre alte Schädel aus Swartkrans in Südafrika läßt erkennen, welch gewaltiger Druck während des langsamen Versteinerungsprozesses auf den Knochen lastete. Originalgröße. Photo von David Brill, mit freundlicher Genehmigung des *Transvaal Museum.*

***Australopithecus boisei*, OH 5.** *A. boisei* war ein wahrhaft eindrucksvolles Geschöpf; sein beherrschendes Element war der kräftige Schädel mit breitem, eingedrücktem Gesicht – einem Gesicht, das in der Evolution der Menschen nicht seinesgleichen hat. Originalgröße
Photo von David Brill; mit freundlicher Genehmigung des Nationalmuseums von Tansania.

***Homo habilis,* KNM-ER 1813.** Anatomie und Stratigraphie sprechen dafür, daß 1813 zu *H. habilis* gehört; diese Spezies könnte durchaus der Vorfahre aller späteren Arten von *Homo* einschließlich der heutigen Menschen sein. Originalgröße. Photo von *David Brill*, mit freundlicher Genehmigung des *kenianischen Nationalmuseums.*

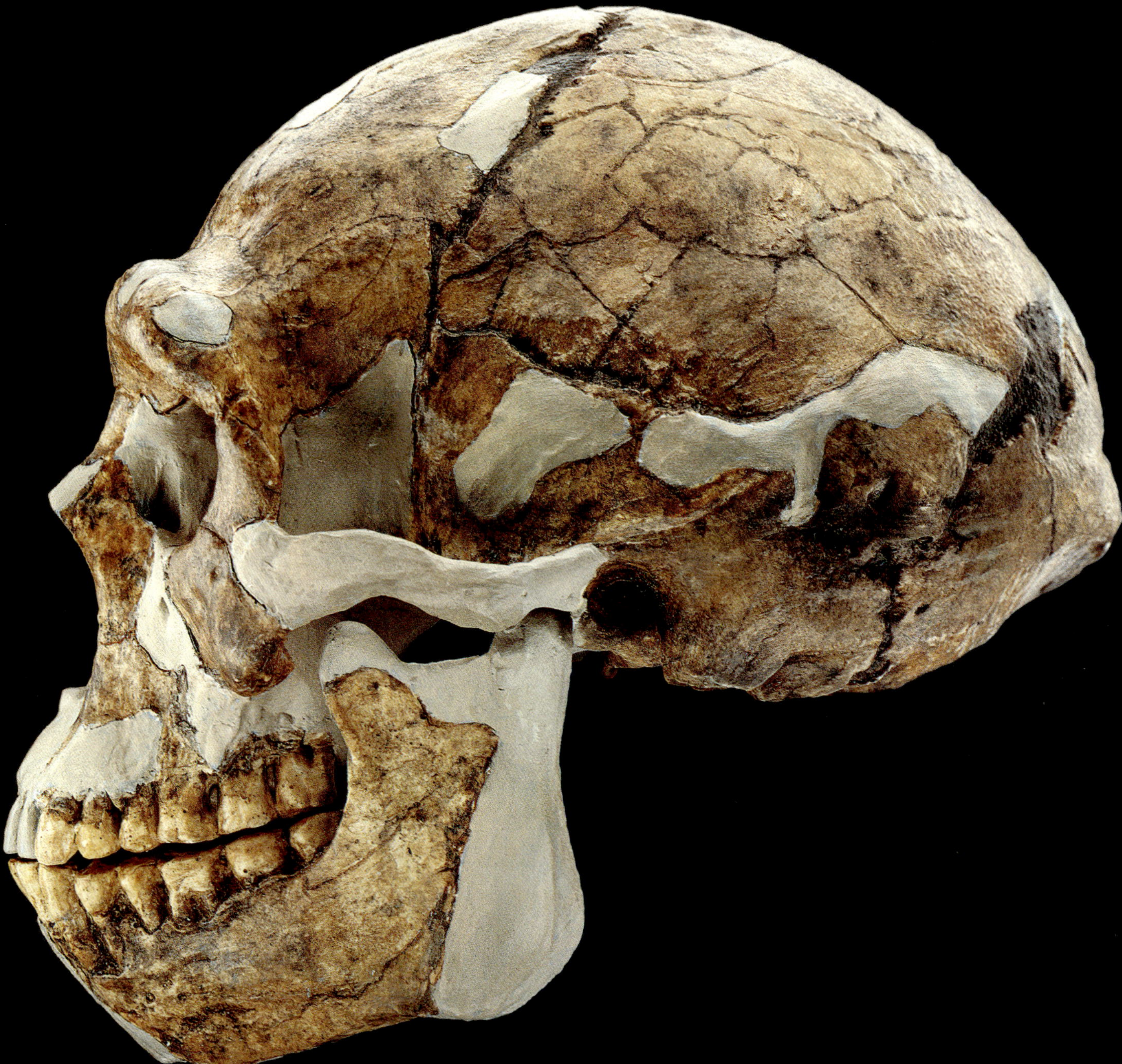

***Homo erectus*, rekonstruierter Schädel des Pekingmenschen.** Die 400 000 bis 500 000 Jahre alten Fossilien, die für diese Rekonstruktion genutzt wurden, entdeckte man in der Höhle von Zhoukoudian, dem „Drachenknochenberg", etwa 40 Kilometer südlich der chinesischen Hauptstadt Beijing. Dort wurden auch die ältesten Belege für die Verwendung des Feuers außerhalb Afrikas gefunden. Originalgröße. *Photo von David Brill; mit freundlicher Genehmigung des American Museum of Natural History.*

***Homo heidelbergensis,* Petralona 1.** Dieser 300 000 bis 400 000 Jahre alte Schädel trägt einige dem Neandertaler ähnliche Merkmale, während andere Eigenschaften wesentlich primitiver sind; dies zeigt, wie schwierig es ist, einem einzelnen, schlecht datierten Fossil eine eindeutige Artbezeichnung zuzuordnen. Originalgröße. *Photo von David Brill, mit freundlicher Genehmigung des Paläontologischen Museums der Universität Thessaloniki.*

***Homo neanderthalensis*, La Ferrassie 1.** Der 50 000 Jahre alte Schädel zeigt die „klassische" Anatomie der Neandertaler, die sich im eisbedeckten Westeuropa zwischen Auftauchen und Aussterben dieser Spezies entwickelte. Originalgröße. *Photo von David Brill; mit freundlicher Genehmigung des Musée de l'Homme.*

***Homo sapiens*, Skhul V.** Skhul V gehört zu einer Bevölkerungsgruppe, die anatomisch weitgehend den heutigen Menschen gleicht; ihre Moustérien-Technik ist jedoch ähnlich wie bei den Neandertalern, mit denen sie 40 000 Jahre lang die Landschaften des Nahen Ostens teilten. Originalgröße. *Photo von David Brill; mit freundlicher Genehmigung des Peabody Museum of Archaeology and Ethnology, Harvard University.*

LUCY UND IHRE KINDER

DONALD JOHANSON

& BLAKE EDGAR

Mit Photographien von David Brill

Aus dem Englischen übersetzt
von Sebastian Vogel

Ein Peter N. Nevraumont Buch

Spektrum Akademischer Verlag
Heidelberg · Berlin

Figur eines Pferdekopfes aus Isturitz, Frankreich. Knochenschnitzereien setzten sich als Kunstform im Europa des Magdalénien vor 18 000 bis 12 000 Jahren durch; in der gleichen Zeit entstanden auch einige der berühmtesten Höhlenmalereien. Originalgröße. *Photo von David Brill; mit freundlicher Genehmigung des Musée des Antiquités Nationale.*

Originaltitel: From Lucy to Language
Aus dem Englischen übersetzt von Sebastian Vogel

Englische Originalausgabe erschienen 1996 bei George Weidenfeld & Nicolson Ltd.
A Peter N. Nevraumont Book.

Die Deutsche Bibliothek – CIP-Einheitsaufnahme
Johanson, Donald:
Lucy und ihre Kinder / Donald Johanson und Blake Edgar.
Aus dem Engl. übers. von Sebastian Vogel. [Mit Photogr. von David Brill]. -
Heidelberg ; Berlin : Spektrum, Akad. Verl., 1998
(A Peter N. Nevraumont book)
Einheitssacht.: From Lucy to language <dt.>
ISBN 3-8274-0274-3

Lektorat: Frank Wigger, Marlis Peters-Hofmann (Ass.)
Redaktion: Katrin Welge
Produktion: Katrin Frohberg
Umschlaggestaltung: WSP Design, Heidelberg
Satz: Hagedorn Kommunikation, Viernheim
Druck: Editoriale Bortolazzi-Stei, Verona

Für meine Frau Lenora und unseren Sohn Tesfaye für ihre Unterstützung und ihr Verständnis.

–D.C. Johanson

Für Aidan, der nicht warten konnte. –B.E.

Inhaltsverzeichnis

TEIL 1

Zentrale Themen der Paläoanthropologie

TEIL 2

Die Belege

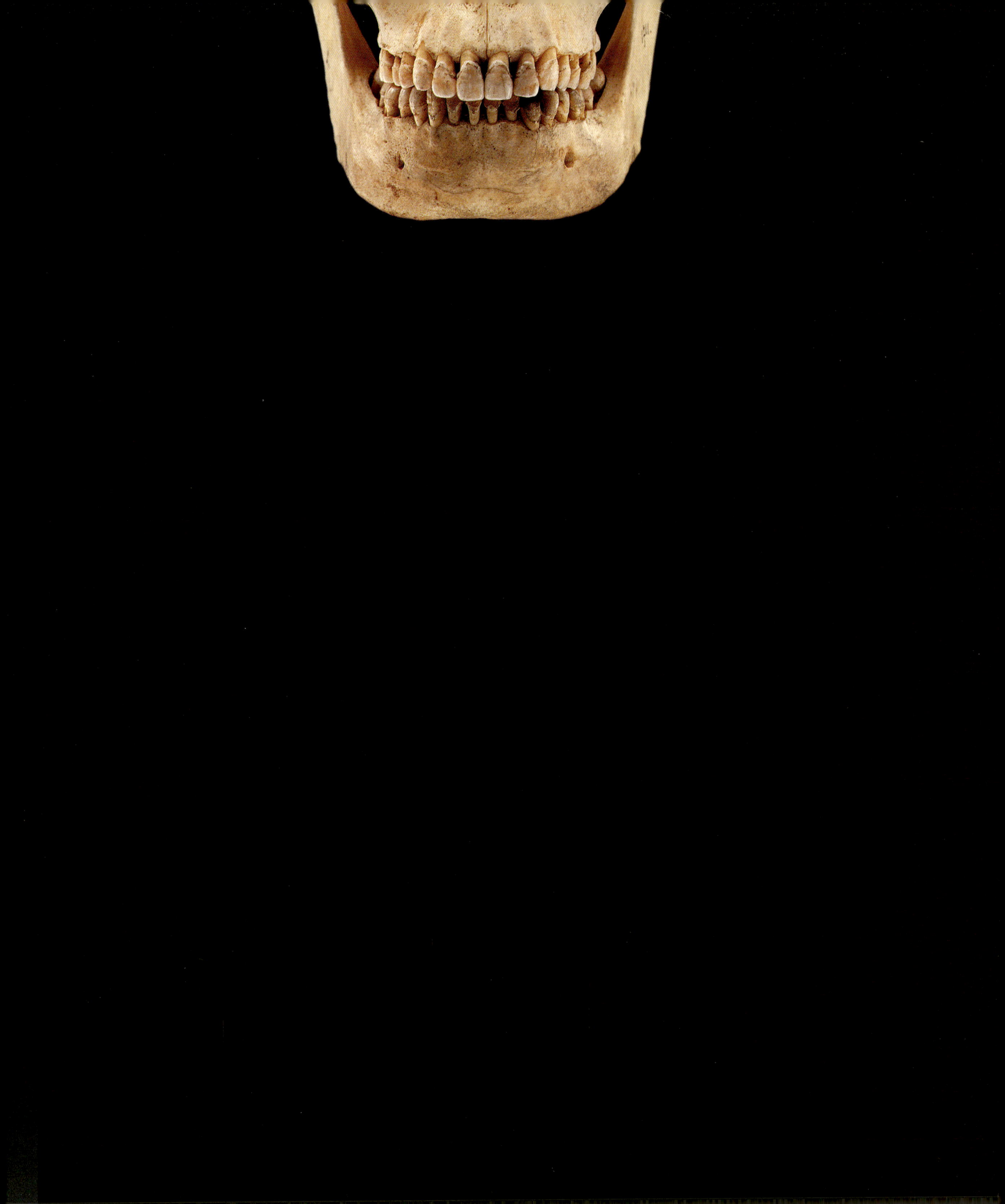

Teil 1

ZENTRALE THEMEN DER PALÄOANTHROPOLOGIE

1. Der Mensch

Alle Menschen gehören zur Spezies *Homo sapiens* („weiser Mensch"), der einzigen heute lebenden Art aus der Familie Hominidae. Die Hominidae oder Hominiden sind eine Gruppe aufrecht gehender Primaten mit einem relativ großen Gehirn (siehe Seite 37). Alle Menschen sind also Hominiden, aber nicht alle Hominiden kann man als Menschen bezeichnen. ◖ Alle Menschen sind auch Primaten. Diese Säugetierordnung der „Herrentiere" umfaßt etwa 180 Arten von Halbaffen (Lemuren, Makis und Loris) sowie Kleinaffen, Menschenaffen und uns. Primaten sind ungewöhnliche Säugetiere: Die Evolution hat sie mit besonderen Eigenschaften ausgestattet, so mit einem hochentwickelten räumlichen Sehvermögen (und den zugehörigen tiefen Augenhöhlen im Schädel), beweglichen Fingern und Zehen mit flachen Nägeln statt Krallen und empfindlichen Beeren an der Spitze, einer kurzen Schnauze (einschließlich einer Nase mit vermindertem Geruchsvermögen) und einem relativ zur Körpergröße stattlichen Gehirn. ◖ Sind Primaten schon ungewöhnliche Säugetiere, dann sind Menschen erst recht ungewöhnliche Primaten. Im Grunde genommen sind wir hochentwickelte afrikanische Menschenaffen. Fast 99 Prozent unserer genetischen Information – der Baupläne für Proteine, Knochen, Gehirn und Körper – haben wir mit den Schimpansen gemeinsam. Trotz solcher Ähnlichkeiten gibt es zwischen Menschen und Affen jedoch bedeutende genetische und auffällige körperliche Unterschiede. ◖ Jene unterschiedlichen Teile der DNA müssen offensichtlich Regulationsgene enthalten, die unsere ungewöhnlichen Eigenschaften codieren. Menschen besitzen auch nur 46 Chromosomen gegenüber 48 bei Menschenaffen, aber die überzähligen Affengene sind bei uns auf dem Chromosom 2 zusammengedrängt; vielleicht haben sich während dieser Entwicklung entscheidende Mutationen ereignet, aber um das zu klären, müßte man die gesamte DNA von Menschen und Affen sequenzieren und analysieren. Wegen unserer genetischen Ähnlichkeit mit den Menschenaffen vertreten manche Autoren, insbesondere Jared Diamond in seinem Buch *Der dritte Schimpanse*, energisch die Ansicht, die Trennung der Familien von Menschen und Menschenaffen (die afrikanischen Menschenaffen bilden die Familie Pongidae) sei falsch. ◖ Wir gehen aufrecht auf zwei Extremitäten, und um dieser seltsamen Haltung gerecht zu werden, haben sich bei uns spezialisierte Beckenknochen, Hüften und Beinmuskeln sowie eine S-förmige Wirbelsäule entwickelt. Wir haben winzige Eckzähne und ein flaches Gesicht mit vorstehender Nase. Männer besitzen einen hängenden Penis, bei Frauen dagegen sind – anders als bei allen übrigen Primaten – die körperlichen Anzeichen des Eisprunges verborgen. ◖ Menschen sind äußerst soziale Tiere; diese Eigenschaft stammt aus unserer Vergangenheit als Primaten, aber wir haben sie ins Extrem getrieben: Mit unserer komplizierten gesprochenen und geschriebenen Sprache können wir Informationen wie auch Gefühlsnuancen vermitteln, und zu unserer materiellen Kultur gehört auch die symbolische Kunst. Außerdem gelten wir als moralische Tiere. Neben der seltsamen Gewohnheit des aufrechten Ganges sind es vielleicht vor allem der Erfindungsreichtum und die Fähigkeit zur Introspektion, die uns von den Primaten unterscheiden. ◖ Unsere Spezies, der *Homo sapiens*, wurde 1758 von dem schwedischen Botaniker Carl von Linné (Carolus Linnaeus) zum erstenmal beschrieben. Die ersten Beschreibungen beschränkten sich meist auf sehr wenige Merkmale, darunter vor allem das große Gehirn. Um unsere Spezies aber biologisch umfassender und vollständiger zu charakterisieren, müssen wir auch viele andere Eigenschaften einbeziehen. Menschen leben relativ lange, sind bei der Geburt sehr unreif und durchlaufen eine ausgedehnte Kindheit. Die körperliche Reifung bleibt in dieser Zeit zunächst aus und erfolgt dann während des jugendlichen Wachstumsschubes sehr rasch. Körperbau, Haut- und Haarfarbe sind vielgestaltig, aber genetisch sind wir einheitlich.

Zu den besonderen Verhaltensmerkmalen zählen der Werkzeuggebrauch, die Kommunikation durch geschriebene und gesprochene Sprache sowie die symbolische Darstellung von Gegenständen. Kulturell sind wir so angepaßt, daß wir unter vielfältigen Umwelt-, Klima- und Temperaturbedingungen überleben können. Wir sind Allesfresser und teilen die Nahrung in großem Umfang mit anderen – ein weiteres Kennzeichen unseres Soziallebens. Unser Körper ist mit Ausnahme von Kopf, Gesicht, Achselhöhlen und Schambereich weitgehend unbehaart. Besonderheiten des Skeletts sind Hände mit opponierbarem Daumen, die uns einen festen Griff und präzise Handbewegungen ermöglichen; relativ gerade, schlanke Knochen in den Extremitäten; die Anpassung von Becken, Beinen und zugehörigen Muskeln an den aufrechten Gang; ein vergrößerter großer Zeh, der neben den anderen Zehen und nicht gegenüber steht; und ein tragendes Fußgewölbe, das die beim aufrechten Gehen entstehenden Belastungen aufnimmt. ◖ Diese Aufzählung und die zuvor genannten Eigenschaften vermitteln einen Eindruck davon, was wir biologisch sind. Viele andere Eigenschaften von Anatomie, Verhalten und Vielfalt des *Homo sapiens* wie auch anderer Hominiden bilden den grundlegenden Inhalt dieses Buches. Wenn wir bei den Überresten unserer ausgestorbenen Verwandten nach Indizien dafür suchen, wer wir sind und wie wir so geworden sind, werden wir bemerken, wie erstaunlich nahe wir ihnen trotz der dazwischenliegenden Jahrmillionen sind.

2. Die Suche nach den Ursprüngen

Spätestens seit dem oberen Paläolithikum vor etwa 40 000 Jahren hat jede menschliche Gesellschaft einen Schöpfungsmythos geschaffen: Man wollte erklären, wie die Menschen entstanden sind. Das Bedürfnis, die eigene Herkunft zu ergründen, ist ein allgemeines Merkmal des Menschseins. Schöpfungsmythen gehen auf kulturelle Überzeugungen zurück, die eine bestimmte Gesellschaft in irgendeiner Form für eine begründete Erklärung hielt. Meist verherrlichen solche Mythen den Menschen als etwas Besonderes und versuchen im weitesten Sinn zu beschreiben, was uns von anderen Geschöpfen unterscheidet – uns zu Menschen macht. ◖ Im Gegensatz zu solchen kulturell geprägten Herkunftsmythen wurzelt die Paläoanthropologie, die ebenfalls eine Geschichte über die Entstehung der Menschen zu erzählen versucht, in der naturwissenschaftlichen Methodik von objektiver Beobachtung und Auswertung. Das Regelsystem dieser Methodik erlaubt die Überprüfung von Hypothesen, und die Ergebnisse solcher Prüfungen können zur Ablehnung oder Abwandlung der anfänglichen Überlegungen führen. Ihre Erfolge verdankt die Paläoanthropologie dem Zusammenfließen zweier Wissenschaftsgebiete: der Darwinschen Evolutionslehre und der Erforschung der Erdgeschichte (siehe Seite 21). ◖ Die Suche nach Indizien für unsere Ursprünge ähnelt einer Detektivgeschichte: Sie ist aufregend und voller Überraschungen. Jedoch will man nicht herausfinden, „wer es getan hat", sondern das Wie und Warum verstehen: Warum unterscheiden wir uns von unseren nächsten Verwandten, den afrikanischen Menschenaffen, und wie wurden wir zu aufrecht gehenden, von Kultur abhängigen Tieren mit großem Gehirn? Wir sind die letzte Spezies aus der zoologischen Familie der Hominidae (umgangssprachlich Hominiden), und um unsere Stellung in der Natur zu begreifen (siehe Seite 111), müssen wir aus der Vergangenheit lernen.

Eines wird deutlich, wenn wir unsere Ursprünge erforschen: Zwar ging vor ein paar Millionen Jahren ein Menschenaffe aufrecht, aber nichts an dieser Entwicklung führte zwangsläufig

Donald Johanson in Hadar, Äthiopien. In der Hand hält Johanson ein über zwei Millionen Jahre altes Steinartefakt aus dem Oldowan. *Photo von Enrico Ferorelli.*

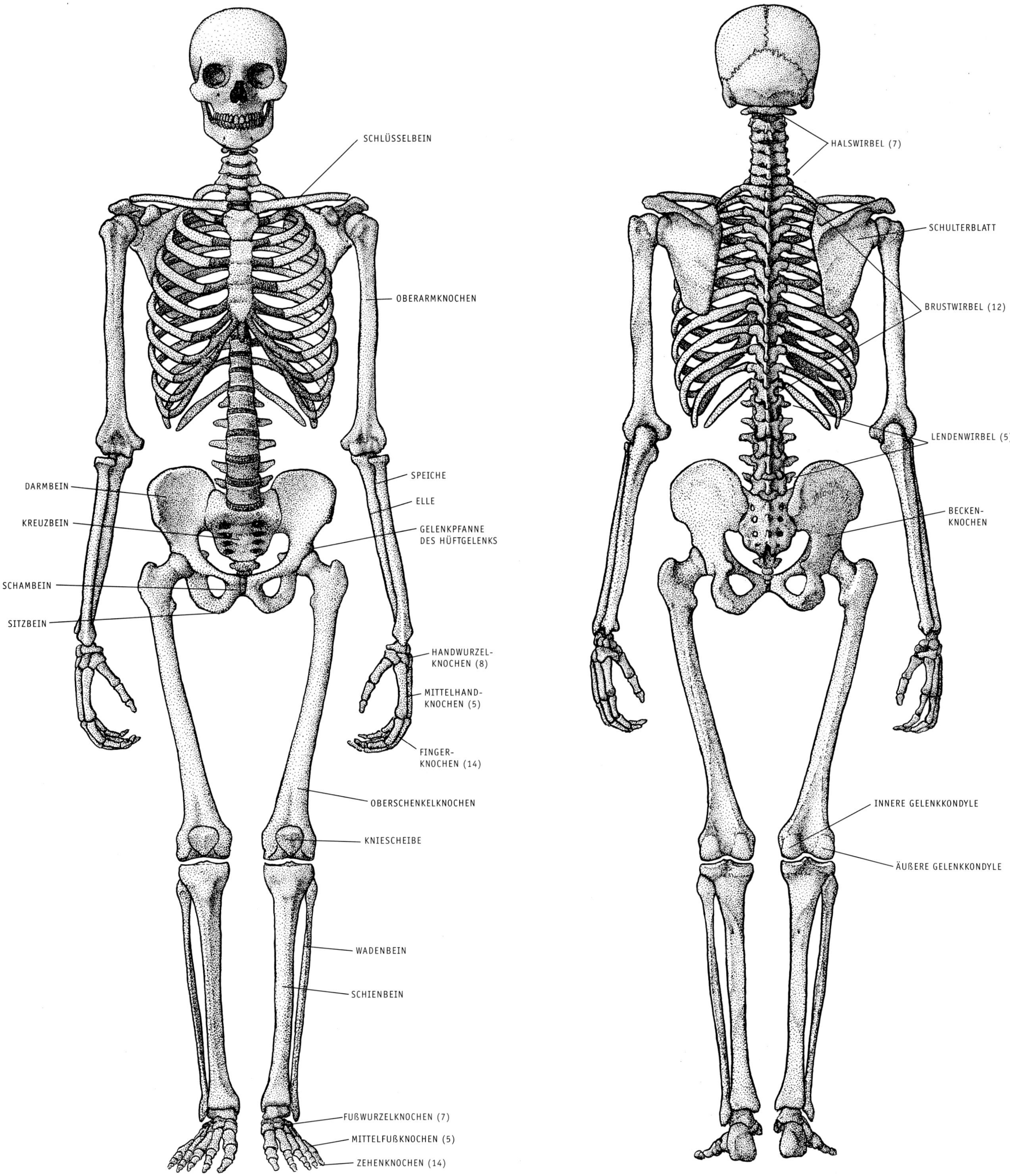

Das menschliche Skelett von vorn und hinten. In der Regel besitzt ein Mensch 206 Knochen; sie bestehen aus lebendem Gewebe, das während des ganzen Lebens wächst und sich erneuert. *Zeichnungen von Diana Salles.*

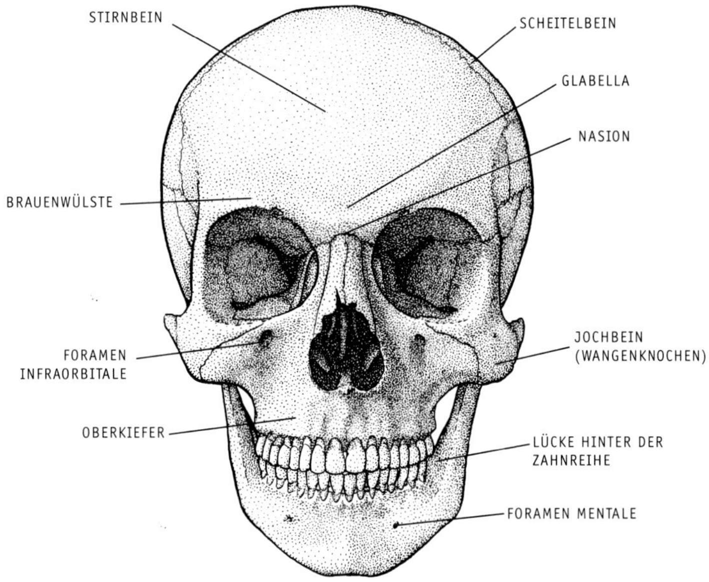

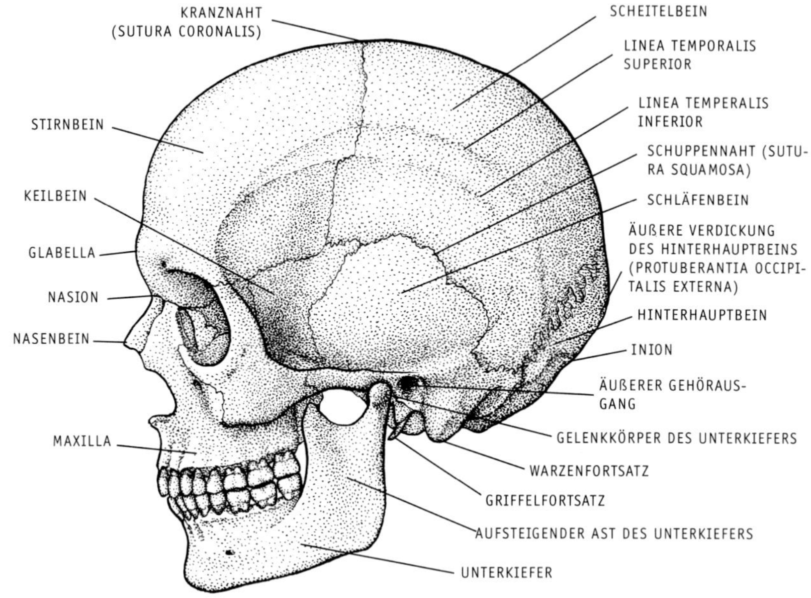

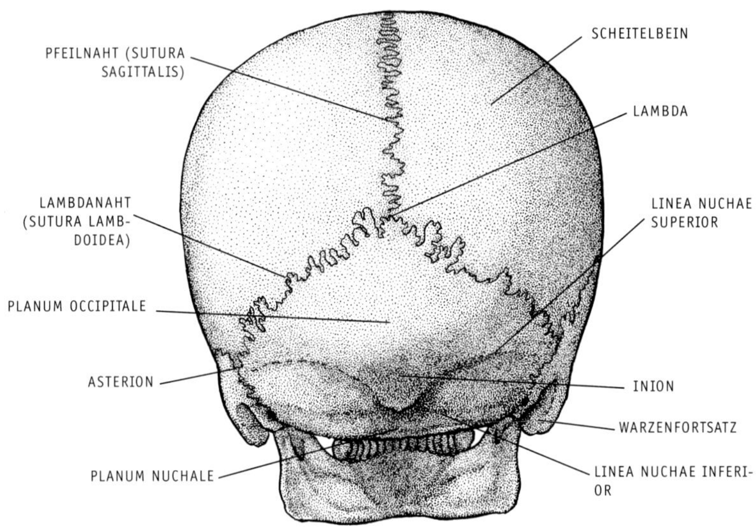

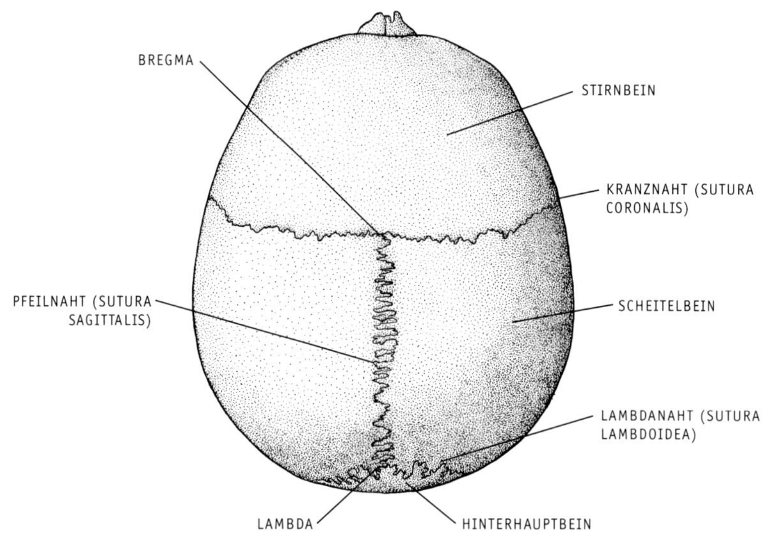

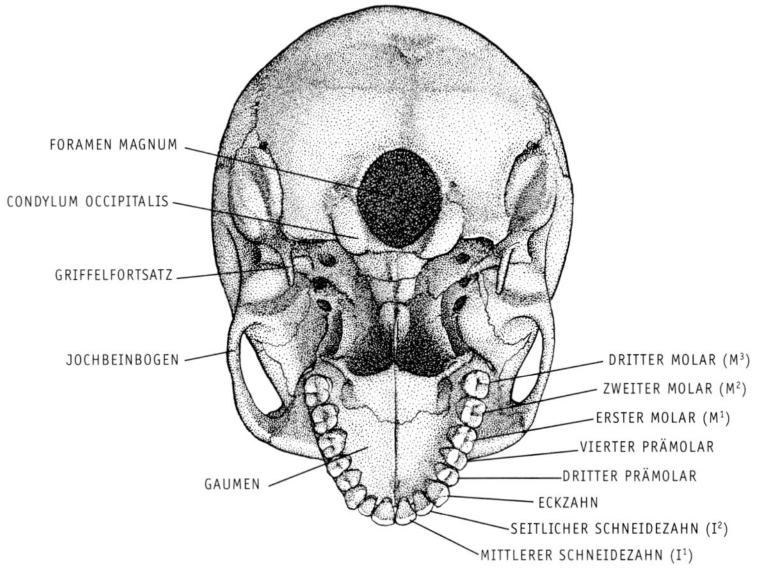

Fünf Ansichten des menschlichen Schädels: von vorn, von der linken Seite (lateral), von hinten, von oben und von unten. Der Schädel eines Erwachsenen besteht aus Gehirnschädel, Gesichtsschädel und Unterkiefer (Mandibula). Gehirn- und Gesichtsschädel bestehen aus insgesamt 27 Knochen, darunter sechs unpaarige, acht paarige und insgesamt sechs Gehörknöchelchen. *Zeichnungen von Diana Salles.*

zum *Homo sapiens*. Der aufrechte Gang, ein Grundmerkmal der Hominiden, machte den modernen Menschen nicht unvermeidlich. Wie paläoanthropologische Entdeckungen zeigen, ist der Stammbaum der Menschenfamilie keine lineare Abfolge von Arten, die geradewegs auf den modernen Menschen zusteuert. Die Fossilfunde lassen vielmehr darauf schließen, daß der Stammbaum eher einem Busch gleicht, mit mehreren aufrecht gehenden Arten als Ästen, die eine unterschiedliche Evolution durchgemacht haben. Alle diese Arten waren erfolgreich, manche sogar über lange Zeit, und alle sind ausgestorben. Vor sechs bis acht Millionen Jahren, als vermutlich der gemeinsame Urahn von Menschen und Menschenaffen lebte, gab es keine Gewähr für die Evolution des Menschen. Dennoch sind wir entstanden, und da wir neugierig sind und über unsere Vergangenheit nachdenken können, haben wir das auch eifrig getan.

Diesem neugierigen, entdeckungsfreudigen Teil unseres Wesens dient auch die Paläoanthropologie. In dieser Wissenschaft spielen Expeditionen in abgelegene Gebiete eine herausragende Rolle; monatelanges Zeltleben - meist unter Wüstenbedingungen - ist zwar nicht jedermanns Geschmack, aber die Freude an der Suche nach den Ursprüngen kann man auch auf andere Weise genießen. Offenbar taucht jeder neue Fund in den Schlagzeilen auf, und Zeitschriften mit unseren rekonstruierten Vorfahren auf dem Titel werden zur meistverkauften Ausgabe des Jahres. Hominidenfossilien sprechen in den Menschen etwas an, denn offenbar möchte jeder gern über seine Herkunft Bescheid wissen. Wir wollen wissen, was die Fossilien uns zu sagen haben. ◖ Den versteinerten Knochen wohnt anscheinend ein Zauber inne, der die Zeiten überspringt. Exemplare wie Lucy, ein 3,2 Millionen Jahre altes Teilskelett aus Hadar in Äthiopien, wurden zum Prüfstein für Diskussionen über die Herkunft des Menschen. Mittlerweile wurden zwar noch ältere Vorfahren entdeckt, aber Lucy mit ihrem gefühlvollen Namen entwickelte sich zum Maßstab, an dem man neu entdeckte Hominiden mißt. Hatten entfernte Verwandte wie Lucy auch eine völlig andere Lebensweise als wir, vermitteln sie nach Millionen Jahren des Schlummers doch eine Botschaft, die für uns alle wichtig ist. ◖ Letztlich wird unsere Begeisterung für die Ursprünge des Menschen zum Motor unseres Forscherdranges und unseres Bedürfnisses, sowohl unsere Einzigartigkeit als auch unsere enge Verbindung mit der Natur zu verstehen. Die Menschen denken heute mehr als je zuvor über die Zukunft des Universums und das Überleben der Menschheit nach. Vielen vermitteln die Lehren aus unserer Vergangenheit einen besseren Blick für uns selbst, unseren Platz in der Natur und unsere Aussichten für die Zukunft.

3. Ist die Evolution des Menschen anders?

Während unserer Entwicklung spielte die kulturelle Evolution größtenteils kaum eine Rolle. Ihre Bedeutung nahm erst in der späten Altsteinzeit vor etwa 40'000 Jahren zu. Wie man im Rückblick auf die Zeit der Australopithecinen vor vier bis einer Million Jahren leicht erkennt, wirkte sich die Kultur kaum auf das Leben dieser Geschöpfe aus: Sie unterlagen dem gleichen Evolutionsdruck wie die anderen Lebewesen, mit denen sie die Ökosysteme teilten. Die Hominiden entwickelten sich also fast die ganze Zeit genauso wie andere Organismen. ◖ Nachdem aber unsere Vorfahren zum Überleben auf die Kultur angewiesen waren, kam zu ihrer Evolution eine neue Ebene hinzu. Nach Ansicht des emeritierten Professors Sherwood Washburn von der University of California in Berkeley besteht zwischen Kultur und Biologie ein eindeutiger Zusammenhang, den er „biokulturelles Feedback" nennt. Das einzigartige Wechselspiel zwischen biologischem und kulturellem Wandel, könnte nach Washburn der Grund sein, warum Menschen so anders sind. Seine Grundannahme lautet: Je mehr Vorteile die Kultur für das Überleben unserer Vorfahren brachte, desto mehr begünstigte die natürliche Selektion die entsprechenden Gene. Demnach bieten Gene für bessere kulturelle Fähigkeiten einen Anpassungsvorteil. Letztlich führte das Wechselspiel zwischen Genen und Kultur zu einer stark beschleunigten Evolution, die sich unter anderem am Wachstum unseres Gehirns und seiner geistigen Fähigkeiten während der letzten zwei Millionen Jahre zeigt. ◖ Kulturelle und biologische Evolution unterscheiden sich in mehrfacher Hinsicht und sind sehr verschiedenartige Vorgänge. Den biologischen Wandel erleichtert die Weitergabe der genetischen Information, die mit der DNA von einer Generation in die nächste gelangt. Kulturelle Evolution ist die Übertragung von Information mit Hilfe des Verhaltens und umfaßt die Vorgänge des Lehrens und Lernens. Nach dieser Definition vermag ein Vogel vielleicht ein Werkzeug oder ein Nest zu bauen, aber er lernt nicht, wie man das macht; er wird mit der genetischen Ausstattung geboren, die zum richtigen Zeitpunkt „anspringt" und für den Nestbau sorgt. Zwar sind auch Menschen genetisch mit grundlegenden biologischen Neigungen ausgestattet, unser kompliziertes kulturelles Verhalten muß jedoch erlernt werden, und - am wichtigsten - dieses Lernen ist mit der Verständigung durch Symbole, in der Regel durch Sprache, verbunden. ◖ Die in der DNA gespeicherte Information muß von einem Individuum zum nächsten weitergegeben werden, was nur zu einem ganz bestimmten Zeitpunkt erfolgen kann, nämlich bei der Befruchtung. Die kulturelle Evolution dagegen ist kein passiver, sondern ein aktiver Vorgang: Sie umfaßt lebenslanges Lehren und Lernen. Außerdem kann jedes Individuum vielen anderen etwas beibringen und von vielen anderen etwas lernen. Anders als in der biologischen Evolution, wo die Information als DNA-Sequenz gespeichert wird, kann die Information in der kulturellen Evolution im Gedächtnis behalten, niedergeschrieben, auf Video- und Tonbänder aufgenommen oder als Klang, Bilder und Worte übertragen werden. ◖ Die kulturell übermittelte Information ist sehr wandelbar und unbeschränkt. Ein Vogel kann ein wunderschönes Paarungslied singen, hingegen singt ein Tenor unter Umständen viele romantische Arien in mehreren Sprachen und mit unterschiedlich leidenschaftlicher Anteilnahme. Die Wandlungsfähigkeit der erlernten kulturellen Information ist - wie man an den zahllosen Kulturen der Welt erkennt - das eigentliche Kennzeichen des Menschseins. ◖ Kulturelles Verhalten wird durch Kommunikation weitergegeben und kann sich deshalb auf wesentlich mehr Individuen verbreiten als eine nur durch DNA vermittelte biologische Neuerung. Biologisch begründetes Verhalten breitet sich erst nach vielen Generationen aus, bei kulturellen Neuentwicklungen dagegen geht diese Ausbreitung vor allem im Informationszeitalter äußerst schnell. ◖ Die Evolution des Menschen ist ein faszinierendes Wechselspiel zwischen biologischer und kultureller Entwicklung. Nach Ansicht des Soziobiologen Charles Lumsden von der Universität Toronto und des erwähnten E. O. Wilson, die diese Wechselbeziehung als „genetisch-kulturelle Coevolution" bezeichnet haben, werden die Menschen seit jeher durch das gemeinsame Wirken von Genen und Kultur geformt. Genau betrachtet, ist die Evolution des Menschen also anders als die aller anderen Lebewesen auf der Erde. Wir unterscheiden uns durch unsere kulturellen Fähigkeiten, die letztlich in der Biologie wurzeln.

4. Die Wissenschaft der Paläoanthropologie

Die Paläoanthropologie versucht mit einem breit angelegten, strategisch fachübergreifenden Ansatz, Belege für die Evolution des Menschen zu finden und auszuwerten. Der Paläoanthropologe hat die Aufgabe, die Arbeiten im Freiland und im Labor zu koordinieren und die Beiträge von Geologen, Biologen und Sozialwissenschaftlern zusammenzuführen. Das Ziel besteht darin, den Ablauf unserer Menschwerdung so genau wie möglich kennenzulernen. ◖ Die Koordination eines Freilandvorhabens zur Entdeckung wichtiger Hinweise auf unsere Vorfahren liegt meist in den Händen einer einzelnen Person, die in Anthropologie (der Wissenschaft vom Menschen) ausgebildet ist. Der Paläoanthropologe (Spezialist für Urmenschen) beschafft in enger Zusammenarbeit mit anderen Wissenschaftlern die Mittel für solche Projekte, die vor allem der Bergung fossiler Überreste unserer Vorfahren dienen. Dabei trägt der Paläoanthropologe die Hauptverantwortung für die Leitung der Forschung, vom Planungsstadium über die Freilandarbeit bis hin

Fossilsucher vom Stamm der Afar in Hadar, Äthiopien. Um Knochen von Hominiden und anderen Wirbeltieren zu finden, braucht man Ausdauer und ein wenig Glück. *Photo von Enrico Ferorelli.*

zur Bergung und eingehenden Untersuchung insbesondere der menschlichen Fossilien und schließlich zur Veröffentlichung der Ergebnisse in der Fachliteratur. ◖ Hat man eine Fundstelle entdeckt (siehe Seite 23), reist ein interdisziplinäres Team für mehrere Wochen oder Monate lang dorthin, um durch Erkundung und Ausgrabung die Überreste von Hominiden zu finden. Handelt es sich um Höhlen, sind die Grabungen langwierig und mühsam. Bei offenen Fundstellen, beispielsweise im Great Rift Valley in Ostafrika, erfolgt die Erkundung zu Fuß: Die Expeditionsteilnehmer streifen in Gruppen durch die Landschaft und suchen nach Hominidenfossilien, die durch Erosion in den geologischen Schichten freigelegt wurden. ◖ Hominidenfossilien sind nicht die einzigen nützlichen Entdeckungen, die ein solches Team machen kann. In den früheren Lebensgemeinschaften waren die Hominiden nur ein kleiner, unbedeutender Teil. Ein viel beherrschenderes Element waren Wirbeltiere - Elefanten, Antilopen, Affen, Schweine, Flußpferde und viele andere bis hinab zur Größe kleiner Nagetiere. Die Untersuchung nichtmenschlicher fossiler Wirbeltiere ist die Domäne der Paläontologen (Fachleute für urzeitliche Tiere), die sich jeweils auf eine bestimmte biologische Gruppe spezialisieren. Manche Paläontologen arbeiten ausschließlich im Labor und untersuchen dort Fossilien, die andere im Freiland gefunden haben; hingegen manche selbst Streifzüge in die Landschaft unternehmen, um eigene Sammlungen zusammenzustellen. ◖ Die Paläontologen tragen nicht nur zur Vervollständigung des Wissens über die Entwicklungsgeschichte und Vielfalt einzelner Tiergruppen bei, sondern zeichnen durch die Untersuchung der Fossilansammlungen auch frühere ökologische Verhältnisse nach. Weitere Aufschlüsse über die frühere Umwelt liefern die Paläobotaniker, die Fossilien von Holz und Früchten untersuchen, sowie die Palynologen, die an fossilem Pollen die frühere Pflanzenwelt identifizieren. ◖ Manche Tiergruppen, wie Elefanten und Schweine, haben eine recht rasche Evolution durchgemacht, und manche ihrer Arten sind ein wichtiger Hinweis auf bestimmte Zeitabschnitte. Die Datierung von Fundstellen anhand der Tiere bezeichnet man als Biostratigraphie. Ist beispielsweise eine genaue geochronologische Altersbestimmung nicht möglich, kann man den Entstehungszeitpunkt einer Fundstelle nur auf diese Weise abschätzen. ◖ Im Freiland überwacht der Paläoanthropologe zwar alle Tätigkeiten, arbeitet allerdings oft mit einer Gruppe erfahrener Kundschafter zusammen, die für die Suche nach Hominidenfossilien ausgebildet sind. Diese Ausbildung ist vor allem das Ergebnis langjähriger Freilanderfahrung, aber auch die Osteologie (Knochenkunde) hat ihren Anteil. Wer zu Fuß erfolgreich Hominidenfossilien suchen will, braucht einen scharfen Blick und besonderes Engagement, denn häufig arbeitet man dabei in unwirtlichen, abgelegenen Gegenden. ◖ Findet man - meist steinerne - Werkzeuge, nimmt der Archäologe des Teams peinlich genaue Ausgrabungen vor: Sorgfältig werden alle gefundenen Werkzeuge und Fossilien kartiert und etikettiert. Anhand solcher archäologischer Befunde kann man besser verstehen, wie unsere Vorfahren die Werkzeuge zur Jagd sowie zur Suche nach Nahrung und ihrer Verarbeitung verwendet haben. ◖ Der Paläoanthropologe hat häufig medizinische Anthropologie studiert und sich dann auf einen Teil der menschlichen Anatomie spezialisiert, beispielsweise auf das Gebiß, die postkranialen Knochen oder die Schädelmorphologie; im Labor arbeitet er mit Spezialisten für andere anatomische Gebiete zusammen. Auf die Präparation und Reinigung der Fundstücke folgt die anatomische Untersuchung: Jedes Stück wird identifiziert, vermessen, photographiert, beschrieben und mit anderen Fossilien verglichen; schließlich werden die Befunde veröffentlicht. Zur Aufklärung der Funktion fossiler Knochen tragen häufig Fachleute für Biomechanik bei: Sie liefern Erkenntnisse über den Bewegungs- und Kauapparat sowie über die Benutzung der Hände. ◖ Neu entdeckte menschliche und nichtmenschliche Fossilien und Werkzeuge sind oft nur von geringem Nutzen, wenn man nichts über den Zusammenhang ihrer Entdeckung und das geologische Alter weiß. Deshalb sind geologische Kenntnisse in der Paläoanthropologie von überragender Bedeutung. Eine der wichtigsten Aufgaben des Geologen ist die Kartierung der Schichten, aus denen die Funde stammen. Diese Fachleute für Stratigraphie liefern den zeitlichen Rahmen für die Entdeckungen. Ihre genaue Beschreibung der Sedimente trägt oft dazu bei, daß man das Umfeld der Ablagerungen - ein Flußdelta, einen Fluß, einen See oder einen Sumpf - besser versteht. ◖ Das genaue Alter geologischer Schichtungen ermitteln die Geochronologen mit verschiedenen Methoden. Nachdem sie im Freiland geeignete Proben gesammelt haben, verbringen sie viele Stunden im Labor mit der radiometrischen Datierung (siehe Seite 26). Bei den interessanten Schichten handelt es sich meist - aber nicht immer - um Vulkansedimente. Die genaue Datierung der fossilientragenden Schichten ist entscheidend, wenn man einen Fund in das weitreichende Gefüge der menschlichen Evolution einordnen will. ◖ Fachleute für Kartographie zeichnen die Fundstellen sehr genau auf Landkarten ein und helfen mit Luft- und Satellitenaufnahmen bei der Suche nach neuen, vielversprechenden Fundstellen (siehe Seite 25). Mit der modernen Technik des globalen Positionierungssystems kann man wichtige Fundstellen und Funde auf wenige Meter genau eingrenzen. ◖ Die Feldforschung an allen Hominidenfundstellen geht immer noch weiter, sei es im Ostafrikanischen Freiland, in Höhlen im Nahen Osten, in asiatischen Steinbrüchen oder an Felsüberhängen in Europa. Der Paläoanthropologe muß seine Suchmethode ständig verfeinern, aufmerksam verschiedene Fachrichtungen einbeziehen, genaue Fragen formulieren, neue Methoden anwenden und bei Suche und Grabung gezielt vorgehen; nur so läßt sich unser Wissen über die Evolution nennenswert erweitern.

5. Die Fossilfunde von Frühmenschen

Wie viele fossile Fundstücke von unseren Vorfahren hat man schon gefunden? Um diese Frage zu beantworten, kann man entweder die Zahl der an den Fundstellen vorhandenen Individuen betrachten oder aber die Gesamtzahl aller Funde (Knochen oder Knochenstücke) von diesen Stellen. Ein einzelner Hominide kann durch alles mögliche vertreten sein, von einem einzigen Zahn bis zum vollständigen Skelett. Gibt man jedoch die Zahl der Individuen an, bekommt man einen Eindruck von der Seltenheit der Hominidenfossilien und von den geringen Chancen, daß sie erhalten bleiben. Hominiden waren sicher schon zu Lebzeiten seltene Geschöpfe, und das macht die Suche nach ihren fossilen Überresten um so schwieriger. ◖ Um was für Fossilien es sich handelt, hängt von den Erhaltungsbedingungen an dem jeweiligen Ort ab. Welche Individuen zu Fossilien werden, welche Fossilien man findet und wie gut sie erhalten sind, wird von vielen Faktoren beeinflußt: von der Umgebung, in der ein Individuum gestorben ist, von der Möglichkeit, daß die Knochen von Tieren zertrampelt oder vom Wasser weggeschwemmt werden, von Raubtieren und anderen Kräften, von der Haltbarkeit der Knochen selbst und von der Möglichkeit einer Zerstörung durch Erosion. ◖ Verglichen mit den umfangreichen Fossilfunden von manchen Säugetieren - beispielsweise Schweine, Nager, Pferde und Antilopen - sind die fossilen Belege für die Evolution des Menschen sehr lückenhaft. Etwa die Hälfte der letzten drei Millionen Jahre ist nicht durch menschliche Fossilien belegt. Aber aus den Perioden, für die es Funde gibt, verfügen wir über eine recht gute Stichprobe, die zahlreiche Aufschlüsse über Biologie, Ökologie und Formenvielfalt unserer Vorfahren liefert. Das alles war nur möglich durch die engagierte, fachkundige Arbeit zahlreicher Profi- und Amateur-Fossilsammler in den letzten 150 Jahren. Viele Früchte solcher Bemühungen werden in diesem Buch beschrieben. Auch heute finden die Fossilsammler jedes Jahr bedeutende Stücke - und sogar neue Arten - so daß die fossilen Indizien immer reichhaltiger werden. Betrachten wir nun zunächst einmal eine vorläufige Liste der Arten und Fundstücke. ◖ Aus der Frühzeit der Hominidenevolution vor über vier Millionen Jahren gibt es nur eine Handvoll meist wenig aufschlußreicher Fossilien, darunter die Kieferbruchstücke von den Fundstellen Lothagam und Tabarin in Kenia (siehe Seite 39). Eine Verbesserung trat in den letzten zehn Jahren ein: Man fand und benannte die Spezies *Ardipithecus ramidus*, die vor etwa 4,4 Millionen Jahren lebte. Diese Art kennen wir durch 43 Fundstücke von mehreren Individuen (siehe Seite 116), darunter ein noch nicht genau beschriebenes Teilskelett. Alle Stücke stammen von der Fundstelle Aramis im Gebiet von Middle Awash in Äthiopien. 24 Funde, etwa die Hälfte davon Zahnfragmente, gibt es von *Australopithecus anamensis* (siehe Seite 122), einer Spezies aus Kanapoi und Allia Bay im Norden Kenias, die vor etwas mehr als vier Millionen Jahren lebte. ◖ Der am besten vertretene frühe Hominide ist *Australopithecus afarensis*, der vor vier bis drei Millionen Jahren in Ostafrika lebte. Seine Überreste sind 324 Fundstücke von mindestens 111 Individuen aus Hadar in Äthiopien und 31 Stücke aus Laetoli in Tansania. Darunter sind die bekanntesten Funde das Teilskelett A.L. 288-1, auch Lucy genannt (siehe Seite 124) und 214 Knochen von 13 Individuen aus der einzelnen Fundstelle A.L. 333 (siehe Seite 126). Weitere Fossilien, die höchstwahrscheinlich zu dieser Spezies gehören, sind ein 3,9 Millionen Jahre alter Stirnbeinknochen aus Belohdelie in Äthiopien und einige Bruchstücke aus Omo Shungura und Fejej in Äthiopien sowie aus Koobi Fora in Kenia. ◖ In Südafrika ist die Spezies *Australopithecus africanus* mit mindestens 120 Individuen

Die Olduvai-Schlucht in Tansania. Dieses Gebiet im Great Rift Valley, wo Vulkanausbrüche, Geländehebungen und Erosion die idealen Voraussetzungen für die Erhaltung von Fossilien geschaffen haben, war eine der ersten Stellen in Afrika, an der man nach Hinweisen auf unsere Vorfahren suchte. *Photo von Emory Kristof; Copyright bei National Geographic Society.*

aus Sterkfontein (siehe Seite 146), einem einzelnen Exemplar aus Taung (siehe Seite 142) und einigen aus Makapansgat vertreten. Die reichhaltigste Hominidenfundstelle in Südafrika ist die Höhle von Swartkrans: Dort brachten mühselige Ausgrabungen im Trümmergestein etwa 200 Fossilien von *Australopithecus robustus* (siehe Seite 148) und sechs von *Homo* zum Vorschein, die man mindestens 85 beziehungsweise sechs Individuen zuordnen kann. ◖ Die älteste Form „robuster“ Australopithecinen in Ostafrika ist *Australopithecus aethiopicus* („südlicher Affe Äthiopiens“). Er tauchte vor etwa 2,5 Millionen Jahren auf und ist durch drei Funde von drei Individuen bekannt: durch den zahnlosen Kiefer Omo 18 aus Äthiopien sowie das Kieferfragment KNM-WT 16005 und den Schädel KNM-WT 17000 (besser als „Schwarzer Schädel“ bekannt) vom Westufer des Turkana-Sees in Kenia (siehe Seite 152). Ein viertes Fundstück, das entweder dieser Spezies oder dem frühen *Homo* zugeordnet wird, ist der Kiefer KNM-ER 1482 aus Koobi Fora. ◖ Aus der Zeit vor 2,4 bis 1,2 Millionen Jahren, als die Gattung *Homo* in Afrika entstand und dann andere Kontinente besiedelte, gibt es aus Ostafrika etwa 300 Fundstücke von Schädeln, Kiefern und Zähnen. Ein Drittel davon gehört zu *Australopithecus boisei*, so zum Beispiel die Schädel OH 5 (siehe Seite 156) und KNM-ER 406 (siehe Seite 158); 85 stammen von *Homo*, und die übrigen lassen sich keinem bestimmten Hominiden zuordnen. Abgerundet werden die Hominidenfundstücke aus dieser Zeit durch weitere 50 postkraniale Knochen. ◖ Die afrikanischen Fossilien der Gattung *Homo* aus dieser Periode lassen sich den Arten *habilis, rudolfensis* und *ergaster* zuordnen. Der Fossilienbestand von *H. habilis* umfaßt 33 Stücke aus der Olduvai-Schlucht, darunter sieben Schädelteile (siehe Seite 170 und 172), vier Kiefer, mehrere Extremitätenknochen und Zähne sowie ein bruchstückhaftes Teilskelett (siehe Seite 176). Auch etwa ein halbes Dutzend Funde aus Koobi Fora kann man zu dieser Spezies rechnen; am vollständigsten ist davon der Schädel KNM-ER 1813 (siehe Seite 174). Mehrere Zähne, zwei Kiefer und ein sehr unvollständiger Schädel aus Omo dürften ebenfalls zu *H. habilis* gehören. *Homo rudolfensis* ist mit mehreren Stücken aus Koobi Fora vertreten, insbesondere durch den Schädel KNM-ER 1470 (siehe Seite 177), der 1986 als Typus zur Benennung dieser Art führte sowie durch den Kiefer KNM-ER 1802 von einem anderen Individuum. Ein weiteres mutmaßliches Stück von *H. rudolfensis* ist der 2,4 Millionen Jahre alte Schädel UR 501 aus Malawi. *Homo ergaster* ist besser vertreten, nämlich durch mehrere Funde aus Koobi Fora und vom Westufer des Turkana-Sees, darunter als Typus der Kiefer KNM-ER 992 sowie die Schädel KNM-ER 3733 (siehe Seite 180) und 3883, das Skelett KNM-WT 15000 (siehe Seite 182) und aus Südafrika der Schädelteil SK 847 (siehe Seite 184). ◖ Außerhalb Afrikas gehören die ältesten Hominidenfossilien zu *Homo erectus*. Stücke von mindestens 48 Individuen dieser Spezies - ein Drittel aller Funde weltweit - hat man auf Java gefunden, vor allem in Trinil (siehe Seite 187), Sangiran (siehe Seite 191), Ngadong und Modjokerto. Es handelt sich um Schädel, Schädeldecken und Schädelfragmente von 30 Individuen, Kiefer oder Kieferteile von neun Individuen sowie einige Extremitätenknochen und zahlreiche Zähne. Ein weiteres Drittel aller Fossilien von *erectus* stammt aus China, die meisten von einer einzigen Stelle bei Zhoukoudian, wo man 45 Stücke von 15 Individuen entdeckte (siehe Seite 188). ◖ Aus dem mittleren Pleistozän ist *Homo heidelbergensis* mit mehreren hundert Knochen von mindestens 30 Individuen aus Atapuerca (siehe Seite 204) und vier Individuen von der nahegelegenen Stelle Gran Dolina (Seite 46) vertreten; hinzu kommen 20 andere, meist Schädel oder Schädelteile, von anderen Stellen in Europa und Afrika. Wesentlich zahlreicher sind die Neandertaler, vermutlich die direkten Nachkommen von *H. heidelbergensis*. Man hat Reste von etwa 500 Individuen der Spezies *H. neanderthalensis* gefunden (siehe Seite 211–233), vor allem in West- und Mitteleuropa sowie im Nahen Osten. ◖ Bereits diese kurze Aufzählung läßt erkennen, daß die Paläoanthropologen zumindest für manche Hominidenarten eine Fülle fossiler Belege haben, gibt es auch um ihre Einteilung und Interpretation noch immer Meinungsverschiedenheiten. Nur wenn wir die Lücken bei den Fossilien allmählich schließen, können wir eines Tages zu einem richtigen Bild unserer Vergangenheit gelangen.

6. Wie findet man Fossilfundstellen?

Wenn die heutigen Paläoanthropologen nach Fossilfundstellen suchen, sind Fernerkundungsverfahren wie Satellitenbilder und computergestützte geographische Informationssysteme eine große Hilfe. Früher stieß man meist nur rein zufällig auf solche Stellen. Die Olduvai-Schlucht wurde beispielsweise von einem deutschen Insektenforscher im damaligen Deutsch-Ostafrika entdeckt. Wilhelm Kattwinkel, so wird erzählt, war hinter einem Schmetterling her und wäre fast von einem Felsvorsprung in die Schlucht gestürzt. Auf seiner naturgeschichtlichen Expedition sammelte er in der Schlucht Fossilien und schickte sie nach Berlin, wo sie das Interesse der Paläoanthropologen weckten. ◖ Viele Fundstellen in Ostafrika wurden bei der geologischen Erforschung des Great Rift Valley entdeckt, wo die Launen von Vulkantätigkeit, Gebirgsbildung und Erosion ideale Voraussetzungen für die Konservierung und spätere Freilegung von Wirbeltierfossilien geschaffen hatten. Ein gutes Beispiel ist Hadar in Äthiopien, wo 1974 das Teilskelett „Lucy" gefunden wurde. Ende der sechziger Jahre stieß der französische Geologe Maurice Taieb bei der geologischen Kartierung der wenig bekannten Afar-Tiefebene auf erodierende Schichten mit einer Fülle von vorzeitlichen Wirbeltierfossilien und Steinwerkzeugen. Hierauf machte er Paläoanthropologen aufmerksam, und nun begann eine wichtige Serie fortgesetzter Expeditionen in das Gebiet. ◖ In Europa wurden viele Fundstellen von Amateurarchäologen entdeckt, die systematisch Höhlen, Felsüberhänge und gepflügte Felder nach freigelegten Werkzeugen oder Fossilien durchsuchten. Wenn keine solchen Funde an der Oberfläche liegen, kann man praktisch nie voraussagen, ob Grabungen Erfolg versprechen. ◖ Grabungsarbeiten führten zur Entdeckung des ersten Neandertalers 1856 in Deutschland, des ersten *Australopithecus* in Taung in Südafrika 1924 und des Unterkiefers in einer Kiesgrube bei Mauer 1907 in der Nähe von Heidelberg. Die berühmten Cro-Magnon-Fossilien in Südwestfrankreich wurden beim Eisenbahnbau gefunden. Höhlenforscher entdeckten die reichhaltige Atapuerca-Höhle in Spanien und Höhlen mit wichtiger Steinzeitkunst wie zum Beispiel in Chauvet und Cosquer. Ein besonders aufsehenerregender Fund gelang den Höhlenspezialisten 1993 mit einem noch nicht ausgegrabenen, praktisch vollständigen Neandertalerskelett im italienischen Altamura. ◖ Heute bedienen sich die Paläoanthropologen auch der Satellitenphotographie. Für die Erkundung Äthiopiens war es ein besonderes Glück, daß die Raumfähre *Challenger* 1984 das Gebiet überflog. Eine Großformat-Kamera an Bord des NASA-Space-Shuttle machte Bilder im Negativformat von 23 × 46 Zentimeter, aus denen hochauflösende stereoskopische Photos wurden. Die Aufnahmen waren eine große Hilfe bei der Suche nach geologischen Aufschlüssen und bei der Unterscheidung verschiedener Gesteinsarten. Später erwiesen sie sich als unentbehrlich für erdgebundene Forschungsexpeditionen in dem bis dahin unbekannten Gelände. ◖ Eine weitere Verbesserung waren die kartographischen Aufnahmen des Satelliten *Landsat*. Während Photos nur sichtbare Wellenlängen und nahes Infrarot festhalten, werden die Satellitenaufnahmen in digitaler Form aufgezeichnet und zur Erde gesendet, wo der Computer auch versteckte Inhalte der Daten zum Vorschein bringt. Spektralscanner halten dabei ein breites Wellenlängenspektrum von blau bis zum kurzwelligen Infrarot fest. Die Helligkeit jedes Bildpunktes wird durch eine Zahlenfolge wiedergegeben; ein solcher Pixel entspricht auf der Erde einem Bereich von 30 Metern Durchmesser, bei dem neuen europäischen Aufklärungssatelliten *SPOT* sind es nur noch zehn Meter. ◖ Da die einzelnen Gesteinsarten unterschiedlich stark reflektieren, kann man auf den *Landsat*-Bildern zwischen Vulkan- und Sedimentgestein unterscheiden. Mit ihrer Hilfe und den Photos des Space Shuttle konnte das Team des Paleoanthropological Inventory of Ethiopia die Aussichten auf fossiltragende Schichten in einer zuvor unerforschten Gegend der äthiopischen Senke voraussagen. Als nächstes wurden die durch Fernerkundung eingegrenzten Gebiete zu Fuß untersucht. Dabei stieß man auf reichhaltige, über zwei Millionen Jahre alte Fossillagerstätten, und in offenkundiger Verbindung mit Wirbeltierfossilien wurden Werkzeuge aus dem Acheuléen gefunden. Als nützlich erwiesen sich Satellitendaten auch beim Aufspüren fossiltragender Sedimente bei Fejej im Süden Äthiopiens, wo man 1990 einige vier Millionen Jahre alte Stücke von *A. afarensis* fand. ◖ Nachdem die Fernerkundung sich zur Lokalisierung wichtiger paläoanthropologischer Fundstellen als nützlich erwiesen hat, wird man sie wahrscheinlich bald in größerem Umfang einsetzen. Dennoch sind Hominidenfunde immer von den unermüdlichen Anstrengungen des Sammlerteams am Erdboden abhängig.

Skelett eines *Homo neanderthalensis* aus Altamura, Italien. Höhlenforscher entdeckten 1993 dieses offenbar vollständige Skelett; das Gesicht ist teilweise von einem Stalaktiten verdeckt. *Mit freundlicher Genehmigung der staatlichen Universität Bari.*

7. Die Bergung der Überreste von Frühmenschen

Die Bergung fossiler Hominidenreste ist von Natur aus etwas Zerstörerisches. Sobald man ein Fossil vom Erdboden aufhebt oder aus einer geologischen Schichtung ausgräbt, befindet es sich nicht mehr in seinem ursprünglichen Umfeld, so daß eine gewisse Information verloren geht. In dem Bewußtsein dieser Problematik wird heute beim Bergen und Ausgraben viel strenger vorgegangen als bei der „Schatzsuche" früherer Zeiten. Zu der Suche nach Hominidenfossilien und ihrer Ausgrabung gehört ein sorgfältig geplanter Forschungsansatz, mit dem man möglichst viel Information bewahren will. ◖ Hat man eine fossiltragende Ablagerung entdeckt, wird für die Suche nach Hominidenüberresten ein strategischer Plan erarbeitet. An freiliegenden Fundstellen sind die Fossilien selten und weit verstreut, so daß man zu Fuß intensiv und gründlich suchen muß; häufig kriecht man auf allen Vieren über die freiliegenden Schichten. Mit scharfem Blick und genauen anatomischen Kenntnissen über Wirbeltiere müssen die Wissenschaftler zwischen Hominidenbruchstücken und den dazwischen verstreuten nichtmenschlichen Überresten unterscheiden. Ein übersehenes Hominidenfragment kann vom nächsten Regenguß weggespült werden oder durch weitere Verwitterung zerfallen. ◖ Erkennt man ein Hominidenfragment, wird ein genaues Protokoll eingehalten. Bevor man das Stück aufhebt, wird es im Photo und eventuell auch auf Videofilm festgehalten. Die Stelle erhält eine Nummer und wird im Expeditionstagebuch allgemein beschrieben. Außerdem wird der genaue Fundort mit einer Nadel auf einer Luftaufnahme der Gegend markiert. ◖ Zeigen sich bei genauer Betrachtung des Fundes frische Bruchstellen, können weitere Stücke in der Nähe sein. Dann grenzt man einen größeren Umkreis mit einer Schnur ab, und die Expeditionsteilnehmer suchen auf allen Vieren nach weiteren Fragmenten. Werden solche Stücke gefunden, legt man ein Gitternetz aus Schnüren über den vielversprechenden Bereich, und nun wird jeder Quadratmeter eingehend untersucht. Alle Fossilbruchstücke werden gesammelt, identifiziert, numeriert und auf einem Diagramm in ein Koordinatensystem eingezeichnet. Nach dieser ersten Sammlung wird das lockere Sediment mit einer Maurerkelle oder einer kleinen Schaufel abgekratzt, von der Fundstelle weggebracht und durch ein feines Sieb geschüttet. ◖ Steinsubstanz, die an einem Fossil hängt, ist oft ein Kennzeichen für den genauen geologischen Horizont, aus dem das Stück stammt, denn die einzelnen Sand-, Ton- und Schlammschichten haben jeweils eine charakteristische Zusammensetzung. Manchmal entschließt man sich, einen Hügel abzutragen, um zusätzliche, noch nicht durch Erosion freigelegte Knochen zu finden. Dazu entfernt man zuerst die Deckschicht, wobei feste Sedimente mit allen möglichen Werkzeugen gelockert werden – vom Preßlufthammer über Spitzhacken bis hin zu kleinen Geologenhämmern und Maurerkellen – wenn man sich der fossiltragenden Schicht nähert. Die weitere vorsichtige Grabung erfolgt mit Zahnarztinstrumenten, Nägeln und anderen spitzen Grabwerkzeugen. Trifft man auf Knochen, sind ihre Kanten mit Zahnstochern und weichen Bürsten freizulegen. ◖

Die Höhle von Swartkrans in Südafrika. Die meisten südafrikanischen Hominidenfossilien wurden, in betonähnlichen Brekzien eingeschlossen, durch Sprengung oder Grabung aus Kalksteinhöhlen freigelegt. Aus Swartkrans stammt die größte bekannte Fossiliensammlung von *Australopithecus robustus. Photo von David Brill.*

Ist der Fund freigelegt, wird er nicht sofort eingesammelt, sondern man macht eine kleine Zeichnung, mißt die genaue Lage mit metallenen Maßbändern und trägt alles auf Millimeterpapier ein. Die Himmelsrichtung wird ebenso festgehalten wie die Schrägstellung (also der Winkel) des Fundes, denn diese zeigt beispielsweise die Flußrichtung von Wasser an. Da die Gesteinsschichten gewellt sind, vermerkt man mit einem Senkblei oder mit Vermessungsfernrohr und Meßlatte die Tiefe der Fundstelle. Als Bezugspunkt für horizontale und vertikale Messungen wird ein Metallpfosten in den Boden getrieben, der später auch die dreidimensionale Rekonstruktion der räumlichen Verhältnisse in einem Computerprogramm ermöglicht. ◖ Noch während der Fund sich im Boden befindet, kann man ihn mit einem Konservierungsmittel wie Butvar behandeln; dieses in Aceton gelöste Polyvinylacetat verhindert den weiteren Zerfall. Wenn das Konservierungsmittel getrocknet ist, hebt man das Stück hoch, etikettiert es, legt es in eine Plastiktüte und bringt es vorsichtig zum Feldlabor. ◖ Während der gesamten Freilandarbeit wird so viel Information wie möglich in den Tagebüchern festgehalten. Sämtliche Stadien der Ausgrabung müssen sofort und in allen Einzelheiten dokumentiert werden, einschließlich aller Meßwerte, geologischen Befunde, Namen der Expeditionsteilnehmer, Datum und Uhrzeit des Fundes und so weiter. Da man die Fundstelle bei der Ausgrabung zerstört, wird das Tagebuch zur alleinigen Quelle. Die Aufzeichnungen sind unentbehrlich, wenn man Fachartikel schreibt, und werden zum Ausgangspunkt für spätere Forschungen. ◖ In manchen Ländern rechnet man für die Zukunft mit besseren Ausgrabungs- und Dokumentationsmethoden, weshalb an jenen Fundstellen nur begrenzte Arbeiten erlaubt sind. In Israel darf zum Beispiel jede Stätte nur zu einem Drittel ausgegraben werden; der Rest bleibt zukünftigen Grabungskampagnen vorbehalten. Die Erhaltung von Teilen einer Fundstelle ist auch deshalb wichtig, weil man manche wissenschaftlichen Probleme später anders sieht und sie dann nur durch neue Grabungen an einer Stelle bei veränderter Vorgehensweise lösen kann.

8. Die Datierung von Fossilien und Artefakten

Nur wenn man das Alter paläontologischer und archäologischer Funde abschätzen kann, läßt sich für die menschliche Evolution ein Zeitplan rekonstruieren. Glücklicherweise gibt es zu diesem Zweck mehrere Methoden, von denen Geologen oder Geochronologen in der Regel an jeder Fundstelle mindestens eine anwenden können. ◖ Man kennt zwei Gruppen solcher Verfahren: die relative und die absolute Datierung. Die relativen Methoden besagen, daß ein bestimmtes Fossil oder Artefakt jünger oder älter ist als ein anderes, geben aber nicht das Alter in Jahren an. Ein Beispiel ist das geologische Prinzip der Überlagerung aus dem 19. Jahrhundert: Danach sind Gesteine oder Sedimente in einer senkrechten Schichtenfolge um so jünger, je weiter oben sie liegen – vorausgesetzt, die Anordnung wurde nicht gestört. Eine beliebte Methode zum Altersvergleich weit voneinander entfernter Fossilfundstellen ist die Biostratigraphie: Sie bedient sich der fossilen Reste verbreiteter Tierarten, die sich im Laufe der Evolution deutlich verändert haben. In Afrika und dem Nahen Osten haben sich in dieser Hinsicht vor allem Nagetiere, Elefanten, Antilopen und Schweine als nützlich erwiesen. Mit der Biostratigraphie konnte man eine Zeittafel für die fossilreichen südafrikanischen Kalksteinhöhlen von Swartkrans und Sterkfontein aufstellen, wo es kein geeignetes vulkanisches oder radioaktives Gestein für die absolute Datierung gibt. Außerdem ist die Biostratigraphie ein gutes Gegengewicht zu der eher technisch orientierten absoluten Datierung. So erkannte man zum Beispiel durch die Untersuchung von Schweinezähnen einen Fehler in der Kalium-Argon-Datierung des KBS-Tuffsteins in Koobi Fora in Kenia, so daß man das Alter von Fossilien wie KNM-ER 1470 (siehe Seite 177) um über eine halbe Million Jahre korrigieren mußte. ◖ Das nützlichere und genauere Hilfsmittel zur Kennzeichnung von Evolutionsvorgängen ist die absolute Datierung. Meist handelt es sich um radiometrische Methoden: Ihnen dient der gleichmäßig fortschreitende Zerfall bestimmter Isotope – Varianten eines chemischen Elements – im Gestein als „Uhr", die das Alter angibt. Diese Methoden sind noch recht neu, wie auch ältere Verfahren zur absoluten Datierung in den letzten zehn Jahren bedeutend verbessert wurden. ◖ Das vielleicht bekannteste Verfahren zur absoluten Datierung ist die Radiokarbonmethode; sie wurde in den vierziger Jahren entwickelt und erstmals bei einem Stück Akazienholz aus der ältesten ägyptischen Pyramide, der Stufenpyramide von Sakkara, angewandt. Mit ihr läßt sich das Alter von Knochen und anderem organischen Material unmittelbar bestimmen: Man mißt die Menge des Kohlenstoff-12 (der stabilen, vorherrschenden Form des Elements) und berechnet daraus, wieviel Kohlenstoff-14 (das seltene, radioaktive Isotop) der Gegenstand zu Lebzeiten enthielt. Da Kohlenstoff-14 nach dem Tod mit bekannter Geschwindigkeit zu Stickstoff zerfällt, kann man durch Messung seiner jetzigen Menge das Alter des Gegenstands ermitteln. Das Holz aus Sakkara zeigte, daß die Pyramide vor 4 600 Jahren erbaut wurde. ◖ Die Radiokarbonmethode eignet sich nur für relativ junge organische Gegenstände, denn die Halbwertszeit von Kohlenstoff-14 liegt nur bei 5 730 Jahren – das heißt, nach dieser Zeit ist die Hälfte des Isotops in der Probe zerfallen. Die Menge des Kohlenstoff-14 halbiert sich also alle 5 730 Jahre, so daß nach etwa 40 000 Jahren praktisch nichts mehr vorhanden ist. Ein neueres Verfahren, die massenspektrometrische Beschleuniger-Radiokarbondatierung, wird diesen Zeitraum auf etwa 75 000 Jahre erweitern. Da man sie auf viel kleinere Materialmengen anwenden kann – statt eines Grammes braucht man nur noch ein winziges Stück –, konnte man mit ihrer Hilfe zum erstenmal wichtige archäologische Funde datieren, so die steinzeitlichen Malereien in europäischen Höhlen. ◖ Bei noch älteren Funden nutzt man Elemente mit längerer Halbwertszeit. Ein häufiges Element der Erdkruste ist

Kalium. Hiervon liegt ungefähr 0,01 Prozent als radioaktives Isotop Kalium-40 vor, das eine Halbwertszeit von 1,3 Milliarden Jahren hat und zu Argon-40 zerfällt. Je mehr Argon-40 ein Gestein enthält, desto länger tickt seine Uhr bereits: älteres Gestein enthält mehr Argon-40. Wenn man den Kaliumgehalt und den bereits zu Argon-40 zerfallenen Anteil mißt, kann man das Alter des Gesteins ermitteln. ◐ Mit der in den fünfziger Jahren entwickelten Kalium-Argon-Methode datierte man die Vulkanasche- und Tuffgesteine, die in den Gesteinsschichten der Olduvai-Schlucht die Fossilien und Artefakte einschlossen. Die Ergebnisse aus der Olduvai-Schlucht und später von vielen anderen Hominiden-Fundstellen in Ostafrika revolutionierten unsere Vorstellung über die Dauer der menschlichen Evolution. Seit den achtziger Jahren erlebte auch die Methode selbst umwälzende Neuerungen: Man kann jetzt mit dem Laser einzelne Gesteinskristalle schmelzen und datieren, so daß beigemischte ältere oder jüngere Kristalle nicht mehr zu einer Verfälschung führen. Außerdem ist in einer einzigen Probe sowohl der Kalium- als auch der Argongehalt zu bestimmen; nach den herkömmlichen Verfahren waren dazu zwei Proben notwendig. Mit der neuen Methode, Einzelkristall-Laserfusions-Argon-Argon-Datierung genannt, mißt man das Verhältnis von Argon-40 zu Argon-39,

Datierung von Vulkanasche aus Hadar, Äthiopien. Der Geologe Jim Aronson entnimmt eine Probe des Tuffgesteins BKT-1 aus Hadar, um sie in einem Labor in Berkeley zu datieren. Bei der Einzelkristall-Laserfusions-Argon-Argon-Datierung schmilzt man mit Laserstrahlen einzelne Gesteinskristalle, die ein radioaktives Isotop enthalten; dieses zerfällt mit bekannter Geschwindigkeit, so daß man das Alter des Gesteins feststellen kann. *Photos von Enrico Ferorelli.*

einem künstlichen Isotop, das in Atomreaktoren aus stabilem Argon-39 entsteht und als Stellvertreter für die Kaliummenge dient. Die Messung läßt sich so genau steuern, daß man von der Außenseite einer Gesteinsprobe nach innen eine ganze Serie von Altersangaben erhält. In jüngster Zeit wurde das Alter der Fossilien von Lucy und der Ersten Familie aus Hadar sehr genau auf 3,2 Millionen Jahre bestimmt. ◐ Mehrere Datierungsmethoden wurden für die Zeiträume vor 300 000 bis 40 000 Jahren entwickelt, die für die Radiokarbonmethode zu lang und für die Kalium-Argon-Methode zu kurz sind. Bei drei dieser Verfahren – der Elektronenspinresonanz (ESR), der Thermolumineszenz (TL) und der optisch angeregten Lumineszenz (OSR) – zählt man Elektronen, die durch Fehler in der Mikrostruktur der Kristalle festgehalten werden. ◐ Im Laufe der Zeit sammeln sich solche Elektronen immer zahlreicher an, weil die von radioaktiven Elementen im Gestein und im umgebenden Sediment freigesetzte Strahlung ständig neue Löcher in das Kristallgitter reißt. Die Elektronen werden bei TL und OSL als Licht sichtbar gemacht. Durch sorgfältige Messung der Lichtmenge läßt sich die Zeit abschätzen, seit beispielsweise ein Steinwerkzeug zum letzten Mal in einem Lagerfeuer erhitzt wurde oder vor dem Vergraben der Sonne ausgesetzt war. Bei der ESR setzt man die Elektronen nicht aus dem Gestein frei, sondern man regt sie mit Mikrowellen in einem Magnetfeld an; die Elektronen reagieren mit Resonanz, das heißt, sie ändern ihre Drehrichtung (Spin). Die Resonanzenergie erzeugt ein Spektralsignal, das der Zahl eingefangener Elektronen entspricht, so daß man diese messen und daraus das Alter der Probe abschätzen kann. Mit TL und OSR kann man eine Probe nur einmal analysieren, mit der ESR sind mehrere Messungen möglich. ◐ Knochen lassen sich weder mit TL noch mit OSL unmittelbar analysieren, aber bei Feuersteinwerkzeugen, Keramik und Sedimenten funktioniert die Messung gut. ESR läßt sich auch bei verschiedenen Naturmaterialien anwenden, so bei Zahnschmelz, Korallen und Molluskenschalen. TL und ESR haben viele neue Kenntnisse über den Ursprung des Jetztmenschen geliefert, insbesondere in Höhlen im Nahen Osten, wo Neandertaler und frühe Jetztmenschen etwa 50 000 Jahre lang nebeneinander lebten. Die OSL wurde an archäologischen Stätten in Australien angewandt und zeigte, daß Jetztmenschen den Kontinent wahrscheinlich schon vor 60 000 Jahren besiedelten (siehe Seite 52).
◐ Zu den Kenntnissen über die menschliche Evolution haben auch andere Datierungsmethoden beigetragen, so Paläomagnetismus, Spaltspurdatierung, Uranreihendatierung und Aminosäure-Razematmessung. Den Paläoanthropologen steht also zur Altersbestimmung ihrer Funde ein ganzes Methodenarsenal zur Verfügung. Aber jede Datierungsmethode hat auch ihre Grenzen und Fallstricke; auch bei der Auswahl der Funde im Freiland und ihrer Präparation im Labor muß man sehr vorsichtig vorgehen. Im Idealfall sollte man möglichst viele Methoden unabhängig anwenden und so das Alter eines Fossils, eines Artefakts oder einer Fundstelle zuverlässig ermitteln.

9. Das Klima und die Evolution des Menschen

Örtliche und regionale Klimaveränderungen schaffen für Tiere und Pflanzen neue Hindernisse oder Möglichkeiten. Arten, die sich daran nicht anpassen, verschwinden. In den letzten Jahren hat man sich eingehend mit den Wirkungen des Weltklimas auf die Evolution befaßt, wobei versucht wurde, bestimmte Umweltveränderungen mit biologischen und kulturellen Wendepunkten unserer Entwicklungsgeschichte in Verbindung zu bringen. Wie genau ist die Übereinstimmung zwischen den Klimaverschiebungen und den Artbildungs- und Aussterbeereignissen, die sich in den Fossilfunden zeigen? ◐ Betrachten wir zunächst einmal die Indizien für eine Klimaveränderung in Afrika während der Evolution der Hominiden. Belege dafür gibt es vom Land und aus dem Meer: Kohlenstoffisotope im Zahnschmelz weisen auf vorherrschende Vegetations- und Bodenverhältnisse hin, und aus Tiefsee-Bohrkernen untersuchte man den Staub. Die meisten Pflanzen – Bäume, Sträucher und viele

Grasarten – bauen chemische Verbindungen mit drei Kohlenstoffatomen auf und werden deshalb C_3-Pflanzen genannt. In trockeneren Gegenden dagegen bilden die C_4-Pflanzen – meist Gräser der tropischen und gemäßigten Gebiete – Verbindungen mit vier Kohlenstoffatomen. C_3- und C_4-Pflanzen enthalten stabile Kohlenstoffatome in unterschiedlichen Mengenverhältnissen, so daß man durch die Messung dieser Isotope feststellen kann, ob C_3- oder C_4-Pflanzen – und damit Wald oder Steppe – zu früheren Zeiten vorherrschten. In dem gleichen Mengenverhältnis findet man die Isotope auch im Zahnschmelz der Tiere, die diese Pflanzen gefressen und verdaut haben. ◖ Wie am Zahnschmelz zu erkennen ist, ging die Temperatur an der Meeresoberfläche vor Afrika vor acht bis sechs Millionen Jahren zurück. Es kam zu einer Verschiebung von den bis dahin vorherrschenden C_3- zu C_4-Pflanzen, die besser an Trockenheit angepaßt sind und in ähnlicher Form auch heute zwei Drittel Afrikas als Savanne bedecken. C_4-Pflanzen tauchten in Afrika zwar schon vor 15 Millionen Jahren hier und da zwischen Bäumen und Sträuchern auf, aber erst seit sieben Millionen Jahren beherrschen Grassavannen die ostafrikanische Landschaft – und ungefähr zur gleichen Zeit trennte sich der erste Hominide vom letzten gemeinsamen Vorfahren mit den Menschenaffen. ◖ Der vom Wind verwehte Staub des afrikanischen Kontinents setzte sich auch am Meeresboden ab und wurde dort zu einem ununterbrochenen Abbild des Klimas der letzten paar Millionen Jahre. In besonders trockenen Phasen mit starkem Wind bildeten sich zum Beispiel sehr dicke Ablagerungen. Den Staubansammlungen am Meeresboden zufolge, dehnten sich die Eiskappen in nördlichen Breiten vor knapp 2,8 Millionen Jahren erheblich aus, und in Afrika kam es zu einer Trockenheit und Abkühlung, so daß entsprechend angepaßte Tiere und Pflanzen im Vorteil waren. Sedimente aus dieser Zeit enthalten mehr Phytolithen, Siliciumpartikel aus Gräsern. Ähnliche kühle Trockenzeiten gab es auch vor 1,7 und einer Million Jahren. ◖ Nach der „*turnover-pulse*-Hypothese“ der Paläontologin Elizabeth Vrba lenkten solche Klimaveränderungen die Evolution in eine neue Richtung. Wie man an Fossilien großer und kleiner Säuger – Antilopen und Nager – erkennt, erlebten diese an bestimmte Lebensräume angepaßten Tiere vor 2,5 Millionen Jahren einen „Umsatz“ in Artbildung und Aussterben, bei dem in Süd- und Ostafrika die an kühles Klima angepaßten Arten überlebten. Auch die Menschen wurden nach Vrbas Überzeugung von den Veränderungen der Vegetation sowie vermutlich von der Regenmenge und Temperatur beeinflußt. ◖ Irgendwann vor drei bis 2,5 Millionen Jahren spaltete sich die Linie der Hominiden. Ein Ast brachte die Gattung *Homo* hervor, der andere die robusten Australopithecinen. Das vermutlich älteste Fossil von *Homo*, ein Oberkiefer aus Hadar in Äthiopien, wurde kürzlich auf ein Alter von 2,5 Millionen Jahren datiert, also ungefähr auf die Zeit globaler Abkühlung und Trockenheit. Zur gleichen Zeit tauchen auch die ersten Steinwerkzeuge auf (siehe Seite 168). Das Zusammentreffen ist zwar auffällig, aber *Homo* könnte ohne weiteres auch schon vor fast drei Millionen Jahren entstanden sein, also vor dem Temperaturabfall. ◖ Auch der vermutete Zusammenhang zwischen dem Auftreten der Australopithecinen und der Klimaveränderung ist problematisch. Antilopen wurden vor 2,5 Millionen Jahren von blätterfressenden Waldtieren zu grasenden Steppenbewohnern, aber der „Schwarze Schädel“ KNM-WT 17000 (siehe Seite 152) weist darauf hin, daß sich bereits vor 2,6 Millionen Jahren ein robuster Australopithecine entwickelt hatte. ◖ Zur Vorsicht mahnen auch die Funde aus Konso-Gardula in Äthiopien, wo man die ältesten, auf 1,4 Millionen Jahre datierten Acheuléen-Artefakte zusammen mit einem Hominiden-Unterkiefer entdeckte. Diese ältesten Indizien für einen tiefgreifenden technischen Umschwung stammen aus der Zeit zwischen der globalen Abkühlung von 2,5 Millionen Jahren und dem nachfolgenden Temperaturrückgang, der vor einer Million Jahren begann. Bei dieser späteren Abkühlung, auf die man die Ausbreitung des *Homo erectus* über Afrika hinaus zurückführt, gab es den *H. erectus* in Asien bereits seit 800 000 Jahren. Wenn die kürzlich veröffentlichten Zahlen aus Java stimmen (siehe Seite 46), erweiterte sich die geographische Verbreitung von *H. erectus* schon lange vor ihrem angeblichen klimatischen Auslöser. ◖ Um Zusammenhänge zwischen Klimaveränderungen und entwicklungsgeschichtlichem Wandel nachzuweisen, muß man wissen, wann eine Art in den Fossilfunden zum ersten und zum letzten Mal auftaucht, denn damit hat man theoretisch die Zeitpunkte von Artbildung und Aussterben. Aber um diese Vorgänge zuverlässig zu belegen, braucht man einen repräsentativen Querschnitt durch die Fossilfunde aus verschiedenen Zeiten, Lebensräumen und biologischen Arten. Die nächste Schwierigkeit besteht darin, die natürliche Seltenheit mancher Arten zu erklären – und Hominiden waren vermutlich recht seltene Tiere – sowie die verschiedenen Arten anhand der Fossilien zu unterscheiden. ◖ Selbst wenn man diese Hindernisse beim Sammeln und Auswerten der Fossilien überwinden kann, ist es immer noch nicht einfach, eine Verbindung zu Klimaveränderungen herzustellen. Einige der Schwierigkeiten, wenn man klimatische und entwicklungsgeschichtliche Vorgänge über große Zeiträume hinweg und vom globalen auf den lokalen Maßstab übertragen will, zeigten sich bei Untersuchungen an Sedimenten in den Tugen-Bergen nahe des Baringo-Sees in Kenia. Die Gegend deckt die Zeit vor 13 bis zwei Millionen Jahren ab, außerdem hat man dort einige Hominidenfossilien gefunden. Wegen dieser langen Zeitspanne sollte die Sedimentfolge dort die Auswirkungen klimatischer Veränderungen widerspiegeln. Wie die Kohlenstoffisotopenanalyse des Bodens zeigte, hat sich die Mischung aus Wald und Savanne in den letzten 15 Millionen Jahren kaum verändert. Die Gegend war immer ein Mosaik der Lebensräume: Die Savannen verdrängten nicht plötzlich die Wälder, und die Abkühlung vor 2,5 Millionen Jahren führte nicht zu einer grundlegend anderen Vegetation. Zumindest in den Tugen-Bergen hatte das Klima also offenbar keinen großen Einfluß auf die Pflanzen und damit wahrscheinlich auch auf die Tierwelt. ◖ Es gibt zwar einen weit gefaßten Zusammenhang zwischen Klimaverschiebungen und dem Auftauchen neuer Hominidenarten, aber daß das eine die Ursache des anderen war, ist nicht nachzuweisen. Über das Klima früherer Zeiten wissen wir recht gut Bescheid, die wenigen menschlichen Fossilbruchstücke zeichnen jedoch nur ein so grobes Bild, daß man zwischen beiden Entwicklungen keine eindeutige Beziehung herstellen kann. Außerdem sollte man bedenken, daß die Hominiden offenbar gute ökologische Generalisten waren, die sich an sehr unterschiedliche Umweltbedingungen anpassen konnten, so daß sie für Klimaveränderungen wahrscheinlich weniger empfindlich waren als Lebensraumspezialisten.

10. Zähne

Da Zähne vom Zahnschmelz bedeckt sind, der härtesten biologischen Substanz, und ihr Inneres aus dem ebenfalls sehr harten, mineralisierten Zahnbein besteht, stellen sie die Mehrzahl aller Hominidenfossilien. Zähne liefern viele Aufschlüsse über Alter, Geschlecht, Ernährung, Gesundheit und systematische Stellung früherer Hominiden; ihre große Zahl in den Fossilfunden ist ein glücklicher Umstand. Der Informationsgehalt der Zähne ist der Grund, warum Paläoanthropologen oft so gut über Kieferanatomie Bescheid wissen und beträchtliche Zeit und Mühe auf die Untersuchung fossiler Gebisse verwenden. ◖ Erwachsene Hominiden besitzen wie alle Altweltaffen 32 Zähne, je 16 im Ober- und Unterkiefer. Oben und unten stehen jeweils zwei mittlere und zwei seitliche Schneidezähne, zwei Eckzähne, vier Prämolaren und sechs Molaren. Jeder Zahntyp hat eine andere Funktion: Schneidezähne zerteilen, Eckzähne greifen und durchlöchern, und die Backenzähne (Prämolaren und Molaren) zerkleinern und zermahlen. Unser Milchgebiß besteht oben und unten jeweils aus zehn Zähnen: zwei mittlere und zwei seitliche Schneidezähne, zwei Eckzähne und vier Molaren. Die Krone jedes Hominidenzahns hat ihre eigene Anatomie, so daß man ihre Stellung im Gebiß genau feststellen

Zähne und Unterkiefer von *Australopithecus afarensis* aus Hadar, Äthiopien. Die kompakten, widerstandsfähigen Zähne und Kiefer stellen die große Mehrzahl aller Hominidenfossilien; sie liefern eine ganze Reihe wichtiger Aufschlüsse über Identität und Lebensweise dieser Geschöpfe. Originalgröße. *Photo von John Reader, Science Source/Photo Researchers.*

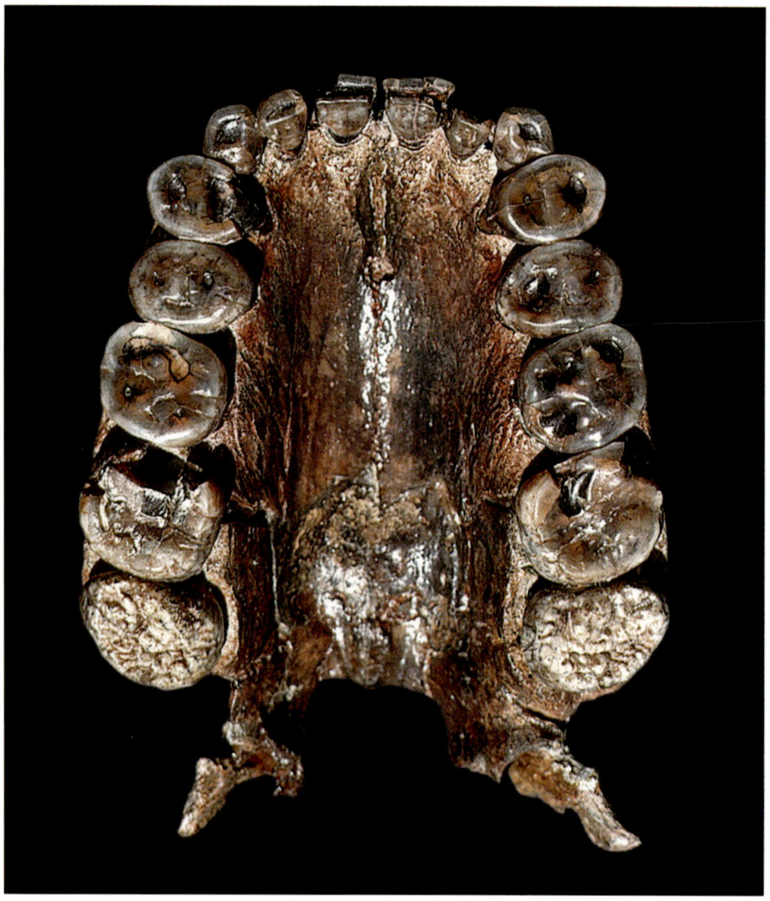

Oberkiefer (Maxilla) eines *Australopithecus boisei* aus der Olduvai-Schlucht in Tansania. Die Aufnahme mit Sicht auf die Kaufläche (occlusal) von OH 5 zeigt deutlich die für diese Spezies charakteristischen riesigen Molaren. Originalgröße. *Mit freundlicher Genehmigung von Donald Johanson, Institute of Human Origins.*

kann. Rechts von links und oben von unten zu unterscheiden, ist relativ einfach. Die oberen Molaren haben zum Beispiel vier Vorsprünge, bei den unteren sind es im allgemeinen fünf. Mit genauen Kenntnissen der Zahnanatomie kann man auch die Stellung des Zahns - zum Beispiel als ersten oder zweiten Prämolar - identifizieren. Jeder Hügel, jede Furche und jede Kante hat einen eigenen Namen, so daß man den Zahn exakt beschreiben und die verschiedenen Funde vergleichen kann. Auch Aufbau und Zahl der Zahnwurzeln helfen bei der Identifizierung: Obere Molaren haben drei Wurzeln, untere nur zwei. ◖ Bei Säugetieren sind die Zähne so charakteristisch, daß man die taxonomische Stellung oft an einem einzigen Zahn - meist einem Molaren - ablesen kann. Der deutsche Paläontologe Ralph von Koenigswald kaufte beispielsweise 1935 in einer chinesischen Apotheke fossile Säugetierzähne, die dort als „Drachenzähne" zu medizinischen Zwecken angeboten wurden. Besonders ein riesiger dritter Molare stach ihm ins Auge. Er trug das *Dryopithecus*-Muster, eine charakteristische Kombination von Furchen, die bei allen Hominiden und Menschenaffen vorkommt. Aufgrund dieses einen Stückes postulierte von Koenigswald eine neue Gattung namens *Gigantopithecus* („Riesenaffe"), die bis heute als größter Primat aller Zeiten gilt. ◖ Zähne spielen praktisch bei jeder Bestimmung einer neuen fossilen Hominidenart eine entscheidende Rolle, und zwar nicht nur deshalb, weil Zähne einen so großen Anteil aller Funde ausmachen, sondern auch weil das Gebiß bei jeder Spezies ganz charakteristische anatomische Merkmale hat. So ist zum Beispiel jede Art von *Australopithecus* (siehe Seite 117-121) durch ihre besonderen Eigenschaften der Zähne gekennzeichnet. ◖ Einblicke in die Ernährung der ersten Hominiden liefert die Untersuchung der Vorsprünge, der Größenverhältnisse der Zähne, der Dicke des Zahnschmelzes sowie der makroskopischen und mikroskopischen Abnutzung. Dicker Zahnschmelz, wie man ihn bei Hominiden findet, verlängert die Lebensdauer des Zahns. Er ist vermutlich eine Anpassung an das starke Kauen der Nahrung, bevor sich das Kochen allgemein durchsetzte. Die robusten Australopithecinen, die vermutlich von grober, minderwertiger Nahrung lebten, hatten von allen Primaten den dicksten Zahnschmelz. ◖ Zwischen männlichen und weiblichen Zähnen gibt es innerhalb jeder Hominidenart erhebliche Überschneidungen, aber manchmal kann man einen Fund auch aufgrund der unterschiedlich großen Eckzähne einem Geschlecht zuordnen (siehe Seite 73). Wie alt ein Hominide bei seinem Tod war, ist am Zustand der durchgebrochenen Zähne sowie an ihrer Abnutzung zu erkennen. In Lucys Unterkiefer zum Beispiel ist der dritte Molar (der Weisheitszahn) durchgebrochen und zeigt gerade die ersten Abnutzungserscheinungen, das heißt, Lucy war bereits erwachsen, als sie starb. ◖ Manchmal ist an den Zähnen auch der Gesundheitszustand zu erkennen. Krankheiten oder schlechte Ernährung können zu Zahnentwicklungsstörungen führen, die sich als Löcher oder Furchen im Zahnschmelz zeigen (Hypoplasie). Liegt unter einem abgebrochenen Zahn der Wurzelkanal frei, kann sich ein Abszeß bilden, den man an resorbiertem Knochen rund um die Zahnwurzel erkennt. Da die Ernährung in vorgeschichtlicher Zeit keinen raffinierten Zucker enthielt, ist Karies bei den frühen Hominiden zwar nicht unbekannt, aber sehr selten (siehe Seite 242). ◖ Eine Ergänzung zu den Erkenntnissen aus der makroskopischen Anatomie bietet die mikroskopische Untersuchung der Zahnkronen. Der Zahnschmelz besteht aus prismenförmigen Apatitkristallen, die nach und nach aufgebaut werden. Betrachtet man - meist mit dem Rasterelektronenmikroskop zwei Formen solcher Markierungen, kann man für jede einzelne Zahnkrone die Phase ihrer Entstehung abschätzen. Neueren Zahnentwicklungsstudien zufolge wurden Australopithecinen wahrscheinlich schneller erwachsen als Jetztmenschen, das heißt, ihre Entwicklung war eher affenähnlich (siehe Seite 80). ◖ Zähne waren für unsere Vorfahren lebenswichtig, denn sie waren praktisch das einzige Mittel zur Nahrungsverarbeitung. Auch für Paläoanthropologen sind die Zähne von entscheidender Bedeutung, und die Zahnkunde (Odontologie) wird mit Sicherheit noch viele Erkenntnisse über Biologie und Verhalten unserer Vorfahren liefern.

11. Proteine, DNA und menschliche Evolution

Bis vor kurzem waren Fossilien und Artefakte in der Paläoanthropologie die einzigen Belege für die Evolution des Menschen. Sie sind zwar auch heute die greifbarsten und beziehungsreichsten Indizien, aber seit Anfang der sechziger Jahre trägt auch die Analyse der Proteine und Gene von Menschen und anderen Primaten zu unseren Kenntnissen bei. In den letzten 30 Jahren führten Befunde aus der schnell wachsenden Molekularbiologie zu umwälzenden neuen Erkenntnissen über die Evolution der Hominiden. ◖ Da alles Leben auf der biochemischen Grundlage der DNA aufbaut, kann man anhand der Erbmoleküle und Proteine quantitative Vergleiche zwischen nur weitläufig verwandten Lebewesen anstellen. Bevor es die molekularbiologischen Methoden gab, schwankten die Schätzungen darüber, wann der letzte gemeinsame Vorfahre von Affen und Menschen lebte, zwischen vier und 30 Millionen Jahren, wobei die meisten Fachleute das Datum irgendwo in der Mitte ansiedelten. Die Biochemiker gelangten jedoch zu einem ganz anderen Ergebnis: Afrikanische Menschenaffen und Menschen trennten sich recht spät, nämlich wohl erst vor fünf Millionen Jahren. ◖ Demnach ist *Ramapithecus*, ein angeblicher Hominide, dessen systematische Stellung man aufgrund der molekularbiologischen Befunde revidieren mußte, viel zu alt für einen Hominiden. Die Paläontologen sträubten sich jedoch dagegen, dieses und andere alte Fossilien aus dem Stammbaum der Hominiden auszuschließen. Im Laufe der Zeit und nach vielen kontroversen Debatten setzte sich aber der engere Zeitrahmen in der Paläoanthropologie durch. Die Fülle der Belege konnte man einfach nicht übergehen. Unsere erweiterten Kenntnisse über die molekulare Verwandtschaft der Primaten verdanken wir vor allem zwei Methoden: dem immunologischen

Nachweis von Blutproteinen und der DNA/DNA-Hybridisierung. (Von der Erforschung der Herkunft des Menschen durch Untersuchung der Mitochondrien-DNA ist auf Seite 41 die Rede.) ◖ Proteine machen eine Evolution durch und haben deshalb Vorläuferformen, ganz ähnlich wie Fossilien mit einer älteren oder einfacheren Anatomie. Da sie aber unmittelbar am genetischen Bauplan gebildet werden, spiegeln sie genauer die Genausstattung wider, weshalb sie ein guter Maßstab für den Verwandtschaftsgrad zwischen zwei Arten sind. Diese beiden Eigenschaften – daß Proteine der Evolution unterliegen und eine genetisch fixierte Struktur haben – waren die Grundlage der immunologischen Methode, die der Biologe Morris Goodman Ende der fünfziger und Anfang der sechziger Jahre entwickelte. ◖ Bei der Methode dient die immunologische Kreuzreaktion als unmittelbares Maß für die Ähnlichkeit zwischen den Proteinen aus zwei verschiedenen Arten. Man injiziert zum Beispiel das menschliche Blutprotein Albumin einem Kaninchen, woraufhin dieses Antikörper gegen die Molekülteile bildet, die sich von seinem eigenen Albumin unterscheiden. Das Blutserum des Kaninchens mit den Antikörpern kann man isolieren und in Reagenzgläser geben. Dann setzt man Albumin von verschiedenen Primatenarten zu und mißt jeweils der Immunreaktion, die als Niederschlag in der Lösung sichtbar wird. Je stärker die Reaktion ist, desto enger sind der Mensch und die andere untersuchte Spezies verwandt. ◖ Im Jahr 1962 gab Goodman bekannt, nach seinen immunologischen Messungen seien Menschen, Schimpansen und Gorillas gleich eng miteinander verwandt. Das widersprach der zuvor herrschenden Ansicht, Schimpansen und Gorillas seien füreinander die engsten Verwandten und hätten noch einen gemeinsamen Vorfahren gehabt, lange nachdem sich die Linie der Hominiden von den Menschenaffen getrennt hatte. Auf Goodman hörte damals kaum jemand. ◖ Im gleichen Jahr äußerten jedoch die Biochemiker Linus Pauling und Emile Zuckerkandl die Vermutung, die Evolution der Proteine verlaufe mit gleichmäßiger, meßbarer Geschwindigkeit und sei konstant wie ein Uhrwerk. Demnach war das Ausmaß der genetischen Unterschiede der Zeit proportional: Wenn man also die Unterschiede der Moleküle bei zwei Arten und die Evolutionsgeschwindigkeit des Moleküls kannte, konnte man feststellen, wann die beiden Arten den letzten gemeinsamen Vorfahren hatten. Die Unterschiede in den Aminosäuren des gleichen Proteins aus verschiedenen Arten entsprechen dem Ticken der molekularen Uhr. Da die genaueste physikalische Uhr jedoch der radioaktive Zerfall ist, muß man die Molekülabweichungen an radiometrisch datierten Fossilien oder geologischen Funden kalibrieren. Ein beliebter Bezugspunkt für molekularbiologische Untersuchungen der menschlichen Evolution ist die Spaltung zwischen Altweltaffen und Hominoiden (Menschen, Menschenaffen und ihre Vorfahren), die nach allgemein anerkannter, auf Fossilfunde gegründeter Ansicht vor etwa 30 Millionen Jahren stattfand. ◖ 1967 bauten die Biochemiker Vincent Sarich und Allan Wilson Goodmans Methode mit dem Albumin weiter aus. Ihre Arbeiten bestätigten Goodmans Erkenntnis, daß Menschen, Schimpansen und Gorillas untereinander die engsten Verwandten sind. Das menschliche Albumin reagierte sowohl mit dem Albumin der Schimpansen als auch mit dem der Gorillas stärker als mit dem entsprechenden Protein der Orang-Utans. Demnach waren die afrikanischen Affen näher mit dem Menschen verwandt als ihr roter Vetter aus Asien. Gibbons und Siamangs, die niederen asiatischen Menschenaffen, waren noch weiter vom Menschen entfernt. ◖ Anschließend bezogen Sarich und Wilson die Zeit mit ein, nachdem sie bereits nachgewiesen hatten, daß die Evolution des Albumins bei Primaten mit konstanter Geschwindigkeit verläuft. Nun äußerten sie die Vermutung, die Abstammungslinien von Menschenaffen und Menschen hätten sich seit ihrer Spaltung ebenfalls gleich schnell entwickelt; demnach waren die Albuminmoleküle eine Art Uhr, die seit der Aufspaltung gleichmäßig tickte. Sie wiesen den Zusammenhang zwischen immunologischen Unterschieden und Zeit nach und gelangten so zu der Erkenntnis, daß die Abstammungslinien von Menschen und Menschenaffen sich erst vor fünf Millionen Jahren getrennt haben. ◖ Die immunologische Methode wurde seither bei einer Fülle von Proteinen angewandt, so bei Transferrin, Hämoglobin und Cytochrom c. Sie hat allerdings den Nachteil, daß man nur einen sehr kleinen Teil der genetischen Information analysiert. Das in den sechziger Jahren entwickelte molekularbiologische Verfahren der DNA/DNA-Hybridisierung eröffnete hingegen die Aussicht, entwicklungsgeschichtliche Verwandtschaftsbeziehungen mit fast der gesamten DNA nachzuweisen. Auch hier wird die Ähnlichkeit zwischen zwei Arten auf indirekte Weise ermittelt. ◖ Bei der DNA/DNA-Hybridisierung erhitzt man die Doppelhelixmoleküle zweier Arten so lange, bis sich die Stränge trennen. Anschließend kühlt man die Lösung ab, so daß die Stränge sich wieder zusammenlagern, wobei oft Hybride aus jeweils einem Strang der beiden Arten entstehen; denn aus den beiden Strängen erkennen und verbinden sich die komplementären Basen. Je enger die Arten verwandt sind, desto größer ist der Anteil dieser aneinander haftenden Basen, so daß die entstehende Doppelhelix entsprechend stabiler ist. Das quantitative Maß für die Ähnlichkeit ist die Temperatur, bei der die Doppelstränge bei erneutem Erhitzen wieder zerfallen: Je niedriger dieser „Schmelzpunkt" liegt, desto weniger sind die fraglichen Arten verwandt. ◖ Die Pioniere dieses Verfahrens waren Charles Sibley und Jon Ahlquist; sie klärten zunächst die Verwandtschaftsverhältnisse zwischen Vögeln und wandten sich dann den Primaten zu. Dabei stellten sie fest, daß die Evolution der DNA offenbar bei allen Hominoiden gleich schnell verläuft, so daß ihre Durchschnittsgeschwindigkeit auch in getrennten Abstammungslinien gleich bleibt. Sibley und Ahlquist fanden zwischen Schimpansen und Menschen eine engere Verwandtschaft als zwischen beiden und den Gorillas. Diese Erkenntnis wurde später durch weitere molekularbiologische Arbeiten bestätigt (siehe Seite 32). Nach der absoluten Datierung von Sibley und Ahlquist trennten sich Menschen und Schimpansen vor 6,3 bis 7,7 Millionen Jahren, während der gemeinsame Vorfahre mit den Gorillas vor 8 bis 10 Millionen Jahren lebte. ◖ Zwar sind die molekularbiologischen Methoden und ihre korrigierenden Ergebnisse heute bei den Anthropologen allgemein anerkannt, aber einzelne Aspekte bleiben umstritten. Die Vorstellung von der molekularen Uhr zum Beispiel mag für bestimmte Moleküle gelten, jedoch gibt es keine allgemeine Uhr, denn Proteine und andere Moleküle entwickeln sich unterschiedlich schnell weiter. Wenn man solche Schwierigkeiten überwinden kann, wird die molekularbiologische Evolutionsforschung weiterhin einen wichtigen Kontrapunkt zu den handfesten Indizien der Fossilien bilden.

12. Woher kommt der Streit in der Paläoanthropologie?

In der Paläoanthropologie und ihrem Umfeld gibt es immer wieder Streit. Oft sind solche Diskussionen ein Anlaß, Beweise neu zu prüfen, Behauptungen zu belegen oder die Öffentlichkeit über die aktuellen Themen des Gebietes zu unterrichten. Manchmal erwächst der Streit aus Profilsucht, und die Einzelheiten sind nur für Fachleute interessant. Aber die großen Themen dieses Buches – woher wir kommen, wie wir zu den Affen stehen und wie wir die Zukunft gestalten sollen – treffen in der Öffentlichkeit einen empfindlichen Nerv. Die Diskussion strahlt in wissenschaftliche und religiöse Institutionen aus, und manchmal sind sie nur juristisch beizulegen. ◖ Die Erkenntnis, daß die Menschen wie alle Lebewesen durch einen Zufallsprozeß mit natürlicher Selektion und spontaner Variation entstanden sind, läuft dem Glauben an übernatürliche Einflüsse zuwider. Darwins Untersuchung, derzufolge nicht göttliche, sondern biologische Mechanismen das menschliche Leben ebenso gestalten wie das aller anderen Organismen, stieß vielfach auf Empörung. Die Evolutionstheorie galt bestenfalls als widerlich und im schlimmsten Fall als Gotteslästerung. Besonders beunruhigend war die Erkenntnis, daß die menschliche Existenz nicht durch Fortschritt und Absicht bestimmt wird, sondern von Zufallskräften, die auch in uns und unseren Nachkommen weiter wirken. ◖ Selbst heute, angesichts einer Fülle fossiler Belege für die menschliche Evolution, halten überzeugte Wissenschaftler und Laien an der kreationistischen

Ansicht über unseren Ursprung fest. Aber die Evolution ist eine Tatsache. Die Evolutionstheorie versucht, die biologischen und umweltbedingten Triebkräfte der Evolution zu verstehen und zu beschreiben. Sie besteht die wissenschaftliche Prüfung; für den Kreationismus gilt das nicht: Er ist keine Wissenschaft, sondern eine kulturelle Richtung. Der Anthropologe Ashley Montagu schrieb einmal augenzwinkernd: »Die Wissenschaft hat Beweise ohne Sicherheit, der Kreationismus hat Sicherheit ohne Beweise.« ❡ In der Paläoanthropologie gibt es heftigen Streit; das war immer so, seit Mitte des 19. Jahrhunderts die ersten fossilen Überreste von Menschen ans Tageslicht kamen. Auf die Frage nach den Ursachen dieser Kontroversen gibt es einige konkrete Antworten. Warum man über ein Stück eines Kiefers oder eines Schädels, eine Handvoll Zähne oder ein unsicheres geologisches Datum diskutiert, ist nicht schwer zu verstehen. Oft führt ein Fossilbruchstück zu unterschiedlichen Ansichten über seine Stellung im großen Bild der menschlichen Evolution. Manchmal kann man über die Bedeutung eines Fundes einfach nichts Genaues sagen, dann stellt man die Beurteilung besser zurück, bis man vollständigere Stücke findet. ❡ Ein anderer Grund liegt in den beteiligten Personen. Die Fossiliensuche reizte viele willensstarke Forscher, die ihr Leben dem Entdecken und Auswerten widmen. Um Mittel und Genehmigungen für die Erkundung zu erhalten und im Freiland ohne Komfort zu arbeiten, braucht man große Entschlossenheit. Auch eine jahrelange Suche bietet keine Gewähr für bedeutsame Funde. Es geht um viel. Hominidenfossilien sind Glanzstücke, die dem Entdecker wissenschaftlichen Ruhm und Popularität verschaffen, und zwar viel stärker als beispielsweise Fossilien von Nagetieren. Die Funde selbst werden bewundert und sind begehrt. In einigen Fällen wurde sogar der Zugang zu den Fossilien behindert, weil einzelne Wissenschaftler sich als Eigentümer fühlten oder weil es Meinungsverschiedenheiten gab. ❡ In keiner Disziplin können Wissenschaftler von sich behaupten, sie seien frei von vorgefaßten Meinungen. Jeder von uns hat eigene Ansichten, die für unsere Interpretation der Fossilfunde eine große Rolle spielen. Auf widersprüchliche Indizien reagiert man manchmal mit halsstarrigem Beharren auf alten Ansichten. Ein neu entdecktes Fossil kann unser Bild von der Evolution des Menschen verändern, aber bis wir unsere Lieblingstheorie aufgeben und die neue Erkenntnis akzeptieren, vergeht einige Zeit. Bis es soweit ist, bleiben wissenschaftliche Glaubwürdigkeit und die Finanzierung weiterer Arbeiten in der Schwebe. ❡ Die Paläoanthropologie ist nach wie vor eine junge Wissenschaft. Einige Fachleute versuchen jedoch, der Disziplin eine neue Dimension zu geben: Sie entwickeln zuverlässige Strategien, um aus den Fossilien Aussagen über unsere Herkunft abzuleiten. Der nächste Schritt ist dann die Kooperation und Diskussion mit allen Kollegen und die gemeinsame Untersuchung der Fossilien. Zusammenarbeit und freimütige Diskussionen versprechen auch in der Paläoanthropologie den größten Erfolg. ❡ Fossilien sind zutiefst faszinierend. Sie sprechen zu uns aus ferner Vergangenheit, und sie haben etwas Magisches. Es ist an der Zeit, daß wir kollegial zusammenarbeiten und aus allen Funden die Informationen gewinnen, die das Wissen um unsere Anfänge erweitert. Nur so können wir ganz ermessen, welche Botschaften unsere Vorfahren uns vor vielen Zeitaltern hinterlassen haben. Das ist die wahre Magie.

13. Unsere nächsten lebenden Verwandten

Als erster versuchte Thomas Henry Huxley 1863 in seinem Buch *Evidence as to Man's Place in Nature* („Zeugnisse für die Stellung des Menschen in der Natur"), die Verwandtschaft zwischen Menschen und Affen unter Evolutionsgesichtspunkten zu erklären. Seither haben alle Befunde Huxleys Ahnung bestätigt und verfeinert. Er vermutete, daß wir nicht von den heutigen Menschenaffen abstammen, sondern daß beide Linien auf einen weit entfernten gemeinsamen Vorfahren zurückgehen. Leider standen Huxley als einzige Fossilien nur zwei Neandertalerschädel zur Verfügung. Heute ist die Zahl menschlicher Fossilien viel größer, aber Fossilien von afrikanischen Menschenaffen gibt es auch jetzt kaum, wahrscheinlich weil in den von ihnen bevorzugten Waldgebieten keine guten Voraussetzungen für die Erhaltung solcher Reste bestehen. ❡ Dennoch wissen wir heute, daß die afrikanischen Menschenaffen unsere nächsten lebenden Verwandten sind, mit denen wir vor sechs bis acht Millionen Jahren einen gemeinsamen Vorfahren hatten. Mangels aussagekräftiger Fossilien stützen sich die Wissenschaftler bei dieser Behauptung auf Verhaltensbeobachtung (siehe Seite 83), vergleichende Anatomie und Genetik. Trotz des seltsamen Widerspruchs zwischen deutlichen anatomischen und geringfügigen genetischen Unterschieden zwischen Menschenaffen und Menschen weisen Befunde aus beiden Disziplinen auf die gleiche enge Verwandtschaft hin. ❡ Menschen unterscheiden sich von Affen in mehreren wichtigen anatomischen Merkmalen, wobei viele dieser Abweichungen mit dem aufrechten Gang zusammenhängen. Da wir auf zwei Beinen gehen, ist unsere Wirbelsäule stärker gekrümmt, sowie an ihrem oberen Ende der Kopf mehr in der Mitte steht. Am unteren Ende ist das Becken bei uns kräftiger und breiter, und die Darmbeine, die seine Höhlung bilden, sind nach vorn gebogen und stützen den Rumpf. Weitere anatomische Abweichungen findet man in Hüften und Knien, im Fersenknochen und in den großen Zehen, die sich nicht seitlich abspreizen lassen, sondern in einer Reihe mit den anderen Zehen stehen. ❡ Noch mehr Unterschiede zeigen sich, wenn man Länge und Proportionen der Extremitäten vergleicht. Wie man es bei einem Zweibeiner erwartet, tragen bei uns Menschen im wesentlichen die Beine das Körpergewicht. Sie sind auch länger als die Arme, die nur 7 bis 9 Prozent des Körpergewichts ausmachen (Beine 32 bis 38 Prozent). Bei den Menschenaffen sind sich Vorder- und Hintergliedmaßen in dieser Hinsicht ähnlicher. Die Arme der Bonobos zum Beispiel machen 14 bis 17 Prozent des Gewichts aus, die Beine 20 bis 28 Prozent. Bei Gorillas sind es 14 bis 16 Prozent für die Arme und etwa 18 Prozent für die Beine. In den ausgewogenen Proportionen des Gorillas spiegelt sich die Anpassung dieses Affen an das Gehen auf den Knöcheln aller vier Gliedmaßen (*knuckle-walking*) wider; Schimpansen und Bonobos dagegen können sich für kurze Strecken leichter auf zwei Beinen aufrichten. In relativer Körpergröße und Proportionen der Gliedmaßen sind Schimpansen also menschenähnlicher als Gorillas. ❡ Genetisch sind Menschenaffen und Menschen sich erstaunlich ähnlich. Schimpansen und Bonobos stimmen in 99,3 Prozent der DNA im Zellkern überein; sie sind also sehr eng verwandt. Aber auch zwischen Schimpansen und Menschen beträgt die Übereinstimmung noch 98,4 Prozent. Bei allen anatomischen und kulturellen Unterschieden sind nur 1,6 Prozent unserer Genausstattung anders. Eine solche geringe genetische Distanz findet man sonst bei Arten derselben Gattung, hingegen hat man Schimpansen und Menschen willkürlich verschiedenen biologischen Familien zugeordnet. Die DNA von Gorillas und Menschen unterscheidet sich um 2,3 Prozent. Bei derart geringen quantitativen Abweichungen ist die Trennlinie zwischen uns und den Affen wahrscheinlich durch Mutationen in Genregulationsmechanismen entstanden. ❡ Die genetischen Unterschiede zeigen auch die unterschiedlichen Zeiträume seit der Trennung vom gemeinsamen Vorfahren. Die Schimpansen (*Pan troglodytes*) in Ost- und Westafrika bilden seit etwa 1,5 Millionen Jahren getrennte Populationen, und die Bonobos oder Zwergschimpansen (*Pan Paniscus*) spalteten sich vor rund 2,5 Millionen Jahren von anderen Schimpansen ab. Die Gorillas trennten sich schon vor mindestens 8 Millionen Jahren von dieser Abstammungslinie. Irgendwann danach spaltete sich von den Schimpansen die Hominidenlinie ab, woraufhin der Teil der Evolution begann, der in diesem Buch nachgezeichnet wird. ❡ Ähnelte der gemeinsame Vorfahre eher einem Schimpansen oder einem Gorilla? Die Fossilien von *Australopithecus afarensis* und *A. anamensis* sowie die Kenntnisse über den älteren *Ardipithecus ramidus* weisen auf einen gemeinsamen Vorfahren, der am ehesten einem heutigen Schimpansen vergleichbar war. Man kann vermuten, daß es sich um einen dunkelhaarigen Vierbeiner mit großem Gehirn und dünnem Zahnschmelz handelte, der im Wald lebte und sich von Früchten ernährte. ❡ Auch die meisten Untersuchungen an der DNA aus Zellkern und Mitochondrien sprechen heute dafür, daß zwischen *Homo* und *Pan* eine engere genetische Verwandtschaft besteht als zwischen *Pan* und *Gorilla* oder *Homo* und *Gorilla*. Der genetische Wandel verläuft offenbar bei Menschen, Schimpansen und Gorillas ähnlich schnell. Eine Zeitlang glaubte man, die drei Arten hätten sich in so kurzer Zeit vom gemeinsamen Vorfahren getrennt, daß genetische Untersuchungen kein am engsten verwandtes Paar zeigen würden. Aber nach einer neueren Übersichtsuntersuchung zeigen elf Studien von Sequenzdaten eine engere Verwandtschaft zwischen *Pan* und *Homo*, während nur zwei für die Kombination *Pan/Gorilla* und eine für *Homo/Gorilla* als engste Verwandte sprachen. Mit anderen Worten: Die Schimpansen sind unsere nächsten Verwandten unter den Affen.

14. Der letzte gemeinsame Vorfahre von Affen und Menschen

Der Begriff *missing link* wird häufig verwendet und meist mißverstanden. Charles Darwin vermutete 1871 in seinem Buch *Die Abstammung des Menschen*, Menschen und Menschenaffen könnten einen gemeinsamen Vorfahren haben. Das wurde vielfach so interpretiert, als sei dieser Vorfahre eine Spezies in der Mitte zwischen Menschen und Affen, in dem sich die Eigenschaften beider Gruppen mischten. In Wirklichkeit meinte Darwin, man könne Menschen und Affen zeitlich über mehrere verschiedene Arten zurückverfolgen, wobei die beiden Linien in einem gemeinsamen Vorfahren zusammenlaufen. Eigentlich entdeckt man also mit jedem Hominidenfossil ein weiteres Bindeglied in der langen Evolutionskette vom gemeinsamen Vorfahren zum heutigen Menschen. Jedes einzelne Fossil ist ein *missing link*. ◖ Darwin meinte dazu: »Wir dürfen nicht in den Irrtum verfallen und annehmen, der erste Vorläufer der ganzen Affenlinie einschließlich des Menschen habe einem heutigen Affen geglichen oder auch nur geähnelt.« Man darf nie aus dem Auge verlieren, daß jede unserer Vorgängerarten auf ihre Weise erfolgreich war. Sie war keine unvollkommene Form von Affen oder Menschen, sondern eine lebenstüchtige Spezies mit eigener Anpassung. ◖ Oft wird gefragt, warum es noch Affen gibt, wo wir uns doch aus ihnen entwickelt haben. Diese Frage übersieht zweierlei. Erstens sind die Menschen nicht aus heutigen Affen hervorgegangen, sondern aus einer früheren Form mit stärker generalisierter Anatomie. Der zweite Punkt folgt aus dem ersten: Die heutigen Menschenaffen haben sich wie die Menschen durch eine Folge von Anpassungen (zum Beispiel den Knöchel-Gang) entwickelt, die der Vorgänger nicht besaß. Dieser war ein stärker generalisierter Affe, und deshalb sehen die ältesten Hominiden affenähnlich aus. ◖ In den siebziger und achtziger Jahren nahmen die Paläontologen allgemein an, der gemeinsame Vorfahre von Affen und Hominiden müsse im Miozän vor 15 bis 20 Millionen Jahren gelebt haben. Damit waren wir angenehm weit von den Affen entfernt, was diejenigen beruhigte, die tiefe geologische Wurzeln für die Sonderstellung des Menschen annahmen. ◖ Die Ursache solcher Vermutungen war ein Schädelfragment, das man 1932 in den Siwalik-Bergen in Nordindien gefunden hatte. Der Entdecker war G. Edward Lewis, ein Doktorand für Paläontologie der Yale University. Er nannte den Fund *Ramapithecus* nach dem indischen Gott Rama. Lewis ordnete den sieben bis acht Millionen Jahre alten Kiefer als Hominiden ein. Die meisten Wissenschaftler nahmen seine Vermutung nicht zur Kenntnis, doch setzte sich in den sechziger Jahren seine Ansicht durch, weil man Ähnlichkeiten zwischen *Ramapithecus* und späteren Hominiden feststellte. Außer den kräftigen Zähnen, einem vermutlich flachen Gesicht, dem Zahndurchbruchschema der Hominiden und kleinen Eckzähnen, schien vor allem die Parabolform der Zahnreihen (die bei Affen U-förmig sind) auf eine Verbindung zu den Hominiden hinzuweisen. ◖ Bestätigung brachten noch ältere Funde aus Fort Ternan im Westen Kenias: Dort fand Louis Leakey 14 Millionen Jahre alte Kieferfragmente, die dem Fund aus Siwalik fast völlig glichen. Manche Paläoanthropologen waren von diesen mutmaßlichen frühen Hominiden so begeistert, daß sie *Ramapithecus* in ihren Spekulationen zu einem aufrecht gehenden Geschöpf machten, das Werkzeuge herstellte und dessen Nachkommen in einer verlängerten Jugendzeit das erforderliche soziale Verhalten lernten. ◖ Die Debatte tobte unter den Anthropologen bis Anfang der siebziger Jahre, aber dann wurde die Stellung von *Ramapithecus* als Hominide in Frage gestellt. Am wichtigsten war dabei die Erkenntnis, daß man den Oberkiefer von *Ramapithecus* wegen eines grundlegenden anatomischen Interpretationsfehlers falsch rekonstruiert hatte. Die richtige Rekonstruktion des Kieferbogens erforderte eine Mittelnaht, die bei dem Kiefer aus Siwalik fehlte, und die Zahnreihen anderer Funde aus Kenia, deren Mittelnaht erhalten war, sahen eher U-förmig – mehr affenähnlich – aus. ◖ Bestätigt wurde die Theorie vom U-förmigen Kieferbogen durch Befunde des Paläontologen Peter Andrews vom National History Museum in London und von dem Anhtropologen Alan Walker von der Penn State University. Die beiden veröffentlichten eine Rekonstruktion des *Ramapithecus*-Kiefers aus Kenia. Außer dem dicken Zahnschmelz verband ihn kaum etwas mit späteren Hominiden. Und dicker Zahnschmelz als einziges Indiz für die Stellung als Hominide warf ein besonderes Problem auf: In Pakistan tauchten überall, wo man Reste von *Ramapithecus* fand, auch Fossilien des Affen *Sivapithecus* auf, die einen dicken Zahnschmelz hatten. Schließlich rechtfertigte die hohe Zahl der *Sivapithecus*-Funde die Folgerung, daß der sogenannte *Ramapithecus* nur eine kleine Form von *Sivapithecus* war, eines Menschenaffen. ◖ Der Todesstoß kam 1981, als der Anthropologe David Pilbeam von der Harvard University einen acht Millionen Jahre alten Teilschädel und Unterkiefer von *Sivapithecus* beschrieb, die man in Pakistan gefunden hatte. Die Stücke waren dem heutigen Orang-Utan so ähnlich, daß manche meinten, man solle sie in dieselbe Gattung *Pongo* einordnen. Ironischerweise hatten gerade Pilbeam und sein Lehrer Elwyn Simons von der Duke University in den sechziger und siebziger Jahren hartnäckig behauptet, der Swalik-*Ramapithecus* sei ein Hominide. ◖ Weitere Kritik an der angeblichen Hominidenstellung von *Ramapithecus* kam aus einer ganz anderen Ecke: aus dem neuen Gebiet der molekularen Anthropologie. Danach waren zwei Lebewesen, vereinfacht gesagt, um so enger verwandt, je ähnlicher ihre Blutproteine sind. Mit Methoden wie der Elektrophorese zur Trennung und zum Nachweis verschiedener Proteinmoleküle stellte man fest, daß Menschen und afrikanische Menschenaffen sich erstaunlich stark ähneln; die asiatischen Affen dagegen wichen in Übereinstimmung mit den Fossilfunden stärker ab. Schließlich machte man den kühnen Vorschlag, Menschen und afrikanische Menschenaffen in dieselbe Familie der Hominidae einzuordnen. ◖ Nach Ansicht mancher Fachleute bedeutete die Ähnlichkeit der Blutproteine, daß der gemeinsame Vorfahre von Menschenaffen und Menschen viel später gelebt haben muß als *Ramapithecus*. Wie man in den späten sechziger und frühen siebziger Jahren feststellte, sind die Unterschiede zwischen bestimmten Blutproteinen der Primaten direkt proportional zu dem Zeitraum seit dem letzten gemeinsamen Vorfahren. ◖ Als man die molekulare Uhr, mit der man Verzweigungen des Evolutionsbaumes anhand der Mutationsrate datiert (siehe Seite 78), auf der Grundlage des letzten gemeinsamen Vorfahren von Altwelt- und Menschenaffen – er lebte vor etwa 30 Millionen Jahren – kalibrierte, gelangte man zu einer erstaunlichen Erkenntnis: Der gemeinsame Vorfahre von Menschen und Affen lebte vor nicht mehr als acht Millionen Jahren! Die beteiligten Wissenschaftler waren so begeistert, daß einer von ihnen, der Anthropologe Vincent Sarich von der University of California in Berkeley, schrieb: »Man kann Fossilien, die älter als acht Millionen Jahre alt sind, nicht mehr als Hominiden einstufen, *ganz gleich, wie sie aussehen*.« ◖ Neueren DNA-Untersuchungen zufolge haben wir über 98 Prozent unserer Gene mit den Menschenaffen gemeinsam. Die molekulare Uhr hat zwar einige Schwächen – zum Beispiel weil sie eine konstante Mutationsrate unterstellt –, aber die Untersuchungen an DNA und anderen Molekülen zeigen übereinstimmend, daß der gemeinsame Vorfahre von Menschen und Affen viel jünger ist, als man nach der *Ramapithecus*-Episode geglaubt hatte. Nur die Fossilien geben jedoch Aufschluß darüber, wie dieser Vorfahre anatomisch aussah, in was für einer Umwelt er lebte und welche Verhaltensweisen für ihn charakteristisch waren. Da der aufrechte Gang das entscheidende Kriterium der frühen Hominidenevolution ist, können solche Fossilien

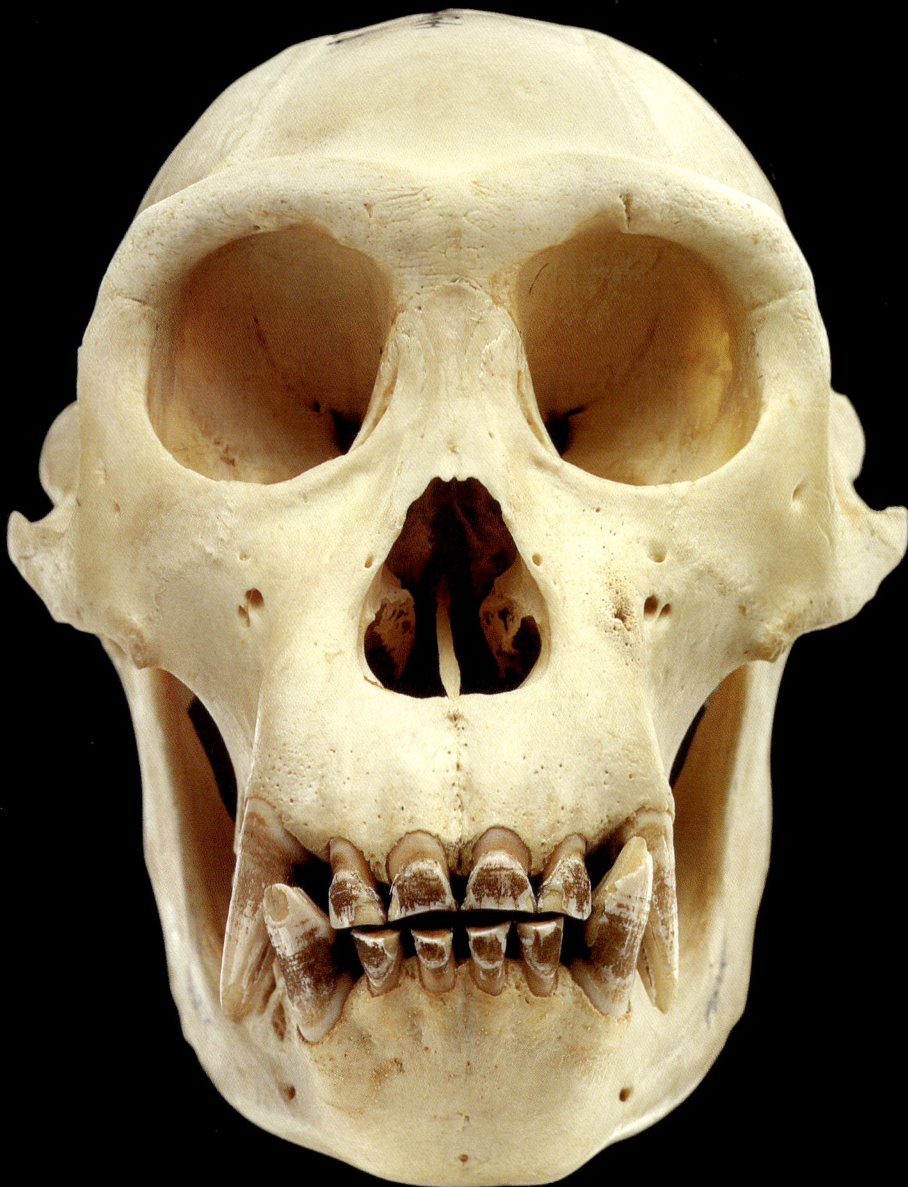

Schädel eines männlichen Schimpansen *(Pan troglodytes)*. Anatomische und in jüngerer Zeit auch viele molekularbiologische Befunde zeigen, daß von allen lebenden Arten der Schimpanse am nächsten mit uns verwandt ist. Originalgröße. *Photos von David Brill; mit freundlicher Genehmigung des National Museum of Natural History.*

481804

Schädel eines *Sivapithecus* aus Potwar, Pakistan. Früher glaubte man, die Fossilien von *Ramapithecus* stünden in der direkten Vorfahrenlinie der Menschen. Nach heutiger Kenntnis sind sie identisch mit *Sivapithecus*, dem mutmaßlichen Vorfahren des Orang-Utan. Originalgröße. *Photo von David Brill; mit freundlicher Genehmigung des Peabody Museum of Archaeology and Ethnology, Harvard University.*

vor allem etwas über seine Art der Fortbewegung aussagen. ◖ Die drei heutigen afrikanischen Menschenaffen gehen auf den Knöcheln aller vier Extremitäten. Bei dieser charakteristischen Fortbewegungsart liegt das Gewicht auf der Rückseite des mittleren Gliedes am Mittelfinger. Kleinaffen dagegen stützen sich mit den Handflächen ab und die Hominiden gehen natürlich auf zwei Beinen. ◖ Über die Fortbewegung des gemeinsamen Vorfahren gibt es drei Theorien. Nach der ersten ging er auf den Knöcheln, und dieses Merkmal blieb bei den Menschenaffen erhalten. Die zweite geht davon aus, daß der Vorfahre ein generalisierter Baumkletterer war. Der aufrechte Gang hätte sich demnach bei unseren unmittelbaren Vorfahren entwickelt, das Gehen auf den Knöcheln wäre allerdings mindestens zweimal unabhängig bei den Vorfahren von Schimpansen und Gorillas entstanden. Am wahrscheinlichsten ist wohl die dritte Theorie: Danach war der gemeinsame Vorfahre ein Baumkletterer, und zu Zweibeinern wurden wir nach der Abspaltung von den Menschenaffen. Der Knöchel-Gang entwickelte sich bei den Menschenaffen vor der Aufspaltung in die drei heutigen Arten. ◖ Die anatomischen Merkmale des bestbekannten frühen Hominiden *Australopithecus afarensis* sind nicht mit dem Gehen auf den Knöcheln vereinbar, wonach es diese Anpassung bei unseren direkten Vorfahren nicht gegeben haben dürfte. Auch unter Evolutionsgesichtspunkten betrachtet man das Knöchelgehen sinnvollerweise als spezialisierte Anpassung; hätten unsere Vorfahren sie besessen, wäre der aufrechte Gang wahrscheinlich nicht entstanden. Deshalb ist die erste Theorie auszuschließen. Die dritte wird gegenüber der zweiten bevorzugt, weil das Gehen auf den Knöcheln eine so einzigartige Fortbewegungsart ist, daß sie höchstwahrscheinlich nur einmal entstanden ist – aber das muß nicht stimmen. ◖ Daß *Ramapithecus* als früher Hominide in Ungnade fiel, ist ein ausgezeichnetes Beispiel dafür, wie eine Hypothese nach weiteren Untersuchungen und nach der Entdeckung neuer Funde schließlich verworfen wird. Leider wissen wir über die Evolution der Hominiden und Menschenaffen im späten Miozän vor fünf bis zehn Millionen Jahren so wenig, daß wir den letzten gemeinsamen Vorfahren derzeit nicht identifizieren können.

15. Der Stammbaum des Menschen

In der Literatur wimmelt es von verschiedenen Stammbäumen des Menschen, so daß es fast unmöglich ist, in diesem Wald den richtigen Baum zu finden. Ein Stammbaum soll die Abstammung widerspiegeln: Er wird aufgestellt, indem man die Vorfahren über verschiedene Vorläuferarten zurückverfolgt. Manche Fachleute behaupten, man könne einen echten Vorfahren niemals eindeutig von einem ausgestorbenen entfernteren Verwandten unterscheiden. Oder anders herum: Daß wir Vorfahren haben, ist sicher, aber viel schwerer ist festzustellen, ob ein fossiles Exemplar zu Lebzeiten Nachkommen hatte und ob wir zu ihnen gehören. ◖ Manche fossilen Gruppen, so die robusten Australopithecinen, die vor rund einer Million Jahren aus den Fossilfunden verschwinden, waren mit Sicherheit keine direkten Vorfahren der heutigen Menschen, sondern eine eigene, auf eine besondere Ernährung spezialisierte Hominidengruppe. Die Identifizierung unserer direkten Vorfahren bleibt jedoch oft zweifelhaft. Lucy gilt zwar allgemein als unsere Urahnin, ob sie allerdings selbst Nachkommen hatte, werden wir nie genau erfahren. An ihrem Skelett gibt es keine Indizien für eine Schwangerschaft. Aber da ihre Spezies *A. afarensis* nach heutiger Kenntnis vor drei bis vier Millionen Jahren die einzige Hominidengruppe war, müssen einige ihrer Artgenossen Kinder gehabt haben. ◖ Noch schwieriger wird der Nachweis echter Vorfahren, wenn es mehrere Kandidaten gibt. Neu entdeckte, 3,9 bis 4,4 Millionen Jahre alte Stücke – bisher die ältesten Hominidenfossilien überhaupt – zeigen eine zeitliche Überschneidung von mindestens zwei Gruppen, so daß Aussagen über Vorfahren und Nachkommen alles andere als einfach sind. Das gleiche dürfte für den frühen *Homo* gelten, der mindestens drei Arten umfaßt: *H. habilis, H. ergaster* und *H. rudolfensis.* In diesem Fall besteht keine Einigkeit darüber, aus welcher Art die späteren Hominiden hervorgegangen sind. Ähnlich schwierig ist die Lage in viel späterer Zeit, als Neandertaler und Jetztmenschen nebeneinander lebten. Je nach dem theoretischen Hintergrund hinterließen die Neandertaler bei den heutigen Menschen Gene oder hinterließen keine. ◖ Die Flut der Hominidenfunde aus den letzten 50 Jahren bestätigte nicht nur die darwinistische Vorstellung von der Verzweigung und Auseinanderentwicklung der Evolutionslinien, sondern sie erschwerte auch die Rekonstruktion unseres Stammbaumes. Solange man nur wenige Fossilien kannte, war die Theorie von einer direkten Verwandtschaft zwischen fossilen Vorläufern und Jetztmenschen leicht zu verteidigen. Die Unilinealisten zum Beispiel sahen um die Jahrhundertwende eine einfache Entwicklung: vom Affen über Javamenschen und Neandertaler zum Jetztmenschen. Es sah einfach aus: Am Anfang stand ein affenähnlicher Urahn, aus dem durch einen allgemeinen Evolutionstrend, eine besondere Triebkraft, der hellhäutige Europäer entstand. Eine solche gerade Linie widerspricht aber den Darwinschen Evolutionsgesetzen. Warum sollte die Evolution beim Menschen anders verlaufen als bei den übrigen Lebewesen? Die Vorstellung, der Jetztmensch sei nicht nur das Endziel der Hominidenentwicklung, sondern auch der gesamten Evolution, war nicht totzukriegen. ◖ Für die Zahl der früheren Hominidenarten (siehe Seite 23 und 40) ist von Bedeutung, daß Evolution aus Aufspaltung und Auseinanderentwicklung besteht. Wenn es, wie manche glauben, viel mehr als die bekannten Vorläuferarten gab, werden die Beziehungen zwischen Vorfahren und Nachkommen verworrener, was die Rekonstruktion des Stammbaumes erschwert. Der Baum wird eher zu einem Busch mit vielen unterschiedlich langen Ästen. ◖ Die ersten Evolutionsbäume veröffentlichte 1866 der deutsche Biologe Ernst Haeckel, ein Zeitgenosse Darwins. Er prägte gern neue Fachbegriffe wie Ökologie oder Ontologie (die Wissenschaft von der Embryonalentwicklung), und die Untersuchung der Beziehungen von Vorfahren und Nachkommen nannte er *Phylogenie.* Haeckel war von den Stammbäumen so begeistert, daß er auch einen für den Menschen entwarf. Darin brachte er ein *missing link* unter, das er *Pithecanthropus alalus* („sprachloser Affenmensch") nannte. Das wiederum inspirierte Eugène Dubois, der seinen Fund aus Java auf *Pithecanthropus erectus* („aufrechter Affenmensch") taufte. ◖ Solche ersten Versuche zur Einteilung der Lebewesen und zum Aufstellen von Stammbäumen berücksichtigten in Anlehnung an Haeckel nur die großen Ähnlichkeiten und Unterschiede der Organismen. Diese Methode beinhaltete aber ein großes Maß an Subjektivität. In jüngerer Zeit versuchte man, den Vorgang mit dem System der Kladistik wissenschaftlich strenger und objektiver zu gestalten. Die Kladistik stellt zur Untersuchung der Verwandtschaftsbeziehungen primitive und höher entwickelte Zustände bestimmter anatomischer Merkmale nebeneinander und gruppiert die Organismen dann zu Abstammungszweigen (*Klades*); Grundlage sind dabei ähnliche, von einem späten gemeinsamen Vorfahren ererbte Merkmale, die ältere Vorfahren nicht besitzen. ◖ Man stellt fest, ob anatomische Merkmale primitiv oder höher entwickelt sind, und das Kladogramm, das die Ähnlichkeiten am einfachsten erklärt, gilt als das beste. Bei den Hominiden ist der aufrechte Gang zum Beispiel ein primitives Merkmal, das heißt, er ist bei allen Hominidenarten vorhanden und ist zu ihrer Unterscheidung deshalb nicht von Nutzen. Da die primitiven Merkmale bei allen fraglichen Arten vorkommen, tragen sie wenig zur Klärung der Verwandtschaftsbeziehungen bei. Ein Merkmalszustand wie das stark vergrößerte Gehirn ist dagegen eine abgeleitete Eigenschaft, an der man *Homo* von *Australopithecus* unterscheiden kann. Deshalb sind zwei Arten in der Regel um so enger verwandt, je mehr gemeinsame abgeleitete Merkmale sie besitzen. ◖ Aus den kladistisch ermittelten Verwandtschaftsbeziehungen setzt man den Evolutionsstammbaum zusammen. Hierzu muß man die Zeit und die mutmaßlichen Vorfahren-Nachkommen-Beziehungen in den verschiedenen Taxa mit einbeziehen. Der Baum ist also eine graphische Darstellung der Hominidenevolution. ◖ Wie man einen Stammbaum zeichnet, hängt vom Stand des Wissens über die frühere taxonomische Vielfalt ab. Manche Arten und Zeitabschnitte sind in den Fossilien recht gut vertreten, andere nicht. Wegen der unvollständigen Fossilfunde und zeitlicher Lücken in unseren

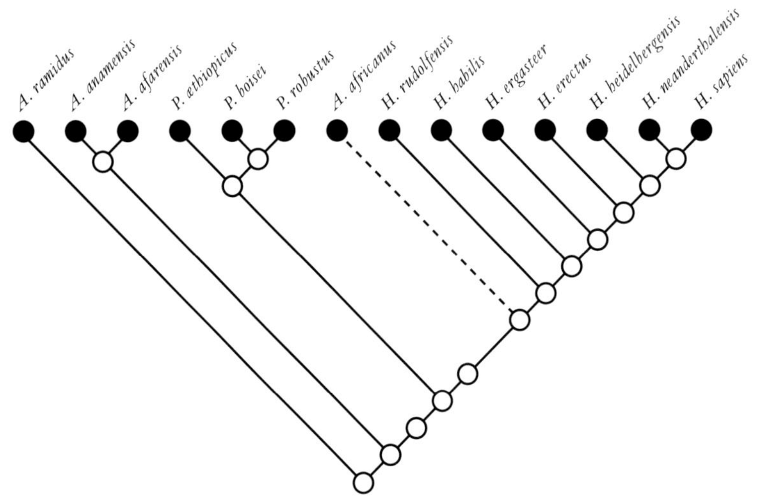

Kladogramm (oben) und Stammbaum (unten) der menschlichen Evolution. Anhand übereinstimmender anatomischer Merkmale, die auf eine gemeinsame Abstammung schließen lassen, kann man die Lebewesen in einem sogenannten Kladogramm in Gruppen einteilen; es zeigt, wie die Merkmale in der Entwicklungsgeschichte des Lebewesens verteilt sind. In der Darstellungsform des Stammbaumes dagegen kommt eine Zeitachse hinzu, und die Arten werden in ein leichter erkennbares Schema aus Vorfahren und Nachkommen angeordnet. *Kladogramm nach Tattersall, 1995; Stammbaum nach Wood, 1994.*

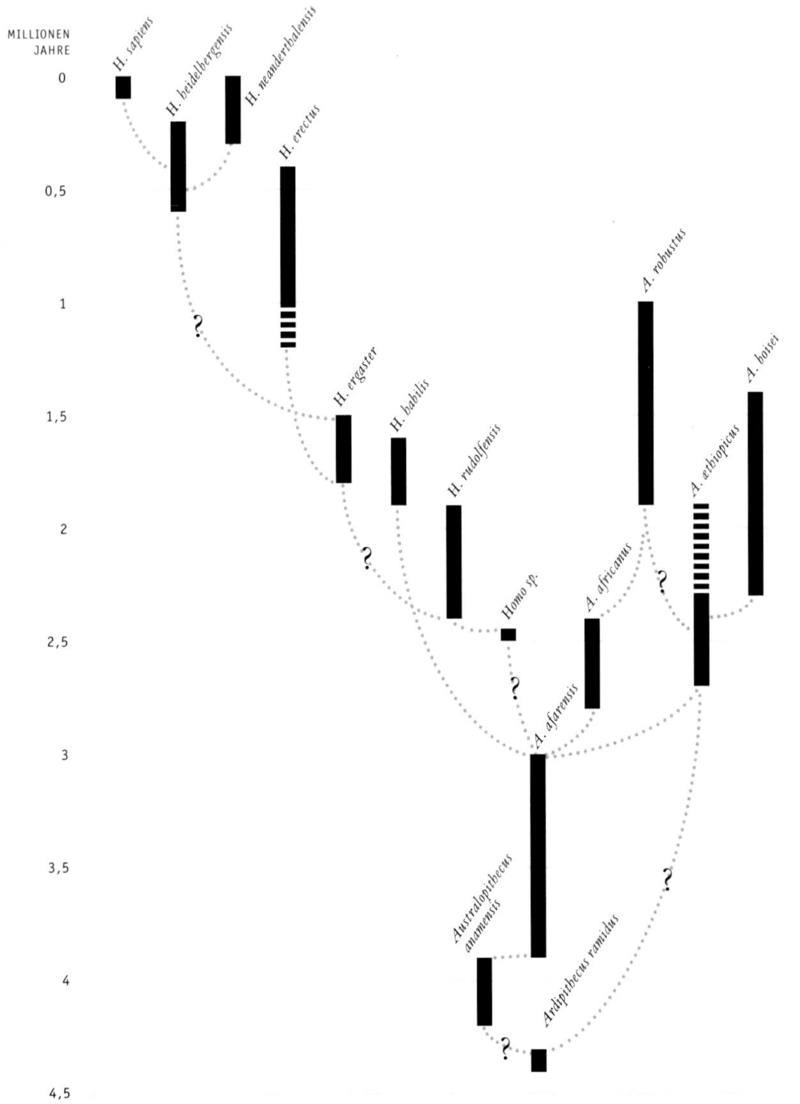

ZEITRÄUME MILL. JAHRE

A. ramidus	4,4	*A. boisei*	2,3-1,4	*H. ergaster*	1,8-1,5
A. anamensis	4,2-3,9	*A. robustus*	1,9-1,0	*H. erectus*	1,2-0,4
A. afarensis	3,9-3,0	*H. sp.*	2,5-?	*H. heidelbergensis*	0,8-0,2
A. africanus	2,8-2,4	*H. rudolfensis*	2,4-1,9	*H. neanderthalensis*	0,3-0,03
A. æthiopicus	2,7-1,9	*H. habilis*	1,9-1,6	*H. sapiens*	0,1-0,0

Kenntnissen haben wir hier keinen eindeutigen Stammbaum gezeichnet, sondern mit gepunkteten Linien andere Möglichkeiten angedeutet. Die Beziehung zwischen *Ardipithecus ramidus* und den späteren Hominiden ist sogar nur mit einem Fragezeichen versehen. Über *A. ramidus* weiß man so wenig, daß er im Stammbaum kaum einzuordnen ist. ◖ Der zahn- und kieferanatomische Vergleich von *A. anamensis* und *A. afarensis* zeigt eine recht plausible Evolutionsverwandtschaft. Zahnform und Krümmung des vorderen Kieferteils sind bei den beiden Arten zwar unterschiedlich, aber wegen seines primitiveren Merkmalszustands ist *anamensis* ein guter Vorläufer für *afarensis*. Wenn sich herausstellt, daß die beiden Arten sich zeitlich überschneiden, wird der Stammbaum um die Zeit vor vier Millionen Jahren noch buschartiger – ein Hinweis, daß die jüngere Art sich von der älteren abgespalten hat und eine Zeitlang neben ihr existierte. ◖ *A. africanus* gilt als einziger Vorfahre von *A. robustus*; für einen Vorläufer von *Homo* hält man ihn jedoch nicht, da er zahlreiche abgeleitete Merkmale der robusten Linie trägt. Die Beobachtung, daß *A. aethiopicus* eine Reihe primitiver Merkmale mit *A. afarensis* gemeinsam hat, läßt auf eine eigene Linie schließen, die sich in Ostafrika parallel zu der in Südafrika entwickelte und zu *A. boisei* führte. Nach einer Minderheitenmeinung starb *africanus* ohne Nachkommen aus, und sowohl *robustus* als auch *boisei* stammen von *aethiopicus* ab. ◖ Die Gattung *Homo* wirft mehrere Probleme auf. Erstens klafft in den Fossilfunden für die Zeit vor drei bis zwei Millionen Jahren eine große Lücke, so daß überzeugende Zwischenstufen zwischen *A. afarensis* (dem mutmaßlichen Vorläufer von *Homo*) und dem frühsten *Homo* völlig fehlen. Außerdem haben manche Fachleute als zweite Art in Sterkfontein einen *Homo*-ähnlichen Zeitgenossen von *A. africanus* postuliert und als *Homo* species novum bezeichnet. Drittens erschwert der von manchen Experten als solcher eingestufte *H. habilis* es noch mehr, die genaue Evolutionsverwandtschaft zwischen den Taxa dingfest zu machen. *H. habilis* aus der Olduvai-Schlucht könnte eine Sackgasse sein, so daß *H. rudolfensis* als Vorläufer von *H. ergaster* übrig bleibt. Manchen Interpretationen zufolge ist *ergaster* der gemeinsame Vorfahre von *H. erectus* und *H. heidelbergensis*, andere halten *ergaster* für den Vorläufer von *erectus*, der seinerseits der Vorfahre von *heidelbergensis* war. *H. neanderthalensis* ist wachsenden Indizien zufolge eine andere Art als *H. sapiens* und starb letztlich aus. *H. sapiens* wäre demnach aus *H. heidelbergensis* hervorgegangen, dem gemeinsamen Vorläufer von Neandertalern und Jetztmenschen. ◖ Bei uns, dem *H. sapiens*, hört der Evolutionsbaum auf. Eine spannende Frage lautet: Wie wird es weitergehen? Wird es noch mehr neue Arten geben? Werden wir uns zu einer neuen Spezies entwickeln, dem *Homo computerensis*? Die Antwort: In der modernen Welt fehlen derzeit die Voraussetzungen für die Artbildung. Die Menschen sind nicht mehr reproduktiv isoliert; das aber ist notwendig, damit sich genügend Unterschiede für die Bildung einer neuen Art ansammeln können. Statt dessen sind wir eine höchst mobile Spezies mit modernen Transportmitteln geworden, und deshalb werden wir als Art immer einheitlicher. Wollte man die Bedingungen der Artbildung wiederherstellen, müßte man einen Teil der Weltbevölkerung isolieren – beispielsweise durch die Besiedelung des Weltraumes. Wenn eine solche Insel im All lange genug keinen Kontakt mehr zur Erde hat, könnte sich eine neue Spezies von *Homo* bilden.

16. Schöpfung in Afrika

Die ältesten fossilen Reste unserer Vorfahren und Verwandten stammen aus dem Great Rift Valley in Ostafrika. Wie ein kürzlich im zentralafrikanischen Tschad gefundener *Australopithecus* zeigt, besteht zwar kein Grund zu der Annahme, die frühen Hominiden seien auf Ostafrika beschränkt gewesen (siehe Seite 200), aber die besondere erdgeschichtliche Vergangenheit des Great Rift Valleys sorgte für eine Häufung von Funden. Nach heutiger Kenntnis scheinen die frühen Hominiden aber nur in Afrika gelebt zu haben, denn Reste

Fragment der rechten Unterkieferhälfte aus Lothagam, Kenia. Dieses Fossilbruchstück ist über fünf Millionen Jahre alt, aber es ist so unvollständig, daß man es keiner Spezies zuordnen kann; ob es zu einem Hominiden oder einem ausgestorbenen Affen gehört, ist ebenfalls nicht klar. Originalgröße. *Photos von Robert I. M. Campbell; mit freundlicher Genehmigung des kenianischen Nationalmuseums.*

Unterkieferfragment aus Tabarin, Kenia, KNM-TI 13150. Mit seinem Alter von vier bis fünf Millionen Jahren stammt dieses Fossil ungefähr aus der gleichen Zeit wie die Funde von *Ardipithecus ramidus* aus Äthiopien. Der Unterkiefer wurde als *Australopithecus praegens* eingeordnet. Originalgröße. *Photos von Robert I. M. Campbell; mit freundlicher Genehmigung des kenianischen Nationalmuseums.*

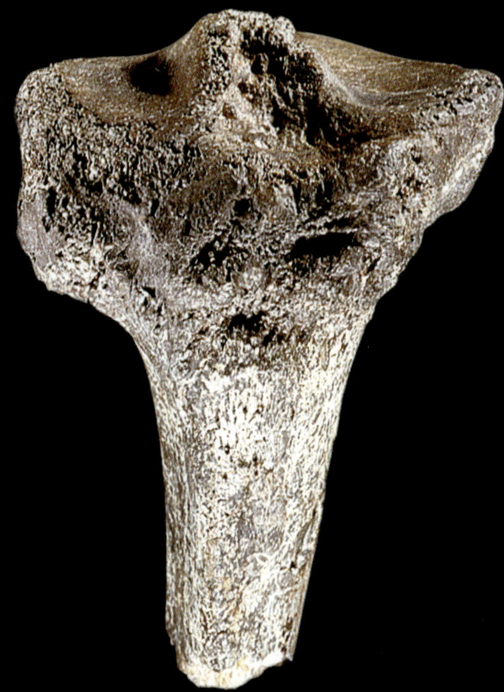

Schienbein (Tibia) eines *Australopithecus anamensis* aus Kanapoi, Kenia. Dieser Fund, KNM-KP 29285, ist der älteste Beleg für den aufrechten Gang. Man fand sowohl das obere als auch das untere Ende des Knochens; die von vorn nach hinten vergrößerte Gelenkfläche des Kniegelenks weist eindeutig auf einen Zweibeiner hin. Originalgröße. *Photos von Robert I. M. Campbell; mit freundlicher Genehmigung des kenianischen Nationalmuseums.*

von Australopithecinen hat man sonst nirgendwo gefunden. ◖ Die Molekularbiologie hat es bestätigt: Afrikanische Menschenaffen sind mit den Menschen näher verwandt als beide mit dem asiatischen Orang-Utan. Die afrikanische Gruppe aus Affen und Menschen hat eine recht lange gemeinsame Entwicklungsgeschichte nach dem Zeitpunkt, als die Orang-Utans ihren eigenen Evolutionsweg einschlugen. Unter anderem durch die molekularbiologischen Untersuchungen besteht zunehmend Einigkeit, daß man den letzten gemeinsamen Vorfahren von Menschenaffen und Menschen, sechs bis acht Millionen Jahre alt, in Afrika finden wird. ◖ Von Hominiden, die älter als vier Millionen Jahre waren, kannte man bis vor kurzem nur wenige Funde, darunter ein Stück von der rechten Seite des Unterkiefers mit einem ersten Molaren von der Fundstelle Lothagam im Norden Kenias, das auf fünf bis sechs Millionen Jahre datiert war. Nach seiner Anatomie gehört es zwar zu einem Hominiden, aber es ist so bruchstückhaft, daß keine Gattungs- oder Artzuordnung möglich ist. Ein etwa 4,2 Millionen Jahre alter oberer Abschnitt eines Oberarmknochens vom Baringo-See in Kenia ähnelt morphologisch *Australopithecus afarensis.* ◖ Ein Unterkieferfragment aus Tabarin im Norden Kenias mit abgenutztem erstem und zweitem Molaren ist 4,15 bis 5,15 Millionen Jahre alt und wurde der neuen Spezies *Australopithecus praegens* zugeordnet. Die auf 4,2 Millionen Jahre datierte Fundstelle Fejej in Südäthiopien lieferte eine Handvoll Hominidenzähne, die man *A. afarensis* zuspricht. ◖ Angesichts derart weniger Fossilien aus über vier Millionen Jahre alten Schichten waren neue Funde aus Aramis (Äthiopien) und Kanapoi (Kenia), die auf 4,4 beziehungsweise 4,2 Millionen Jahre datiert wurden, eine willkommene Ergänzung zu den Stücken von unseren ältesten Vorfahren. ◖ 1994 gab ein Team unter Leitung des Paläoanthropologen Tim White von der University of California bekannt, man habe an der Fundstelle Aramis im Flußtal des Middle Awash in Äthiopien Hominidenfossilien gefunden. Die Zähne, Kiefer, Schädelstücke und andere Knochen wurden radiometrisch auf 4,4 Millionen Jahre datiert und besitzen eine einzigartige anatomische Merkmalskombination (siehe Seite 116), so daß man die neue Art *Australopithecus ramidus* aus der Taufe hob (*ramidus* stammt von dem Wort der Afar für „Wurzel"). Nach weiteren Überlegungen und der Entdeckung eines fast vollständigen Skeletts in Aramis stufte man die ganze Sammlung als neue Gattung *Ardipithecus* („Bodenwurzelaffe"; *ardi* heißt in der Afar-Sprache „Boden") ein. ◖ Im August 1995 berichteten die Anthropologin Meave Leakey vom kenianischen Nationalmuseum und ihre Kollegen über die Entdeckung von Hominidenfossilien am Turkana-See im Norden Kenias. Die Stücke, vorwiegend Zähne und Kiefer von der Fundstelle Kanapoi, sind 3,9 bis 4,2 Millionen Jahre alt. Sie ähneln stark *A. afarensis*, besitzen aber eine Reihe abweichender anatomischer Merkmale (siehe Seite 112), die sie als eigene Spezies namens *Australopithecus anamensis* kennzeichnen (*anam* stammt aus dem Turkana-Wort für „See": „südlicher Seeaffe"). Auch ein 1965 gefundenes unteres Ende des Oberarmknochens wurde nun dieser Spezies zugeordnet. Nachdem jetzt die Vier-Millionen-Jahre-Grenze durchbrochen ist, wird man wohl noch mehr Stellen mit frühen Hominiden wie Kanapoi und Aramis finden. ◖ Die Funde von Kanapoi und Aramis bieten neue, zuvor unmögliche Einblicke in die frühe Phase der Hominidenentwicklung. Wie jede Ankündigung einer neuen Hominidenart werden sie zweifellos Debatten auslösen, aber letztlich dringen wir mit ihnen wieder ein Stück tiefer zu den stammesgeschichtlichen Wurzeln unserer einzigartigen zoologischen Familie der Hominidae vor.

17. Frühmenschen und Jetztmenschen

Die Menschenfamilie mit einer lebenden und mehreren ausgestorbenen Arten aufrecht gehender Primaten, schlug seit der Trennung vom gemeinsamen Vorfahren mit den afrikanischen Menschenaffen einen eigenen Evolutionsweg ein. Formal-zoologisch handelt es sich um die Familie der Hominidae, die umgangssprachlich meist als Hominiden bezeichnet wird. ◖ Die herkömmliche Klassifikation – die Familie Hominidae mit den Menschen und die Familie Pongidae mit Schimpansen, Gorillas und Orang-Utans – wurde in jüngster Zeit durch biochemische und molekularbiologische Untersuchungen in Frage gestellt: Man wies nämlich nach, daß Menschen mit den Menschenaffen (außer den Orang-Utans) sehr eng verwandt sind. Um dieser Verwandtschaft Rechnung zu tragen, ordnen manche Fachleute alle in die Familie Hominidae ein. Und wegen der engen entwicklungsgeschichtlichen Verwandtschaft zwischen Menschen und afrikanischen Menschenaffen faßt man diese als Unterfamilie Homininae zusammen, während man Orang-Utans und ihre Vorfahren als Unterfamilie Ponginae bezeichnet. Diese neue Einteilung entspricht zwar besser dem Evolutionsverlauf, aber hier werden wir die herkömmliche Klassifizierung beibehalten, weil sie in der paläoanthropologischen Fachliteratur allgemein üblich ist. ◖ Die Familie der Hominidae gliedert sich in frühe und späte Hominiden. Alle frühen Arten mit Ausnahme von *Ardipithecus ramidus* werden hier der Gattung *Australopithecus* („südlicher Affe") zugeordnet und zusammenfassend als Australopithecinen bezeichnet. Die späteren Hominiden gehören zur Gattung *Homo.* Das gemeinsame Merkmal der vielgestaltigen Hominidenfamilie ist der aufrechte Gang. Einige besonders große anatomische Unterschiede zwischen den Hominidenarten werden deutlich, wenn man Australopithecinen und *Homo* vergleicht. ◖ Die frühen Hominiden gehören nach Ansicht der meisten Fachleute alle zur Gattung *Australopithecus* mit den sieben Arten *anamensis, afarensis, bahrelghazali, africanus, aethiopicus, robustus* und *boisei.* Die kürzlich benannte Gattung *Ardipithecus*, ein weiterer früher Hominide, umfaßt nur eine Art: *ramidus* (siehe Seite 116); sie gilt manchmal auch als achte Art von *Australopithecus* (*A. praegens*). Als Australopithecinen werden in diesem Buch alle Arten von *Australopithecus* bezeichnet. Manche Fachleute haben etwas gegen diesen Begriff, weil er an einen Rang „Australopithecinae" unterhalb der Familienebene denken läßt, und sprechen lieber von Australopithen. ◖ Australopithecinen, manchmal auch frühe Hominiden (oder sogar frühe Menschen) genannt, hat man bisher ausschließlich in Afrika gefunden, und zwar in eine bis vier Millionen Jahre alten Sedimenten. Ihre postkranialen („schädelabwärts" gelegenen) Knochen zeugen von aufrechtem Gang auf dem Boden, aber bei manchen Arten erinnern lange Arme sowie gebogene Finger- und Zehenknochen noch an die Vorfahren auf den Bäumen. Die Australopithecinen waren Vegetarier, und ihre „robusten" Arten (*robustus, aethiopicus* und *boisei*) paßten sich extrem an diese Ernährungsweise an, so durch sehr große Backenzähne mit dickem, schnell nachwachsendem Zahnschmelz, einen kräftigen Unterkiefer und starke Kaumuskeln wie den Temporalis, die manchmal an Knochenleisten des Schädels verankert waren. Die Gesichtsform schwankt zwischen starker Prognathie (vorstehend) bei älteren Arten bis zu einer flachen und sogar eingedrückten Form bei den späteren, robusten Spezies. Die Australopithecinen zeigen eine Backenzahn-Megadontie, das heißt, die Backenzähne sind im Vergleich zu den Schneidezähnen relativ groß. ◖ Der Gehirnschädel der Australopithecinen ist mit 400 bis etwa 530 cm^3 recht klein und wird von dem großen Gesicht verdeckt. Das Schädelgewölbe ist dünnwandig und zeigt von oben eine deutliche Einschnürung hinter den Augenhöhlen. Vorn, entlang der Mittellinie des Schädels, ist manchmal eine von vorn nach hinten verlaufende Leiste zur Befestigung der Schläfenmuskeln vorhanden, insbesondere bei Männchen der robusten Arten. In der Hinterhauptsregion kommt auch eine ausgeprägte Nackenleiste vor, an der die Halsmuskeln verankert sind, und die Stirn ist niedrig und fliehend oder ein wenig steil. Der Warzenfortsatz des Schläfenbeins ist voller luftgefüllter Zellen. ◖ Postkraniale Reste sind selten, aber die Australopithecinen waren 1 bis 1,5 Meter groß und wogen 27 bis 45 Kilogramm (etwa wie ein zehnjähriges amerikanisches Kind). Soweit man weiß, zeigen die Arten einen ausgeprägten Geschlechtsdimorphismus: Die Männchen waren deutlich größer als die Weibchen. ◖ *Homo*, die Gattung der Jetztmenschen, erhielt ihren Namen 1758 von Linné. Sie umfaßt sieben Arten: *rudolfensis, habilis, ergaster, erectus, heidelbergensis, neanderthalensis* und *sapiens.* Die Gattung entstand vermutlich vor 2,5 Millionen Jahren in Afrika und ist heute weltweit verbreitet. Von den Australopithecinen unterscheidet sich *Homo* durch das größere Schädelvolumen; die Spanne reicht von 530 cm^3 bei den frühen Arten bis zu 2 000 cm^3 bei heutigen Menschen. Die Körpergröße (insbesondere die Beinlänge) und das Körpergewicht nehmen zu, während der Geschlechtsdimorphismus sich verringert. Der gesamte Gesichtsschädel mit Mund und Zähnen ist im Vergleich zu den Australopithecinen zurückgebildet. Bei manchen Arten entwickeln sich starke Brauenwülste, die bei Australopithecinen fehlen. Die Muskelansätze an Schädel und postkranialen Knochen sind allgemein kleiner, und die Schädeldecke ist deutlich dicker als bei den Australopithecinen. ◖ Der moderne *Homo sapiens* hat noch weitere anatomische Besonderheiten: Das Skelett ist relativ zierlich, Brauen- und Schädelwülste sind zurückgebildet. Zähne und Kiefer sind kleiner, das Gesicht ist senkrecht und flach mit einer ausgeprägten Nase. Der dünne Unterkiefer ist mit einem vorstehenden Kinn ausgestattet. Der kurze Schädel ist durch eine hohe, steile Stirn gekennzeichnet und beherbergt ein sehr großes Gehirn. ◖ Das vielleicht auffälligste Merkmal unserer Spezies ist die Tatsache, daß sie für ihr Überleben auf die Kultur angewiesen ist. Kultur und Symbolsprache sind (seit etwa 40 000 Jahren) entscheidende Kennzeichen des modernen Menschen. Wir verständigen uns durch die Symbole der Sprache und sind von der Kultur abhängig geworden. Zwar gibt es beim *Homo sapiens* einige anatomische Schwankungen, so daß wir eine polytypische Art sind, aber diese Unterschiede sind unbedeutend.

18. Eva – und Adam

1987 erfaßte ein Schock die wissenschaftliche Welt: In Berkely gab ein biochemisches Labor bekannt, man habe die genetische Herkunft des Menschen bis zum Ursprung unserer Spezies zurückverfolgt. Dieser Ursprung liegt vor etwa 200 000 Jahren in Afrika. Gegenstand der Untersuchung war die Mitochondrien-DNA (mtDNA); ein Teil unserer Genausstattung, der nur über die Mutter weitervererbt wird. Deshalb wurde die angebliche Urmutter aller Menschen als „Eva der Mitochondrien" bezeichnet, und das ganze wurde zur Eva-Hypothese. ◖ Aus den Befunden mit der mtDNA ergaben sich verblüffende Folgerungen. Die Menschen entstanden durch ein recht spätes Artbildungsereignis und verbreiteten sich schnell von Afrika über die ganze Welt. Alle älteren Populationen von *Homo erectus* und *Homo heidelbergensis*, die schon außerhalb Afrikas lebten, trugen nichts zum Genom der Jetztmenschen bei. Und da sich in der mtDNA auch keine asiatischen Wurzeln fanden, waren Peking- und Javamensch ebenfalls Sackgassen. ◖ In ihrer mittlerweile klassischen mtDNA-Analyse untersuchte der inzwischen verstorbene Allan Wilson zusammen mit Rebecca Cann und Mark Stoneking die genetischen Unterschiede zwischen 147 Personen aus den USA, Neuguinea, Australien, Asien und Europa. Ihr Untersuchungsobjekt war die DNA der Mitochondrien, kleiner Organellen außerhalb des Zellkerns, die in den Zellen die Energie erzeugen. Die Evolution der mtDNA schreitet viel schneller fort als die der DNA im Zellkern, so daß man mit ihrer Hilfe die evolutionsbedingten Unterschiede zwischen Populationen seit der letzten Aufspaltung als Zahl der Mutationen feststellen kann. Wie sich herausstellte, sind die Unterschiede zwischen Afrikanern größer als in anderen Bevölkerungsgruppen (was auf eine längere Evolutionszeit hinweist); der Stammbaum der Menschheit dürfte seine Wurzeln also vor 140 000 bis 290 000 Jahren in Afrika bei einer Urmutter haben. ◖ Wer bisher argumentiert hatte, die Abstammungslinie der Menschen stamme direkt von *erectus*-Populationen auf mehreren Kontinenten, konnte sich natürlich mit Eva nicht anfreunden. Als der Schock vorüber war, gab es harsche Kritik an der Eva-Hypothese: Man habe nicht vollständige Gensequenzen verglichen, sondern die weniger genaue Methode der Restriktionsanalyse angewandt; man habe Afroamerikaner anstelle der afrikanischen Bevölkerung untersucht; und man habe keine nichtmenschliche Gruppe (zum Beispiel die weitläufiger mit uns verwandten Schimpansen) zur Kontrolle mit einbezogen. Daraufhin wurden die Untersuchungen wiederholt und verfeinert; man nahm mtDNA von 189 Menschen hinzu, darunter 121 Afrikaner aus sechs Gebieten südlich der Sahara. Die molekulare Uhr wurde kalibriert, indem man Schimpansen-mtDNA untersuchte und ihre Unterschiede zur menschlichen mtDNA seit der Auseinanderentwicklung der beiden Arten verglich. Die 1991 veröffentlichten Ergebnisse zeigen ebenfalls, daß der Mensch vor 166 000 bis 249 000 Jahren in Afrika entstanden ist. Wie zuvor hatte der Stammbaum der mtDNA zwei Äste: Einer führte zu sechs afrikanischen DNA-Typen, der zweite zu allen anderen Menschen. Eva war gerettet. ◖ Aber nicht lange. Das Computerprogramm, das man in beiden Untersuchungen verwendet hatte – es heißt PAUP (*Phylogenetic Analysis Using Parsimony*) – konstruiert Bäume nach dem Sparsamkeitsprinzip: Am plausibelsten ist der Baum, der sich mit der kleinsten Zahl von Mutationen erklären läßt. Es stellt sich jedoch heraus, daß die Ergebnisse dadurch beeinflußt werden, wie man die Daten in den Computer eingibt, wie oft man das Programm laufen läßt und wieviele Stammbäume es analysiert. Alan Templeton fand 100 Stammbäume, die sparsamer waren als der von 1991, und eine andere Arbeitsgruppe fand gegenüber dem Baum von 1987 über 10 000 sparsamere Versionen, darunter auch solche mit mehreren geographischen Ausgangspunkten. Außerdem konnte Eva nach den errechneten Fehlerspannen irgendwann vor 100 000 bis einer Million Jahren gelebt haben. Plötzlich war die afrikanische Herkunft der menschlichen mtDNA gar nicht mehr so eindeutig. ◖ Obwohl die Eva-Hypothese immer noch umstritten ist, weisen die genetischen Indizien eindeutig auf einen späten Ursprung hin, der wahrscheinlich in Afrika lag. Ein anderes Stück der mtDNA, das Gen für die Cytochromoxidase-Untereinheit II (CO II) wurde von Maryellen Ruvolo und anderen untersucht; ihr Befund: Wenn man annimmt, daß Schimpansen und Menschen vor sechs Millionen Jahren einen gemeinsamen Vorfahren hatten, entstand der moderne Mensch vor 222 000 Jahren. Und eine Analyse des gesamten Mitochondriengenoms – allerdings nur von zwei Menschen – gelangte zu einer Entstehungszeit vor 176 000 Jahren. Afrikaner zeigen in der DNA der Mitochondrien wie auch des Zellkerns die größte Variationsbreite; demnach dürften ihre Gene die ältesten sein. ◖ War schon Eva schwer faßbar, so gilt das für Adam noch mehr. Einige Genetikerteams haben versucht, auf dem Y-Chromosom, das nur Männer besitzen, geeignete Abschnitte für die Suche nach dem Stammvater der Menschheit zu finden. Große Teile dieses Chromosoms rekombinieren nie mit dem X-Chromosom, das bei Männern und Frauen vorhanden ist, sondern verändern sich nur durch die seltenen Mutationen; deshalb bietet das Y-Chromosom nach der mtDNA den zweiten Weg, um die Menschheitsgeschichte bis an ihren Anfang zurückzuverfolgen. ◖ Nach einer Untersuchung am Y-Chromosom aus den frühen neunziger Jahren war Adam ein Pygmäe, der vor 200 000 Jahren im Wald der heutigen Zentralafrikanischen Republik lebte. Auch drei 1995 veröffentlichte Studien versuchten, Adam dingfest zu machen. Die erste gelangte anhand einer kleinen Sequenz im Gen ZFY, das die Hoden- und Samenzellenentwicklung steuern dürfte, für Adam zu einem optimalen Zeitpunkt vor 270 000 Jahren, was recht gut mit den mtDNA-Befunden für Eva übereinstimmt. Zwei weitere Arbeiten zeigten etwas andere Ergebnisse: Die eine verlegt das Ur-Y-Chromosom in die Zeit vor 188 000 Jahren und läßt auf eine Wanderungsbewegung der Männer von Afrika nach Europa und Asien schließen; die andere gelangte zu dem Schluß, der moderne Mensch sei erst vor 37 000 bis 49 000 Jahren entstanden. ◖ Auch mit Hilfe der übrigen DNA im Zellkern versuchte man, den Ursprung des modernen Menschen zu datieren. Manche Analysen weisen auf Afrika und die gleiche Zeit wie die mtDNA hin, aber immer mehr Indizien sprechen auch für eine noch spätere Entstehung. Nach den Untersuchungen von Luigi Luca Cavalli-Sforza und Kollegen an der Mikrosatelliten-DNA von 150 Menschen aus verschiedenen ethnischen Gruppen lebte Eva vor nicht mehr als 133 000 Jahren. In einer neueren, umfassenden Studie untersuchte ein großes Genetikerteam in sechs Ländern zwei Teile des CD4-Gens auf dem Chromosom 12 bei 1 600 Personen aus 42 Bevölkerungsgruppen. Auch hier fand man die größte Vielfalt bei der Bevölkerung südlich der Sahara, während alle Gruppen außerhalb Afrikas

Fossilien von *Homo sapiens* von der Mündung des Klasies River in Südafrika.
Vier Unterkiefer- und mehrere Schädelfragmente aus dieser am Meer gelegenen Höhle wurden auf 80 000 bis 100 000 Jahre datiert – ein Argument für die Theorie, daß die Jetztmenschen erst relativ spät in Afrika entstanden sind. Originalgröße. *Mit freundlicher Genehmigung des South Africa Museum.*

verblüffend einheitlich sind. Nachdem sie sich über ganz Afrika ausgebreitet hatten, wanderten Gruppen dieser frühen modernen Menschen offenbar vor etwa 102 000 Jahren über die Nordostecke des Kontinents in den Nahen Osten. Von dort gelangten sie nach Europa, Asien und darüber hinaus. ◖ Wichtig ist dabei, daß wir trotz der Benennung als Adam und Eva nicht alle von einem einzigen Paar abstammen wie im biblischen Schöpfungsbericht. Die Eva der Mitochondrien ist nicht die Urmutter, von der alle Menschen abstammen, sondern die Trägerin eines mtDNA-Moleküls, aus dem alle heutige mtDNA hervorgegangen ist. Eva hatte viele männliche und weibliche Zeitgenossen, und da die mtDNA nur 1/400 000 unseres Genoms ausmacht, haben sicher auch diese Zeitgenossen zu unserer Genausstattung beigetragen. Damit unsere heutige genetische Vielfalt aufrechterhalten werden konnte, muß die Population der ersten Jetztmenschen mindestens aus 10 000 Individuen bestanden haben. Unsere Spezies stammt also nicht von einem einzigen Paar namens Adam und Eva, aber sie entstand relativ schnell aus einer Gründerpopulation, die um die Zeit vor 200 000 Jahren in Afrika zu Hause war.

19. Die ältesten Fossilien anatomisch moderner Menschen

Anfang des 20. Jahrhunderts nahmen Fachleute wie der englische Anatom Sir Arthur Keith (der Lehrer von Louis Leakey) und der französische Paläontologe Marcellin Boule an, der Jetztmensch sei schon sehr alt. Nach der im wesentlichen von Boule und Keith formulierten Prä-sapiens-Theorie konnten die Neandertaler keine Vorfahren der heutigen Menschen sein – nicht nur, weil sie zu grob gebaut waren, sondern auch weil es die Jetztmenschen angeblich schon lange vor den Neandertalern gab. Boule hatte starken Einfluß auf seinen Schüler Henri Vallois, einen französischen Anthropologen, der nach dem Tod seines Lehrers 1942 noch bis in die fünfziger Jahre die Prä-sapiens-Theorie vertrat. ◖ Von dieser Theorie beeinflußt, beschrieb Boule auch die Neandertalerfunde von La Chapelle-aux-Saints. Mit seiner primitiven Anatomie, betonte er, sei das Skelett so affenähnlich, daß kein selbstbewußter Europäer es als Vorfahren haben wolle. Einen ähnlichen theoretischen Hintergrund hatten auch Keith' Arbeiten mit dem angeblich sehr alten Piltdown-Schädel. Er schrieb dem Schädel ein größeres Gehirnvolumen zu als andere, denn nach seiner Ansicht hatte die Vergrößerung des Gehirns den Weg zur Hominidenevolution geebnet. Die primitiven Merkmale des Schädels übersah er absichtlich. Aus diesen beiden Richtungen wurden die Neandertaler auf einen Nebenzweig gedrängt. ◖ Seltsamerweise hatten Boule, Vallois, Keith und andere recht: Die Jetztmenschen gab es schon früh, und die Neandertaler waren höchstwahrscheinlich nicht unsere direkten Vorfahren (siehe Seite 56 und 232). Aber die Gründe für ihre Annahme stimmten nicht, denn die Funde, auf die sie ihre Vermutungen aufbauten, waren nicht so alt, wie sie dachten. Der Piltdown-Mensch erwies sich als Fälschung – als moderner Schädel, den man mit dem Kiefer eines Orang-Utan verbunden und bei alten Fossilien vergraben hatte. Auch Schädel mit moderner Anatomie wie die aus Galley Hill in England waren moderne Menschen, die man in älteren Schichten begraben hatte. Schließlich erwiesen sich auch Funde wie die Skelette von Grimaldi, die Boule für alte „Negroide" hielt, als geologisch jünger als die Neandertaler. ◖ Die eigentliche Schwierigkeit, wenn man das hohe Alter des anatomisch modernen Menschen nachweisen will, war und ist die zuverlässige Datierung. Die wichtige Phase für die Entstehung der Jetztmenschen war die Zeit vor 200 000 bis 40 000 Jahren. In dieser Periode tauchten sowohl die Neandertaler als auch die modernen Menschen auf, nur lassen sich ausgerechnet hier weder mit der herkömmlichen Radiokarbon- noch mit der Kalium-Argon-Methode genaue Aussagen machen, weil beide sich eher für zeitlich ältere oder jüngere Funde eignen. Mit den neueren Verfahren der Thermolumineszenz, Elektronenspinresonanz und Uranium-Thorium-Datierung (siehe Seite 26) kann man die Zeit vor 40 000 bis 200 000 Jahren jedoch abdecken, so daß mit ihrer Hilfe einige Lücken in unserer Frühgeschichte zu schließen waren. ◖ Der überzeugendste Beleg für den frühen Jetztmenschen stammt aus Jebel Qafzeh, einer Höhle bei Nazareth in Israel. Dort fand man über 20 gut erhaltene, teilweise fast vollständige Skelette mit Schädel (siehe Seite 239). Mit Thermolumineszenz- und Elektronenspindatierung konnte man das Alter der Hominiden von Qafzeh auf 90 000 bis 100 000 Jahre bestimmen. Die Skelette zeigen zwar einige primitive Merkmale, aber die Schädel sehen erstaunlich modern aus. Sie haben einen hohen, kurzen Gehirnschädel mit senkrechter Stirn, schwache Augenbrauenwülste und ein durchschnittliches Schädelvolumen von 1 550 cm^3, was ganz im Bereich der heutigen Menschen liegt. Auch das gut ausgeprägte Kinn am Unterkiefer belegt den modernen Bau der Hominiden von Qafzeh. Andere Belege für den *Homo sapiens* stammen von dem Felsüberhang in Skhul am Berg Carmel in Israel, einer Fundstelle, die etwa ebenso alt ist wie Qafzeh. Dort entdeckte man Reste von zehn Menschen, darunter mehrere, die vermutlich beigesetzt waren. ◖ In dem ostafrikanischen Gebiet namens Omo-Kibish im Süden Äthiopiens, unmittelbar nördlich des Turkana-Sees, entdeckte man 1967 Reste eines Teilskeletts, das man Omo I nannte (siehe Seite 45 und 236). Der Schädel mit seinem runden Gewölbe und der erweiterten Scheitelpartie sowie die postkranialen Knochen sehen sehr modern aus. Das Kinn des zugehörigen Kiefers steht vor. Ein Stück weiter wurde Omo II gefunden, der Gehirnschädel eines zweiten Individuums, das eher wie *Homo erectus* wirkt. Die Datierung der Fossilien von Omo-Kibish ist unsicher, aber nach der Uranium-Thorium-Messung an Muschelschalen, die bei den Fossilien gefunden wurden, könnten sie etwa 130 000 Jahre alt sein. ◖ An der Flußmündung des Klasies River in Südafrika wurden Fossilien zusammen mit archäologischen Stücken aus der mittleren Steinzeit gefunden. Nach Altersschätzungen, die sich auf die Uran-Thorium- und die Eletronenspinmethode gründen, lebten die Hominiden dort vor 75 000 bis 120 000 Jahren. Manche Stücke sind eher robust gebaut, aber ein Kieferteil ist relativ zart und hat ein ausgeprägtes Kinn. Ein kleiner Teil des leicht gebauten Stirnknochens hat keinen Brauenwulst und besitzt demnach eine moderne Anatomie. ◖ Als Beispiel für einen sehr frühen anatomisch modernen Menschen wird häufig ein erwachsener Schädel aus der südafrikanischen Höhle Border Cave genannt (siehe Seite 44). Das Stück sieht tatsächlich modern aus, da es jedoch nicht die gleichen Schäden aufweist wie andere Fossilien aus dem mittelsteinzeitlichen Horizont, dürfte es sich um einen später in älteren Sedimenten beigesetzten Menschen handeln. ◖ Außerhalb Afrikas gibt es aus der Zeit vor mehr als 40 000 Jahren keine überzeugenden Belege für Jetztmenschen. In Europa zum Beispiel tauchen die ersten modernen Menschen, in der Regel Cro-Magnonmenschen genannt, immer zusammen mit typischen Artefakten aus dem oberen Paläolithikum auf (siehe Seite 258). Aus dem Nahen Osten gibt es nur wenige Funde des modernen *Homo sapiens*; der älteste, aus Ksar Akil im Libanon, ist etwa 37 000 Jahre alt. Aus Ostasien kennt man keine überzeugenden Belege für moderne Menschen, weil Fundstellen und Fossilien spärlich sind und weil die Datierung der Funde unsicher ist. ◖ Nach heutiger Kenntnis tauchte *Homo sapiens* zuerst in Afrika auf – zu dem hier biogeographisch auch die Fundstellen in Israel gerechnet werden. Bemerkenswerterweise sind diese frühen *sapiens* zwar anatomisch modern, aber ihre Steinwerkzeuge, Moustérien oder Technologie der mittleren Steinzeit genannt, lassen durchaus nicht auf moderne Verhaltensweisen schließen. ◖ Die Funde lassen vermuten, daß der *Homo sapiens* nicht unmittelbar durch eine Verhaltensänderung entstand oder daß diese sich zumindest nicht in den Fossilfunden niederschlägt. Die postkranialen Knochen des frühen *sapiens* waren robust gebaut, das heißt, jene Menschen waren noch in vielem auf Körperkraft und nicht auf Werkzeuge angewiesen.

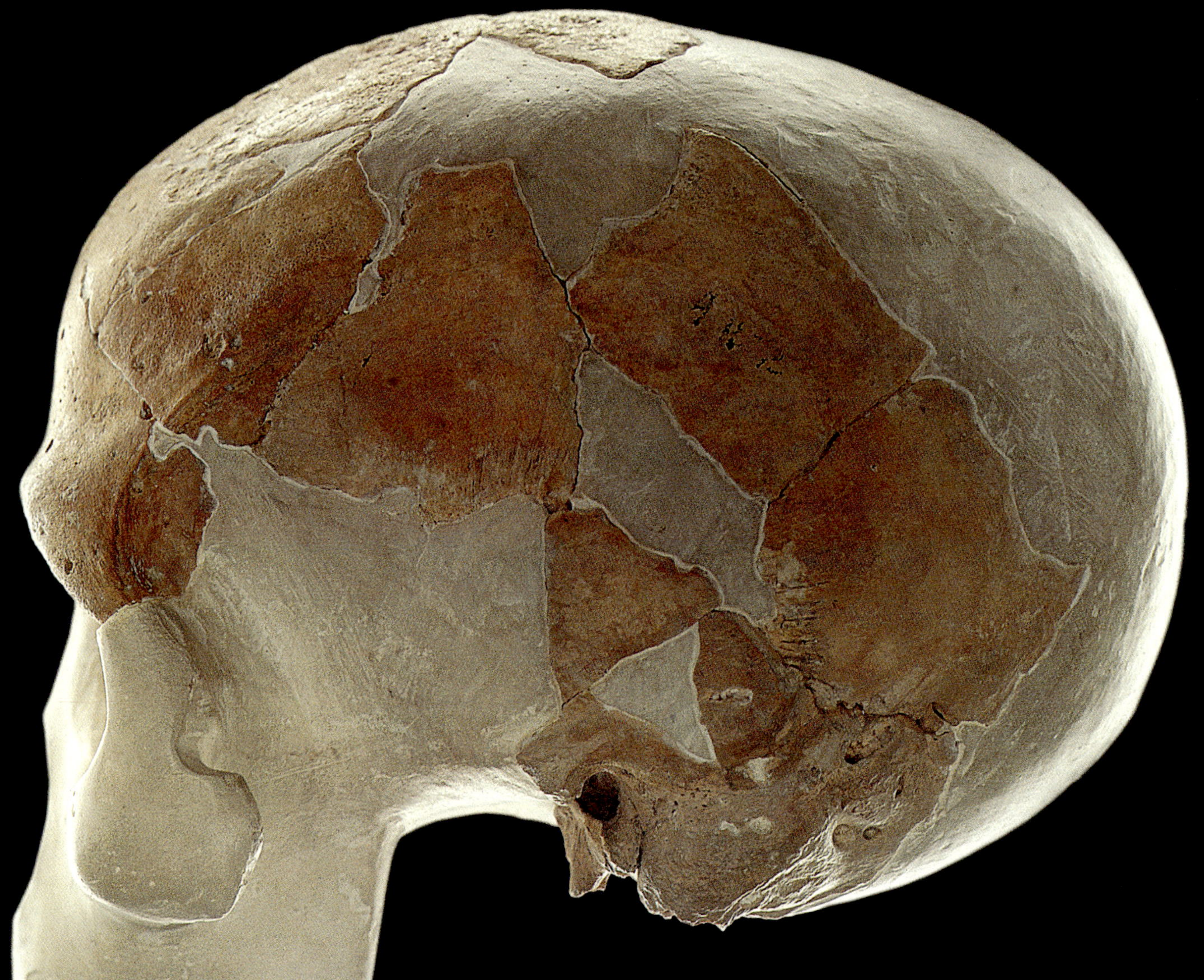

Schädel eines *Homo sapiens* aus der Border Cave in Südafrika. Dieser Fund mit der Bezeichnung Border Cave 1 wurde beim Guanoabbau in der Höhle entdeckt. Er dürfte 70 000 bis 80 000 Jahre alt sein. Originalgröße. *Photo von Gerald Newlands.*

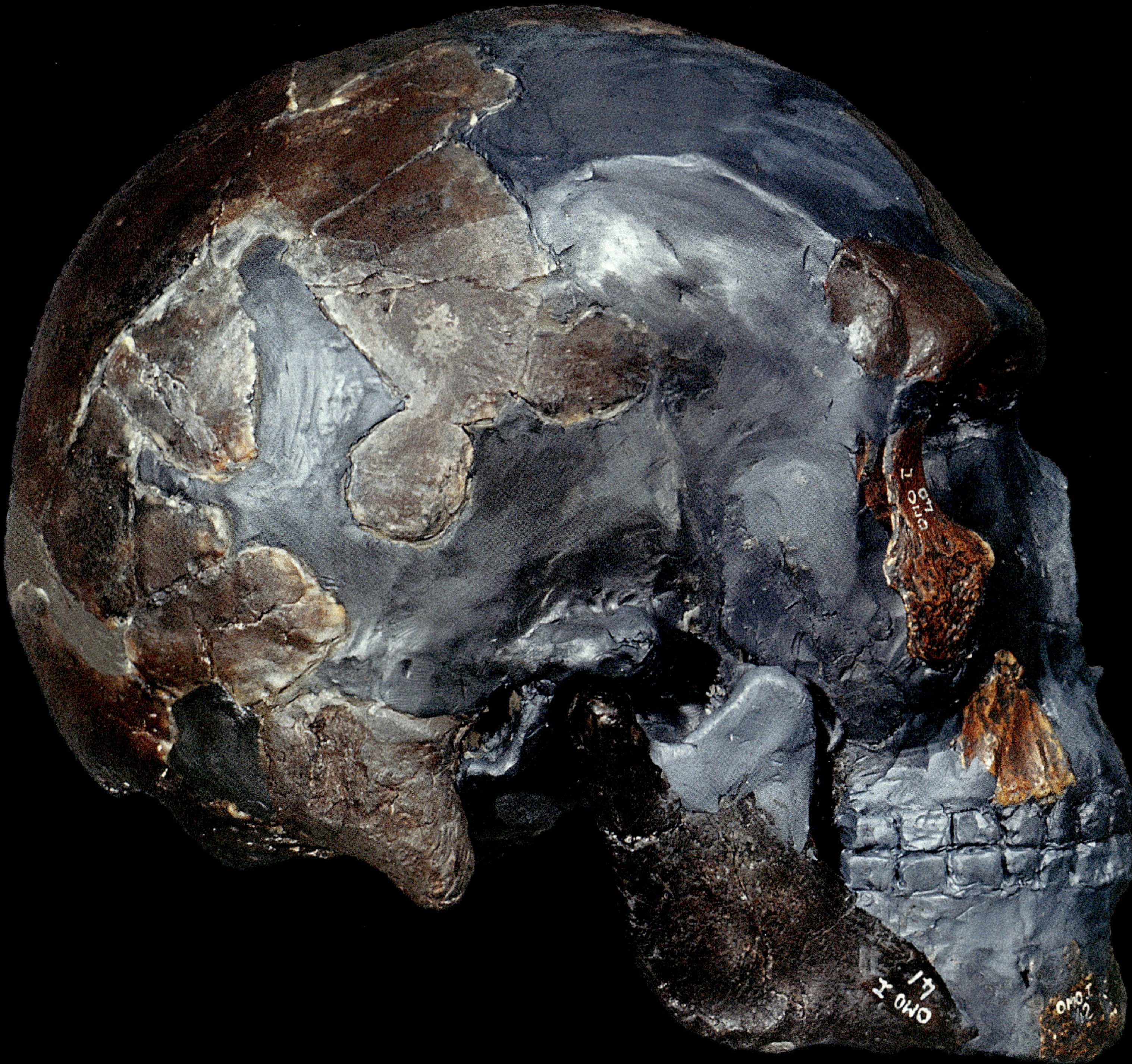

Schädel eines *Homo sapiens* aus Omo-Kibish, Äthiopien. In der Seitenansicht erkennt man die langen, gewölbten Scheitelbeine, die hohe Stirn und das gut entwickelte Kinn – alles Merkmale, die man auch bei nicht einmal halb so alten Fossilien von Jetztmenschen findet. Originalgröße. *Mit freundlicher Genehmigung von Michael Day.*

20. Out of Africa

In den neunziger Jahren war die Frage, wann unsere Vorfahren erstmals aus Afrika heraus in andere Erdteile wanderten, durch mehrere wichtige Entdeckungen wieder offen. Üblicherweise gilt *Homo erectus* als der prähistorische Pionier, der Afrika vor etwa einer Million Jahren verließ und sich über Eurasien verbreitete. Aber neueren Hinweisen zufolge wanderte *erectus* oder sein Vorfahr *Homo ergaster* vielleicht schon viel früher aus dem Kontinent seines Ursprungs aus. ◖ Im Jahr 1994 wurden einige alte Knochen neu datiert – für Anthropologen ein Schock, für das Magazin *Time* ein Titelbild. Es handelte sich um Knochen von den Fundstellen Modjokerto und Sangiran auf Java, der Insel, wo man 1891 auch die allerersten Reste von *H. erectus* fand (siehe Seite 187). Der 1936 entdeckte Schädelteil aus Modjokerto ohne Gesicht und Zähne gehörte einem fünf bis sechs Jahre alten *erectus*-Kind. Sein geologisches Alter hatte man auf eine Million Jahre geschätzt, jedoch lebte das Kind neueren Datierungen zufolge vor mindestens 1,8 Millionen Jahren. Andere *erectus*-Fossilien aus Sangiran, darunter Gesicht und Rückseite von zwei verschiedenen Schädeln sowie ein Unterkiefer, sind 1,6 Millionen Jahre alt. ◖ Die Altersabschätzung der Sedimente an den beiden Stellen erfolgte mit der recht neuen, sehr genauen Argon-Argon-Methode, bei der man mit dem Laser die Menge an Argongas in einzelnen Gesteinskristallen mißt. Gelegentlich gab es Zweifel, ob die datierten Sedimente von den gleichen Stellen stammen wie die Fossilien, oder ob diese vielleicht jünger sind. Aber das ähnliche Alter der Sedimente an zwei 240 Kilometer voneinander entfernten Stellen spricht für das frühere Datum. Verblüffend ist es dennoch, denn ansonsten gibt es in Ostasien keine stichhaltigen Hinweise auf Frühmenschen vor mehr als einer Million Jahren, und die Menschen von Modjokerto und Sangiran mußten sicher durch dieses Gebiet wandern, um nach Java zu gelangen. Die ältesten *erectus*-Funde in Ostasien sind der Schädel von Gongwangling (Lantian) in China, der eine Million oder eher 800 000 Jahre alt ist, sowie einige einzelne Zähne aus Yuanmou und von anderen Stellen in China, deren Datierung bei 700 000 Jahren liegt. ◖ Wenn *erectus/ergaster* Afrika bereits eine Million Jahre früher als zuvor angenommen verließ, stellt sich die Frage, was diesen Hominiden dazu befähigte. Man hatte vermutet, die Steinwerkzeugtechnik des Acheuléen mit ihren typischen, kräftigen Faustkeilen und Äxten, die *erectus* zugeschrieben wird, habe der Spezies die ökologischen Möglichkeiten zur Ausbreitung verschafft. Aber so einfach kann es nicht sein, insbesondere wenn *erectus* nach Asien kam, bevor in Afrika vor etwa 1,4 Millionen Jahren die ersten Acheuléen-Werkzeuge auftauchen (was das altbekannte Fehlen solcher Artefakte in Asien erklärt). ◖ Auch Eurasien besiedelte *H. erectus* neueren Fossilfunden zufolge früher, als man zuvor gedacht hatte. Als Archäologen 1991 in der mittelalterlichen Stadt Dmanisi in Georgien einen Kornspeicher ausgruben, fanden sie neben alten Tierknochen und Steinwerkzeugen auch den Unterkiefer eines erwachsenen *erectus*, der später mit drei Methoden, darunter Kalium-Argon- und Paläomagnetismus-Datierung auf 1,8 Millionen Jahre datiert wurde, so daß der Mensch in Eurasien mit dem von Modjokerto um den Rang des ersten Siedlers außerhalb Afrikas konkurrieren kann. Der Fund aus Dmanisi ähnelte zeitgenössischen afrikanischen Kiefern stärker als späteren aus Asien; er könnte also zu *H. ergaster* oder einer anderen Hominidenart gehören. ◖ Die ersten Auswanderer aus Afrika zogen vermutlich an der Ostküste des Mittelmeers entlang und erst dann weiter nach Osten. Im Jordan-Tal in Israel fand man an der Stelle Ubeidiya Werkzeuge einer frühen Schlagsteinkultur und grobe Acheuléen-Faustkeile, die mit drei Methoden auf 1,2 bis 1,4 Millionen Jahre datiert wurden. Sie ähneln Werkzeugen vergleichbaren Alters aus dem mittleren und oberen Bett II in der Olduvai-Schlucht in Tansania. An der gleichen Stelle wurden Teile eines Hominidenschädels und einige Zähne gefunden. Acheuléen-Faustkeile und Äxte, die 600 000 Jahre alt sind, fand man in Gesher Benot Ya'aqov, einer weiteren Stelle im israelischen Jordan-Tal; diese nördliche Fortsetzung des afrikanischen Great Rift Valley mit seinen Seen und Wäldern dürfte ökologisch den Lebensräumen in Ostafrika geähnelt haben. ◖ Ungelöst bleibt das Rätsel, ob *Homo erectus* direkt nach Osten wanderte und Europa links liegen ließ. Aus Europa kennt man keine eindeutigen *erectus*-Fossilien. Zwar wurden einige Funde, so die Schädel aus Petralona in Griechenland und Arago in Frankreich (siehe Seite 200 beziehungsweise 198) dieser Spezies zugeschrieben, aber sie gehören in Wirklichkeit zu dem jüngeren *Homo heidelbergensis*. ◖ Nach Ansicht vieler Paläoanthropologen kamen die ersten Menschen erst vor 500 000 Jahren nach Europa; als Beleg nennen sie den Unterkiefer aus Mauer, das Typusexemplar des Heidelbergmenschen *H. heidelbergensis*, der 1907 gefunden wurde (siehe Seite 196). 1994 bestätigte ein neu gefundenes Schienbein (Tibia) aus Boxgrove in England, daß die Frühmenschen vor 500 000 Jahren Großbritannien erreicht hatten, das damals eine Halbinsel war. ◖ Nach der 1995 veröffentlichten Entdeckung neuer Fossilien in Spanien war jedoch gesichert, daß die Menschen schon früher nach Europa gekommen waren. In der Höhle von Gran Dolina im Atapuerca-Gebirge fand man drei Dutzend Knochenstücke und 100 Steinwerkzeuge in Sedimenten, die mit Paläomagnetismus auf 780 000 Jahre

Fossilien von *Homo heidelbergensis* aus Gran Dolina, Spanien. Diese 780 000 Jahre alten Überreste von vier Individuen, darunter ein Jugendlicher und ein Kind, dürften von den ältesten Europäern stammen. Originalgröße. *Photo von Javier Trueba, Madrid Scientific Films; mit freundlicher Genehmigung von Juan-Luis Arsuaga.*

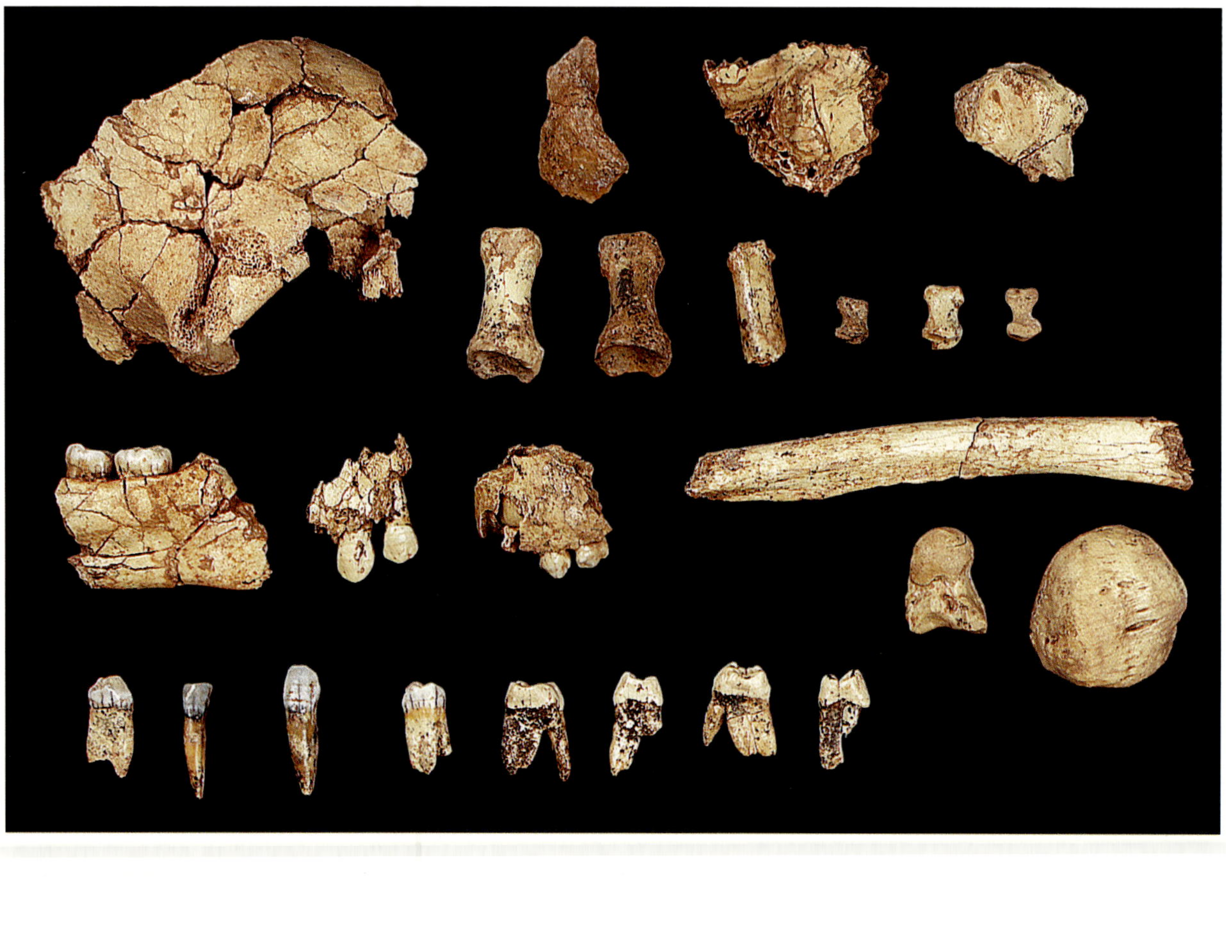

datiert wurden. Die Fossilien – mehrere Zähne, Kiefer- und Schädelfragmente, Hand- und Fußknochen – stammen von vier Individuen, darunter ein Kind und ein Jugendlicher. Die Knochen von Gran Dolina gleichen weder *erectus* noch den späteren Neandertalern; sie gehören wahrscheinlich zu einer primitiven Form von *H. heidelbergensis* oder einer älteren, bisher unbekannten Art. Ob andere Höhlen noch ältere Europäer beherbergen, bleibt abzuwarten.

21. Die ersten Amerikaner

1932 fanden Archäologen, die bei Clovis in New Mexico die Ufer eines ausgetrockneten Sees untersuchten, zwischen Mammutrippen einige ungewöhnliche Steinwerkzeuge. Etwas Ähnliches wie diese eleganten, dünn abgeschlagenen Speerspitzen kannte man noch nicht. Das Hinterende der Spitzen war ausgekehlt: Man hatte einen großen, rechteckigen Splitter auf beiden Seiten abgeschlagen, so daß man den Stein an einem Holzschaft befestigen und auf ein Tier schleudern konnte. Solche Artefakte nannte man nun Clovis-Spitzen. Ihre Hersteller waren Großwildjäger, die nach Amerika vielleicht durch große wandernde Herden von Pflanzenfressern gelockt wurden, so durch die heute ausgestorbenen Mammuts, Mastodons und Moschusochsen sowie durch Kamele, Pferde und Riesenfaultiere. An der gleichen Stelle wurden die Reste von vier weiteren Mammuts in Verbindung mit Clovis-Spitzen ausgegraben; sie lagen alle unter Schichten mit den kleineren Folsom-Spitzen, die man bis dahin für die älteste Technologie in Amerika gehalten hatte. ◖ Später fand man weitere Clovis-Spitzen aus Feuerstein und Chalcedon nacheinander in jedem der 48 US-Staaten sowie in Kanada und im Süden bis nach Feuerland. Die Radiokarbondatierung zeigte übereinstimmend ein Alter von 11 000 bis 11 500 Jahren. Anerkannt ältere archäologische Stätten hat man nicht gefunden, das heißt, die modernen Altindianer kamen damals, ungefähr während der letzten Eiszeit, erstmals über die Bering-Landbrücke aus Asien nach Amerika. ◖ Dieser Zeitpunkt, häufig Clovis-Schranke genannt, wurde oft durch angeblich ältere Belege in Frage gestellt, aber widerlegt ist er nicht. Viele vorgebliche Prä-Clovis-Funde aus Nord- und Südamerika hielten einer genauen Überprüfung nicht stand: Entweder war das behauptete Alter menschlicher Knochen und Artefakte nicht zu belegen, oder es war nicht klar, ob es sich um Werkzeuge von Menschenhand handelte. Vielleicht wird nichts in der amerikanischen Archäologie so genau hinterfragt wie neue Behauptungen über Prä-Clovis-Funde, doch konnten einige Fundstellen bis heute aller Kritik trotzen. ◖ Eine solche Stelle ist der Meadowcroft-Felsüberhang im Becken des Ohio River in Pennsylvania. Die dort freigelegten Sedimente enthielten zahlreiche Artefakte, Tierknochen und Pflanzenreste sowie Holzkohle von Feuerstellen, die als Material für über 50 Radiokarbondatierungen diente. Die ältesten Ablagerungen an dieser Stelle sind 21 000 bis 31 000 Jahre alt und enthalten keine Artefakte. Wenig später tauchen aber Spuren von Menschen auf. Das älteste Artefakt, offenbar ein Stück Rindenkorb oder -matte, wurde auf 19 600 ± 2 400 Jahre datiert. Ein abgeschnittenes, verkohltes Stück Hirschgeweih ist etwa 16 175 Jahre alt. ◖ Aus derselben Schicht stammen auch fertige Steinwerkzeuge und Steinsplitter, darunter bearbeitete Messer, Klingen und andere Schneidegeräte. Eine einzelne kurze, blattförmige Speerspitze dürfte 13 000 Jahre alt sein. Keines der Werkzeuge ähnelt stark denen von Clovis, aber die ungewöhnlichen Schneiden erinnern entfernt an Werkzeuge aus dem oberen Paläolithikum in Europa. ◖ Eine weitere mutmaßliche Prä-Clovis-Stelle ist die von Monte Verde in Chile. Anders als Meadowcroft ist Monte Verde eine offene, am Rand eines Sumpfgrabens gelegene Stelle, wo ein Torfmoor nicht nur Steine und Knochen konserviert hat, sondern auch Holzwerkzeuge, Balken und Äste, die als Hüttenfundamente angeordnet sind, sowie sogar ein Stück Mastodonfleisch. Die Torfablagerungen wurden auf etwa 13 000 Jahre datiert. In einem abseits stehenden Gebäude mit einem Fundament aus Sand, Kies und Tierfett bewahrten die Bewohner offenbar Lebensmittel sowie Stein-, Knochen- und Holzgeräte zur Verarbeitung von Fleisch und Fellen auf. In Monte Verde dürften ständig

Steinartefakte aus Monte Verde, Chile. Die beiden Geschoßspitzen aus Basalt und ein mutmaßlicher Bohrer aus schwarzem Schiefer wurden aus einer archäologischen Schicht ausgegraben und mit der Radiokarbonmethode auf 12 500 Jahre datiert. Originalgröße. *Mit freundlicher Genehmigung von Tom D. Dillehay, University of Kentucky.*

(links) **Pfeilspitze aus dem Felsüberhang von Meadowcroft, Pennsylvania.** Die blattförmige Spitze stammt aus dem oberen Bereich der frühesten artefakthaltigen Schicht und zeigt, daß hier vor 13 000 Jahren jagende Menschen lebten. Originalgröße. *Photo von J. M. Adovasio; mit freundlicher Genehmigung des Mercyhurst Archaeological Institute.*
(rechts) **Speerspitze aus Quarzkristall, gefunden in Monte Alegre, Brasilien.** Die Artefakte sowie verkohlte Reste tropischer Früchte und kleiner Tiere zeigen, daß der Felsüberhang im Amazonasgebiet vor 11 000 bis 10 000 Jahren bewohnt war. Originalgröße. *Photo von Romulo Fialdini; mit freundlicher Genehmigung des Museo Goeldi und der Banco Safra.*

mehrere Dutzend Menschen gelebt haben, die sich abwechslungsreich von gesammelten Pflanzen und gejagten Tieren ernährten. ◖ Ein Alter von 13 000 Jahren für Monte Verde ist bei den Archäologen allgemein anerkannt, hingegen herrschen über die tieferen Schichten an dieser Stelle Meinungsverschiedenheiten. Dort liegen zweifelhafte Artefakte und verkohltes Holz, das mit der Radiokarbonmethode auf 33 000 Jahre datiert wurde. Selbst die ausgrabenden Wissenschaftler zweifeln an einer so frühen Besiedlung, die demnach noch vor den Cro-Magnon-Beisetzungen in Frankreich läge. ◖ Die Kritiker der Prä-Clovis-Behauptungen meinen, die Holzkohle in den Sedimenten von Meadowcroft könne verunreinigt sein, was die Radiokarbondatierung verfälschen würde. Die Zweifel an der Fundstelle Monte Verde beziehen sich nicht nur auf die Altersbestimmung, sondern auch auf die Echtheit der Artefakte und ihre Verbindung zu den Sedimenten (das heißt, jüngere Werkzeuge könnten in ältere Schichten abgesunken sein). ◖ In jüngster Zeit erregten andere Fundorte, die ebenfalls auf eine frühere Ankunft der Menschen in Amerika hinweisen, viel Aufmerksamkeit. Die Pendejo-Höhle in New Mexico enthält zwei Dutzend Bodenschichten, die bis zu 39 000 Jahre zurückreichen könnten. Unter den Funden sind angebliche Geröll- und Flintwerkzeuge, deren Material über größere Entfernungen zur Höhle transportiert wurde, sowie Holzkohle, ein menschliches Haar und Fingerabdrücke, die vor 30 000 Jahren eingedrückt wurden. Die Stelle enthält erstaunlich viele Säugetiere, die vor 30 000 bis 40 000 Jahren in der Gegend lebten, aber in der Frage, ob Menschen darunter waren, sind die meisten Archäologen sehr zurückhaltend. ◖ Die Entdecker des Felsüberhangs von Pedra Furada in Brasilien behaupten, Menschen hätten an dieser Stelle schon vor 50 000 Jahren – als in Europa noch die Neandertaler vorherrschten – und bis vor 14 000 Jahren gesiedelt, und dann noch einmal in der Zeit vor 10 000 bis 6 000 Jahren. Die jüngsten Schichten zeigen eindeutige menschliche Spuren: fein gearbeitete Steinmesser, steinerne Feuerstellen und zahlreiche Felsmalereien. Die Bilder an den Wänden von Pedra Furada – einer von etwa 200 ausgemalten Felsüberhängen am Fuß derselben Sandsteinklippen – sind Tausende von Jahren alt. ◖ Aus der Zeit vor über 14 000 Jahren gibt es jedoch kaum organische Reste, die Feuerstellen sind zweifelhaft, und die Kunst verschwindet. Das wichtigste Indiz für Menschen sind mehrere hundert „Werkzeuge" aus groben Quarzitknollen. Drei amerikanische Archäologen, darunter die Grabungsleiter von Meadowcroft und Monte Verde, untersuchten kürzlich noch einmal die Belege von Pedra Furada und gelangten zu dem Schluß, die Steine seien von der Klippe gefallen und von selbst zerbrochen. ◖ Derzeit weisen vor allem Meadowcroft und Monte Verde auf eine Besiedlung Amerikas vor der Clovis-Kultur hin. Bestätigt sich ihr Alter, müssen die Ureinwohner vor weit mehr als 12 000 Jahren nach Amerika gekommen sein, um diese abgelegenen Gebiete zu erreichen. ◖ Weitere Hinweise auf eine frühere Besiedlung Amerikas stammen aus der Caverna da Pedra Pintada, einer Höhle im brasilianischen Amazonasgebiet. Radiokarbondaten in Hülle und Fülle von verbranntem Holz und Samen, Thermolumineszenzbefunde von verbrannten Quarzwerkzeugen und optische Lumineszenzuntersuchungen an Quarzkörnern sprechen für eine Besiedlung vor 11 200 bis 10 000 Jahren. Außerdem hatten diese Menschen eine andere Kultur als die Clovis-Jäger. Die Amazonasbewohner bemalten Höhlenwände, schufen dreieckige, gestielte Speerspitzen und ernährten sich von tropischen Früchten, Fischen, kleinen Säugetieren und anderem Wild. ◖ Diese Höhlenbwohner waren zwar ungefähr Zeitgenossen der Clovis-Menschen, aber vielleicht verschafften alle frühen Amerikaner sich ihre Nahrung auf ähnlich vielseitige Weise, und erst später entwickelte sich in der Clovis-Kultur die Großwildjagd. Da Funde aus der Prä-Clovis-Zeit allerdings so spärlich sind, sollte man genau darüber nachdenken: Wenn es in Amerika vor der fast allgegenwärtigen Clovis-Kultur bereits viele Menschen gab, warum haben sie dann so wenige Spuren hinterlassen?

22. Weltweite Ausbreitung

Drei bis vier Millionen Jahre lang entwickelten sich die Hominiden ausschließlich in Afrika. Erst seit etwa zwei Millionen Jahren wanderten einige von ihnen in andere Kontinente aus (siehe Seite 46). Als erste Spezies verbreitete sich *Homo erectus* über Afrika hinaus: Seine Spuren findet man in Ostasien und möglicherweise auch in Europa. Aber seine Wanderungen verblassen vor der weltweiten Ausbreitung unserer eigenen Spezies, die jetzt mit fast sechs Milliarden Individuen nahezu alle Landgebiete der Erde besiedelt. Die Fähigkeit zum Vordringen in neue Lebensräume, die auf kulturellen Entwicklungen wie Kleidung, Haus- und Bootsbau beruht, ist ein typisch menschliches Merkmal. Schließlich konnten wir überall leben, und diese große Wanderung dauerte nur 5 000 Generationen. ◖ Anhand der Unterschiede in der Zellkern-DNA der Bevölkerung verschiedener Kontinente kann man abschätzen, wann die Gruppen sich trennten und wann die Kontinente erstmals besiedelt wurden. Die Wanderungen von Einzelpersonen hinterlassen meist keine genetischen Spuren und vermindern die Vielfalt, weil sich durch sie Merkmale vermischen, die sonst in isolierten Populationen unterschiedlich wären. Völkerwanderungen dagegen lassen die genetische Vielfalt steigen – sowohl durch Gendrift, das heißt durch neue Mutationen, die mit größerer Wahrscheinlichkeit weitervererbt werden, als auch durch die Anpassung an neue Umweltbedingungen. An den genetischen Spuren dieser großen Wanderungen kann man ablesen, seit wann wir den ganzen Erdball besiedeln. Nach der Geographie der Gene spalteten sich die Afrikaner vor 100 000 Jahren von anderen Gruppen ab, und die Gruppen in Südostasien und Australien trennten sich vor 60 000 Jahren. Asien und Europa wurden vor 40 000 Jahren besiedelt, in Nordostasien und Amerika dagegen leben Menschen erst seit 30 000 Jahren. Im riesigen Pazifikraum wurden die Nachbargebiete Australiens als erste besiedelt; in Polynesien leben Menschen wohl erst seit 3 500 Jahren. ◖ Neueren Untersuchungen an zwei Abschnitten des Chromosoms 12 zufolge wanderten Menschen vor 100 000 Jahren aus dem Nordosten Afrikas aus. Das weitere Verteilungsmuster der Gene zeigt einen eindeutigen Trend nach Osten, als seien diese Menschen zunächst in den Nahen Osten und nach Europa, später dann über Asien und den Pazifik nach Amerika gelangt. ◖ Australien galt in der europazentrierten Paläoanthropologie lange als „Ende der Welt", das erst recht spät besiedelt wurde. Nach neueren Befunden von dem Felsüberhang Malakunanja II in Arnhem Land nahe der australischen Nordspitze trafen Menschen dort aber schon vor 60 000 Jahren ein. Die Fundstelle Nauwalabila I in der Deaf-Adder-Schlucht im Northern Territory enthält 53 000 Jahre alte Hämatitfarben, und archäologischen Funden aus dem Süden des Kontinents zufolge war ganz

Felsmalerei aus dem Kakadu-Nationalpark, Australien. Die ältesten Kunstwerke der Aborigines sind mindestens 40 000 Jahre alt; sie gehörten zu einer Tradition der Felsmalerei, die sich fast bis heute erhalten hat und auch neuere Werke wie dieses aus Nordaustralien umfaßt. *Mit freundlicher Genehmigung von Donald Johanson, Institute of Human Origins.*

Grabstätte eines *Homo sapiens* vom Mungo-See, Australien. Das männliche Skelett Mungo III ist fast 30 000 Jahre alt; anderen Indizien aus Nordaustralien zufolge wurde der Kontinent aber bereits 20 000 Jahre früher besiedelt. Der Leichnam war mit rotem Ocker bestreut, ein Brauch, den man auch von ähnlich alten Grabstätten aus Europa kennt. *Mit freundlicher Genehmigung von Alan Thorne, Australian National University.*

Australien vor 40 000 Jahren besiedelt. ◖ Im kleinen zeigt Australien ein weltweites Phänomen der Zeit vor weniger als 50 000 Jahren: In einer großen Wanderungswelle wurde zunächst die ganze Alte Welt und dann über Asien auch die westliche Hemisphäre besiedelt. Plötzlich lernten die Menschen, große Wasser- und Eisflächen zu überwinden und in Gebirgen, trockenen Wüsten oder gefrorener Tundra Nahrung zu finden. Woher nahmen sie ihren Mut? Interessanterweise fällt diese Zunahme der Siedlungstätigkeit ungefähr mit den ersten archäologischen Zeichen für modernes menschliches Verhalten zusammen; anatomisch moderne Menschen gibt es bereits seit 100 000 Jahren, aber erst 50 000 Jahre später tauchen Kunst, unterschiedliche Werkzeuge für verschiedene Zwecke und andere Indizien einer höheren Kultur auf. Vermutlich erleichterten immer weiter gespannte Handelsbeziehungen und soziale Bündnisse die Ausbreitung. ◖ Mit dem Beginn von Landwirtschaft und Haustierhaltung vor nur 10 000 Jahren konnten die Menschen nicht nur sich selbst exportieren, sondern auch die Fähigkeit zum Ackerbau. Seßhaftigkeit und kompliziertere Gesellschaftsstrukturen entwickelten sich, die Bevölkerungszahl konnte größer werden als mit einer Lebensweise als Jäger und Sammler. Die Besiedlungsdichte ist heute 10 000mal größer als am Ende des Paläolithikums, jedoch wurde diese riesige Bevölkerungszahl erst in allerjüngster Zeit erreicht. Noch um 1800 lag sie bei einer Milliarde. Nach nur 130 Jahren hatte sie sich auf zwei Milliarden verdoppelt, in weiteren 30 Jahren kam dann die dritte Milliarde hinzu. Und in den letzten 30 Jahren hat sich die Zahl der Menschen nochmals fast verdoppelt. ◖ Heute machen wir uns zu Recht Sorgen darüber, wie diese Masse sich auf die globale Umwelt auswirkt. Viele Gefahren erwachsen ausschließlich aus der Zahl der Menschen sowie aus ihrem Bedarf an Platz und Ressourcen, aber der Effekt für die Tierwelt begann schon mit der Erstbesiedlung der Kontinente. In den letzten 40 000 Jahren sind 85 Gattungen großer Säugetiere ausgestorben, darunter so eindrucksvolle Geschöpfe wie das Wollmammut, verschiedene Nashornarten, Riesengürteltiere, Riesenfaultiere und Säbelzahntiger. Zwischen dem Verschwinden dieser Tiere und der Besiedlung ihrer Lebensräume durch Menschen besteht ein enger Zusammenhang. Nordamerika dürfte ein Massensterben großer Säugetiere erlebt haben, kurz nachdem die Hersteller der Clovis-Speerspitzen aus Asien eingewandert waren. Auch viele Vögel starben aus, insbesondere flugunfähige Arten auf Inseln. Im Pazifik dürften zum Beispiel während der kurzen Zeit menschlicher Besiedlung bis zu 2 000 Vogelarten verschwunden sein. Wenn wir in neue Gebiete vordrangen, folgte immer die Vernichtung zuvor ungefährdeter Arten. Können wir vor diesem Hintergrund wirklich ausprobieren, wieviele Menschen die Erde verkraftet?

23. Die Definition der menschlichen Spezies

Seit der Zeit Carl von Linnés im 18. Jahrhundert gilt die Art (Spezies) als unterste Klassifikationsebene und grundlegende biologische Einheit. Zu Linnés Zeit hielt man Arten für unveränderliche, von Gott erschaffene Grundtypen. Im folgenden Jahrhundert dagegen setzte sich die darwinistische Auffassung von der „Abstammung mit Abwandlung" durch: Jetzt waren Arten etwas Dynamisches – sie veränderten sich, kamen und gingen. ◖ Ende des 20. Jahrhunderts kamen weitere Artdefinitionen auf. Nach der Vorstellung der biologischen Spezies, die in den vierziger Jahren aus der modernen Synthese der Evolutionstheorie (*Synthetische Theorie*) erwuchs, ist die Spezies eine Gruppe von Individuen, die von anderen Gruppen reproduktiv isoliert ist. Danach ist die Art auch die umfassendste Gruppe von Individuen, die sich untereinander fortpflanzen können. Entsprechend besitzen die Angehörigen einer Art ein System zur Erkennung von Partnern, so daß sie sich nur mit ihresgleichen paaren – ein Löwe wählt beispielsweise nicht fälschlich ein Gepardenweibchen. Dieser Artbegriff spricht dafür, daß Arten echte, abgegrenzte, leicht erkennbare biologische Einheiten sind. ◖ Bei lebenden Arten kann man das Paarungsverhalten beobachten, und ihre Abgrenzung läßt sich mit genetischen Analysen bestätigen; Fossilien bieten diese Möglichkeiten nicht. Woher wissen wir, ob *A. boisei* und *A. robustus* reproduktiv isoliert waren und ob ihre unterschiedlichen Partnererkennungsmechanismen eine artübergreifende Paarung ausschlossen? Für die Bestimmung früherer Arten ist der biologische Artbegriff offenbar nicht sonderlich nützlich. Selbst bei lebenden Organismen läßt sich nicht immer ohne weiteres feststellen, welche Merkmale für die Partnererkennung und damit für den Artzusammenhalt sorgen. Außerdem liegen morphologische Unterschiede, welche die reproduktive Isolation verstärken, mit wenigen Ausnahmen nicht in den überlieferbaren Körperteilen, die man als einzige in Form von Fossilien findet. ◖ Eine andere Hilfe zum Erkennen lebender Arten ist die Tatsache, daß sie zur gleichen Zeit (*synchron*) im gleichen Gebiet (*sympatrisch*) leben. Hominidenfossilien dagegen verteilen sich über mehr als 4,5 Millionen Jahre und über den ganzen Erdball. Nur in sehr seltenen Fällen, so in der Olduvai-Schlucht, lebten zwei Hominidenarten, nämlich *Australopithecus boisei* und *Homo habilis*, nicht nur teilweise zur gleichen Zeit, sondern auch in derselben Gegend. ◖ Wie erkennt man dann ausgestorbene Arten? Wie kann man feststellen, ob eine Gruppe von Fossilien, wie sie beispielsweise kürzlich in Kanapoi entdeckt wurden, zu einer bekannten Art wie *A. afarensis* oder zu einer neuen Spezies gehört? Eine allgemeine Richtschnur bieten heutige Primatenarten, die bekanntermaßen reproduktiv isoliert sind. So dienen beispielsweise mehrere Skelettmerkmale von Bonobos und niederen Schimpansen, die sich untereinander nicht paaren, als Maßstab für die Artunterschiede in der Gattung *Pan*. Wenn man wie bei den Fossilien von Kanapoi bemerkt, daß sie sich von anderen frühen Hominidenarten in mehreren morphologischen Eigenschaften unterscheiden und daß diese Unterschiede ebenso groß oder größer sind als die in der Gattung *Pan*, spricht man von einer eigenen Art – in diesem Fall *A. anamensis*. ◖ Solche Befunde sind nicht immer eindeutig, und deshalb streiten die Paläoanthropologen über die Gesamtzahl der Hominidenarten. Die Einschätzung der morphologischen Unterschiede ist nicht immer einfach. Nur umfangreiche Erfahrungen mit der Skelettanatomie vieler Säugetiere und insbesondere der Primaten bieten eine ausreichende Grundlage, um zwischen Abweichungen innerhalb einer Art (*intraspezifische Variation*) und solchen zwischen verschiedenen Arten (*interspezifische Variation*) zu unterscheiden. Nur wenn man beispielsweise weiß, welche Unterschiede bei einer Primatenspezies durch den Geschlechtsdimorphismus entstehen, wird man Fossilien von Männchen und Weibchen nicht unterschiedlichen Arten zuordnen. ◖ Früher neigten die Paläoanthropologen dazu, jeden neuen Fossilfund einer neuen Spezies zuzuschreiben (*splitting*). Das führte zu einem derartigen Namenswirrwarr, daß man die Hominidenevolution nicht mehr sinnvoll verstehen und diskutieren konnte. Die Ursachen lagen teilweise in der Profilsucht der Entdecker, aber auch in der Ansicht, die Unterschiede in den Fossilien spiegelten tatsächliche Artunterschiede wider. Mit der modernen Synthese der Evolutionstheorie und der zunehmenden Erkenntnis, daß Populationen vielgestaltig sein können, schwang das Pendel in die entgegengesetzte Richtung. Nun sah man nicht mehr vorrangig die Abweichungen einzelner Fossilien, sondern man teilte die Funde unter dem Gesichtspunkt ein, daß die Morphologie auch innerhalb einer Art abweichen kann. Vielleicht als Überreaktion auf die frühere übermäßige Unterteilung wurde die Zahl der Kategorien stark verringert. ◖ Auch die Vertreter dieser Richtung, die „alles in einen Topf warfen" (*lumping*), reagierten nach Ansicht mancher Fachleute übermäßig: Sie unterstellten eine zu geringe Zahl von Hominidenarten und vereinfachten damit die komplizierte Evolution der Hominiden zu stark. Tatsächlich werden wir die Zahl der fossilen Hominidenarten wahrscheinlich immer unterschätzen, unter anderem weil es sich bei den Fossilien meist um kleine Bruchstücke handelt, aus denen sich nicht immer genügend Belege für die Abgrenzung einer neuen Art ableiten lassen. Noch wichtiger ist jedoch, daß es zwischen Arten und morphologischen Unterschieden offenbar kaum einen Zusammenhang gibt. Manche Primatengruppen, beispielsweise die Lemuren, umfassen zahlreiche Arten, die sich durch ihr Verhalten sowie durch Haut- und Haarfarbe unterscheiden. Solche

Eigenschaften bleiben bei Fossilien nicht erhalten, so daß man allein aufgrund der Skelette für die Lemuren eine viel zu geringe Artenzahl annehmen würde. Zwei gleich aussehende fossile Lemuren müssen nicht zur gleichen Spezies gehören – ein ernüchternder Gedanke, wenn man sich mit Lebewesen aus der Erdgeschichte befaßt. ◖ Das Problem der Erkennung fossiler Arten hat mit einer grundlegenden Frage der Taxonomie zu tun: Wie grenzt man Arten eigentlich ab? Evolutionslinien dürfen zumindest bis zum endgültigen Aussterben nicht unterbrochen sein, und die Grenzen zwischen den Arten sind dann offenbar willkürlich. Wie kann man eine Linie, in der sich die Spezies A zur Spezies B entwickelt und so weiter, überhaupt in Arten einteilen? Aus solchen Überlegungen erwuchs die radikale Ansicht, man solle den *Homo sapiens* so weit in die Vergangenheit ausweiten, daß auch zwei Millionen Jahre alte Fossilien von *Homo* noch dazugehören. Statt bei morphologischen Veränderungen neue Artnamen zu vergeben, sollte man nach diesem Vorschlag eine Stadieneinteilung vornehmen. Doch eine solche Neubewertung trägt kaum dazu bei, Wandel und Vielfalt in der Evolution der Menschen besser zu verstehen. ◖ Nachdem man die Artbildung aufgrund immer vollständigerer Fossilfunde von manchen Tierarten besser verstand, erkannte man auch, daß Arten in den geologischen Schichten sehr plötzlich auftauchen. Eine Spezies scheint während ihrer gesamten Lebensdauer fast ohne Veränderungen in einem Zustand der Stasis zu verharren, um dann plötzlich zu verschwinden. Früher führte man dieses plötzliche Auftauchen und Verschwinden auf unvollständige Fossilfunde zurück. ◖ Des Rätsels Lösung lautet: Man sollte eine Evolutionslinie nicht als Leiter sehen, sondern als Busch mit Aufspaltung und Verzweigung. Zur Artbildung kommt es, wenn eine Unterpopulation einer Spezies geographisch isoliert wird und sich zu einer neuen Art weiterentwickelt. Eine solche geographisch isolierte Gruppe kann keine Gene mehr mit der Ausgangspopulation austauschen und entwickelt sich durch Gendrift und Mutationen in eine andere Richtung. In solchen kleinen Populationen mit geringerem Genpool kommt es wahrscheinlich zur Artbildung. ◖ Die darwinistische Auffassung des phyletischen Gradualismus, wonach sich über sehr lange Zeiträume winzige Veränderungen ansammeln, wurde in jüngster Zeit durch die Theorie der unterbrochenen Gleichgewichte (*punctuated equilibrium*) ernsthaft in Frage gestellt. Ihre zentrale Aussage lautet: Arten entstehen durch die Abspaltung von Vorläuferarten, und zwar sehr schnell und nur gelegentlich. Daß bei den Fossilien die Zwischenformen eines allmählichen Übergangs zwischen den Arten fehlen, liegt nach diesem Modell an der plötzlichen Aufspaltung und nicht an der Unvollständigkeit der Funde. Aus der Theorie des unterbrochenen Gleichgewichts ergibt sich auch, daß neue Arten nur für kurze Zeit ihren Vorläufern stark ähneln. ◖ Noch ein letzter Punkt muß erwähnt werden. Die Theorie des unterbrochenen Gleichgewichts, auch Punktualismus genannt, verneint weder die natürliche Selektion noch die Anpassung. Beide sind danach keine allgemeinen Kräfte, sondern wirken auf verschiedene lokale Populationen unterschiedlich. Durch relativ kurzfristige Umwelt- und Klimaveränderungen ergeben sich zahlreiche Gelegenheiten zur Artbildung – auch das ein Grund, mit einer größeren als der derzeit angenommenen Zahl von Hominidenarten zu rechnen. ◖ Im Zusammenhang mit den Hominidenfossilien ist interessant, daß *A. afarensis* von seinem ersten Auftauchen vor rund vier Millionen Jahren bis zu seinem Verschwinden eine Million Jahre später – in seinen Skelettresten – ziemlich unverändert geblieben ist. Mit Sicherheit kann man das allerdings nur über harte Teile behaupten, die auch Fossilien bilden; über mögliche Veränderungen im weichen Gewebe und im Verhalten sind keine Aussagen möglich. Wenn man andere Gruppen irgendwann ebenso gut kennt wie *afarensis*, werden sich solche langen Phasen der Stasis wahrscheinlich als typisch für die Hominidenevolution erweisen. ◖ Die Evolution ist bei Hominiden ähnlich wie bei anderen Lebewesen verlaufen. Aufspaltung und Auseinanderentwicklung waren die Regel, darüberhinaus wird der Busch sicher weitere Äste bekommen, wenn man weitere Fossilien findet. Aber da morphologische Veränderung und Artbildung nicht immer Hand in Hand gehen, ist es schon aus theoretischer Sicht wahrscheinlich, daß man manche Arten nicht entdecken wird. ◖ Die Paläoanthropologen fragen sich oft, wieviele Hominidenarten es wohl gab. Die Antwort lautet: Wir wissen es nicht und werden es wahrscheinlich auch nie wissen.

24. Coexistenz von Hominidenarten

In der Ökologie gibt es das sogenannte Konkurrenzausschlußprinzip. Danach kann eine ökologische Nische (räumliches und verhaltensmäßiges Umfeld) nur von einer Art zur gleichen Zeit besetzt sein, weil mehrere Arten in derselben Nische heftig um Nahrung und andere Ressourcen konkurrieren würden, bis schließlich alle Arten außer einer verdrängt sind. Dieses Prinzip, auf die Evolution der Menschen angewandt, führte zur sogenannten Mono-Spezies-Hypothese. ◖ Da es sich bei allen Hominiden um große, aufrecht gehende Primaten mit vermutlich ähnlicher ökologischer Stellung sowie mit ähnlichen Abhängigkeiten von Werkzeugen und Kultur handelte, glaubte man, es könne jeweils nur eine Art von ihnen existiert haben. Heute lebt natürlich nur eine Hominidenspezies, aber war das immer so? ◖ Zwar wiesen schon Fossilien, die man 1959 und Anfang der sechziger Jahre in der Olduvai-Schlucht in Tansania fand, auf zwei gleichzeitig lebende Hominidenarten hin, bestätigt wurde diese Vermutung jedoch erst 1975: Damals entdeckte man in den Sedimenten von Koobi Fora in Kenia den fast vollständigen Schädel KNM-ER 3733 von *Homo ergaster* (siehe Seite 180); sechs Jahre zuvor hatte man in demselben Sediment den vollständigen Schädel KNM-ER 406 ausgegraben (siehe Seite 158), ein klassisches Exemplar von *Australopithecus boisei*. Demnach hatten diese beiden Arten zumindest im weiteren Sinne zur gleichen Zeit gelebt. Die einfache Annahme von jeweils einer einzigen Spezies war also offensichtlich falsch. ◖ Wenn sich vor fast zwei Millionen Jahren zwei Hominidenarten in Ostafrika (und offenbar auch in Südafrika) den gleichen Lebensraum teilten, mußte man sich fragen, wie diese beiden Arten die Ressourcen unter sich aufteilten. Möglicherweise war *H. ergaster* ein Allesfresser mit großem Revier, der sich unter anderem auch von Fleisch ernährte. Seine schweren Werkzeuge lassen darauf schließen, daß er ein guter Schlachter war, der Tiere jagte oder vorgefundene Kadaver zerlegte. *A. boisei* dagegen, dessen Kiefer und Zähne sich besonders zum Zerquetschen und Kauen eignen, gilt oft als Pflanzenfresser, der auch harte Nahrungsmittel wie Nüsse und Samen nicht verschmähte. ◖ Lebten immer mehrere Hominidenarten nebeneinander? Für die erste Phase der menschlichen Evolution deuten die Belege derzeit nur auf eine einzige Spezies hin. Aus der Zeit vor über vier Millionen Jahre haben wir Belege für *Ardipithecus ramidus* und später für *Australopithecus anamensis*. Vor drei bis vier Millionen Jahren war *Australopithecus afarensis* in Ostafrika der einzige bekannte Hominide. ◖ Aber vor etwa zwei Millionen Jahren hatte es im Stammbaum mindestens eine Aufspaltung gegeben, wodurch sowohl die robusten Australopithecinen als auch die ersten Angehörigen der Gattung *Homo* entstanden waren. Es gab mindestens drei robuste Arten, darunter eine ostafrikanische, die durch den Schädel 406 sowie mehrere andere Schädel, Kiefer und Zähne vertreten ist. Nach Ansicht vieler Fachleute lebten zu dieser Zeit in Ostafrika auch mindestens drei Arten des frühen *Homo*: *H. habilis, rudolfensis* und *ergaster*, darunter das Exemplar 3733 (siehe Seite 162). ◖ Der überzeugendste Beweis für die Coexistenz der Hominiden schließt allerdings uns selbst ein. Aus dem Nahen Osten und insbesondere vom Berg Carmel in Israel gibt es zahlreiche Indizien, daß Neandertaler (*Homo neanderthalensis*) und moderne Jetztmenschen (*Homo sapiens*) mindestens 50 000 Jahre lang nebeneinander existierten. Standen diese sehr ähnlichen Arten in Verbindung, oder lebten sie jeweils für sich? Die Vorstellungen reichen von der Evolution des Jetztmenschen aus den Neandertalern über Coexistenz und Kreuzungen zwischen den getrennten Populationen bis zur Verdrängung der Neandertaler durch gewalttätige Auseinandersetzungen oder unterschwellige ökologische Konkurrenz. Die erste Theorie erscheint angesichts der langen zeitlichen Überschneidung unwahrscheinlich. Kreuzungen wären möglich, sind aber

Schädel von *Australopithecus boisei* und *Homo ergaster* aus Koobi Fora, Kenia. Mit der Entdeckung dieser sehr unterschiedlichen Funde KNM-ER 406 (*links*) und KNM-ER 3733 (*rechts*) in Sedimenten gleichen Alters war die Hypothese widerlegt, in einem Lebensraum könne zur gleichen Zeit jeweils nur eine Hominidenspezies überleben. Originalgröße. *Photos von David Brill; mit freundlicher Genehmigung des kenianischen Nationalmuseums.*

ebenfalls zu verwerfen, wenn es sich, wie man aufgrund der Anatomie annimmt, um unterschiedliche biologische Gruppen handelte. Obwohl die Jetztmenschen letztlich die Neandertaler überlebten, gibt es nirgendwo stichhaltige Indizien für eine gewaltsame, schnelle Verdrängung - auch wenn die Jetztmenschen in den archäologischen Funden aus Westeuropa recht plötzlich auftauchen. ◖ In jüngster Zeit wurde die Theorie der Einen Art in veränderter Form wiederbelebt: Die südafrikanischen Wissenschaftler Maciej Henneberg und Francis Thackeray argumentierten, die anatomischen Unterschiede zwischen den Hominidenarten würden in einer bestimmten statistischen Analyse so gering, daß eigentlich für jede Phase der Evolution nur noch eine Spezies zu erkennen sei. Nach ihren Erkenntnissen gab es innerhalb der Hominidenarten in Körpergröße und Schädelvolumen keine größere Schwankungsbreite als bei heutigen Menschen. Aber die Jetztmenschen zeigen auch trotz ihrer genetischen Einheitlichkeit erhebliche größere anatomische Unterschiede als viele unserer Vorfahren. Der Vergleich fossiler und heutiger Populationen verschleiert deshalb die charakteristischen Merkmale der einzelnen Arten. Man braucht sich nur die Funde 3733 und 406 anzusehen: Daß derart unterschiedliche Geschöpfe zur gleichen Art gehören sollen, kann man sich kaum vorstellen.

25. Die heutige Vielfalt der Menschen

Die Menschen sehen überall auf der Welt sehr unterschiedlich aus, und bis zu einem gewissen Grad sind sie es auch. Hautfarbe, Körpergröße, Proportionen, Haarstärke und andere Merkmale schwanken stark. Außerdem gibt es Unterschiede in Kleidung und zahllosen kulturellen Gebräuchen. Aber trotz solcher Variationen sind die Menschen unter der Haut bemerkenswert ähnlich - langweilig gleichförmig, wie ein Genetiker es formulierte. Zwei beliebige Menschen unterscheiden sich nur in zwei bis drei je 1 000 Buchstaben ihres DNA-Codes. Oder anders ausgedrückt: Genetisch sind zwei nicht verwandte Menschen zu 99,9 Prozent identisch (siehe Seite 58-71). ◖ Unterschiede zwischen den Bevölkerungsgruppen gibt es in der Häufigkeit bestimmter Allele und der zugehörigen äußeren Merkmale. Etwa 85 Prozent der vorhandenen genetischen Abweichungen treten zwischen Personen derselben Nationalität auf, das heißt, die genetischen Variationen sind innerhalb einer Bevölkerungsgruppe größer als zwischen verschiedenen Gruppen. Würde man alle Populationen außer einer ausrotten, bliebe die genetische Vielfalt der Spezies immer noch zum größten Teil erhalten. ◖ Wegen dieser Einheitlichkeit unserer Spezies lassen sich keine genetischen Grenzen ziehen, die den kulturell konstruierten Rassengrenzen entsprechen würden. Drei Viertel der Farbunterschiede bei Haut, Haaren und Augen gehen auf geringfügige genetische Unterschiede zurück, der Rest hat seine Ursache in Umweltfaktoren wie Sonnenlicht und Ernährung. ◖ Warum sind unsere genetischen Unterschiede im Vergleich zu denen unserer nächsten Verwandten, der afrikanischen Menschenaffen, so gering? Wir haben uns vor sechs bis acht Millionen Jahren von ihnen abgespalten, aber seitdem haben sich bei ihnen offenbar viel mehr genetische Varianten angesammelt. Eine mögliche Antwort lautet: Die genetischen Schwankungen sind gering, weil der Jetztmensch erst spät entstanden ist. Vielleicht gab es in unserer Entwicklungsgeschichte ein Nadelöhr - einen drastischen Bevölkerungsrückgang, durch den ein großer Teil der früheren Abweichungen verschwunden ist. Angesichts der schnellen Wanderung der Menschen rund um den Erdball und ihrer derzeitigen Bevölkerungszahl ist das allerdings schwer vorstellbar. Wir müssen weiterhin das genetische Erbe der heutigen Menschen analysieren, um neue Kenntnisse über unsere Evolution zu gewinnen.

26. Was sind Rassen?

Der Begriff „Rasse“ hat in der Menschheitsgeschichte mehr Ärger, Empfindlichkeiten und Blutvergießen ausgelöst als jeder andere. Lassen wir die umstrittenen gesellschaftlichen Bedeutungen einmal beiseite: Was heißt der Begriff biologisch? Bei Tieren bezeichnet man als Rasse eine geographische Variante, die man als Unterart kennzeichnen kann. Die sogenannten Menschenrassen sind aber nicht so verschieden, daß man sie als Unterarten bezeichnen könnte - und waren es auch nie. Personen aus unterschiedlichen Bevölkerungsgruppen konnten sich zu allen Zeiten paaren und vermischen. ◖ Da wir aber unsere Partner meist in ähnlichen gesellschaftlichen Gruppen und in unserer eigenen Gegend suchen, blieben manche Eigenschaften in einzelnen Bevölkerungsgruppen erhalten. Deshalb besitzen sie charakteristische körperliche Merkmale, die aus geographischen und genetischen Faktoren entspringen, anhand derer man die „Rassenunterschiede“ erkennt. Vielfach handelt es sich dabei jedoch um oberflächliche Eigenschaften, die der Anpassung an Umwelt- oder Klimabedingungen dienen. ◖ Ein Beispiel ist das bekannteste „Rassenmerkmal“, die Hautfarbe. Ihr Spektrum vom dunkelsten bis zum hellsten Ton wird von noch nicht einmal zehn Genen gesteuert. Diese Gene sorgen bei allen Menschen für die Produktion des Melanins, eines Pigments, das schwarz, braun, gelb oder rot sein kann. Jeder Mensch hat genetisch die Möglichkeit, schwarz oder weiß zu werden - oder irgend etwas dazwischen. Wie hell oder dunkel unsere Haut tatsächlich wird, hängt von der Aktivität des Enzyms Tyrosinase ab, und die wiederum richtet sich nach der jeweiligen Umwelt. Die australischen Ureinwohner, die vielleicht schon seit 60 000 Jahren auf dem Kontinent leben, haben eine sehr dunkle Haut entwickelt; die europäischen Einwanderer dagegen hatten noch nicht genügend Zeit, sich an die starke Sonneneinstrahlung anzupassen, weshalb sie häufig Hautkrebs bekommen. ◖ Die Hautfarbe hängt im wesentlichen von der geographischen Breite ab, und von Nord nach Süd beobachtet man ein durchgehendes Spektrum. Das gleiche gilt für andere körperliche Eigenschaften. Je weiter zwei Bevölkerungsgruppen voneinander entfernt sind, desto mehr Unterschiede findet man zwischen ihnen; betrachtet man aber den Bereich dazwischen, zeigt sich für jedes Merkmal ein geographisches Gefälle. ◖ Solche Varianten künstlich abzugrenzen, erweist sich als schwierig, und man verschleiert damit die eigentliche Verteilung der Vielfalt unter den Menschen. Wer ist beispielsweise „schwarz“: alle Afroamerikaner, alle Afrobrasilianer, die Karibikbewohner und die Afrikaner? Allein die Gruppe der „Afrikaner“ umfaßt geographisch, sprachlich und physisch - von der Kultur ganz zu schweigen - unglaublich unterschiedliche Menschen und geht auch darüber hinweg, daß Nordafrikaner den Südeuropäern stärker ähneln als den Menschen südlich der Sahara. ◖ Die eigentlichen Einheiten der Vielfalt sind die Bevölkerungsgruppen. In einer realistischeren Einteilung faßt man nicht große Gruppen in zweifelhaften Kategorien wie Kaukasier, Mongolide, Negroide, Capoide und Australoide zusammen - diese biologisch bedeutungslose Einteilung nahm der Anthropologe Carleton Coon Anfang der sechziger Jahre vor -, sondern unterscheidet nach geographischen oder kulturellen Kriterien. Die Menschen neigen dazu, die Natur einzuteilen, aber Rassen sind sinnlose Kategorien. Sie werden im sozialen und politischen Umfeld sicher weiterhin herumgeistern, für Anthropologen haben sie jedoch ihre Bedeutung weitgehend verloren. ◖ Deshalb formulierte die American Association of Physical Anthropologists eine Neufassung der offiziellen UNESCO-Verlautbarung über Rassen, die 1951 erstmals veröffentlicht und später mehrfach überarbeitet wurde. Das neue Papier weist unter anderem darauf hin, daß die Bevölkerungsgruppen zeitweise isoliert waren, aber nie so lange, daß genetische Schranken für die Paarung entstanden wären; deshalb kann man die Menschen nicht in biologisch begründete genetische oder geographische Kategorien einteilen. Genetische Vielfalt gibt es in allen Gruppen, und sie spiegelt die Einflüsse der natürlichen und kulturellen Umwelt wider. Es gibt keine Hinweise, daß jemals einheitliche, „reine“ Gruppen existiert hätten. Eigenschaften mit offenkundigem biologischem Wert kommen in keiner einzelnen Gruppe häufiger vor. Der weltweite Prozeß der Verstädterung dürfte die Unterschiede weiter verringern. Schließlich stimmen biologische Eigenschaften nicht zwangsläufig mit kulturellen Gruppen überein, so daß auch letztere keine Rassen darstellen.

27. Die Größe der Frühmenschen

Wir können unsere Vorfahren nicht wiegen, aber ihr Gewicht läßt sich abschätzen, wenn man die Fossilien von Frühmenschen mit ähnlich großen heutigen Menschen und Menschenaffen vergleicht. Dazu muß man zunächst entscheiden, welche Teile eines fossilen Hominiden man für den Vergleich heranziehen will. Hinderlich war dabei bis vor kurzem, daß man zwar eine Menge Zähne, jedoch nur wenige Skelettfunde besaß. So gelangte man zum Beispiel für einen in Südafrika gefundenen Australopithecinen aufgrund der großen Molaren zu einem geschätzten Körpergewicht von 72 Kilogramm. Als man dann den Wadenknochen zugrundelegte, erhielt man eine Schätzung von nur 34 Kilogramm. Die Zähne, die den größten Teil aller Hominidenfossilien ausmachen, erlauben also häufig keine befriedigende Rekonstruktion des Körpergewichts. ◖ Warum eine Gewichtsbestimmung aufgrund der Zähne falsch ist, sagt einem schon der gesunde Menschenverstand. Das Gewicht spiegelt sich nicht in der Größe der Zähne wider. Außerdem wissen wir, daß gerade die Australopithecinen im Verhältnis zum Körper sehr große Zähne hatten (Megadontie), so daß man das Körpergewicht auf dieser Grundlage zu hoch schätzt. ◖ Statt der Zähne sollte man also lieber das postkraniale Skelett (das heißt alle Knochen außer dem Schädel) untersuchen, das ja das Körpergewicht trägt. Das Gewicht wird durch Becken, Beine und Füße auf den Untergrund übertragen – diese Skeletteile müssen es also tragen können. Hier stellt sich für die Wissenschaft aber ein anderes Problem: Postkraniale Überreste waren bis vor kurzem nur spärlich vorhanden; darüber hinaus sind sie sich in ihrer Anatomie auch bei verschiedenen Australopithecinenarten und sogar beim frühen *Homo* sehr ähnlich, so daß die Arten sich kaum unterscheiden lassen. In letzter Zeit wurden beide Nachteile durch neuentdeckte, vollständigere Skelette wie Lucy beseitigt. ◖ Mit den mittlerweile vorhandenen postkranialen Skeletten als Vergleichsmaßstab können wir uns den heutigen systematischen Gruppen zuwenden: den Jetztmenschen und den modernen Menschenaffen. Die Affen müssen wir dabei gesondert betrachten, denn bei ihnen entwickelten sich mit einer deutlich anderen Fortbewegungsweise auch andere Längenverhältnisse der Gliedmaßen als beim Menschen. Da Menschenaffen auf allen Vieren gehen und einen Teil des Gewichts mit den Armen abfangen, haben ihre Beine einen geringeren Anteil am Körpergewicht als beim Menschen. Zur Schätzung des Körpergewichts unserer Vorfahren zieht man also am besten die heutigen Menschen heran, da sie ebenfalls aufrecht gehen. ◖ Als nächstes wiegt man die postkranialen Knochen heutiger Menschen, deren Körpergewicht man kennt. Mit statistischen Methoden gelangt man zu einem engen Zusammenhang zwischen Knochen- und Körpergewicht. Der Durchmesser der Gelenkköpfe an den Enden des Schienbeins hängt zum Beispiel eng mit dem Körpergewicht zusammen: Er ist um so größer, je schwerer ein Mensch ist. ◖ Die zusammengehörigen Skeletteile von Lucy boten eine einmalige Gelegenheit, die Genauigkeit von Größenschätzungen durch verschiedene Messungen zu beurteilen (siehe Seite 124). Mit den Werten für heutige Menschen – darunter auch kleine Personen, zum Beispiel Pygmäen – als Vergleichsmaßstab, wurde für Lucy ein Gewicht von 27,3 Kilogramm berechnet. Diese Schätzung dürfte recht zuverlässig sein, denn Messungen an einzelnen Schulter- und Beinknochen von Lucy und der Vergleich mit entsprechenden menschlichen Knochen ergaben Werte zwischen 24,2 und 30,2 Kilogramm. Wie bei einem Zweibeiner zu erwarten, liefern die Beine dabei die genauesten Hinweise. ◖ Bei den postkranialen Knochen, die *Australopithecus afarensis* zugeschrieben werden, erkennt man schon auf den ersten Blick ein beträchtliches Größenspektrum. Offenbar gibt es zwei Gruppen: eine große und die kleine, zu der Lucy gehört. Unter der Annahme, daß die kleinen Individuen Weibchen und die größeren Männchen sind, gelangt man zu einer interessanten biologischen Eigenschaft von *A. afarensis*: Die Geschlechter sind sehr unterschiedlich groß. Die Männchen wiegen mit 45 Kilo etwa 40 Prozent mehr als die Weibchen mit durchschnittlich 29 Kilo. Die geringe Größe der Weibchen und der ausgeprägte Geschlechtsdimorphismus sind von großer Bedeutung für das Verhalten (siehe Seite 73). Bestätigt wird der Dimorphismus auch durch Größenschätzungen, die sich ebenfalls auf den Vergleich mit Jetztmenschen gründen: danach maßen Männchen etwa 1,50 Meter, Weibchen dagegen nur einen Meter. ◖ Aus Ost- und Südafrika kennt man heute eine Reihe postkranialer Knochen aus der Zeit vor vier bis einer Million Jahren. Da aber Arten von *Australopithecus* und *Homo* fast 1,5 Millionen Jahre lang nebeneinander existierten und ihre postkraniale Anatomie fast identisch ist, lassen sich Funde nur schwer einer bestimmten Art zuordnen. Eine eindeutige Identifizierung gelingt nur, wenn man gleichzeitig auch Schädel- oder Zahnreste findet. Solche Funde sind selten, und bei *A. boisei* gründen sich Gewichtsschätzungen nur auf einen einzigen Fund für jedes Geschlecht. Die Werte für *A. robustus* und *A. africanus* gehen dank größerer Funde aus dem südlichen Afrika von mehreren Individuen aus. Heute schätzt man Körpergewicht und -größe folgendermaßen:

	Gewicht in Kilogramm		Größe in Metern	
	m	w	m	w
A. afarensis	45	29	1,5	1,1
A. africanus	41	30	1,4	1,1
A. robustus	40	32	1,3	1,1
A. boisei	49	34	1,4	1,2

Diese Schätzungen sind sicher noch verbesserungsfähig und werden durch weitere Funde genauer werden. Aber auch aufgrund der heutigen Kenntnisse kann man eine Reihe wichtiger Aussagen machen. Männliche Australopithecinen sind stets größer als weibliche, das heißt, es gab bei allen Arten von *Australopithecus* einen ausgeprägten Geschlechtsdimorphismus. *A. robustus* und *A. boisei* werden zwar oft als „robuste" Australopithecinen bezeichnet, aber dieses Attribut bezieht sich nur auf die Zähne – ihre Körpergröße liegt nicht über der von *afarensis* und *africanus*. ◖ Offensichtlich blieb die Körpergröße während der ganzen Evolution der Australopithecinen gleich: Die Männchen wogen 40 bis 50, die Weibchen 28 bis 34 Kilogramm. Das paßt nicht zu dem allgemeinen Trend der zunehmenden Körpergröße bei Hominiden. Der Fund OH 62 aus der Olduvai-Schlucht (siehe Seite 176), der *Homo habilis* zugerechnet und auf 1,8 Millionen Jahre datiert wurde, ist sogar mit 24 Kilogramm besonders klein. Tatsächlich scheint die Körpergröße erst zugenommen zu haben, als *Homo ergaster* auftauchte; heute repräsentiert durch den Jungen von Turkana KNM-WT 15000 (siehe Seite 182). Dieses bemerkenswert vollständige Skelett entspricht einem Gewicht von schätzungsweise 67 Kilo und war 1,60 Meter groß – eine erstaunliche Größenzunahme vor 1,6 Millionen Jahren.

28. Geschlechtsdimorphismus

Der Mensch ist wie praktisch alle Säugetiere durch Geschlechtsdimorphismus charakterisiert: Männliche und weibliche Individuen unterscheiden sich in bestimmten Größen-, Form- und Verhaltensmerkmalen. So sind Männer meist größer und kräftiger als Frauen, sie wachsen unterschiedlich schnell und unterscheiden sich unter anderem in der Verteilung des Körperfettes. Die auffälligsten Unterschiede betreffen jedoch die Geschlechtsorgane sowie die sekundären Geschlechtsmerkmale (Behaarung, Brust und so weiter). ◖ Nach der darwinistischen Vorstellung führt der Wettbewerb der Männchen zur Selektion von Körper- und Verhaltensmerkmalen, die den Fortpflanzungserfolg steigern. Unter anderem nimmt die Körpergröße der Männchen zu, und es ent-

Schädel eines modernen *Homo sapiens* aus Zaire. Dieser männliche Afrikaner ist zwischen 35 und 45 Jahre alt. Originalgröße. *Photos von David Brill; mit freundlicher Genehmigung des American Museum of Natural History.*

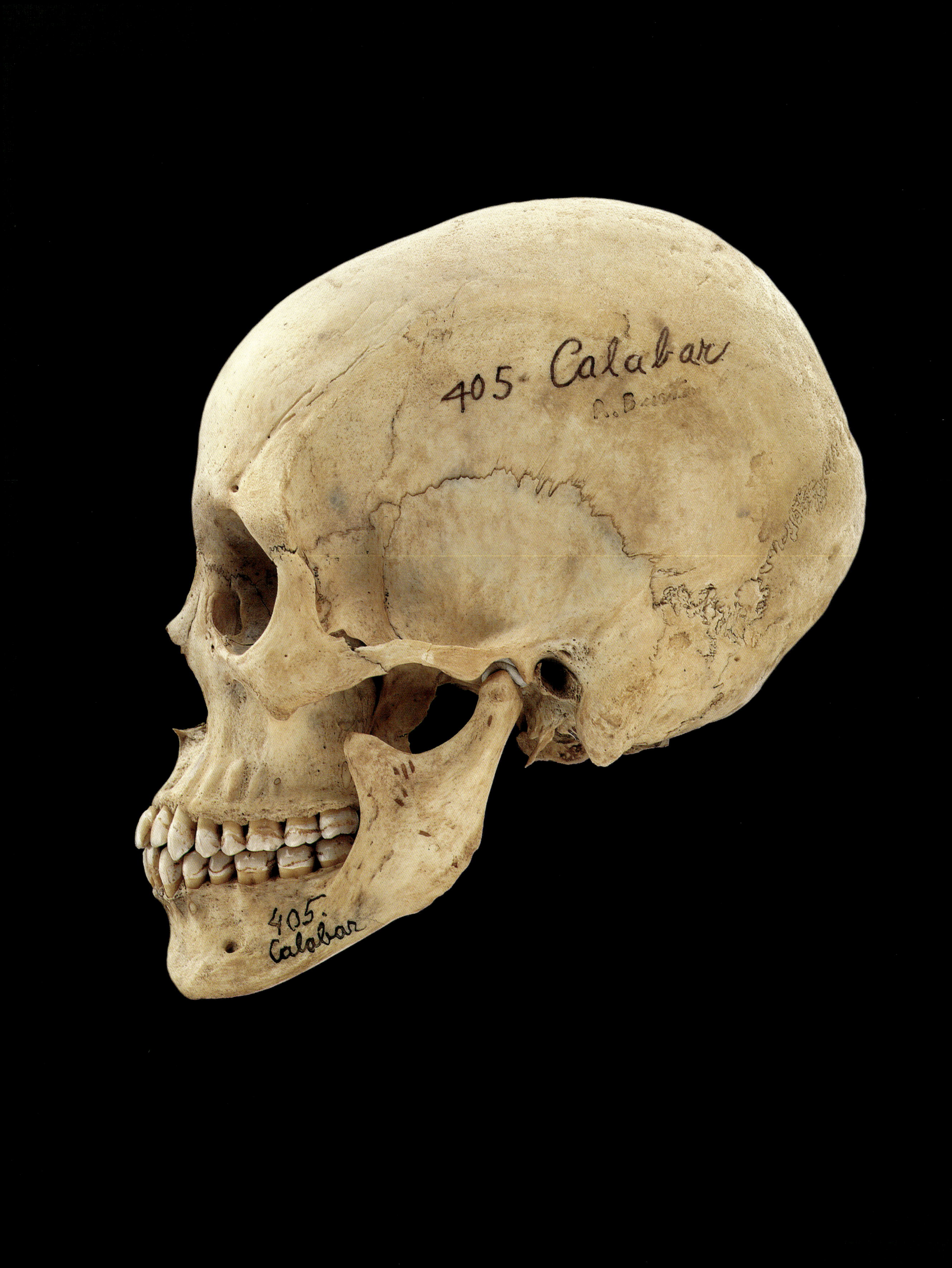
405 Calabar
405.
Calabar

Schädel eines heutigen *Homo sapiens* aus Deutschland. Der Schädel gehört zu einem jungen Mann zwischen 25 und 30 Jahren. Originalgröße. *Photos von David Brill; mit freundlicher Genehmigung des American Museum of Natural History.*

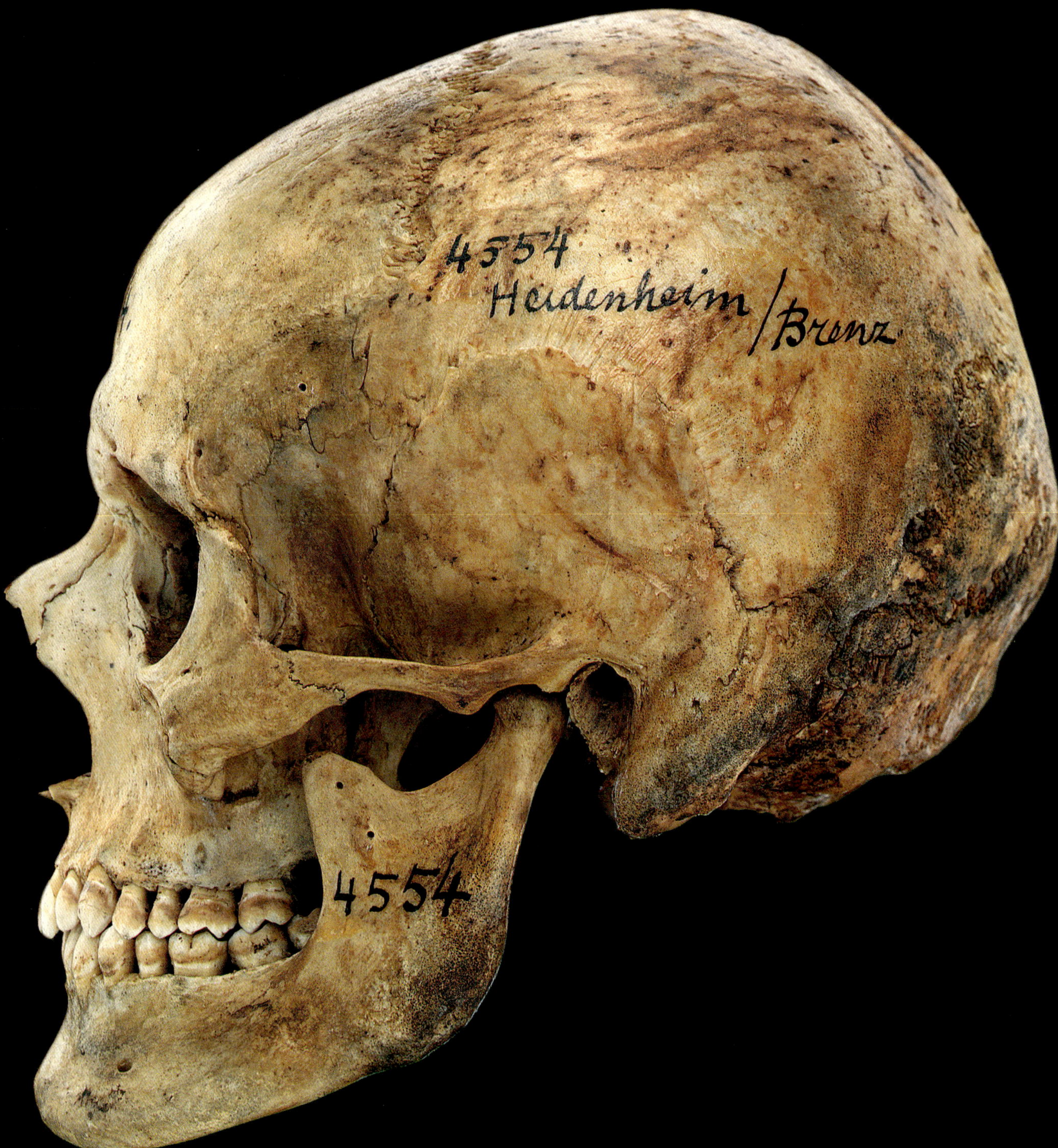
4554
Heidenheim / Brenz
4554

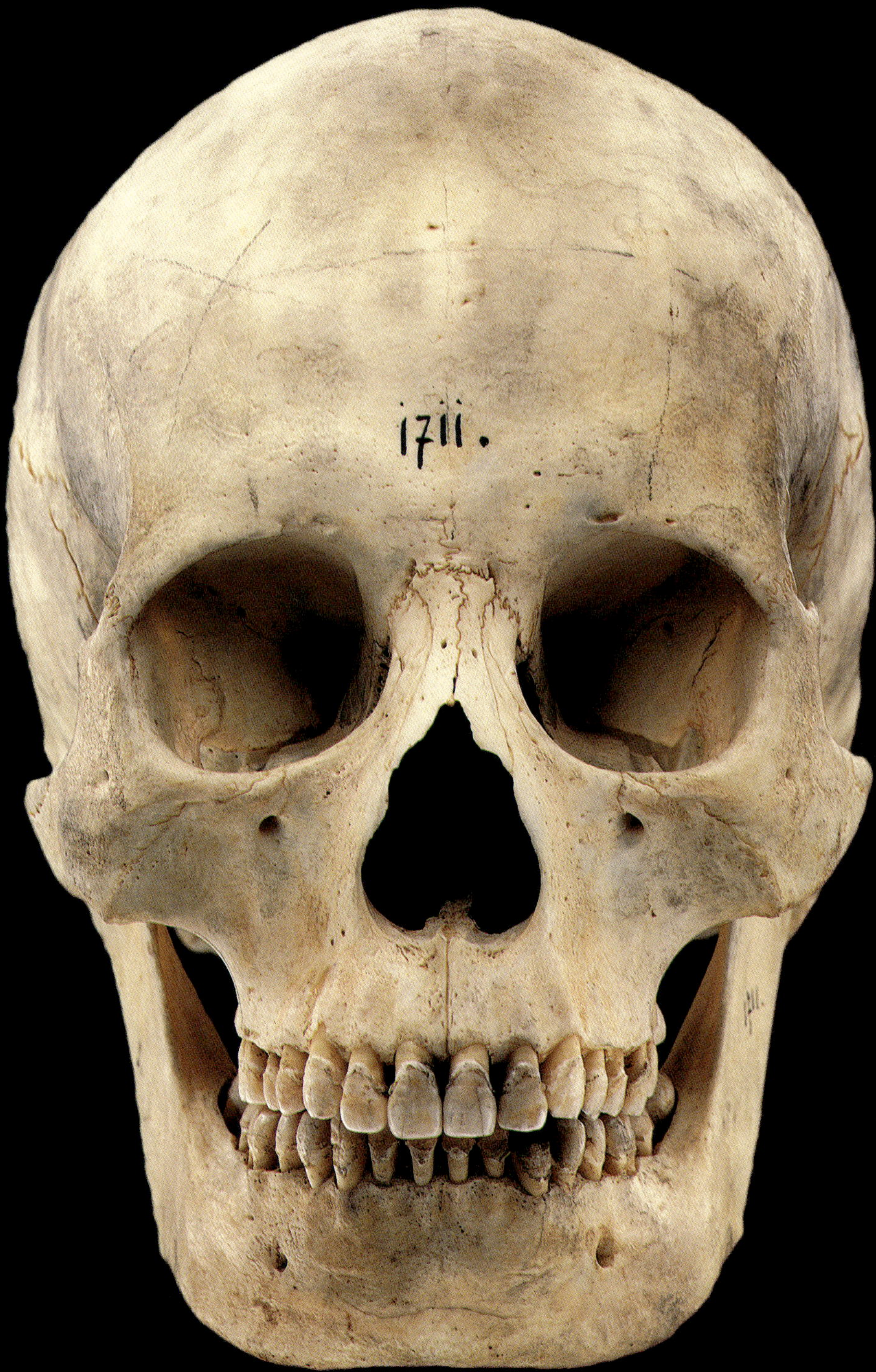

Schädel eines heutigen *Homo sapiens* aus Borneo in Asien. Der Schädel wurde zwar in Indonesien gefunden, er stammt aber von einer Chinesin zwischen 25 und 30 Jahren. Originalgröße.
Photos von David Brill; mit freundlicher Genehmigung des American Museum of Natural History.

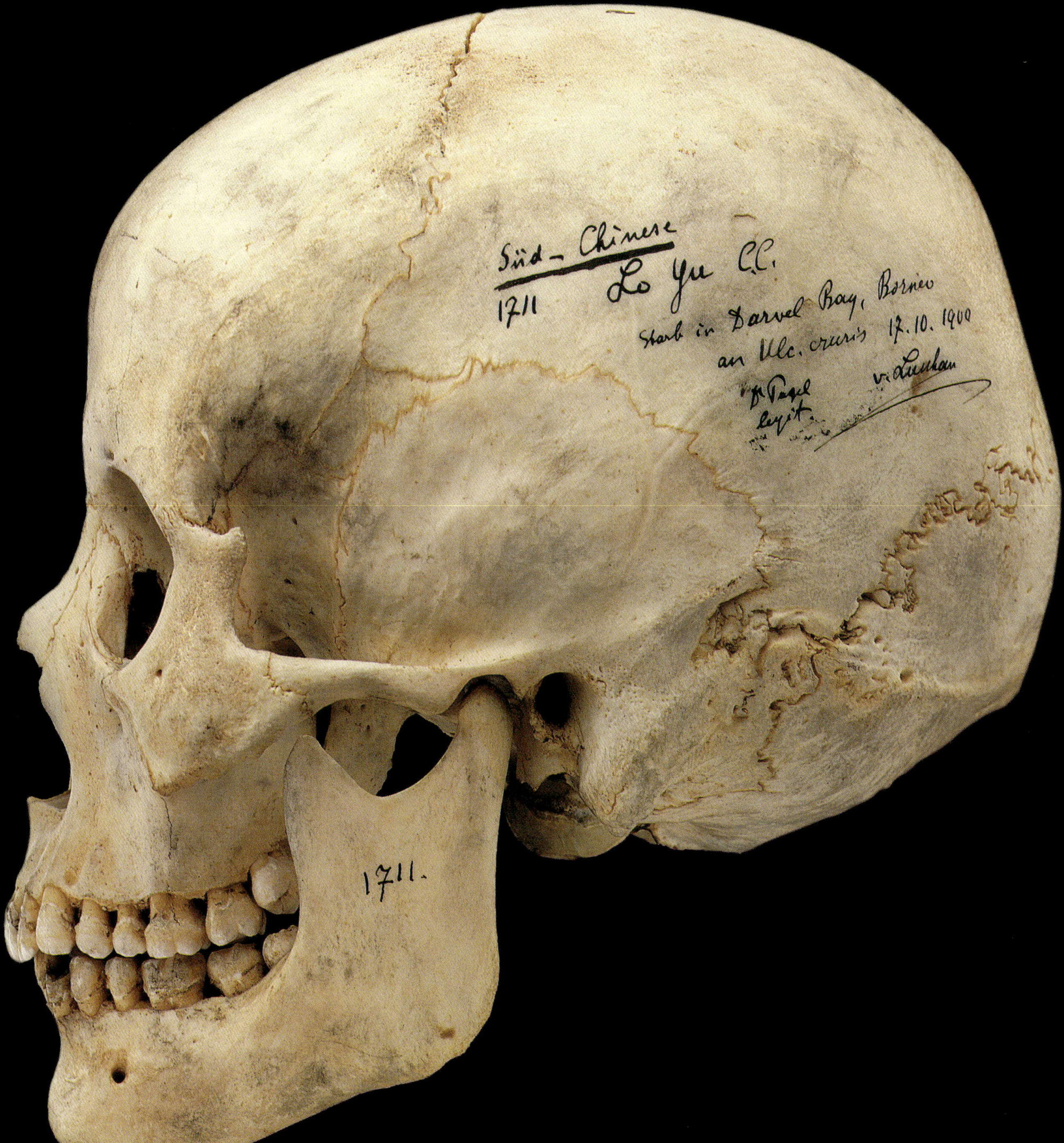
Süd-Chinese
1711 Lo Yu C.C.
Starb in Darvel Bay, Borneo
an Ulc. cruris 17.10.1900
1711.

Schädel eines heutigen *Homo sapiens* aus Indien. Die Zähne dieses jungen Mannes aus Bengalen sind durch das Essen von Betelnüssen verfärbt. Originalgröße. *Photos von David Brill; mit freundlicher Genehmigung des American Museum of Natural History.*

Schädel eines heutigen *Homo sapiens* von den Salomonen-Inseln im Pazifik.
Der männliche Schädel wurde 1893 in Guadalcanal gefunden. Originalgröße. *Photos von David Brill; mit freundlicher Genehmigung des American Museum of Natural History.*

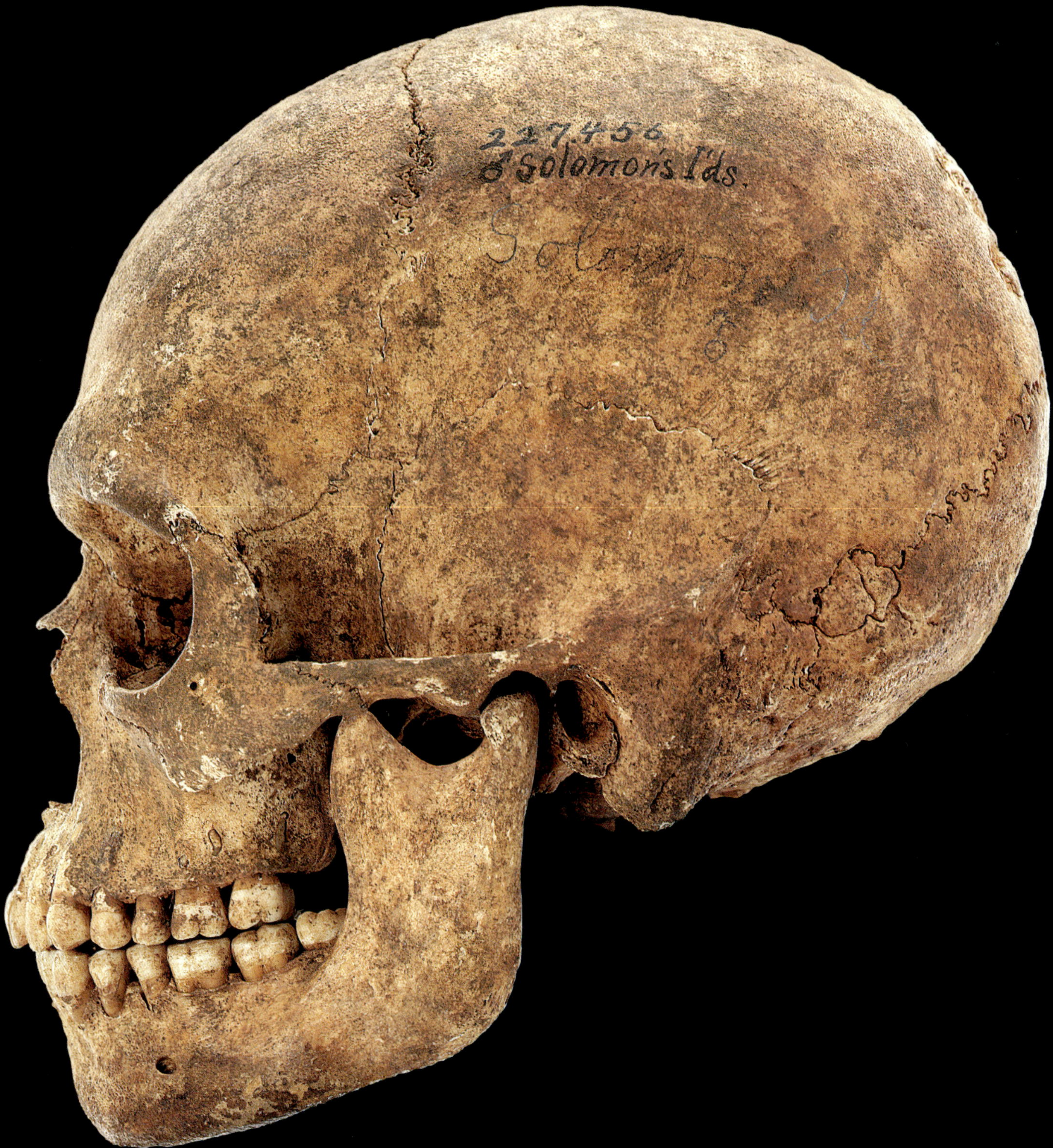
227456
♂ Solomon's I'ds.

Schädel eines heutigen *Homo sapiens* aus Nordamerika. Der männliche Inuit aus Alaska ist zwischen 35 und 40 Jahre alt. Originalgröße. *Photos von David Brill; mit freundlicher Genehmigung des American Museum of Natural History.*

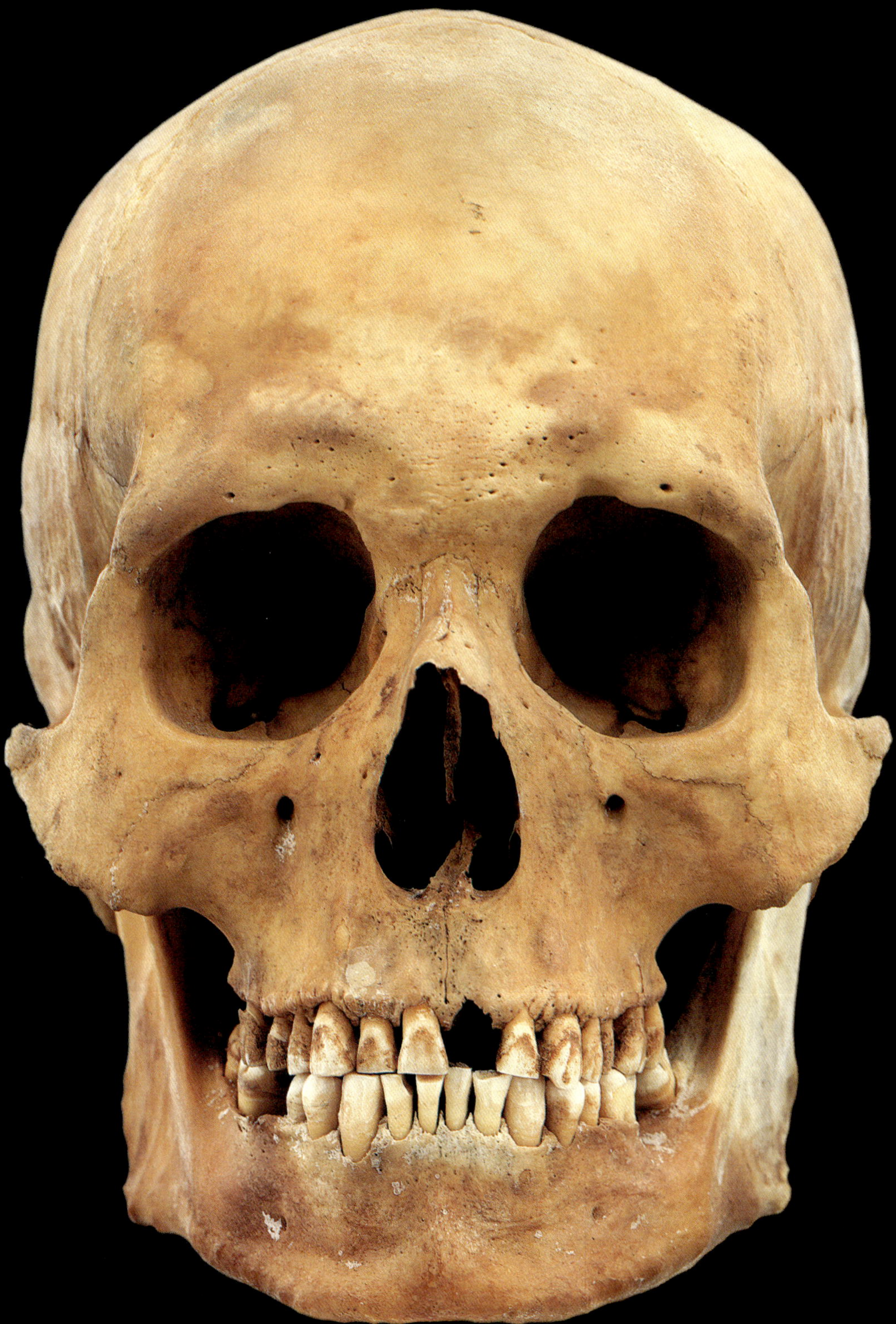

Schädel eines heutigen *Homo sapiens* aus Peru, Südamerika. Der männliche Schädel aus Chilca in Peru stammt ungefähr aus dem 15. Jahrhundert. Originalgröße. *Photos von David Brill; mit freundlicher Genehmigunq des American Museum of Natural History.*

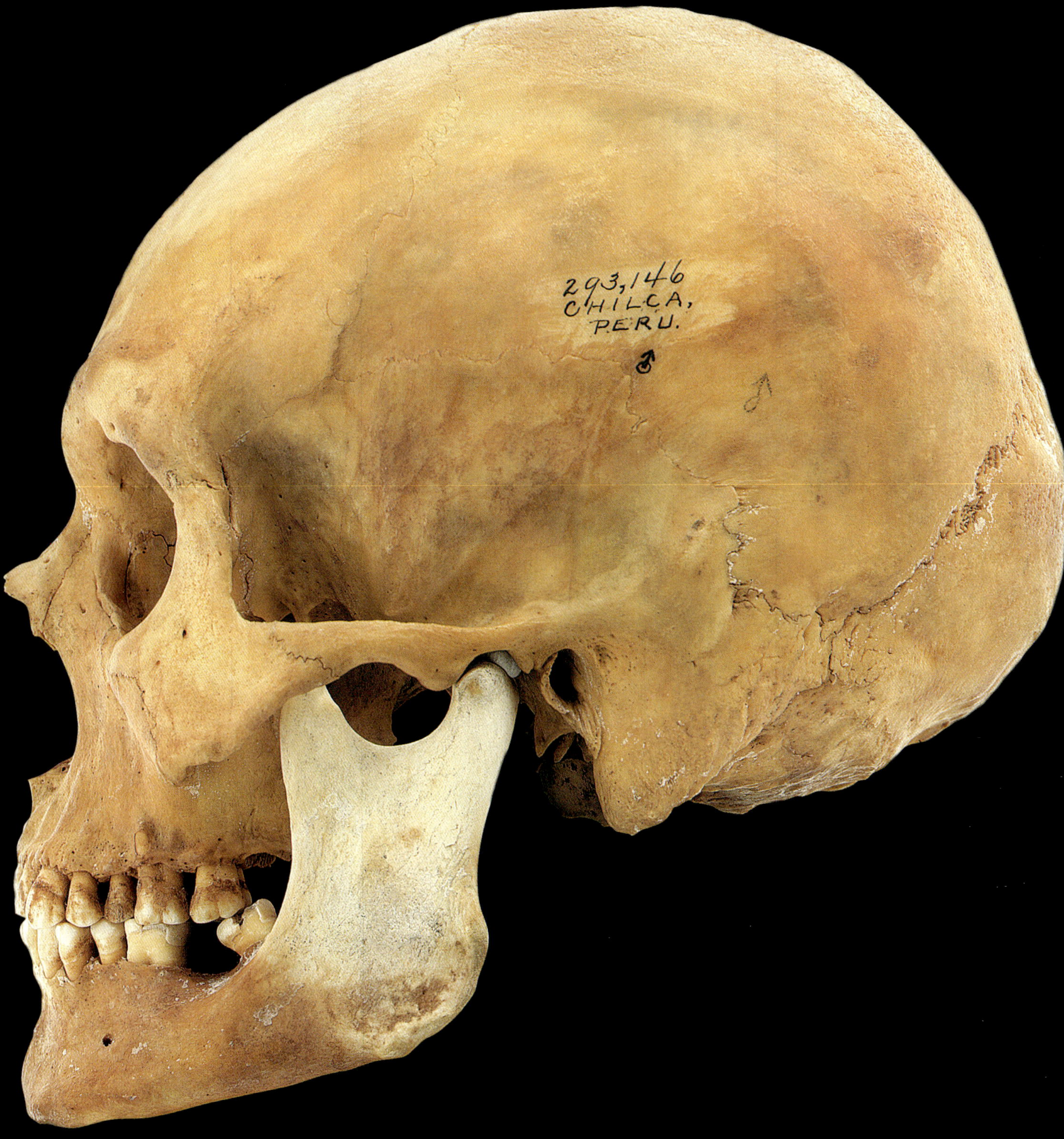
293,146
CHILCA,
PERU.

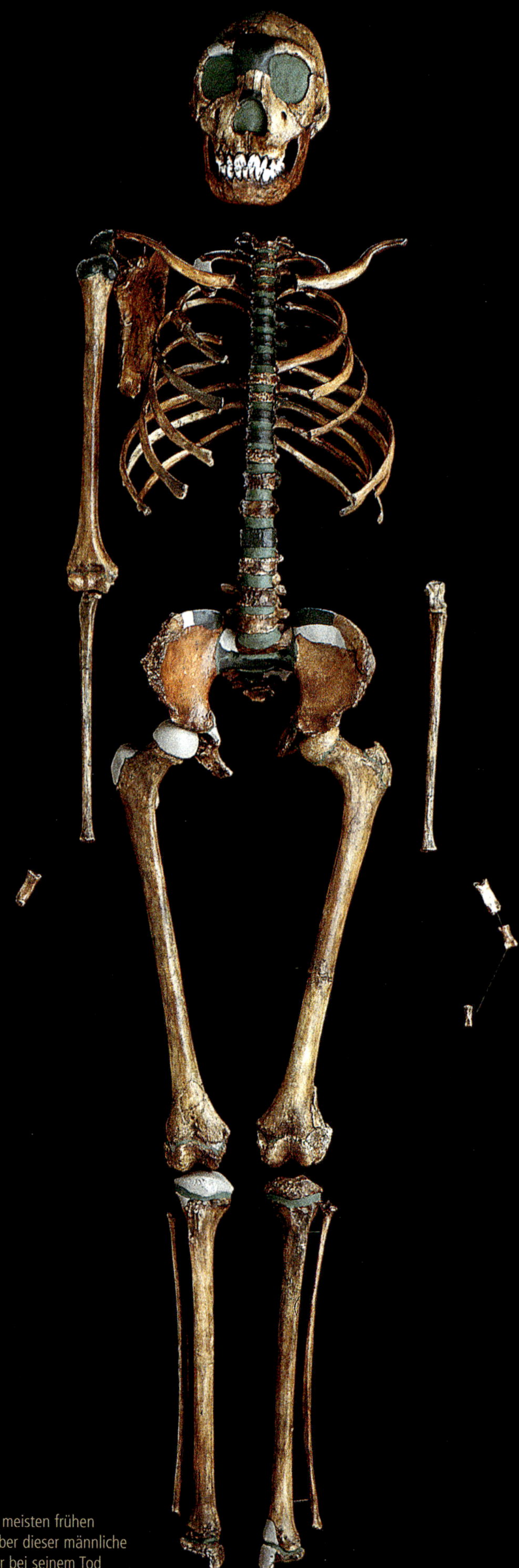

Skelett von *Homo ergaster* aus Nariokotome, Kenia. Die meisten frühen Hominiden waren kaum größer als die heutigen Schimpansen, aber dieser männliche Jugendliche (WT 15000) hat eine schlanke, große Statur und war bei seinem Tod bereits über 1,50 Meter groß. *Photo von David Brill; mit freundlicher Genehmigung des kenianischen Nationalmuseums.*

wickeln sich „Waffen" wie große Geweihe oder Reißzähne. Durch die Selektion auf größere Männchen verstärkt sich innerhalb einer Spezies der Geschlechtsdimorphismus. Als erster machte Darwin auf diesen Vorgang aufmerksam; er bezeichnete ihn als „geschlechtliche Zuchtwahl": Anpassungen, die den Paarungserfolg steigern, werden in der Evolution begünstigt. Diese Selektion erfolgt oft in Form der Konkurrenz zwischen Männchen – große, aggressive Individuen haben mehr Nachkommen und geben die Gene für diese vorteilhaften Eigenschaften häufiger weiter. ◖ Demnach hat der Geschlechtsdimorphismus mit den Paarungsgewohnheiten zu tun. Ganz allgemein sind Primaten ohne oder mit geringem Geschlechtsdimorphismus in der Regel monogam. Sind die Männchen dagegen bei einer Art doppelt so groß wie die Weibchen, umgeben sie sich meist mit einem Harem: Entweder paart sich in der Gruppe nur ein Männchen (wie bei den Gorillas), oder es herrscht Polygamie (wie bei den Pavianen). Bei genauerem Hinsehen ergibt sich jedoch ein komplizierteres Bild. Manche monogamen Arten zeigen starken Dimorphismus, und umgekehrt. ◖ Nach einer anderen allgemeinen Regel hängt die Körpergröße einer Art unmittelbar mit dem Ausmaß des Geschlechtsdimorphismus zusammen. Meist wird hier der Gorilla genannt, der als größter Primat auch den größten Dimorphismus zeigt (siehe Seite 84–85). Aber auch diese Regel hat Ausnahmen. ◖ Auch die Notwendigkeit, daß Männchen die nahrungsammelnden oder kinderversorgenden Weibchen beschützen, bestimmt über das Ausmaß des Dimorphismus. In der offenen Savanne mit vielen natürlichen Feinden sind Männchen mit großen Reißzähnen, die für die Verteidigung des Rudels nützlich sind, im Vorteil. ◖ Man kann den Geschlechtsdimorphismus auch unter dem Gesichtspunkt seiner Vorteile für die Weibchen betrachten; meist sind bei solchen Arten die Weibchen kleiner als die Männchen. Wenn Größe nützlich ist und den Männchen gegenüber Konkurrenten und Räubern einen Vorteil verschafft, warum sind die Weibchen dann nicht ebenfalls groß? Wie Untersuchungen an Pavianen gezeigt haben, verlangen Schwangerschaft und Stillen von den Weibchen viel Energie. Mit ihrer relativ schlechten vegetarischen Ernährung müssen Pavianweibchen sich sehr anstrengen, damit sie genügend fressen, um den Fetus zu ernähren und später ausreichend Milch zu produzieren. Deshalb sind kleinere Weibchen im Vorteil: Sie können ausreichend Nahrung zu sich nehmen, um sich selbst am Leben zu halten und den Energiebedarf ihrer Kinder zu befriedigen. ◖ Auch die Arbeitsteilung zwischen den Geschlechtern scheint mit der Körpergröße zu tun zu haben. Männliche Paviane und Schimpansen gehen gelegentlich auf die Jagd. Zwar hat man in unmittelbarer Nähe des Rudels auch jagende Weibchen beobachtet, aber meist konzentrieren sie sich eher auf das Sammeln pflanzlicher Nahrung. Vielleicht führen diese unterschiedlichen Schwerpunkte zu einer Verminderung der Konkurrenz zwischen den Geschlechtern. Die Männchen der ausgestorbenen neuseeländischen Huia-Vögel hatten zum Beispiel einen kurzen, kräftigen Schnabel, mit dem sie Insekten von den Ästen pickten. Die Weibchen dagegen suchten mit ihrem langen, gebogenen Schnabel in Ritzen nach Futter. Auf diese Weise konkurrierten die Geschlechter nicht um die gleiche Nahrung. ◖ Die fossilen Hominiden aus Afrika zeigen in Zähnen, Kiefern und anderen Skeletteilen einen ausgeprägten Geschlechtsdimorphismus. Nach Schätzungen des Körpergewichts, die sich auf die Größe der Beingelenke gründen, waren die Männchen des bestbekannten Australopithecinen *Australopithecus afarensis* deutlich schwerer als die Weibchen. Sechs Männchen von *A. afarensis* wiegen im Durchschnitt 45 Kilo, für drei Weibchen liegt der Wert bei 29 Kilo. Das Verhältnis dieser beiden Zahlen ist ein Maß für den Geschlechtsdimorphismus: es liegt für *A. afarensis* bei 1,52 und bei *A. africanus* bei 1,35. Zum Vergleich die Verhältnisse bei Jetztmenschen und Menschenaffen: Mensch 1,22; Schimpanse 1,37; Orang-Utan 2,03; und Gorilla 2,09. Das Verhältnis ist bei *A. afarensis* eindeutig größer als beim Jetztmenschen, jedoch geringer als bei Gorillas und Orang-Utans. ◖ Den genauen Grund des starken Dimorphismus bei *A. afarensis* kennt man nicht, aber er muß mit dem Leben am Erdboden zu tun haben. Das gleiche beobachtet man bei allen Primaten, die vorwiegend auf dem Boden zu Hause sind. Überraschend sind aber bei *A. afarensis* vor allem die kleinen Eckzähne der Männchen, die nur einen geringen Geschlechtsdimorphismus zeigen. Zwischen dem Dimorphismus von Körpergröße und Eckzähnen besteht bei den meisten – nicht allen – Primaten ein Zusammenhang: beide sind bei einer Art meist entweder gering oder stark ausgeprägt. Außerdem scheint der Dimorphismus der Eckzähne auch mit der Aggressivität und der Konkurrenz unter den Männchen zu tun zu haben. ◖ Wegen der kleineren Eckzähne bei *A. afarensis* kann man also vermuten, daß die Aggression unter den Männchen aus irgendeinem Grund geringer war. Wichtig ist auch, daß bei Primaten vor allem die Männchen für die Abwehr natürlicher Feinde zuständig sind. Männliche Paviane zum Beispiel sind groß und haben dolchartige Eckzähne, beides nützliche Eigenschaften zur Verhinderung von Angriffen. ◖ Bei *A. afarensis* mit seinen kleinen Eckzähnen könnte die Selektion zum Schutz vor Angreifern für eine stärkere Größenzunahme der Männchen gesorgt haben. Auch führte die mutmaßlich verminderte Aggression unter den Männchen wohl zu stärkerer Kooperation, so daß diese frühen Hominiden große Raubtiere aus ihrem Lebensraum fernhalten konnten. Bei Schimpansen hat man beobachtet, wie die Männchen, die in einem Rudel eng verwandt sind, gemeinsam Leoparden vertreiben. ◖ In der Gegend von Hadar und Laetoli lebten große Raubtiere, die auch *A. afarensis* nachstellten. Außerdem war Hadar wie die heutigen Reviere der Paviane dicht bewaldet, so daß die Räuber es leicht hatten. In einer solchen Umgebung mit schlechten Sichtverhältnissen waren Körpergröße und Kooperation der Männchen von Nutzen. Zwar muß man mit derartigen Hypothesen vorsichtig sein, aber sie sind ein gutes Beispiel dafür, wie wichtig Eigenschaften wie Geschlechtsdimorphismus, Körpermaße und Größe der Eckzähne sind, wenn wir das Verhalten unserer frühen Vorfahren verstehen wollen.

29. Schwangerschaft

Für ein Säugetier von recht bescheidener Größe ist die Schwangerschaft beim Menschen mit 38 bis 42 Wochen relativ lang. Aber wir leben auch lange, und die Lebensdauer hängt mit der Länge der Schwangerschaft zusammen. Die längste Trächtigkeit aller Säugetiere – 22 Monate – findet man bei Elefanten, die durchschnittlich 55 Jahre alt werden. Auch zwischen Gehirngröße und Schwangerschaftsdauer besteht ein Zusammenhang: Die Schwangerschaft ist um so länger, je umfangreicher das Gehirn ist; vergleicht man dieses Verhältnis mit anderen Säugetieren, sollte die Schwangerschaft beim Menschen sogar noch länger dauern. ◖ Die Embryonalentwicklung verläuft bei uns nach dem gleichen Prinzip wie bei allen Primaten: Im Gegensatz zu anderen Säugetieren, die gut entwickelte Junge zur Welt bringen – ein Zebrafohlen kommt beispielsweise bereits kurz nach der Geburt auf die Beine –, wächst das Gehirn des Primatenfetus im Verhältnis zum Körper sehr viel schneller. Dennoch kommt ein Menschenbaby trotz der langen Schwangerschaft und obwohl es im Verhältnis zur Mutter schon recht groß ist, mit einem unausgereiften Gehirn zur Welt. Bei Schimpansen wiegt das Gehirn eines Neugeborenen schon halb so viel wie das eines erwachsenen Tieres, beim Menschen dagegen hat es erst ein Viertel dieses Gewichts. Zum Ausgleich setzt sich die schnelle Größenzunahme des Gehirns bei uns auch während des ersten Lebensjahres fort: In dieser Zeit verdoppelt sich seine Masse relativ zur Größe bei der Geburt. Und wie alle Eltern wissen, sind Menschenbabys im Vergleich zu fast allen anderen Säugetieren im ersten Lebensjahr ganz und gar unselbständig. Was das Gehirn angeht, dauert die Schwangerschaft bei uns 21 Monate – fast so lange wie bei Elefanten. Dieses Wachstumsprinzip findet man nur bei Menschen; es hat sich entwickelt, weil wir einen Kompromiß zwischen großem Gehirn und aufrechtem Gang schließen mußten. ◖ Ein neugeborener Mensch wiegt doppelt soviel wie ein neugeborener Menschenaffe, obwohl die Menschenmutter nur halb so schwer ist wie das Affenweibchen. Deshalb ist die eigentliche Geburt für Menschen schwieriger als für die allermeisten Tiere. Bei Schimpansen geht sie ganz einfach vonstatten: Der Kopf des Jungen gleitet fast mühelos durch den Geburtskanal. Das Becken des Menschen dagegen wurde für die aufrechte Fortbewegung stark umgestaltet, und um das Baby mit seinem großen Gehirn auf-

Männlicher und weiblicher Schädel von *Australopithecus boisei.* Männchen und Weibchen der frühen Hominiden zeigen beträchtliche Größenunterschiede; an den Funden OH 5 (männlich, links) und KNM-ER 732 (weiblich, rechts) ist dies deutlich zu erkennen. Originalgröße. *Photo von David Brill; mit freundlicher Genehmigung des kenianischen Nationalmuseums.*

zunehmen, erweiterte es sich von vorn nach hinten, während es in seitlicher Richtung schmaler wurde, so daß ein eher runder Geburtskanal entstand. Da der Anfang des Geburtskanals seitlich am breitesten ist, muß der Kopf des Kindes quer in ihn eintreten und sich dann sowohl zur Brust biegen als auch um 90 Grad drehen, damit der enge mittlere Teil des Kanals passiert werden kann. Beim Austritt aus dem Geburtskanal weist das Gesicht des Kindes in eine andere Richtung als an seinem Beginn. ◖ Was die Länge der Schwangerschaft und die Schwierigkeiten bei der Geburt angeht, standen die Australopithecinen den Menschenaffen offenbar näher als den Menschen. Aus der Form zweier fossiler Becken von *Australopithecus africanus* (Sts 14) und *Australopithecus afarensis* (A.L. 288-1 oder Lucy, siehe Seite 87 und 137) kann man ablesen, daß die neugeborenen Kinder dieser Hominiden ein ähnlich großes Gehirn wie neugeborene Schimpansen hatten. Die Geburt verlief wohl ziemlich schnell und einfach, obwohl Lucys Becken von vorn nach hinten verengt ist, so daß der Kopf des Kindes wahrscheinlich seitlich in den Geburtskanal eintreten mußte. Aus neueren Geburtsuntersuchungen bei Kleinaffen und Pavianen weiß man, daß auch diese Primaten sich im Geburtskanal drehen; etwas Ähnliches spielte sich also vermutlich nicht nur bei Menschen, sondern auch bei den frühen Hominiden ab, vielleicht damit die Schultern den engsten Teil des Kanals passieren konnten. ◖ Wenn Schwangerschaft und Geburt bei den Australopithecinen mehr oder weniger wie bei Menschenaffen abliefen, wann tauchten dann die typisch menschlichen Vorgänge auf? Nach einer neueren Hypothese, die sich auf Befunde an einem bestimmten Teil des Beckens stützt, war die Schwangerschaft bei Neandertalerinnen länger als bei uns. Die meisten Beckenknochen – Darmbein, Sitzbein und Kreuzbein – sind zwar bei Neandertalern und Jetztmenschen ähnlich geformt, aber die beiden Gruppen unterscheiden sich in der Anatomie des Schambeins, das den vorderen Teil des Beckens bildet. Der obere Schambeinast, ein Knochenast an der Oberseite des Beckens, war bei den Neandertalern sehr lang und schmal, bei den Jetztmenschen dagegen ist er kürzer und dicker. (Zumindest in diesem Teil der Anatomie sind die Jetztmenschen also offenbar kräftiger gebaut als die stämmigen Neandertaler mit ihrer tonnenförmigen Brust.) ◖ Der Paläoanthropologe Erik Trinkaus untersuchte die damals verfügbaren sieben Schambeine von Neandertalern und gelangte zu dem Schluß, durch den dünnen Schambeinast sei das Becken und damit auch der Geburtskanal um 25 Prozent erweitert gewesen, so daß die Mütter größere, weiter entwickelte und weniger unselbständige Kinder zur Welt bringen konnten. Deshalb dauerte die Schwangerschaft bei den Neandertalerinnen vermutlich länger als bei heutigen Menschen, nämlich möglicherweise bis zu zwölf Monaten. ◖ Diese Überlegungen waren der Anlaß für viele Spekulationen: Wenn die Neandertaler weiter entwickelt zur Welt kamen, erforderte die kürzere Schwangerschaft der modernen Menschen vielleicht die Evolution stärkerer sozialer Unterstützungsmechanismen, damit die wenig entwickelten Säuglinge versorgt und beschützt wurden. Außerdem ermöglichte die kürzere Schwangerschaft geringere Abstände zwischen den Kindern, und das könnte den modernen Menschen einen Fortpflanzungsvorteil verschafft haben, durch den sie die Neandertaler schließlich überflügelten und verdrängten. Aber schon bald erforderten neue Befunde ein Umdenken bei diesen Vermutungen. ◖ Mit einem Neandertalerskelett, das man 1983 in der Kebara-Höhle in Israel fand, war die Theorie von den längeren Schwangerschaften von heute auf morgen widerlegt. Zu diesem Fund, Kebara 2 genannt, gehörte das vollständigste Becken eines Neandertalers, das man jemals entdeckt hatte. Sein oberer Schambeinast ist mit fast 90 Millimetern länger als bei jedem anderen bekannten Neandertaler und fast um ein Drittel länger als bei männlichen Jetztmenschen. Dennoch liegt die lichte Weite des Beckens nur um 13 Prozent über der des modernen Menschen. Das Becken war also in seitlicher Richtung breiter, nicht aber von vorn nach hinten, des weiteren blieb das Volumen des Geburtskanals unverändert. Kebara 2 war zwar ein Mann, man kann jedoch davon ausgehen, daß auch das Becken der Neandertalerfrauen ähnliche Ausmaße hatte und der längere Schambeinast nicht zu einem größeren Geburtskanal führte. ◖ Nach den Befunden an einem anderen vollständigen

Das Becken eines *Homo neanderthalensis* aus Kebara, Israel. Der verlängerte obere Schambeinast oben am Becken der Neandertaler wurde als Beleg angeführt, daß diese Spezies eine längere Schwangerschaft erlebte als Jetztmenschen und größere, weiter entwickelte Babys zur Welt brachte. Dieses Becken des Skeletts Kebara 2 zeigt jedoch, daß der Geburtskanal nicht nennenswert größer war als bei heutigen Menschen; demnach dauerte auch die Schwangerschaft bei den Neandertalerinnen vermutlich nicht länger. Originalgröße. *Photo von David Brill; mit freundlicher Genehmigung der Sackler School of Medicine, Universität Tel Aviv.*

Skelett, dem 1,6 Millionen Jahre alten *Homo ergaster* mit der Bezeichnung KNM-WT 15000 (siehe Seite 182), könnte sich die typisch menschliche Schwangerschaft bei dieser Spezies entwickelt haben. Es handelte sich um einen männlichen Jugendlichen, aber sein Becken ist so eng, daß man sich kaum vorstellen kann, wie eine erwachsene Frau der gleichen Spezies ein Kind mit dem mutmaßlichen Gehirngewicht dieser Hominiden - etwa 200 Gramm - zur Welt gebracht haben soll. Es sei denn, das Gehirn wuchs nach ähnlichen Gesetzmäßigkeiten heran wie bei den Jetztmenschen, mit einem verhältnismäßig geringen Gehirngewicht bei der Geburt und einer schnellen Größenzunahme in den ersten Lebensmonaten. Demnach mußten auch die neugeborenen Kinder von *Homo ergaster* nach der Geburt noch lange Zeit versorgt werden. Vielleicht war diese seltsame Entwicklung der Schwangerschaft bei Primaten der Ausgangspunkt für die raffinierten Sozialstrukturen und die lange Lernphase, die zu charakteristischen Kennzeichen unserer Spezies wurden.

30. Reifung

Eine weitere ungewöhnliche Eigenschaft unserer Spezies neben dem aufrechten Gang, dem relativ großen Gehirn und der Symbolsprache ist die lange Entwicklungs- und Wachstumsphase. Menschen brauchen bis zur Geschlechtsreife doppelt so lange wie Menschenaffen. Schimpansen werden zum Beispiel mit acht oder neun Jahren geschlechtsreif, ein Mädchen dagegen erst ungefähr mit 13 Jahren, und wächst auch danach noch etwa fünf Jahre lang weiter. Außerdem machen Menschen im Gegensatz zu anderen Primaten zwischen Pubertät und Erwachsenenalter einen Wachstumsschub durch, in dessen Verlauf das gesamte Skelett stark an Länge zunimmt. Unsere verlängerte Kindheit und Jugend wird vielfach als Mittel zur Verstärkung der Lernfähigkeit angesehen und dürfte ein entscheidendes Merkmal unserer Spezies sein. Wir unterscheiden uns in dieser Hinsicht eindeutig von den Menschenaffen, aber wie stand es mit unseren Hominidenvorfahren? ◖ Zwar gibt es in dieser Frage immer noch kaum handfeste Befunde, jedoch hat man zu ihrer Beantwortung raffinierte neue Verfahren entwickelt. Durch genaue Untersuchung der Knochen kann man das Todesalter eines Skeletts feststellen. Wichtige Hinweise geben dabei die Gelenke. Die Wachstumszonen (Epiphysen) verschmelzen unterschiedlich schnell mit dem Knochenschaft. Bei Ellenbogen, Hüfte, Fuß- und Handgelenken, Knien und Schultern des Menschen ist dieser Vorgang ungefähr mit 18 Jahren abgeschlossen. ◖ Ausgezeichnete Rückschlüsse auf Wachstum und Entwicklung erlauben die Zähne, die in festgelegter Reihenfolge durchbrechen. Beim Menschen kommen die drei Molaren auf beiden Kieferseiten in Abständen von etwa sechs Jahren zum Vorschein, beginnend um das sechste Lebensjahr mit dem ersten Molaren. Der Durchbruch des zweiten Molaren fällt mit dem Beginn der Pubertät zusammen, und der dritte erscheint erst beim Erwachsenen. Ähnliche Hinweise auf die Entwicklung liefern auch die anderen Zähne. ◖ Eine neuere Methode der Altersbestimmung bedient sich der Wachstumslinien, die sich wie Jahresringe im Zahnschmelz bilden. Im Inneren des Zahnschmelzes bezeichnet man diese Linien als Retzius-Streifen, werden sie an der Oberfläche sichtbar, heißen sie Perikyematien. Ihre Entstehung ist nicht im einzelnen geklärt, aber vermutlich taucht während des Zahnwachstums jede Woche eine neue Linie auf, so daß man an ihnen das Alter der Person ablesen kann. Im Mikroskop findet man Perikyematien an den Schneidezähnen von Menschen und Hominiden, und da diese Zähne als erste entstehen, sind sie besonders für die Alterbestimmung sehr junger Individuen nützlich. Ähnliche Untersuchungen stellte man auch an den Kronen der Molaren älterer Jugendlicher und Erwachsener an. ◖ Um das Todesalter bei Hominidenfunden genauer zu bestimmen, muß man wissen, ob ihr Wachstumstempo eher dem der Menschenaffen oder unserem eigenen ähnelte. Nach ersten Untersuchungen des Paläoanthropologen Alan Mann in den siebziger Jahren, reiften Hominiden ähnlich langsam wie moderne Menschen. Mann stützte seine Aussage auf eine Sammlung von Zähnen jugendlicher Australopithecinen aus südafrikanischen Höhlen wie Swartkrans. Seine Altersschätzungen für die einzelnen Zähne führten ihn zu der Schlußfolgerung, die Zähne der Australopithecinen brächen in großen zeitlichen Abständen durch, und entsprechend lang sei die Zeit bis zur Reife. ◖ In jüngerer Zeit, nachdem man die Perikyematien genauer untersucht hatte und mehr über die Zahnentwicklung bei Menschenaffen wußte, haben Paläoanthropologen wie Holly Smith und Christopher Dean diese Ansicht in Frage gestellt. Sie gelangten zu dem Schluß, die Wachstumsphase sei bei den frühen Hominiden kürzer gewesen und habe eher der von Menschenaffen geähnelt. Diese Neubewertung erfordert auch neue Altersschätzungen für Fossilien jugendlicher Hominiden. Unterstellt man für Australopithecinen ein eher affenähnliches Wachstum, vermindert sich das Todesalter für Funde wie den Schädel von *Australopithecus africanus* aus Taung von sieben auf etwas mehr als drei Jahre. ◖ Das Wachstum der robusten Australopithecinen verlief, nach der Geschwindigkeit und Reihenfolge der Zahnschmelzbildung an den Molaren sowie nach der Entstehung der Schneidezähne zu urteilen, nach ganz eigenen Gesetzmäßigkeiten und anders als bei Menschenaffen, modernen Menschen und anderen Australopithecinen. In den Molaren der robusten Australopithecinen wurde der Zahnschmelz sehr schnell und vorwiegend auf der Oberseite der Zahnkrone abgelagert, so daß ein ähnliches Muster wie bei den Milchzähnen der Jetztmenschen entstand. Vermutlich behielten die robusten Australopithecinen dieses Prinzip wegen des Evolutionsdruckes bei: Sie ernährten sich wahrscheinlich von harten Nüssen und Samen, aufgrund dessen die Zähne schnell entstehen und frühzeitig durchbrechen mußten. ◖ Möglicherweise verlief das Wachstum sogar bei den ersten Arten der Gattung *Homo*, so zum Beispiel bei *H. habilis*, ähnlich schnell wie bei Affen. Nach den Befunden an den beiden jugendlichen Zahnfunden KNM-ER 820 und KNM-ER 1590 hatte der frühe *Homo* noch den früheren Wachstumsverlauf ohne verzögerte Reifung. Wenn die Menschen sich noch einige Millionen Jahre lang wie Menschenaffen entwickelten, warum trat dann später eine Veränderung ein? ◖ Mit der Entdeckung des 1,6 Millionen Jahre alten Skeletts KNM-WT 15000 (siehe Seite 182) in Nariokotome in Kenia im Jahr 1984 eröffnete sich die einmalige Gelegenheit, ein fast vollständiges Skelett eines Jugendlichen mit Schädel und Zähnen zu untersuchen. Wie hoch man das Todesalter von WT 15000 schätzt, hängt davon ab, welche Skeletteile man heranzieht und ob man es mit dem Wachstum der Menschenaffen oder der Menschen vergleicht. Den durchgebrochenen Zähnen zufolge war der Junge von Nariokotome noch nicht erwachsen. Die ersten und zweiten Molaren des Dauergebisses sind vorhanden, nicht aber die dritten Molaren (Weisheitszähne), und im Oberkiefer befinden sich noch Eckzähne des Milchgebisses. Nur knapp die Hälfte der Dauerzähne sind bereits ausgebildet; das heißt, er starb vermutlich mit etwa elf Jahren. ◖ Andere Skeletteile, so die teilweise verschmolzenen Epiphysen am Oberarm und die Knorpelzonen zwischen den Beckenknochen, weisen auf ein Alter unter 15 Jahren und eher im Bereich von 13 Jahren hin. Vom gesamten Körperbau her – er war 1,60 Me-

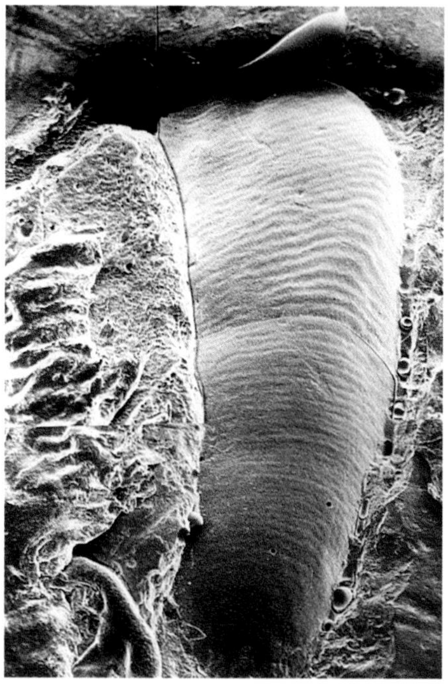

Wachstumslinien auf dem Zahn eines jugendlichen *Australopithecus robustus*.
Die Wachstumslinien der Zähne können zur Altersbestimmung eines Fundes beitragen. Der hier von der Zungenseite aus gesehene Schneidezahn des Fundes SK 62 aus Swartkrans besitzt mehrere solche parallelen Linien. *Mit freundlicher Genehmigung von Christopher Dean, University College London.*

Schädel eines *Australopithecus africanus* aus Taung, Südafrika. (Siehe auch Seite 143).
Wenn das berühmte Kind von Taung ähnlich schnell heranwuchs wie heutige Menschenaffen, war es bei seinem Tod schätzungsweise drei Jahre alt. Es fiel vermutlich einem Adler zum Opfer. Originalgröße. *Photo von David Brill; mit freundlicher Genehmigung der University of the Whitwatersrand.*

ter groß - entspricht das Skelett jedoch einem heutigen Fünfzehnjährigen. Er war nach allen Maßstäben ein langer Bursche. ◖ Nach menschlichen Wachstumsprinzipien zu urteilen, war WT 15000 also zwischen elf und 15 Jahre alt, als er starb. Vergleicht man ihn aber mit Menschenaffen, sinkt das Alter auf neun Jahre. Die Entwicklung der Molaren entspricht offenbar der bei Affen, allerdings hat das Wachstum der vorderen Zähne nach diesem Maßstab bereits ein weiter entwickeltes Stadium erreicht. Das wirkliche Todesalter des Skeletts dürfte in der Mitte der Schätzungen für Menschen und Affen liegen - vielleicht bei ungefähr neun oder zehn Jahren; vernünftigerweise ist anzunehmen, daß die Reifung bei dieser Spezies mit einer mittleren Geschwindigkeit ablief. ◖ Bei unseren vergleichsweise jüngeren Zeitgenossen, den Neandertalern, gibt es Indizien für eine schnellere Reifung als bei heutigen Menschen. Die Perikymatien eines nicht durchgebrochenen Schneidezahnes im Schädel eines Neandertalerkindes, den man am Devil's Tower auf Gibraltar fand, weisen auf ein Todesalter von drei bis vier Jahren hin. Der Schädel besitzt aber für sein Alter sehr gut entwickelte Molaren und ein Gehirnvolumen von 1 400 cm³, das entspricht dem Durchschnitt für erwachsene Jetztmenschen. Die Neandertaler dürften also schneller erwachsen geworden sein als wir, und das raschere Wachstum trug vielleicht auch zu ihrem größeren Kopf und Gehirn bei. ◖ Seit Alan Manns Pionierarbeiten vor 20 Jahren haben wir unsere Kenntnisse über das Wachstum der Hominiden mit vielen neuen Methoden erweitert. Durch neue Fossilien von Jugendlichen und immer raffiniertere Analysen dürften sich noch klarere Antworten herauskristallisieren, wir wissen jedoch bereits heute, daß die Reifung als Anpassung für unsere Vorfahren ebenso wichtig war wie für uns selbst.

31. Die Evolution des menschlichen Gehirns

Das weiche, 1,3 Kilogramm schwere Organ in unserem Schädel besteht vorwiegend aus Wasser, ist aber auch der Schlüssel zu den zwei Millionen Jahren unserer Entwicklungsgeschichte. Mit seinen schätzungsweise 100 Milliarden Neuronen - so viele, wie die Milchstraße Sterne hat -, die alle untereinander in Verbindung stehen, und etwa einer Billion unterstützenden Gliazellen steuert das Gehirn unser Verhalten, unsere Körper- und Gemütsbewegungen, unsere Instinkte und Ideen - alles, was menschliche Erfahrung ausmacht. ◖ Mit seiner Größe als solcher bricht das Gehirn keine Rekorde. Ein Elefantenhirn ist viermal so groß, und bei manchen Walen ist es noch größer. Offenbar braucht ein größerer Körper auch ein größeres Gehirn. Das Gehirngewicht nimmt von kleinen zu großen Säugetieren im Verhältnis von zwei zu drei zum Körpergewicht zu, so daß große Arten ein absolut größeres, aber relativ kleineres Gehirn haben. ◖ Bei Primaten jedoch ist das Gehirn unabhängig vom Körpergewicht vergleichsweise groß. Primaten sind visuell orientiert, und farbiges, räumliches Sehen erfordert offenbar komplizierte Nervenverschaltungen. Affen und Menschen besitzen unter allen Landtieren im Verhältnis zum Körpergewicht das größte Gehirn. Zunächst einmal ist das Menschengehirn also ein weiterentwickeltes Affenhirn. ◖ Und doch hat das menschliche Gehirn etwas Besonderes, Einzigartiges. Es ist dreimal so groß, wie man es bei einem durchschnittlichen Primaten unserer Körpergröße erwarten würde. Diese Volumenzunahme hat sich fast vollständig während der letzten zwei Millionen Jahre entwickelt. Aber die Größe ist nicht alles. ◖ Auch die Größenverhältnisse der Gehirnteile sind anders als bei Affen. Unsere Intelligenz entstand nicht nur, weil das Gehirn gleichmäßig wuchs. Manche seiner Teile änderten sich nur wenig, andere sind kaum noch zu erkennen. Pons und Medulla, zwei alte Teile des Stammhirns, vergrößerten sich beim Menschen so gut wie gar nicht. Das Mittelhirn ist ein wenig erweitert, aber der eigentliche Unterschied liegt in der grauen Hirnsubstanz, der Großhirnrinde. ◖ Stark vergrößert sind beim Menschen das Cerebellum und der Neocortex (Klein- und Neuhirn, letzteres macht einen großen Teil des Großhirns aus), die für das Lernen von großer Bedeutung sind. Auf die Hirnrinde entfallen 80 Prozent des Gehirngewichts. Das primitive Vorderhirn diente vorwiegend der Geruchswahrnehmung. Es ist bei uns zwar ebenfalls mit den olfaktorischen Feldern verbunden, aber diese sind zurückgebildet, und das Vorderhirn hat eine neue Aufgabe übernommen. ◖ Diese Funktion zeigt sich in der vorderen Rinde der linken Gehirnhälfte. Sie wäre bei einem durchschnittlichen Primaten mit einem Gehirn unserer Größe immer noch um 200 Prozent kleiner als beim Menschen! Die vordere Großhirnrinde enthält unter anderem die Bereiche Broca- und Wernicke-Zentrum, die mit dem Hervorbringen und Verstehen von Sprache zu tun haben. Dieser Gehirnteil ist, was Größe und Nervenverknüpfungen angeht, viel stärker ausgeprägt als bei Affen. Dagegen nehmen Bereiche für die motorische Steuerung nur ein Drittel des Volumens ein, das sie bei Affen beanspruchen - weshalb wir nicht leichtfüßig durch die Baumkronen springen können. Wir haben eine gewisse Seh- und Riechfähigkeit geopfert und können dafür symbolisch und analytisch denken. ◖ Zusätzlich saugt das Gehirn wie ein Schwamm Empfindungen und Beobachtungen auf, und eignet sich hervorragend, um detaillierte, komplizierte Informationen zu speichern, abzurufen und zu verarbeiten. Oder mit einer Metapher des Biologen Christopher Wills gesprochen: »Der Unterschied zu den Tieren liegt nicht in der Fähigkeit zum Jonglieren, sondern in der Zahl der Bälle, die wir in der Luft halten können.« Mit Hilfe unseres Gehirns konnten wir die Kultur bis zu einem erdgeschichtlich beispiellosen Niveau entwickeln (siehe Seite 21). ◖ Unsere geistigen Fähigkeiten verdanken wir also nicht allein der Größe unseres Gehirns. Entscheidend ist auch sein Inhalt und Aufbau. Die Kognitionsforschung ist ein spannendes neues Wissenschaftsgebiet, wenn es jedoch um die Gehirnfunktion geht, kratzen wir gerade erst an der Oberfläche. Daß zwischen Gehirngröße, Komplexität und Intelligenz ein einfacher Zusammenhang besteht, ist nicht anzunehmen. ◖ Warum unser großes Gehirn in der Evolution entstanden ist, wissen wir nicht genau, aber wann es geschah, sagen uns die Fossilien. Im unteren und frühen mittleren Pleistozän (vor zwei Millionen bis 700 000 Jahren) verdoppelte sich das Volumen des Hominidengehirns von etwa 440 auf über 900 cm³. Der Schädel erweiterte sich dabei vor allem seitlich und von vorn nach hinten, und zwar insbesondere an den Stirn- und Hinterhauptsknochen sowie an der Schädelbasis. Zu der Verdoppelung kam es unter anderem durch eine allgemeine Zunahme der Körpergröße; das Ausmaß der Vergrößerung läßt vermuten, daß die natürliche Selektion auch unabhängig davon eine erweiterte Gehirnkapazität begünstigte. ◖ Das stärkste Größenwachstum des Gehirns gab es jedoch im mittleren und oberen Pleistozän vor 500 000 bis 100 000 Jahren, also in der Zeit vom späten *Homo erectus* bis zum frühen *Homo sapiens*. Diese Form- und Größenveränderung war eine der auffälligsten morphologischen Wandlungen, die man aus der Säugetierevolution kennt, denn sie umfaßte neben der Schädelvergrößerung auch eine grundlegende Verschiebung der Gehirnproportionen. Stirn- und Hinterhauptsknochen wurden höher und bildeten einen größeren Gehirnschädel. ◖ Später gab es noch weitere, eher geringfügige Veränderungen der Schädelform: Die Stirnknochen wuchsen nach oben, das Schädelgewölbe wurde höher und breiter, und der Hinterhauptsknochen krümmte sich stärker. Vom oberen Paläolithikum bis heute haben sich Schädel und Gehirn nicht nennenswert verändert. Das Gehirn der Jetztmenschen wiegt durchschnittlich 1,3 Kilogramm und hat ein Volumen von mindestens 1 350 cm³. ◖ Oft wird gefragt, warum die Neandertaler ein größeres Gehirn hatten als wir. Waren sie klüger, und wenn ja, warum sind sie dann ausgestorben? Die Größe ihres Gehirns hat mit dem Zusammenhang zwischen Körpergröße und Umgebungstemperatur zu tun. Die „klassischen" westeuropäischen Neandertaler waren an das kalte Klima im späten Pleistozän angepaßt, wozu auch ein größeres Gehirn gehörte, das ihrem stämmigen Körperbau entsprach. Männliche klassische Neandertaler hatten ein Schädelvolumen von durchschnittlich

Schädel-Innenabdrücke und ein Schädel von *Australopithecus* aus Südafrika. Das Gehirn wurde während der Evolution des Menschen immer größer. Australopithecinen wie diese hatten ein Gehirnvolumen von knapp 500 Kubikzentimetern, in der Gattung *Homo* dagegen reicht das Spektrum von 600 bis etwa 2 000 Kubikzentimeter. Originalgröße. *Photo von John Reader, Science Source/Photo Researchers.*

1 582 cm^3. Eine ähnliche Statur mit kürzeren Extremitäten, untersetzten Proportionen und größerem Schädelvolumen findet man auch heute bei Bewohnern hoher Breiten, so bei den Samen und den Inuit in Grönland.

32. Wie sahen die frühen Hominiden aus?

Für die Allgemeinheit vielleicht noch interessanter als die Identität unserer frühen Vorfahren ist die Frage, wie sie aussahen. Um Dutzende oder Hunderte von empfindlichen Bruchstücken zu Schädeln und anderen Knochen zusammenzusetzen, braucht man wissenschaftliche Kenntnisse und eine Begabung für Puzzlespiele. Im nächsten Schritt, der Ausgestaltung der Knochen mit Fleisch und Haut, vereinigen sich Wissenschaft und Kunst. Es ist eigentlich die Umkehrung des Sezierens, und das können nur wenige. Zu denen, die diese Aufgabe zu ihrer Berufung machten, gehören die amerikanischen Künstler und Anatomen Jay Matternes und John Gurche. ◖ Matternes vervollkommnete sein Können über 30 Jahre lang und ist vor allem für seine genau überlegten Darstellungen aus dem Leben früher Hominiden bekannt. In seinen Werken zeigt er nicht nur mehrere Hominidenarten mit allen anatomischen Einzelheiten, sondern auch eine genaue Rekonstruktion ihrer Umwelt. In seinem Gemälde von *Australopithecus afarensis* für die Ausgabe des Magazins *National Geographic* vom November 1985 sieht man ein Rudel mit elf Individuen vom Säugling bis zum Erwachsenen, das am Boden eines dichten Bergwaldes nach Feigen sucht. In seiner Darstellung des Neandertalerlebens häuten zwei Frauen und ein Junge neben dem Eingang zu einem Felsüberhang mit Steinwerkzeugen einen Steinbock, und ein Mann schlägt mit einem Geweihstück scharfe Splitter von einer Feuersteinknolle ab. Matternes' Wandgemälde von verschiedenen ausgestorbenen Primaten und Hominiden in ihren Lebensräumen kann man im Saal für die Biologie und Evolution des Menschen im American Museum of Natural History in New York betrachten. ◖ Um anhand eines Fundes eine Rekonstruktion zu erstellen, photographiert Matternes das Stück möglichst ohne perspektivische Verzerrung und projiziert es dann auf eine Wand. Die Projektion und die danach angefertigten Zeichnungen orientiert er in der Frankfurter Horizontalen, einer anatomischen Standardposition mit einer geraden Linie vom Porion (dem kraniometrischen Punkt über der Ohröffnung) zur Unterkante der Augenhöhle. Übrigens zeigen auch fast alle Photos von David Brill in diesem Buch die Fossilien in der Frankfurter Horizontalen. In mehreren Schichten zeichnet Matternes dann die Muskeln und zuletzt Haut und Haare über den Knochen. ◖ Für die Rekonstruktion von *A. afarensis* in dem Buch *Lucy – Die Anfänge der Menschheit* entschied Matternes sich für einen behaarten, dunkelhäutigen Körper, aber gegen starke Gesichtsbehaarung und Bart, denn er nahm an, daß der Bartwuchs sich erst später als sekundäres Geschlechtsmerkmal entwickelte, um die Gesichtszüge besser zur Geltung zu bringen. ◖ Der Maler und Bildhauer John Gurche schuf die Köpfe mehrerer Hominiden im National Museum of Natural History in Washington D.C. sowie die dreidimensionale Rekonstruktion eines männlichen *A. afarensis*. Im Gegensatz zu Matternes, der sich 1981 nur auf einen zusammengesetzten Schädel aus Bruchstücken von mehreren Individuen stützen konnte, stand Gurche als Ausgangspunkt der 1992 entdeckte Schädel A.L. 444-2 zur Verfügung (siehe Seite 128). Das Ergebnis von Gurches 700stündiger Arbeit erschien im März 1996 in *National Geographic*. ◖ Wie Matternes, so nutzt auch Gurche für seine Rekonstruktionen häufig Aufzeichnungen, Abgüsse und Photos, die beim Sezieren von Affenköpfen gemacht werden. Er formt zuerst das Gesicht und macht einen Abguß davon. Anschließend arbeitet er sich durch Haut- und Knochen bis zum Schädel vor und stellt von jeder Schicht weitere Abgüsse her. Er untersucht den Originalschädel oder einen originalgetreuen Abguß davon und fügt dann Muskeln aus Ton oder Knetmasse hinzu, wobei er den natürlichen Linien der Knochen folgt – allen Vorsprüngen, Leisten, Vertiefungen und Verdickungen, die als Ansatzstellen der Muskeln dienten und Größenschätzungen für einzelne Muskeln erlauben. Vervollständigt wird das Gesicht durch „Fett"polster aus Knetmasse. Mit Epoxydharz wird der Nasenknorpel nachgebildet, abgeleitet von der Größe und Form der Nasenscheidewand im Skelett. Haut, einzeln angebrachte Haare und farbige Augen aus Acryl machen das Gesicht komplett. ◖ Die Künstler arbeiten zwar während ihrer Auftragsarbeiten eng mit Paläoanthropologen zusammen, jedoch sind neben der Wissenschaft auch begründete Spekulationen und Vermutungen notwendig. Über Augen- und Haarfarbe der einzelnen Hominiden, die genaue Nasenform oder das Ausmaß der Kopf- und Körperbehaarung kann man nichts Sicheres sagen, aber indem Matternes und Gurche menschliche Fossilien kunstvoll mit Fleisch ausfüllten, haben sie uns unsere Vorfahren viel näher gebracht. Beim Betrachten ihrer Werke erkennen wir, wie weit wir gekommen sind und wie nahe wir unseren Vorfahren dennoch bleiben.

Rekonstruktion eines männlichen *Australopithecus afarensis*. Dieses Gesicht schuf der Künstler John Gurche anhand des Schädels A.L. 444-2, der 1992 in Hadar, Äthiopien, gefunden wurde (siehe Seite 128). *Photo von John Stum; Copyright © 1995 John Gurche.*

33. Primatengesellschaften und das Sozialverhalten der Frühmenschen

In den letzten Jahren haben Langzeit-Freilandbeobachtungen viele neue Aufschlüsse über das Verhalten unserer nächsten Verwandten, der afrikanischen Menschenaffen, geliefert. Durch Untersuchung der Populationen an mehreren Orten zeigten sich zum Beispiel bei Schimpansen in verschiedenen Wäldern unterschiedliche Traditionen und erlernte Verhaltensweisen. Sie werden in zahlreichen Lebensbereichen deutlich, so bei der Verwendung von Steinen, Blättern und Zweigen als Werkzeuge, beim gegenseitigen Kraulen, beim Verhalten gegenüber Beutetieren und in der Kooperation beim Jagen. Mit anderen Worten: Schimpansen haben verschiedene Kulturen und zeigen von allen Tieren – außer dem Menschen – das vielfältigste Verhalten. Aber gerade wegen dieses komplizierten Verhaltens der Schimpansen läßt sich nur schwer feststellen, welche Verhaltensweisen auch die ersten Hominiden oder ihr gemeinsamer Vorfahre mit den Affen besaßen. Der Primatenforscher Richard Wrangham untersuchte zu diesem Zweck, welche Verhaltensweisen sowohl Schimpansen, Bonobos und Gorillas als auch Menschen gemeinsam haben, denn diese dürften dann wohl auch bei einem gemeinsamen Vorfahren vorhanden gewesen sein. Abweichende Verhaltensmerkmale bei den heute lebenden Arten erlauben dagegen keine zuverlässige Aussage über den gemeinsamen Vorfahren. ◖ Wrangham betrachtete mehrere wichtige Elemente des Soziallebens, so die Gruppenbildung im Erwachsenenalter, Beziehungen zwischen Männchen und Weibchen, sexuelle Beziehungen und Beziehungen zwischen verschiedenen Gruppen. In ihrer Ausprägung in verschiedenen menschlichen Kulturen und bei Menschenaffen suchte er nach beibehaltenen Gesetzmäßigkeiten. So findet man in vielen menschlichen Kulturkreisen und auch bei den Affen eine starke Neigung zur Exogamie: Die weiblichen Gruppenangehörigen werden gezwungen, sich anderen Gruppen anzuschließen, so daß Mütter sich meist mit erwachsenen Weibchen zusammentun, die keine engen Verwandten sind. Da dieses Merkmal bei den untersuchten Arten vorkommt, war es wohl auch bei dem gemeinsamen Vorfahren vorhanden. ◖ Im Sexualverhalten konnte Wrangham dagegen keine eindeutige Gesetzmäßigkeit feststellen. Gorillamännchen paaren sich exklusiv mit mehreren Weibchen. Schimpansen und Bonobos hingegen sind promiskuitiv und ohne exklusive Paarungsrechte bei beiden Geschlechtern. Darüber hinaus haben die einzelnen Gruppen der Menschen sehr unterschiedliche sexuelle Vorlieben und Traditionen. Über das Sexualverhalten des gemeinsamen Vorfahren kann man also kaum etwas sagen. Da aber Menschenaffenmännchen sich mit mehreren Weibchen paaren und es die Vielweiberei auch in zahlreichen menschlichen Kulturen gibt, kann man ein ähnliches Verhalten auch bei dem gemeinsamen Vorfahren vermuten. ◖ Die hypothetischen gemeinsamen Vorfahren waren also vermutlich Primaten, deren Weibchen ihre Herkunftsgruppe verließen und mit anderen Weibchen tolerante, wahrscheinlich freundschaftliche Beziehungen eingingen. Koali-

Schädel eines männlichen *(links)* und eines weiblichen *(rechts)* Berggorillas, *Gorilla gorilla beringei.* Die Schädel stammen aus den Virunga-Bergen in Ruanda, wo Dian Fossey über lange Jahre hinweg diese gefährdeten Menschenaffen studierte. In den Sozialverbänden der Gorillas paart sich jeweils nur ein dominierendes Männchen mit mehreren Weibchen. Originalgröße. *Photos von David Brill; mit freundlicher Genehmigung des National Museum of Natural History.*

tionen zum Zweck sozialer Vorteile bildeten sie aber nicht. Die Männchen lebten und wanderten eine gewisse Zeitlang allein und gingen keine engen Sozialbeziehungen zu anderen Männchen ein; sie paarten sich in kurz- oder langfristigen Beziehungen mit mehreren Weibchen. Alle lebten in engen sozialen Gruppen und standen anderen Gruppen feindlich gegenüber, was zu Angriffen und Kämpfen unter den Männchen führte. ◖ Manche Verhaltensmerkmale blieben in Wranghams Studie wegen der Unterschiede zwischen Menschenaffen und Menschen unsicher, so die Stabilität der gemeinsam fressenden und wandernden Gruppen, das Ausmaß des Revierverhaltens, die Dauerhaftigkeit sexueller Beziehungen, die Frage nach Vielweiberei oder Promiskuität, die Paarung der Männchen mit engen Verwandten und die Bildung von Allianzen unter den Männchen. ◖ Michael Ghiglieri, ein anderer Wissenschaftler, entwickelte nach Wranghams Vorbild ein genaueres Bild vom Verhalten des gemeinsamen Vorfahren. Seine Argumentation: Genetisch gehören Menschen, Schimpansen und Bonobos enger zusammen, und die Gorillas sind entferntere Verwandte (siehe Seite 32); demnach kamen Verhaltensweisen, die man bei diesen drei Primaten findet, nicht aber bei den Gorillas, vermutlich auch beim gemeinsamen Vorfahren vor. ◖ Die Sozialstruktur von Ghiglieris hypothetischem gemeinsamen Vorfahren umfaßte also geschlossene, stabile Gruppen mit vielen Männchen und Weibchen; männliche Nachkommen blieben in der Gruppe (männliche Endogamie), weibliche verließen sie; unter den Männchen, die ja verwandt waren, bildete sich kooperatives Verhalten aus, und es entstanden Allianzen zur Abwehr von Konkurrenten; die Bindungen zwischen den Weibchen waren schwächer; es herrschte Vielweiberei; die Männchen verteidigten das Revier und die Weibchen der Gruppe; die Gruppen blieben auch in schwierigen Situationen erhalten, manchmal wanderten Individuen aber auch allein; und der Geschlechtsdimorphismus war gering. Außerdem gingen die Männchen des gemeinsamen Vorfahren nach Ghiglieris Vermutung stabile Sexualbeziehungen mit einem oder mehreren Weibchen ein, das heißt, sie investierten mehr in ihre Nachkommen und steigerten so den Fortpflanzungserfolg. ◖ Natürlich können solche Überlegungen zum Verhalten des gemeinsamen Vorfahren nur als Anhaltspunkte für die Lebensweise der frühen Hominiden dienen. Unsere Vorfahren waren biologisch, ökologisch und in ihrem Verhalten auf einzigartige Weise an ihre Umwelt angepaßt. So beeinflußte der aufrechte Gang, dessen die Menschenaffen sich nicht ständig bedienten, mit Sicherheit auch das Verhalten der Hominiden bei der Nahrungssuche und -zubereitung sowie bei der Revierbesetzung und -ausdehnung – vielleicht war er auch die Grundlage für viele Elemente des menschlichen Paarungs- und Sozialverhaltens (siehe Seite 89).

34. Indizien für den aufrechten Gang

Zahllose Primatenarten waren jahrmillionenlang Vierbeiner. Und doch setzte die natürliche Selektion, die alle Lebewesen formt, mit dem Verhaltensmerkmal des aufrechten, zweibeinigen Ganges unsere Entwicklungsgeschichte in Gang. Die wichtigste anatomische Auswirkung war eine umfangreiche Umgestaltung von Rumpf, Becken, Beinen und Füßen. Die Fähigkeit zum aufrechten Gehen zeigt sich in einer Reihe zusammenhängender anatomischer Abwandlungen der Muskeln und – für Paläoanthropologen wichtiger – der Knochen. ◖ Das Becken ist bei aufrecht gehenden Hominiden anders gebaut als bei allen sonstigen Primaten: Es hat breite, in senkrechter Richtung kurze, nach innen gedrehte Schaufeln, die als Beckenkorb die inneren Organe beim aufrechten Gehen stützen. Die Hüftmuskeln sind in dieser Anordnung seitlich verschoben, so daß sie den Rumpf auf den Beinen im Gleichgewicht halten können. Auch die S-Form der Wirbelsäule und die damit verbundene Verlagerung des Schwerpunktes in das Becken tragen zu einem besseren Gleichgewicht bei. ◖ Sehr wichtig sind auch die relativ langen, kräftigen Oberschenkelknochen, die über große Gelenkköpfe mit der Hüfte verbunden sind und bei der Fortbewegung das ganze Körpergewicht tragen. Ihr unteres Ende befindet sich durch die Schrägstellung des Knochenschaftes unmittelbar unter dem Körper, was zu einem gleichmäßigen Gang ohne seitliches Kippen beiträgt.
Die Knie sind für eine gute Gewichtsübertragung gestaltet, ohne daß sich die Kniescheibe verschiebt. ◖ Den eigentlichen Kontakt zum Boden stellt der Fuß her, der besonders gut an den aufrechten Gang auf dem Erdboden angepaßt ist. Anders als bei den übrigen Primaten steht der große Zeh bei uns mit den anderen Zehen in einer Reihe und nicht gegenüber, so daß er zum Ansatzpunkt der Vorwärtsbewegung werden kann. Des weiteren dienen die beiden Gewölbe der Fußsohle, die von kräftigen Bändern gebildet werden, als Stoßdämpfer. ◖ In der Frage, ob schon unsere frühesten Vorfahren, die Australopithecinen, aufrecht gehen konnten, gab es umfangreiche Diskussionen. Zum Glück findet man an den fossilen Überresten unserer Vorfahren eine ganze Reihe von Merkmalen, die für den aufrechten Gang sprechen. An Schädeln, Zähnen und einzelnen Skeletteilen, die bis vor kurzem den Großteil der Hominidenfunde ausmachten, war die anatomische Anordnung von Becken und Beinen nicht zu erkennen, weshalb sich die Frage nach dem aufrechten Gang nicht beantworten ließ. Fast ebenso aussagekräftig ist aber ein Merkmal des Schädels: das Foramen magnum, das große Loch an der Schädelunterseite, aus dem das Rückenmark austritt, weist nach unten, so daß der Schädel oben auf der Wirbelsäule sitzen kann. Bei Vierbeinern dagegen liegt es auf der Rückseite des Schädels. Die Anordnung des Foramen magnum wurde schließlich zum entscheidenden Kennzeichen des aufrechten Ganges. Als Raymond Dart 1925 den Schädel des Kindes von Taung aus Südafrika beschrieb und mit ihm ein neues Taxon, die Art *Australopithecus africanus,* einführte, behauptete er aufgrund der Lage des Foramen magnum, es handele sich um einen aufrecht gehenden Hominiden. ◖ Man kennt zwar auch von südafrikanischen Australopithecinen einige Becken- und Beinteile, die besten Hinweise auf den aufrechten Gang liefern jedoch die vielen postkranialen Knochen des ostafrikanischen *A. afarensis.* Becken- und Beinknochen aus Hadar in Äthiopien, die auf 3,2 bis 3,4 Millionen Jahre datiert wurden, liefern ausreichende Anhaltspunkte, daß diese Art geschickt auf zwei Beinen ging. Entscheidende Hinweise lieferten die Knochen von Lucy, aber auch andere Beinknochen aus Hadar sprechen für den aufrechten Gang dieser frühen Hominiden. ◖ Lucys vollständiges, anhand des Kreuzbeins und des linken Hüftbeins rekonstruiertes Becken zeigt alle wichtigen Anzeichen für den aufrechten Gang. Das Becken ist kurz, die Beckenschaufeln sind nach innen gedreht. Geringe Unterschiede zu modernen Skeletten sind zu erwarten, so eine Verdickung der Schaufeln, die bei der Fortbewegung die Stabilität verbesserte. Der Gelenkkopf am Oberschenkel ist groß, und sein Hals ist am unteren Ende verstärkt, damit er beim Gehen nicht bricht. ◖ Der Schaft von Lucys Oberschenkelknochen steht schräg zur Waagerechten, so daß das Gewicht vorwiegend auf der seitlichen Kondyle liegt, der äußeren Verdickung

Becken eines *Australopithecus afarensis* aus Hadar, Äthiopien. Das Teilskelett A.L. 288-1 (Lucy) beinhaltete auch die linke Hälfte des Beckens und das vollständige Kreuzbein aus fünf miteinander verschmolzenen Wirbeln, das hinten an das Becken anschließt. Zusammen mit der genau rekonstruierten rechten Hälfte ergibt sich ein bemerkenswert menschenähnliches Becken, das heißt, Lucy ging auf zwei Beinen. Originalgröße. *Photo von David Brill; mit freundlicher Genehmigung von Owen Lovejoy, Kent State Unversity.*

am unteren Ende des Knochens. Die Kondyle ist abgeflacht, wodurch das Gewicht über eine größere Fläche auf das Schienbein (Tibia) übertragen wird. Die breite Kerbe vorn am Oberschenkelknochen hat eine erhöhte Kante, die eine seitliche Verschiebung der Kniescheibe verhindert (siehe Seite 2 und 130). ◖ Auch anatomische Einzelheiten am Fußgelenk, insbesondere das Zusammenwirken von Tibia und Talus (Sprungbein), sprechen für den aufrechten Gang von *A. afarensis*. Wie man bei genauem Betrachten des großen Zehes und seiner Stellung am Fuß erkennt, war dieses wichtige Gelenk anders als bei den Greiffüßen der Affen nicht zum Drehen und Abspreizen in der Lage. ◖ Das Skelett von *A. afarensis* gleicht, wie bei seinem hohen Alter zu erwarten, nicht genau dem unseren. Es unterscheidet sich durch mehrere altertümliche Merkmale von dem der Jetztmenschen, so durch kurze Oberschenkel, leicht gebogene Finger- und Fußknochen, schmalere Fingerspitzen, ein sehr bewegliches Handgelenk, kräftige Arme und so weiter. Daß *A. afarensis* eine Mischung aus spezialisierten Merkmalen eines Zweibeiners und primitiven Eigenschaften besaß, steht außer Zweifel. Meinungsverschiedenheiten gibt es nur in der Frage, was diese Kombination für seine Fortbewegung bedeutete. ◖ Manche Fachleute betonen die Merkmale des aufrechten Ganges und glauben, daß *A. afarensis* ausschließlich auf dem Erdboden und nicht in den Bäumen zu Hause war. Die primitiveren Merkmale sind demnach Evolutionsballast von einem auf Bäumen lebenden Vorfahren. Andere sind ebenso entschieden der Meinung, *A. afarensis* habe einen beträchtlichen Teil seiner Zeit auf den Bäumen verbracht. Nach dieser Vorstellung bedeuten die primitiven Merkmale, daß *afarensis* in den Bäumen nach Nahrung suchte, natürlichen Feinden entging und sogar dort schlief. Die anatomische Anpassung von Hüften, Knien und Füßen an den aufrechten Gang läßt aber vermuten, daß das Klettern nicht von großer Bedeutung war und daß die Selektion schon seit einiger Zeit die Zweibeinigkeit begünstigte. ◖ Neue Erkenntnisse über die Fortbewegung von *A. afarensis* ergaben sich 1978, als man in Vulkanasche bei Laetoli in Tansania eine 27 Meter lange, 3,6 Millionen Jahre alte Reihe von Hominiden-Fußspuren fand (siehe Seite 133). Diese Entdeckung ermöglichte eine zuvor unmögliche Beurteilung der anatomischen Weichteile unserer früheren Vorfahren. Die Fußspuren von Laetoli müssen von *A. afarensis* stammen, denn dort wurden nur Fossilien dieser Spezies ausgegraben. ◖ Wie Mary Leakey und ihr Team in eingehenden Untersuchungen zeigen konnten, ähneln die Spuren stark denen eines modernen *Homo sapiens* an einem feuchten Sandstrand: Die Ferse ist tief eingedrückt, und dann folgt die Gewichtsverlagerung auf die Außenkante des Fußes und schließlich das Abrollen über den Ballen zum großen Zeh. Der große Zeh läßt sich nicht abspreizen, sondern ist nur durch eine kleine Lücke von den anderen Zehen getrennt, ganz ähnlich wie bei heutigen Menschen, die barfuß gehen. Außerdem zeigen die Abdrücke in der vorgeschichtlichen Vulkanasche ein federndes Fußgewölbe. ◖ Andere Fußabdrücke in europäischen Höhlen stammen aus dem oberen Paläolithikum und von unserer eigenen Spezies, dem *Homo sapiens*. Die Spuren von Laetoli zeigen eindeutig, daß die Hominiden schon vor 3,6 Millionen Jahren und zweifellos auch noch früher aufrecht gehen konnten.

35. Der Ursprung des aufrechten Ganges

Anfang des 20. Jahrhunderts gab es um den Ablauf der menschlichen Evolution beträchtlichen Streit. Nach Ansicht einer Denkschule vergrößerte sich zuerst das Gehirn, und dann kam der aufrechte Gang; die andere sah im aufrechten Gang die Vorstufe zur Vergrößerung des Gehirns. Der aufrechte Gang galt vielfach als Anpassung an das Leben auf dem Erdboden, nachdem unsere Vorfahren die Bäume verlassen hatten. Nach Ansicht derer, die das große Gehirn als Vorstufe sahen, konnten die Menschen sich erst mit höherer Intelligenz entschließen, aufrecht zu gehen und aus dem Wald in die Savanne zu ziehen. Die Flucht aus dem Wald war eine weiterentwickelte Form der Geschichte von der Vertreibung aus dem Paradies. Die andere Denkschule behauptete, erst durch das zweibeinige Gehen seien die Arme für die Werkzeugherstellung frei geworden, und dann seien in einem Kreislauf immer bessere Werkzeuge und ein immer größeres Gehirn entstanden. ◖ Des Rätsels Lösung ergab sich aus der Entdeckung zahlreicher alter Hominidenfossilien in Afrika. Sie lieferten den endgültigen Beleg, daß es den aufrechten Gang schon seit etwa vier Millionen Jahren gibt, und entstanden ist er nach zunehmend einhelliger Meinung bereits vor fünf bis acht Millionen Jahren. Die deutliche Vergrößerung des Gehirns setzt erst vor zwei Millionen Jahren ein, so daß die Entstehungsreihenfolge dieser beiden entscheidenden Merkmale menschlicher Evolution eindeutig geklärt ist. ◖ Auch die Ansicht, unsere Vorfahren seien aufrecht gegangen, um Werkzeuge herstellen zu können, muß man aufgeben, denn die zweibeinigen Australopithecinen produzierten offenbar noch keine Steinwerkzeuge. Solche Artefakte tauchen in den geologischen Funden vor etwa 2,5 Millionen Jahren auf, also mindestens 1,5 Millionen Jahre nachdem unsere Vorfahren sich aufrichteten. Zwischen großem Gehirn, Werkzeugherstellung und aufrechtem Gang besteht demnach kein unmittelbarer Zusammenhang. ◖ Jede Erklärung für den aufrechten Gang muß in Rechnung stellen, daß er im Vergleich zur vierbeinigen Fortbewegung langsam, schwerfällig und mit höherer Verletzungsgefahr verbunden ist. Darüber hinaus ist der aufrechte Gang auch im Energieverbrauch – entgegen vielen Behauptungen – nicht günstiger als das Gehen auf vier Beinen. ◖ Manchen Erklärungen zufolge konnten die Menschen in aufrechter Haltung besser die Früchte von Bäumen pflücken oder die Hände zu sozialen Gesten benutzen. Aber nichts hindert einen Vierbeiner daran, nach Art der Schimpansen und Gorillas das gleiche zu tun. ◖ Eine andere beliebte Erklärung für den aufrechten Gang ist übertrieben vereinfacht: Angeblich konnten unsere Vorfahren im Stehen die Savanne besser überblicken, nachdem sie den Wald verlassen hatten. Unter praktischen Gesichtspunkten kann man sich jedoch für eine wichtige Verhaltensänderung kaum einen gefährlicheren Zeitpunkt vorstellen als den nach der Besiedlung eines unbekannten Lebensraumes, insbesondere wenn es dort natürliche Feinde gibt. Ein schwerfälliger Hominide, der sich aufrecht stehend darbietet, ist für Raubkatzen eine leichte Beute. Auch Schimpansen und Paviane richten sich auf, um über das hohe Gras zu blicken, aber bei Gefahr laufen sie auf vier Beinen davon. So gesehen, erscheint es sinnvoller, wenn der aufrechte Gang sich bereits im vertrauten Umfeld des Waldes entwickelte. ◖ Ein anderes Konzept konzentrierte sich auf die Regulation der Körperwärme: Danach kam es in der offenen Savanne zu einem Wärmestau im Körper, für den die Evolution den Menschen Abhilfe brachte. Nach Ansicht des britischen Physiologen Peter Wheeler wird im Stehen ein geringerer Teil der Körperoberfläche der Sonne ausgesetzt, und ein weiterer Vorteil ergibt sich, weil der über den heißen Boden erhobene Körper eher vom Wind gekühlt wird. Dem liegt die Vorstellung zugrunde, daß die Hominiden mit einer derart verbesserten Wärmeabfuhr längere Zeit am Tag nach Nahrung suchen konnten. Anderen Studien zufolge war dieser Zeitgewinn aber nur geringfügig – die Hominiden mußten wie die übrigen Tiere in den heißesten Stunden des Tages ruhen. Der aufrechte Gang führt zwar zu einer geringeren direkten Wärmeaufnahme, der Hitzestau war jedoch nicht die Triebkraft für das Gehen auf zwei Beinen. ◖ Der aufrechte Gang war in der Evolution eine wichtige Neuerung; unabhängig von der Frage nach seinen Vorteilen für die Hominiden muß man seine Ursache in einer Verhaltensänderung suchen, die den Fortpflanzungserfolg steigerte. Eine der umfassendsten Erklärungen im Rahmen der natürlichen Selektion lieferte der Paläoanthropologe C. Owen

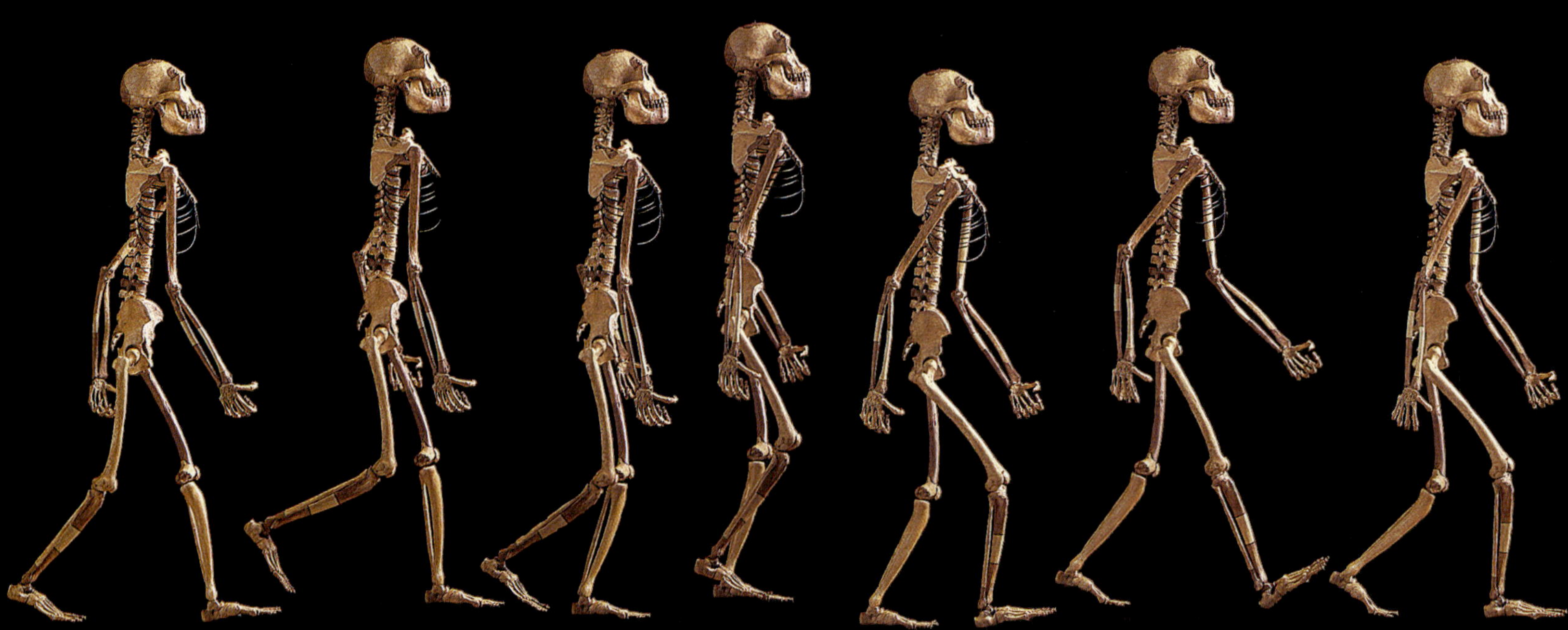

Der rekonstruierte Bewegungsablauf von *Australopithecus afarensis.* Das Kunststoffskelett, das der Anthropologe C. Owen Lovejoy mit seinen Studenten aufbaute, zeigt einen völlig an den aufrechten Gang angepaßten Hominiden. *Photo von David Brill; mit freundlicher Genehmigung von C. Owen Lovejoy, Kent State Unversity.*

Lovejoy von der Kent State University. Danach war die Selektion auf den aufrechten Gang die Folge eines Verhaltensvorteils. Lovejoy spricht von der „grundlegenden Dreiheit der Selektion"; damit meint er die drei Vorgänge, für die ein Lebewesen die meiste Energie braucht: Fortpflanzung, Ernährung und Sicherheit. Jede Spezies will am Leben bleiben, fressen und sich fortpflanzen. Von einem gewissen Punkt an, so Lovejoy, bietet höherer Energieaufwand für Fressen und Sicherheit keinen Vorteil mehr, für die Fortpflanzung dagegen hätte er erhebliche Auswirkungen auf die Evolution. Wenn ein Weibchen die Abstände zwischen den Geburten verkürzen und mehrere Nachkommen gleichzeitig versorgen kann, zahlt sich das in der Evolution aus: die Wahrscheinlichkeit, daß die nächste Generation lange genug lebt und wiederum Nachkommen hervorbringt, nimmt zu. Eine derart beschleunigte Fortpflanzung erfordert allerdings, daß das Weibchen für die Nahrungssuche sowie für die eigene Sicherheit und die der Nachkommen weniger Energie aufwenden muß. ◖ Dieses Ziel läßt sich erreichen, wenn die Männchen gute Nahrung liefern, so daß die Weibchen mehr Energie in die Brutpflege investieren können. Wenn die Männer für die Ernährung sorgen, sind die Frauen weniger durch Unfälle und natürliche Feinde gefährdet. Deshalb dürfte die Entwicklung langfristiger Paarbindungen für die Evolution der Hominiden von großer Bedeutung gewesen sein. ◖ Auf der einen Seite steht die Vorstellung von den jetzt aufrecht gehenden Männchen, die ihre oberen Gliedmaßen zum Nahrungstransport nutzten, um das Weibchen zu versorgen, das sich nicht mit anderen Männchen paarte und somit ihre eigene Vaterschaft sicherten. Auf der anderen Seite erhöhten Weibchen, die sich den Partner nach seiner Zuverlässigkeit bei der Nahrungsversorgung aussuchten, die Überlebenswahrscheinlichkeit für ihre Kinder. Sollte diese Überlegung stimmen, kann man sich zweierlei Folgen vorstellen. ◖ Da der Eisprung bei Menschenfrauen äußerlich nicht zu erkennen ist (zum Beispiel durch Schwellung der Geschlechtsorgane oder Düfte), kommt es nur bei häufiger Kopulation zur Befruchtung. Nach Lovejoys Vermutung wurden die Männchen von Weibchen ohne äußere Zeichen der Empfängnisbereitschaft angezogen, weil sie so die Konkurrenz mit anderen Männchen um Weibchen mit solchen Kennzeichen vermeiden konnten. ◖ Lovejoy weist darauf hin, daß Männer und Frauen unterschiedliche körperliche Merkmale zum Anlocken des anderen Geschlechts besitzen, beispielsweise unterschiedliche Kopfbehaarung, eine andere Stimmlage und besondere Duftdrüsen in Achselhöhlen und Genitalbereich. Außerdem sind Männer um 20 Prozent größer als Frauen, ihr Gesicht ist behaart, und ihr Penis ist der größte unter allen Primaten. Frauen haben eine ständig vergrößerte Brust (bei Schimpansen schwillt sie nur während der Stillzeit an) und eine charakteristische Verteilung des Körperfettes. Vielleicht waren Brust- und Penisgröße wichtige Signale zum Anlocken von Partnern. ◖ Wichtig und einzigartig an dem Paarverhalten der Hominiden ist, daß jedes Geschlecht dem anderen etwas zu bieten hat. Das Männchen sorgt zuverlässig für die Ernährung und bietet für Weibchen und Nachwuchs zusätzlichen Schutz. Das Weibchen gewährleistet, daß die Gene des Männchens in die nächste Generation gelangen, und diese besseren Überlebenschancen der Nachkommen sind das Entscheidende in Lovejoys Modell. Da Kindheit, Lernen und Reifung bei Menschenaffen und Menschen lange dauern, ist ihre Fortpflanzungsrate gering. Die Möglichkeit, mehrere Nachkommen zu versorgen und währenddessen wieder schwanger zu werden, wirkt sich also erheblich auf die Fortpflanzungsgeschwindigkeit einer Spezies aus. ◖ Im späten Miozän vor zehn bis fünf Millionen Jahren schrumpften durch eine Abkühlung des Klimas die tropischen Wälder, der Lebensraum der Menschenaffen. Diese mußten nun mit zerstückelten kleinen Waldgebieten vorliebnehmen. Die sich schnell vermehrenden Kleinaffen dagegen paßten sich zum Teil an die Savanne an. Damit begann ein bis heute anhaltender Rückgang von Vielfalt und Individuenzahl der Menschenaffen. Nur einem Menschenaffen ging es gut: dem Hominiden; er entwickelte eine erfolgreiche Fortpflanzungsstrategie, zu der als wichtiges Element auch der aufrechte Gang gehörte.

36. Die ersten Steinwerkzeuge

Im Language Research Center in Atlanta, Georgia, wurde ein Bonobo namens Kanzi motiviert, Steinwerkzeuge herzustellen. Die Versuchsleiterin legte Früchte in Kisten, die mit Bindfaden verschlossen wurden. Dann zeigte sie Kanzi, wie man die Schnur mit einem scharfen Steinsplitter durchschneiden kann, und bot ihm mehrere Steine zu diesem Zweck an. Er wählte den richtigen, öffnete die Kisten und schlug sogar Steine gegeneinander, um selbst Werkzeug herzustellen. ◖ Mit dem Experiment sollte herausgefunden werden, was für Werkzeuge unsere nächsten Verwandten herstellen können, und dann wollte man sie mit den ältesten archäologischen Werkzeugfunden vergleichen. Auf den ersten Blick bestand durchaus Ähnlichkeit zwischen Kanzis Produkten und den ältesten Werkzeugen der sogenannten Oldowan-Industrie, die man zuerst in der Olduvai-Schlucht in Tansania gefunden hatte (siehe Seite 250). Wie sich jedoch bei näherer Untersuchung durch einen Spezialisten für Steinwerkzeuge herausstellte, offenbarten Kanzis Arbeiten auch nach mehreren Monaten nicht die gleiche kognitive Komplexität wie die Oldowan-Funde. Die Werkzeuge des Bonobos ähnelten eher den natürlich vorkommenden zerbrochenen Steinen in Flußbetten, Gletscherresten und anderen geologischen Strukturen, in denen Geröllbrocken zufällig aufeinanderschlagen. Solchen Stücken fehlt ein einheitliches Herstellungsprinzip, und ihre zufälligen Bruchmuster erkennt ein erfahrener Archäologe leicht. ◖ Woran erkennt man nun die ersten echten Steinartefakte? Mit ihrer Herstellung experimentieren nicht nur Schimpansen: Auch einige Archäologen sind begeisterte Steinklopfer und wissen deshalb eine Menge über diese Technologie. Ein Splitter entsteht, wenn man mit einem sogenannten Hammerstein direkt auf einen Steinkern schlägt. Um gute Splitter herzustellen, muß man wissen, wo und in welchem Winkel man den Brocken treffen muß. Wichtig ist, bereits zuvor das richtige Material auszuwählen. Feinkörniges Gestein wie Feuerstein und Obsidian liefert bessere Werkzeuge als beispielsweise grobkörniger Basalt. ◖ Gezielt von Hominiden hergestellte Splitter zeigen ein besonderes Merkmal: den Muschelbruch. Er kommt bei von selbst zerbrochenen Steinen meist nicht vor, weil sie sich entlang natürlicher Bruchlinien spalten. Artefakte zeigen eine Fläche, auf die der Hammerstein aufgeschlagen wurde. Unmittelbar darunter befinden sich eine Verdickung und eine gewölbte, geriffelte Oberfläche, die durch die Stoßwelle des Hammersteins entstanden ist. Der Steinkern, von dem der Splitter abgeschlagen wurde, trägt eine Verletzung, die in ihrer Form der Verdickung an dem Splitter entspricht. ◖ Als Louis Leakey 1931 zum ersten Mal in die Olduvai-Schlucht kam, fand er zahlreiche Splitter und Steinkerne, die Spuren einer immer gleichen Bearbeitung trugen. Die Funde bestanden aus Lava- und Quarzgestein, das offenbar über mehrere Kilometer herantransportiert wurde. Außerdem fand man bei solchen Ansammlungen an mehreren Stellen auch zerbrochene oder zerschnittene Tierknochen. ◖ Die ältesten Steinwerkzeuge aus der Olduvai-Schlucht wurden in den tiefsten, fast zwei Millionen Jahre alten Schichtungen gefunden. Andere Fundstellen im ostafrikanischen Great Rift Valley reichen noch weiter zurück und erlauben die Untersuchung noch älterer Spuren von Steinzeittechnologie. Das Gebiet von Omo im Süden Äthiopiens, unmittelbar nördlich des kenianischen Turkana-Sees, wird wegen der fossilreichen Schichten der sogenannten Shungura-Formation seit den dreißiger Jahren eingehend erforscht. Es gab viele Behauptungen über die „ältesten" Steinwerkzeuge, aber die aufgrund einer Folge von Vulkanascheschichten am besten belegten und datierten Funde stammen aus 2,3 bis 2,4 Millionen Jahre alten geologischen Horizonten der Shungura-Formation. Es handelt sich um Quarzgeröll mit zahlreichen Splittern und Plättchen. ◖ Oldowan-Werkzeuge kennt man von verschiedenen Stellen am Turkana-See; besonders zahlreich sind sie östlich des Sees in Koobi Fora in Ablagerungen, die 1,9 Millionen Jahre alt sind. Auf der Westseite des Sees wurden einige Stücke gefunden, die ersten Befunden zufolge ebenso alt sein könnten wie die aus der Shungura-Formation. ◖ Ausgrabungen im Gona-Abfluß im westlichen Teil des äthiopischen Hadar förderten zahlreiche Lava-Geröllkerne und die zugehörigen Split-

Oldowan-Artefakte aus Gona, Äthiopien. Diese Abschläge und Kernsteine, die vermutlich 2,5 Millionen Jahre alt sind, dürften die ältesten bekannten Werkzeuge sein. *Photo von Enrico Ferorelli.*

ter zutage. Diese Funde sind noch nicht datiert, entsprechen jedoch dem Charakter der Oldowan-Industrie. Ihr Alter wurde auf bis zu 2,5 Millionen Jahre geschätzt, sie könnten aber ebensogut auch nicht viel älter sein als die Funde aus Koobi Fora und der Olduvai-Schlucht. A.L. 666, eine andere Fundstelle in Hadar, lieferte kürzlich Abschlaggeräte und Steinkerne zusammen mit einem Hominiden-Oberkiefer, der auf 2,3 Millionen Jahre datiert wurde (siehe Seite 168). Damit ist dies die älteste bekannte Kombination von Hominidenfossilien und Steinwerkzeugen. ◖ Insgesamt zeigen die Funde aus Ostafrika, daß die Oldowan-Industrie vor 2,5 bis 2,3 Millionen Jahren Fuß gefaßt hatte. Vielleicht findet man noch ältere Werkzeuge, aber wenn ihre Hersteller nicht immer wieder an einen Ort zurückkehrten und sie dort in größerer Zahl hinterließen, sind sie schwer aufzuspüren. Das Aufschlagen von Nüssen mit Steinen, das man in Westafrika auch bei Schimpansen beobachtet hat, reicht sicher noch weiter in die Vergangenheit zurück, ist hingegen archäologisch wahrscheinlich nicht nachzuweisen. ◖ Daß die Steinwerkzeuge der Oldowan-Industrie von Hominiden gestaltet wurden, steht außer Zweifel, wer allerdings die Hersteller waren, ist umstritten. In der fraglichen Zeit vor 2,4 bis 1,5 Millionen Jahren gab es Australopithecinen. Sichere Aussagen über die Identität der Werkzeughersteller kann man nicht machen, die meisten Paläoanthropologen schreiben die Funde jedoch *Homo habilis* oder *Homo rudolfensis* mit ihrem größeren Gehirn zu. ◖ Für *Homo* als Werkzeugmacher spricht eine einfache Beobachtung: Erst als diese Gattung auf der Bildfläche erscheint, tauchen in den archäologischen Funden auch Werkzeuge auf. Noch überzeugender ist die Beobachtung, daß die Oldowan-Werkzeuge vor etwa 1,5 Millionen Jahren, unmittelbar nach dem Auftreten von *H. ergaster,* durch die Produkte des Acheuléen – vor allem Faustkeile – verdrängt wurden. Hätten robuste Australopithecinen die Oldowan-Werkzeuge hervorgebracht, hätte man mit einer Fortsetzung dieser Tradition gerechnet, bis die Australopithecinen vor ungefähr einer Million Jahren ausstarben, aber eine solche Fortsetzung hat es nicht gegeben.

Oldowan-Abschlaggerät aus Hadar, Äthiopien.
Die Fundstelle A.L. 666 lieferte einen fossilen Oberkiefer von *Homo* sowie mehrere Kernsteine und Abschläge. Sie sind mit ihrem Alter von 2,3 Millionen Jahren die ältesten Steinwerkzeuge, die in unmittelbarem Zusammenhang mit einem Hominidenfossil gefunden wurden. Originalgröße.
Mit freundlicher Genehmigung von Donald Johanson, Institute of Human Origins.

Schlagstein aus der Olduvai-Schlucht, Tansania. Dieser 1,8 Millionen Jahre alte Fund dürfte die älteste Form steinzeitlicher Technik darstellen. Mit einem runden, unbearbeiteten Geröllbrocken wurden von einem zweiten Stein scharfe Splitter abgeschlagen, die nützliche Schneidwerkzeuge bildeten. Originalgröße. *Photo von David Brill; mit freundlicher Genehmigung des Nationalmuseums von Tansania.*

37. Jäger, Sammler oder Aasverwerter?

Die Frage, wie unsere Vorfahren ihre Nahrung beschafften, ist von großem Interesse, da aber Verhaltensweisen keine Fossilien bilden, war die genaue Antwort nur schwer aus den archäologischen Funden abzulesen. Manche Versuche zur Rekonstruktion der Lebensweise früherer Hominiden beschränkten sich auf eine in die Vergangenheit projizierte, vereinfachte Form des Lebens heutiger Jäger und Sammler. Diese Gruppen bieten sich zwar als Vergleich an, vergessen darf man jedoch nicht, daß die früheren Hominiden sicher eine ganz eigene höchst erfolgreiche Lebensweise besaßen, die sich von allem Heutigen unterschied. Die beliebteste Beschreibung der Überlebensstrategien unserer Vorfahren war die „Jagdhypothese". Nach dem Verständnis der vorwiegend männlichen Anthropologen schien das Jagen *die* entscheidende Tätigkeit gewesen zu sein, die fast alle Aspekte des Menschseins erklärte. Sie erforderte Kognitionsfähigkeit, so daß das Gehirn größer wurde; sie erforderte Kooperation, die nur in einer komplexeren Gesellschaft möglich ist; und vielleicht war zum Jagen sogar Sprache notwendig. ◖ Der verstorbene Anthropologe Glynn Isaac entwickelte ein größeres Theoriegebäude, in dem die Jagd aber immer noch ein Kernpunkt war. Diese verfeinerte Vorstellung wurde als Nahrungsteilungs-Modell oder „Basislager-Hypothese" bekannt und konnte nach Isaacs Überzeugung das Menschsein erklären. Jagd erforderte Kooperation und Planung, was zu besserer Intelligenz und Kommunikation führte. Die Nahrung wurde an einen bestimmten Ort (das „Basislager") gebracht und dort geteilt. Das wiederum schuf starke Sozialbindungen und erzeugte eine Art wechselseitige, auf Arbeitsteilung beruhende wirtschaftliche Abhängigkeit von Männern und Frauen. Die Männer jagten nach Nahrung und schützten die Gruppe, die Frauen sammelten Pflanzen und versorgten die Kinder. ◖ Belege für diese Hypothese suchte man in der Olduvai-Schlucht in Tansania, wo man zusammen mit zerbrochenen Tierknochen zahlreiche Steinwerkzeuge gefunden hatte. Manche Knochen trugen sogar Schnittspuren. An der gleichen, auf etwa 1,8 Millionen Jahre datierten Stelle namens FLK I entdeckte man auch Reste von *Homo habilis.* Der gemeinsame Fund von Werkzeugen, Knochen und

Hominiden galt als Beweis für die Basislager-Hypothese, und FLK I war demnach ein solcher Ort mit Resten von den Mahlzeiten unserer Vorfahren. ◖ Dagegen äußerte der Archäologe Lewis Binford von der Southern Methodist University starke Bedenken. Betrachtet man die Vergangenheit mit der vorgefaßten Idee von der Jagd, scheinen die Überreste in der Olduvai-Schlucht diese Idee zu bestätigen. Nach Binfords Ansicht ist eine Interpretation, die Parallelen zu heutigen Jägern und Sammlern zieht, stark vorurteilsbeladen. Aus FLK I, so Binford, kann man nur ablesen, daß die frühen Hominiden Steine sammelten und damit Knochen zerteilten. Er glaubt, daß unsere Vorfahren höchstens Knochen von Tieren verarbeiteten, die von Raubtieren getötet wurden. Demnach waren unsere Vorfahren keine Jäger, sondern Aasverwerter. ◖ Zur Überprüfung von Binfords Theorie untersuchte der Archäologe Rob Blumenshine von der Rutgers University in den achtziger Jahren moderne Knochenansammlungen in der Serengeti. Er beobachtete zahlreiche fressende Löwen, Hyänen, Geparden und Schakale und stellte fest, daß diese Raubtiere meist die Rippen zermalmten und das Fleisch fraßen, so daß vorwiegend Extremitätenknochen und Schädel übrigblieben. Und etwa 15 Prozent dieser Knochen zeigten Zahnspuren der Raubtiere. ◖ Blumenshine sammelte die zurückgebliebenen Knochen ein, schlug sie mit einem unbearbeiteten Stein auf und beobachtete dabei genau, wie sie brachen. Dann verglich er seine Befunde mit denen von FLK I und gelangte zu dem Schluß, daß die Ansammlungen in der Olduvai-Schlucht wahrscheinlich wie in seinen Experimenten durch Aasverwertung entstanden waren: Sie bestanden ebenfalls vorwiegend aus Extremitätenknochen, zeigten vielfach Zahnspuren von Raubtieren und waren durch Steinschläge beschädigt. Demnach sammelten unsere Vorfahren die Reste ein, die Löwen, Leoparden, Säbelzahntiger und Hyänen übrigließen – vorwiegend lange Extremitätenknochen, die sie aufschlugen, um an das fette, nährstoffreiche Knochenmark zu gelangen. Die meisten Fleischfresser, auch Hyänen, konnten die dickwandigen Knochen nicht zerbeißen, aber für einen Hominiden mit einfachen Steinwerkzeugen war das kein Problem. Das neue Bild vom Aasverwerter war natürlich viel weniger heldenhaft als die Vorstellung vom „edlen Jäger". ◖ *Homo habilis* aß wahrscheinlich das Knochenmark, er war jedoch in der Sicherung des Lebensunterhalts auch recht flexibel und entwickelte zur Beschaffung verschiedener Lebensmittel unterschiedliche Strategien, insbesondere für die nach Jahreszeit wechselnde pflanzliche Nahrung. Und da wohl auch Hominiden jeden Tag trinken mußten, blieben unsere Vorfahren immer in der Nähe von Wasserstellen. ◖ Weiterhin lassen Blumenshines Befunde vermuten, daß Aasverwertung die Entwicklung der Intelligenz förderte. Die frühen Hominiden mußten die Kadaver aufspüren, so daß sie etwas über das Verhalten der Raubtiere wissen mußten – wo und wann sie auf die Jagd gehen. Hierbei war am wichtigsten: Sie mußten wissen, wann sie sich an die Beute heranwagen konnten, ohne selbst bedroht zu werden. Manche jener so erworbenen Fähigkeiten waren vielleicht eine Vorbedingung, damit die Hominiden mehr Fleisch in ihren Speisezettel aufnehmen konnten. ◖ Seit wann die Jagd nun tatsächlich in großem Umfang zum Lebensunterhalt der Hominiden beitrug, ist in der Paläoanthropologie heftig umstritten. Nach Ansicht vieler Archäologen ist sie eine sehr alte Überlebensstrategie, die mehrere hunderttausend oder sogar eine Million Jahre weit bis in die Zeit von *Homo erectus* zurückreicht. Als Beleg werden oft gemeinsame Funde von Elefantenknochen, Faustkeilen und Schabern angeführt. Lewis Binford ist vorsichtiger: Er zögert, solche Assoziationen als Beleg für die Jagd anstelle der Aasverwertung anzuerkennen. Nach seiner Vermutung wurde die regelmäßige Jagd auf Großtiere erst im oberen Paläolithikum zu einem wichtigen Bestandteil der Nahrungsbeschaffung, also vor etwa 40 000 Jahren, als regelmäßig Speere und Pfeile benutzt wurden.

Schnittspuren auf einem Knochen aus der Olduvai-Schlucht, Tansania. Die parallel verlaufenden Schnitte stammen von einem scharfkantigen Steinwerkzeug in der Hand eines Hominiden. *Photo von David Brill; mit freundlicher Genehmigung des Nationalmuseums von Tansania.*

38. Ernährung

Das Essen ist in den Industrieländern ein unerschöpfliches Gesprächsthema, und vom Kampf gegen die Pfunde lebt eine ganze Branche. Bei unseren Vorfahren dagegen reichte das Essen nur knapp zum Überleben. Um zu leben und das darwinistische Ziel der Fortpflanzung zu erreichen, müssen alle Lebewesen Nahrung aufnehmen. Das ist unseren Vorfahren offenbar gelungen, denn sonst gäbe es uns nicht, aber wovon sie lebten und wie sie die Nahrung zubereiteten, kann man nur vermuten. ◖ Als man in Südafrika die ersten Australopithecinen entdeckte, gab es sofort phantasievolle Spekulationen über ihre Nahrungsvorlieben. *Australopithecus africanus* stellte man sich zum Beispiel als blutrünstigen Fleischfresser vor. Die charakteristische Schädel- und Zahnanatomie von *A. robustus* dagegen galt als Anpassung an pflanzliche Nahrung, die gründliches Kauen geringwertiger Lebensmittel erforderte. Diese ersten Vermutungen über die Ernährung der Australopithecinen beruhten auf einer Mischung aus vorgefaßten Meinungen über die Bedeutung des Fleischessens und Beobachtungen an der Abnutzung und Anatomie der Zähne. In jüngerer Zeit hat man die Ernährung der frühen Hominiden mit mehreren Methoden genauer untersucht. Grundlage waren dabei meist die Zähne, die sich mit ihrer jeweiligen Form für unterschiedliche Nahrung eignen und auch Spuren der verzehrten Nahrung tragen. ◖ Anhaltspunkte für die Anpassung an eine bestimmte Ernährung liefern zahnanatomische Vergleiche zwischen Tiergruppen mit unterschiedlicher Ernährungsweise. Fleischfresser besitzen zum Beispiel scherenähnliche Backenzähne, mit denen sie das Fleisch zerkleinern. Pferde und andere Grasfresser haben lange Zähne mit Streifen aus Zahnschmelz und Zahnbein auf der Kaufläche. Den Zähnen der Primaten dagegen, die eigentlich Allesfresser sind, fehlen solche spezialisierten Merkmale. ◖ Innerhalb der Ordnung der Primaten wiederum sind die Zähne der Hominiden besonders stark generalisiert, was auf eine breite Nahrungspalette schließen läßt. Der Zahnschmelz ist aber sehr viel dicker als bei afrikanischen Menschenaffen. Dicker Zahnschmelz gilt als entwicklungsgeschichtlich älter, das heißt, er hat sich in der Evolution vermutlich nicht verändert, und das würde zu der unterschiedlichen Evolution von Menschen und Menschenaffen passen. Bei den Affen konnte der Zahnschmelz dünner werden, bei den Hominiden dagegen blieb er so dick wie bei dem letzten gemeinsamen Vorfahren. ◖ Auch die Körpergröße hat mit der Ernährung zu tun. Insektenfresser zum Beispiel haben einen hohen Stoffwechselumsatz, verbrauchen viel Energie für den Beutefang und sind deshalb meist klein. Blattfresser hingegen haben einen langsameren Stoffwechsel und können größer werden – ein Extrembeispiel ist in diesem Fall der Gorilla. Interessanterweise haben Fruchtfresser in der Regel ein größeres Gehirn als Blattfresser, wahrscheinlich weil Früchte jahreszeitlich und räum-

Antilopen-Humerus aus der Olduvai-Schlucht, Tansania. Der Knochenschaft wurde zertrümmert, um das Mark im Inneren freizulegen. Dieser Knochen von der Fundstelle FLK zeigt sowohl Spuren von Steinwerkzeugen als auch solche von Raubtierzähnen. Anhand der hier gefundenen Knochen und Steinwerkzeuge rekonstruierte man verschiedene Szenarien, wonach die Frühmenschen vor etwa zwei Millionen Jahren als Jäger oder Aasverwerter lebten. Originalgröße. *Photo von David Brill; mit freundlicher Genehmigung des Nationalmuseums von Tansania.*

lich ungleichmäßiger verteilt sind als Blätter, so daß Tiere, die sich von ihnen ernähren, kompliziertere Informationen über die Umwelt verarbeiten müssen. ◖ Andere Indizien beruhen auf dem Verhältnis von Strontium zu Calcium in Hominidenfossilien. Dieses Verhältnis zeigt im Organismus verschiedener Tiere in Abhängigkeit von ihrer Stellung im Nahrungsnetz charakteristische Unterschiede: je nachdem, mit welcher Nahrung sie die Isotope aufnehmen und in ihre Knochen einbauen. Am Anfang der Nahrungskette, bei den Pflanzen, ist das Verhältnis hoch, bei Pflanzenfressern ist es niedriger, und bei Fleischfressern, die sich von Pflanzenfressern ernähren, hat es den geringsten Wert. Man hat versucht, dieses Verhältnis bei Hominidenfossilien zu bestimmen und daraus Rückschlüsse auf ihre Ernährung zu ziehen. Obwohl Beisetzung und Fossilbildung die Messungsmöglichkeiten einschränken, gelangte man für *A. robustus* zu interessanten Befunden. Bei Hominiden aus Swartkrans in Südafrika liegt das Verhältnis zwischen den Werten für Leoparden und Pavianen, was im Gegensatz zu früheren Vermutungen nicht auf eine rein pflanzliche, sondern auf eine eher gemischte Ernährung schließen läßt. ◖ Solche Untersuchungen liefern eine grobe Skizze zur Ernährung der frühen Hominiden: Sie waren opportunistische Allesfresser. Ein detaillierteres Bild lieferten Untersuchungen – teilweise mit dem Rasterelektronenmikroskop – an den Kauflächen der Zähne mit einer quantitativen Analyse der Abnutzung. Der Zahnschmelz von *A. robustus* und *A. boisei* ist häufig stark zerklüftet; die Löcher und Kratzer sind dabei deutlich größer als bei *A. africanus*. Häufigkeit und Größe der Zahnschmelzschäden bei *A. robustus* erinnern an die Verhältnisse bei Mangaben, die harte Nahrungsmittel wie Nüsse, Samen und hartschalige Früchte verzehren. Bei *A. africanus* dagegen lassen weniger Vertiefungen und schmalere Kratzer an den Zähnen auf andere Nahrungsvorlieben schließen: Diese Schäden ähneln eher den Abnutzungserscheinungen bei Klammeraffen, die reife, weiche Früchte und Blätter verzehren; vermutlich aß *A. africanus* also weniger Nüsse und Samen als *A. robustus* und *A. boisei*. ◖ Ganz anders als bei den südafrikanischen Australopithecinen sind die Zähne von *A. afarensis* in Ostafrika abgenutzt. Beim südafrikanischen *A. africanus* und den robusten Australopithecinen waren die Zähne nach dem Durchbrechen bald abgeschliffen, so daß große Stücke des Zahnbeins freilagen. Die Eckzähne waren so stark verkürzt, daß sie wohl auch an der Zerkleinerungsarbeit der Backenzähne mitwirkten. Bei *A. afarensis* dagegen sind nicht nur die Eckzähne weniger abgenutzt, sondern auch die Backenzähne zeigen nur geringen Verschleiß, selbst wenn die Schneidezähne stark mitgenommen sind. Demnach dienten vor allem die vorderen Zähne zum Zerkleinern der Nahrung, die vielleicht wie bei Schimpansen aus weichen Früchten bestand. Die mikroskopische Untersuchung zeigt, daß zu Lebzeiten Zähne abgebrochen sind, vermutlich durch das Beißen auf Nüsse und andere kleine, harte Gegenstände. Die Kanten der Schneidezähne zeigen bei genauer Untersuchung Streifen von vorn nach hinten. Möglicherweise zog *A. afarensis* also irgendwelche Pflanzenteile zwischen den Zähnen hindurch. ◖ Die Frühmenschen aßen offenbar nur sehr wenig Fleisch. Sie besaßen weder die dazu erforderlichen Schneidezähne noch das notwendige Werkzeug. Bei Schimpansen hat man beobachtet, wie sie Kleinaffen, kleine Flußschweine und Antilopen, ja sogar ihre eigenen Jungen fraßen. Sie sind gute Jäger, weil sie sich kräftig und gewandt in den Bäumen bewegen. Die Australopithecinen gingen hingegen relativ langsam und aufrecht auf dem Erdboden, und in den Bäumen konnten sie die Beute kaum verfolgen, weil sie keine Greiffüße besaßen. ◖ Der Speisezettel der Frühmenschen war wahrscheinlich sehr abwechslungsreich. Aber viele Nahrungsbestandteile – zum Beispiel Insekten, die von Schimpansen manchmal in großen Mengen verzehrt werden – hinterließen in dem harten Zahnschmelz keine Spuren. Das gleiche gilt für Honig, Eier, Würmer und kleine Wirbeltiere wie Nager oder Reptilien. ◖ Bei älteren Hominiden wie *A. anamensis* und *Ardipithecus ramidus* weiß man derzeit über die Abnutzung der Zähne und damit auch über die Ernährung nichts Genaues. Die Molaren von *anamensis* haben einen dicken Zahnschmelz und sind ähnlich abgenutzt wie bei *A. afarensis*, allerdings mit stark verkürzten Spitzen der Eckzähne. Anders dagegen *A. ramidus*: Er besaß wahrscheinlich als einziger Hominide einen ähnlich dünnen Zahnschmelz wie die afrikanischen Menschenaffen. ◖ Die Vermutungen über die Ernährung der frühen Hominiden stützen sich auf Zahnuntersuchungen, Analysen der Ernährung moderner Primaten, Tierknochen und Steinwerkzeuge an archäologischen Fundstellen sowie Erkenntnisse über den Speisezettel heutiger Sammler und Jäger. Die Einzelheiten werden wir wahrscheinlich nie erfahren, aber unsere Vorfahren entwickelten ganz offensichtlich wirksame Strategien, um genügend Nahrung zu finden und selbst nicht gefressen zu werden.

39. Kannibalismus

Behauptungen, unsere Vorfahren seien Kannibalen gewesen, gab es in der Geschichte der Paläoanthropologie immer wieder, wobei man mit dem Finger vorwurfsvoll auf mehrere Arten zeigte. Aus unserer heutigen, zivilisierten Sicht erscheint der Kannibalismus als vielleicht unmenschlichste Handlung überhaupt, als widerlich und abstoßend. Gibt es jedoch aus entfernter Vergangenheit Indizien für Kannibalismus, müssen wir sie objektiv untersuchen. Sie werfen ein – wenn auch unangenehmes – Licht auf eine Seite der menschlichen Natur. ◖ Kannibalismus ist bei 15 Arten nichtmenschlicher Primaten belegt, und bei Säugetieren im allgemeinen kommt er häufig vor. Unsere engsten Verwandten, die Schimpansen, fressen manchmal ihre Kinder. Aber was unsere Vorfahren angeht, verfügen wir mangels direkter Beobachtungsmöglichkeiten nur über rätselhafte Hinweise. ◖ So fand man zum Beispiel 1948 bei Makapansgat in Südafrika einen zertrümmerten Unterkiefer eines jugendlichen *Australopithecus africanus*, dem die Zähne fehlten. Daraufhin untersuchte der Anatom Raymond Dart das offenbar gewalttätige Wesen dieser Spezies. In seinen Aufzeichnungen schreibt Dart: »*Australopithecus* führte ein grausames Leben. Erbarmungslos tötete er andere Australopithecinen, junge und alte, und ernährte sich von ihnen wie von anderen Tieren«. Aber für die von Dart untersuchten zertrümmerten Knochen waren späteren Analysen zufolge nicht die vorwiegend pflanzenessenden (herbivoren) Hominiden verantwortlich, sondern Hyänen und andere Raubtiere, die das fettreiche Knochenmark schätzten. ◖ Franz Weidenreich, der in den dreißiger Jahren die Fossilien von *Homo erectus* aus der Höhle des Pekingmenschen in Zhoukoudian (China) untersuchte, bemerkte zu viele Schädel im Verhältnis zur Zahl der Extremitätenknochen. Bei einigen Schädeln war das Gesicht abgebrochen, und das Foramen magnum, die Durchtrittsöffnung für das Rückenmark an der Schädelbasis, war vergrößert, als hätte jemand den Schädel geöffnet, um das Gehirn zu essen. Außerdem gab es in der Höhle Hinweise auf kontrolliertes Feuer, und viele Knochen waren verbrannt; deshalb hielt Weidenreich die Pekingmenschen für Kannibalen. Anders interpretierte Louis Leakey die Funde von Zhoukoudian: Danach wurden Pekingmenschen zur Nahrung für Jetztmenschen, die dort nach seiner Auffassung zur gleichen Zeit lebten. In Wirklichkeit waren aber wohl auch hier wie in Makapansgat Hyänen die Schuldigen. ◖ Wie solche Beispiele zeigen, muß man unbedingt zwischen den Fraßspuren von Raubtieren und Menschen unterscheiden. Jede Spezies hinterläßt an den Knochen charakteristische Kennzeichen. Aber selbst wenn man feststellt, daß die Frühmenschen menschliche Knochen öffneten, muß es sich nicht um Kannibalismus handeln. Schnittspuren können auch auf rituelle Handlungen wie das Skalpieren hinweisen, und das Zerbrechen von Knochen könnte Teil eines Bestattungsrituals sein. Welche fossilen oder archäologischen Funde zeigen eindeutig, ob Menschen andere Menschen aßen? ◖ Ein Schädel aus Bodo in Äthiopien (siehe Seite 94), der zu *Homo heidelbergensis* gehört, zeigt an den Augenhöhlen, Wangenknochen und Stirn sowie an der Ober- und Rückseite des Gehirnschädels charakteristische Schnittspuren, aber keine Anzeichen von Raubtierfraß. Da die Heilung rund um die Vertiefungen noch nicht eingesetzt hatte und da diese sich auch unterhalb des an dem Schädel haftenden Gesteins fortsetzen, wurden die Schnitte offenbar zu Lebzeiten des Hominiden oder kurz nach seinem Tod angebracht. Dieses Individuum wurde vor 600 000 Jahren absichtlich zerlegt – der älteste derartige Vorfall, den man kennt. Ob das Fleisch auch gegessen wurde, läßt sich allerdings nicht feststellen. ◖ Das neueste Indiz für den Kannibalismus stammt aus Gran Dolina in Spanien; dort fand man noch ältere, nämlich 780 000 Jahre alte Reste von *H. heidelbergensis* (siehe Seite 46). Die Entdecker bemerkten Streifen auf einem Stück vom Schläfenbein eines Hominiden und fanden ähnliche Spuren auch auf zwei Zehenknochen. Als man Abgüsse der Streifen im Rasterelektronenmikroskop untersuchte, zeigten sich die typischen, V-förmig vertieften Schnittspuren von Steinwerkzeugen, wie man sie auch bei dem Stück aus Bodo beobachtet hatte. Die zwölf Schnittspuren befinden sich am Warzenfortsatz des Schläfenbeins, an dem der Kopfnickermuskel (Musculus sternocleidomastoideus) befestigt ist – ein Hinweis, daß das Fleisch vom Knochen getrennt wurde. Ähnliche Spuren des Zerlegens und Brüche durch Schlagsteine zeigen auch andere Tierknochen aus Gran Dolina. Dagegen tragen nur wenige Knochen aus der Höhle Zahnspuren von Raubtieren, das heißt, diese Knochen wurden wohl vorwiegend von Hominiden auseinandergenommen. ◖ Tim White, der die Schnittspuren an dem Fund von Bodo entdeckt hatte, und Nick Toth untersuchten in neu gefundenen Fossilien auch andere Beispiele für angebliche Verletzungen. Manche Stücke von europäischen Neandertalern lieferten widersprüchliche Indizien über den Kannibalismus dieser Spezies. Zwei angebliche Opfer von Kannibalismus oder rituellem Zerstückeln sind der Schädel Circeo I aus der Grotta Guattari in Italien und der Kinderschädel aus dem belgischen Engis. Nebenbei erwähnt, war der 1829 gefundene Schädel von Engis das erste entdeckte Neandertaler- und damit Hominidenfossil überhaupt, was man damals allerdings nicht erkannte. Circeo I, den man 1939 fand, lag bei seiner Entdeckung ohne Schädelbasis umgekehrt in einem angeblichen Steinring, und es hieß, die Neandertaler hätten das Gehirn bei einem kannibalistischen Gelage verspeist. Doch trägt der Schädel weder Schnitt- oder Schlagspuren noch andere von Menschen verursachte Schäden, wohl aber mehrere Markierungen von Tierzähnen. Auch war die Höhle, in der er lag, in alter Zeit die Behausung einer Hyäne. ◖ Die Spuren an dem Schädel von Engis stammen nach Whites Vermutung von Menschen, die aber das Kind nicht essen wollten. Ähnliche Markierungen kennt man auch von anderen Neandertalerschädeln aus Belgien: Sie entsprechen Schädelvermessungsinstrumenten, und die Streifen stammen von dem Sandpapier, mit dem man den Gips bei der Rekonstruktion des Schädels glättete; andere Schäden stammen von dem Skalpell, mit dem das Fossil bei der Abgußherstellung von der Form gelöst wurde. Ihre Urheber waren übereifrige Anthropologen im 19. Jahrhundert. ◖ Stichhaltigere Argumente für den Kannibalismus lieferte Whites und Toth' Analyse von Knochen aus der Höhle von Krapina in Kroatien; sie unterstützten die Ansichten des Entdeckers der Fundstelle (siehe Seite 95 und 211). In der Höhle lagen Skeletteile von mehreren Neandertalern verstreut. Die 850 menschlichen Knochen und 1 000 Werkzeuge, die von 1895 bis 1905 leider ohne Fachkenntnis ausgegraben wurden, erzählen eine haarsträubende Geschichte. Etwa 800 Knochen zeigen Schnittspuren und Brüche von Hammersteinschlägen, von Raubtieren angenagt ist dagegen kein einziger. Die Schädel wurden seitlich eingeschlagen, und viele fleischreiche Knochenanteile fehlen, während dünne Skeletteile ohne viel Mark wie zum Beispiel das Wadenbein erhalten geblieben sind. Die Kombination ist verblüffend, aber Karl Gorjanovic-Kramberger, der Entdecker von Krapina, hatte wahrscheinlich recht, als er 1918 schrieb: »Diese Menschen haben ihre Stammesgenossen gegessen, und mehr noch, sie haben die hohlen Knochen aufgebrochen und das Mark herausgesaugt ...« Ähnliches dürfte auch für die nahegelegene Neandertaler-Höhle von Vindija gelten, wo die Schädel ebenfalls eingeschlagen waren und die Armknochen Schnittspuren tragen. ◖ Unterschieden sich die Neandertaler, die offenbar – vielleicht bei Hungersnöten – manchmal zu Kannibalen wurden, in dieser Hinsicht von modernen Menschen? Offenbar nicht. White untersuchte auch Überreste aus den Höhlen an der Mündung des Klasies River in Südafrika, wo vermutlich die ältesten Angehörigen unserer eigenen Spezies erhalten geblieben sind. Zu den wenigen Hominidenfossilien gehören eine Handvoll Unterkieferstücke, ein Dutzend Schädelfragmente und mehrere andere Knochenstücke (siehe Seite 42). Viele Knochen waren verbrannt, vermutlich in einer der dort von Menschen errichteten Feuerstellen. Ein Stück Stirnbeinknochen zeigt die gleichen charakteristischen Schnittspuren wie die Augenhöhlen des Schädels von Bodo, wobei der Knochen im frischen Zustand abgebrochen wurde. ◖ Einen viel jüngeren Fall von Kannibalismus kennt man aus der neusteinzeitlichen Höhle bei Fontbrégoua in Frankreich, die in den achtziger Jahren ausgegraben wurde. Dort wurden vor 6'000 Jahren die zerbrochenen Knochen von mindestens 13 Menschen auf drei große Haufen geworfen. Zehn weitere Haufen enthielten Knochen von Hausschafen und Wildtieren, die genauso zerlegt waren und ähnliche Schnittspuren trugen wie die Menschenknochen. Die Knochen der verzehrten Tiere und die Menschenknochen wurden also gleich behandelt. Bestimmte Knochen, so die von den Extremitäten mit viel Fleisch und auch die Schädelplatte, fehlen in den tierischen und menschlichen Haufen, oder sie sind nur in Form kleiner Bruchstücke vorhanden. Anzeichen, daß sie erhitzt wurden, gibt es nicht, aber sonst spricht alles dafür, daß abgeschnittenes menschliches Fleisch und Knochenmark gegessen wurde. ◖ Der Kannibalismus ist ein umstrittenes Thema, und deshalb muß man solche Indizien mit Vorsicht betrachten. Es gibt eine ganze Reihe von Kriterien, so die Schnittspuren, vorhandene oder fehlende nahrhafte Knochen sowie Brandspuren oder andere Anzeichen der Zubereitung; auch indirekte Indizien sollten in irgendeiner Form vorhanden sein. Nur dann kann man schlußfolgern, daß menschliche Knochen zu Nahrungszwecken verarbeitet wurden. Aber auch wenn sich in sorgfältigen Untersuchungen herausstellt, daß Menschen früher manchmal ihre Artgenossen aßen, werden wir vermutlich nie genau wissen, warum.

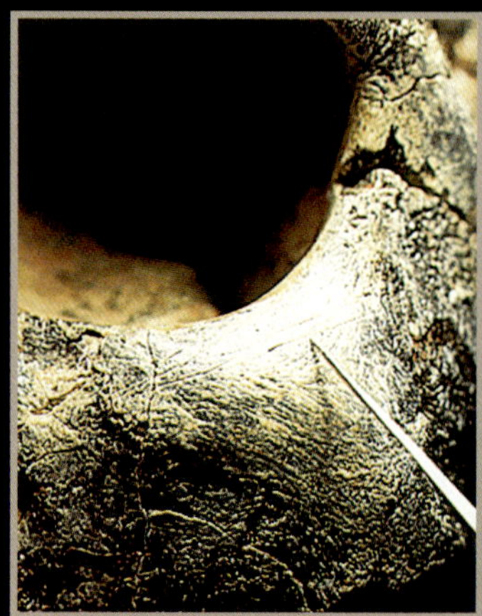

Schädel von *Homo heidelbergensis* aus Bodo, Äthiopien *(oben).* Mehrere Schnittspuren an diesem Fund wurden angebracht, als der Knochen noch frisch war; von dem Schädel wurde also vor oder kurz nach dem Tod das Fleisch abgelöst. Originalgröße. *Mit freundlicher Genehmigung von Donald Johanson und dem Nationalmuseum von Äthiopien.*

Schnittspuren am Wangenknochen des Schädels von Bodo *(rechts).* Diese geraden Kratzer können nur von einem Steinwerkzeug stammen. Ähnliche Spuren fand man auch an den Augenhöhlen, an der Stirn und an der Rückseite des Schädels. *Mit freundlicher Genehmigung von Donald Johanson, dem Institute of Human Origins und dem Nationalmuseum von Äthiopien.*

Teilschädel von *Homo neanderthalensis* aus Krapina, Kroatien. Nach den vorhandenen Skeletteilen und ihrem Erhaltungszustand zu urteilen, verzehrten die Bewohner der Höhle von Krapina die Überreste ihrer Artgenossen. Originalgröße. *Photo von David Brill; mit freundlicher Genehmigung des Geolosko-Paleontologie Musej.*

40. Feuer

Verbrannte Knochen aus Swartkrans, Südafrika. In Member 3 der Höhle wurden insgesamt 270 verbrannte Knochen ausgegraben – ein direkter Beleg, daß die Frühmenschen bereits vor einer Million Jahren ein Feuer unterhalten konnten. Originalgröße. *Mit freundlicher Genehmigung von C. K. Brain, Transvaal Museum.*

Im Laufe ihrer Evolution lernten die Menschen, die Umwelt immer besser zu beeinflussen. Hierbei war einer der wichtigsten Schritte die Beherrschung und später auch Erzeugung von Feuer. Mit Wärme und Licht schützte es vor Raubtieren und widrigen Wetterbedingungen. Später erweiterte es auch den Speisezettel. Durch Erhitzen konnte man Giftstoffe in Samen und pflanzlicher Nahrung unschädlich machen, und im Fleisch wurden durch Braten die Parasiten abgetötet, so daß die Beute von Jagd oder Aassammeln haltbarer wurde. Durch die Beherrschung des Feuers konnte unsere Spezies schließlich in die kältesten Gegenden der Kontinente vordringen, und mit dem Auftauen gefrorener Tierkadaver erschloß sich möglicherweise eine neue Nahrungsquelle. Mit Sicherheit wurde in nördlichen Gebieten, wo andere Nahrung nicht verfügbar war, geräuchertes und getrocknetes Fleisch gegessen. Feuer war für unsere Vorfahren die wichtigste Errungenschaft seit den Steinwerkzeugen - Brot lag noch um Jahrtausende in der Zukunft. ◖ Aber die Herkunft des gezähmten Feuers war trotz seiner Bedeutung für die Kultur schwer dingfest zu machen. Je weiter Archäologen in die Vergangenheit vordringen, desto seltener und zweideutiger werden die Indizien, weil früher vorhandene Spuren immer mehr Zeit hatten, zu verschwinden. In der Regel schreibt man die erstmalige Beherrschung des Feuers *Homo erectus* zu, unter anderem weil die ältesten entsprechenden Funde aus der Lebenszeit dieser Spezies stammen und das Feuer wahrscheinlich für die Ausbreitung von *H. erectus* außerhalb Afrikas unentbehrlich war. ◖ Behauptungen, Menschen hätten vor 1,4 Millionen Jahren in Chesowanja (Kenia) Feuer gemacht, gründen sich auf etwa 40 Flecken und Klumpen aus verbranntem Lehm, die man zusammen mit Tierknochen und Lavasteinwerkzeugen fand; die Werkzeuge ähneln den ältesten Funden aus der Olduvai-Schlucht und Koobi Fora. Ein natürliches Buschfeuer schlossen die Entdecker als Erklärung aus, aber anderen Funden zufolge können Baumstüpfe nach einem solchen Brand ähnliche Spuren hinterlassen wie in Chesowanja. Auch Blitze oder vulkanische Hitze kommen als Erklärung für den gebrannten Lehm in Frage. ◖ Überzeugendere Indizien für gezähmtes Feuer stammen aus der Swartkrans-Höhle in Südafrika. Dort fand man bei Ausgrabungen in den jüngsten Schichten relativ wenige verbrannte Tierknochen von Antilope bis Zebra - und sogar einige von *Australopithecus robustus*, dem häufigsten dort vorkommenden Hominiden. Die wenigen hundert Knochen stammen aus einer einzigen Sedimentschicht in einer bestimmten Ecke der Höhle. Nach chemischen Analysen zu urteilen, sind die Knochen durch Kohlenstoffreste geschwärzt. Der mikroskopische Vergleich mit Knochen, die man im Labor auf verschiedene Temperaturen aufgeheizt hatte, ergab für die Fossilien eine längere Einwirkung von Temperaturen zwischen 315 und 480 Grad Celsius oder mehr, wie sie in einem Lagerfeuer aus dem Holz der Gegend erreicht werden. Aufgrund der Häufigkeit von Hominidenfossilien an dieser Stelle könnte man vermuten, daß ein Australopithecine das erste Feuer in Swartkrans machte, da die verbrannten Knochen jedoch erst eine halbe Million Jahre nach Beginn des hier repräsentierten Zeitraumes auftauchen - als auch Fossilien von *Homo* vorkamen (siehe Seite 184) - ist eher anzunehmen, daß dieser neue Hominide dafür verantwortlich war. ◖ Die Funde von Swartkrans sind zwar verblüffend, aber sie sind ein Einzelfall. Vielleicht beherrschten die Menschen das Feuer, konnten es aber nicht selbst anzünden, oder zumindest war es nichts Alltägliches. Die nächsten archäologischen Hinweise auf Feuer sind nur 500 000 Jahre alt. In Zhoukoudian (China), wo auch der berühmte Pekingmensch gefunden wurde (siehe Seite 188), beherrschte *Homo erectus* das Feuer offenbar während seiner langen Siedlungszeit in dem kalt-gemäßigten Klima, das dem im heutigen Nordchina ähnelte. An dieser Fundstelle wurden vier Ascheschichten, die einen bis sechs Meter dick sind, auf 460 000 bis 230 000 Jahre datiert. Verkohlte chinesische Zürgelbaumsamen kommen in den Ablagerungen ebenso vor wie verbrannte Knochen, Artefakte und Holzkohle; dennoch bezweifeln manche Archäologen, daß sich dort eine Feuerstelle befand. Strukturierte Feuerstellen und Herde sind die später unwiderlegbaren archäologischen Beweise für gezähmtes Feuer. ◖ Belege für eine solche Feuerstelle wurden kürzlich bei Menez-Dregan an der bretonischen Südküste ausgegraben. Dort ist eine dicke Schicht aus Holzkohle und verbrannten Knochen von einem Ring aus flachen Steinen umgeben - den Interpretationen zufolge ein Herd, an dem die Bewohner Nashornfleisch brieten. Nach der Elektronenspinresonanz-Datierung verbrannter Quarzstücke ist die Stelle 380 000 bis 465 000 Jahre alt. Wenn das stimmt, ist es der älteste Beleg für die Zähmung des Feuers. Weiter südlich, an der französischen Riviera, fand man an der offenen Fundstelle von Terra Amata herdartige Vertiefungen hinter einer Reihe von Felsen - offenbar ein Windschutz für das Feuer, das hier vor 400 000 bis 200 000 Jahren brannte. In allen Schichten an dieser Stelle fand man Holzkohle, und auch einige verbrannte Muschelschalen. ◖ Allgemein üblich wurden Herde erst im mittleren Paläolithikum vor weniger als 100 000 Jahren. Nachdem die Menschen nun das Feuer beherrschten, erfüllte es eine wichtige soziale Funktion: Es hielt Familien und Gruppen zusammen und erleichterte den Austausch von Ideen und Informationen. Daß Menschen im mittleren Paläolithikum das Feuer beherrschten, ist in Afrika, Europa und dem Nahen Osten nachzuweisen. Die Kebara-Höhle in

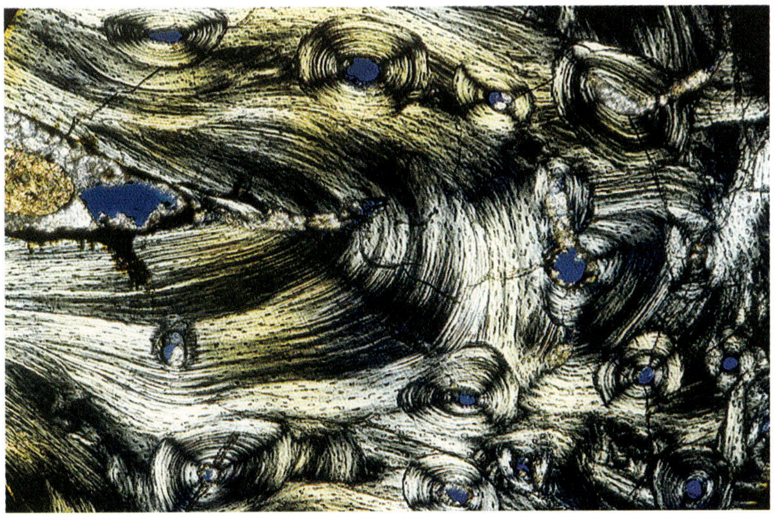

Verbrannte Fossilknochen im Mikroskop. Dieser Dünnschnitt durch einen der verbrannten Knochen aus Swartkrans zeigt im polarisierten Licht, wie die Lamellenstruktur beim Erhitzen des frischen Knochens durch freien Kohlenstoff geschwärzt wurde. Das gleiche beobachtet man auch, wenn man Knochen im Experiment auf 300 bis 400 Grad Celsius erhitzt, die typische Temperatur eines Lagerfeuers. *Mit freundlicher Genehmigung von C. K. Brain, Transvaal Museum.*

Israel war zum Beispiel vor 60 000 Jahren von Neandertalern bewohnt, und bei vorsichtigen Ausgrabungen kam eine umfangreiche Ansammlung flacher und vertiefter Herde ans Licht. Ganz unten enthalten sie geschwärzten Sand mit viel organischem Material, Holzkohle von den Eichen der Gegend und verkohlte Samen wilder Erbsen. Da man in der Höhle verkohlte Knochen fand, brieten die Bewohner vielleicht auch Fleisch. Nach dem Löschen des Feuers streute man die Asche vermutlich aus, damit sie den Boden zum Schlafen anwärmte. ◖ Im oberen Paläolithikum vor etwa 40 000 Jahren diente Feuer überall zum Heizen von Höhlen und Behausungen. An Fundstellen wie Abri Pataud in Les Eyzies (Frankreich) gehörten zu den Herdstellen auch Zuluftkanäle und warme Steine, die das Kochen erleichterten. ◖ Ob das Feuer bereits vor einer Million Jahren in unsere Kultur kroch oder nicht - seit 500 000 Jahren ist es sicher eine treibende Kraft in unserer Evolution. Seit 200 000 Jahren wird es häufig benutzt, wobei es in den letzten 100 000 Jahren verschiedene besondere Aufgaben erfüllt. Als Ergänzung zur Steinzeittechnologie war es ein wichtiges Hilfsmittel für das Überleben und die Ausbreitung unserer Spezies, vor allem für die soziale Entwicklung. Am Feuer wurden Nahrung und Gedanken geteilt, und diese Funktion hat es in kalten Winternächten noch heute.

41. Behausung

Die Vorstellung, sich in die friedliche, schützende Privatsphäre einer Behausung zurückzuziehen, ist ein wichtiger Teil unseres Alltagslebens. Ein Leben ohne Heim, in das wir nach der Reise eines Tages oder vieler Monate zurückkehren, können sich die wenigsten vorstellen. Unsere Vorfahren errichteten jedoch während des größten Teils unserer Evolution selbst keine Bauwerke. An ein paar Stellen fand man zwar neben Acheuléen-Werkzeugen auch Indizien für Gebäude - Schichten aus dicht gepackten Steinen in Olorgesailie in Kenia und Isimala in Tansania, oder eine Steinmauer, die vermutlich einen Unterstand trug, an einer Höhlenmauer in Lazaret in Frankreich -, aber echte archäologische Belege für selbstgebaute Behausungen gibt es erst seit dem mittleren Paläolithikum vor etwa 60 000 Jahren. Doch selbst diese Indizien sind selten und rätselhaft. So entdeckte man in der lange Zeit bewohnten Höhle von Combe-Grenal (Frankreich) in einer Schicht aus dem Moustérien ein einzelnes Pfostenloch, zu dem Wissenschaftler einen Abguß des zugehörigen, 21 Zentimeter langen Holzpflockes herstellten. Was für ein Gebilde er stützte oder sicherte, kann man nicht sagen. Von den Fundstellen Cueva Morin (Spanien) und Pech de l'Aze (Frankreich) wurde über niedrige Steinmauern berichtet. In La Grotte du Renne bei Arcy-sur-Cure (Frankreich) markierten eine Steinmauer und elf Pfostenlöcher den Umriß einer Hütte von über neun Quadratmetern. In den Löchern steckten offenbar Mammutstoßzähne und Knochen, die das Dach stützten. ◖ Trotz solcher Beispiele veränderten die Menschen im mittleren Paläolithikum ihre Umwelt noch nicht in dem Ausmaß wie später im oberen Paläolithikum, als sie bei Höhlen und an offenen Plätzen eindeutig Behausungen bauten; dies belegen quadratische und rechteckige Fundamente aus Flußkieseln. In den letzten 40 000 Jahren, als die Menschen in Europa aus höhlenreichen Gebieten in höhere Breiten wanderten, wurden Behausungen lebenswichtig. ◖ Im mährischen Dolni Vestonice (Tschechien) lebten Menschen während fünf Perioden vor 28 000 bis 24 000 Jahren. Die Stelle ist berühmt wegen einer 1986 entdeckten, ungewöhnlichen Dreifach-Grabstätte und wegen der Reste von fünf Behausungen - die größte neun mal 15 Meter groß -, die durch Pfostenlöcher, Mammutknochen und Kalksteinblöcke begrenzt sind. Die Überreste von zwei Brennöfen zeigen, daß diese Menschen erstmals auch mit Keramik experimentierten; sie schufen kleine Menschen- und Tierfiguren, die man in den Öfen vielleicht absichtlich platzen ließ. ◖ Bekannte Indizien für Behausungen gibt es weiter östlich in Europa, insbesondere in der Ukraine auf der zentralrussischen Platte zwischen Karpaten und Ural. Wahrscheinlich kamen die Jetztmenschen in diese Gegend, um die großen pflanzenfresenden Tierherden zu jagen - Wollmammuts, Rentiere, Pferde und Bisons; in den Flußtälern errichteten sie kurz- und langfristige Siedlungen. Für Menschen herrschten hier Extrembedingungen mit kaltem, unwirtlichem Klima. Große Säugetiere waren eine entscheidende Nahrungsquelle, aber ihre Häute und Felle müssen auch als Kleidung wichtig gewesen sein. Da es an manchen Stellen nur wenig Bäume gab, waren Mammutknochen und Rentiergeweihe sicher auch ein willkommenes Baumaterial. An zehn russischen Fundstellen gibt es Reste von Gebäuden aus Mammutknochen, und an acht weiteren Stellen bestehen sie aus anderem Material. ◖ Eine dieser Stellen, Molodova an dem Fluß Dnestr, besteht aus mehreren Besiedlungsebenen mit zahlreichen Herdstellen, an denen Mammutknochen als Windschutz aufgebaut waren. An der Stelle Molodova I aus dem mittleren Paläolithikum stand früher eine Behausung aus oval angeordneten Mammutknochen. Der Fußboden im Inneren war übersät mit 29 000 Splittern und Bruchstücken aus Flintstein, Hunderten von Tierknochenbruchstücken, 15 Herdstellen und einem Stück rotem Ocker. Eine etwas kleinere und weniger geordnete Ansammlung von Mammutknochen fand man in Molodova V; dort war auch eine Behausung mit einem Dach aus Rentiergeweihen erhalten, die vermutlich mit Tierhäuten bedeckt waren. ◖ Rentiergeweihe und Mammutknochen wurden auch für Gebäude in Mezin verwendet, einer Fundstelle am Fluß Desna. Bei fünf dort entdeckten Knochenansammlungen handelt es sich vermutlich um Reste kegelförmiger, mit Tierhäuten gedeckter Hütten. Da diese Strukturen die Knochen von 116 Mammuts aus verschiedenen geologischen Epochen enthielten, sammelten die Bewohner wahrscheinlich die Reste natürlich gestorbener Mammuts ein und fügten nach Bedarf solche von selbst erlegten Tieren hinzu. ◖ In Yudinovo, einem weiteren Fundort, waren die Behausungen ganz anders konstruiert: Eine stand auf einem Fundament aus zwei konzentrischen Kreisen aus Mammutknochen, und in einige Knochen des inneren Ringes waren vermutlich Pfostenlöcher gebohrt; in einem anderen Teil der Fundstelle umgeben 56 Mammutschädel eine große, einen halben Meter tiefe Grube, die durch Knochenreihen in sechs Teile oder „Zimmer" eines langen Hauses unterteilt ist. ◖ Die eindrucksvollsten Behausungen aus Mammutknochen fand man in Mezhirich südwestlich von Mezin am Dnepr, einer Gegend, die vor 18 000 bis 14 000 Jahren von Menschen besiedelt wurde.

Das Winterlager umfaßte mindestens fünf Häuser aus Knochen. Eines war aus 385 Mammutknochen zusammengesetzt. Ein Halbkreis aus Schädeln und darüber eine zweite Schicht aus Schädeln, Beckenknochen und Schulterblättern bildeten die Innenwand, und die Außenwand war mit 95 Kieferknochen verstärkt, die mit dem Kinn nach unten übereinandergeschichtet wurden. Bogenförmig am Rand aufgestellte Stoßzähne trugen das Dach aus Tierhäuten. Unter

Abguß eines Pfahls aus Combe-Grenal, Frankreich. Es handelt sich um den Abguß eines Pfostenloches in einer Moustérien-Schicht einer Höhle. Wie man an der stumpfen Spitze erkennt, wurde der Holzpfosten als Stütze für ein Zelt oder einen Windschutz in einen harten Untergrund getrieben. Originalgröße. *Photo von David Brill; mit freundlicher Genehmigung von Denise de Sonneville-Bordes, Université de Bordeaux I.*

den Knochen der Behausung Nummer 1 lagen 4 600 Flintsteinwerkzeuge sowie Knochenartefakte, verkohlte Knochen, verstreute Ockerstücke und Bernsteinklumpen zur Perlenherstellung; in der Mitte befand sich eine runde Feuerstelle. Einige aufrecht um das Feuer aufgestellte Knochen könnten als Grill gedient haben. Die ganze Behausung mißt im Durchmesser etwa 4,50 Meter. ◖ In allen Behausungen wurden die Knochen so gewählt, daß ihre Form eine feste Struktur ergab. Ihre Anordnung ist jeweils einzigartig und weist auf ästhetisches Gespür der Konstrukteure hin, denn sie probierten verschiedene Baustile aus. Bei einem Gebäude wurden Konstruktionselemente von zwei anderen Hütten übernommen und durch eigene Ideen ergänzt. ◖ Der Bau solcher Häuser war nicht einfach. Ein Mammutschädel mit zwei Stoßzähnen wiegt über 90 Kilogramm, und die Behausung Nummer 1 von Mezhirich enthält etwa 20 700 Kilogramm (20,7 Tonnen) Knochen. An einem Haus bauten zehn Menschen vier oder fünf Tage lang. Diese Anstrengungen und die Ansammlung von Abfällen lassen darauf schließen, daß die Bewohner während mehrerer Jahre den langen Winter hier verbrachten. Die Zahl der Bewohner läßt sich nicht genau feststellen; man hat sie auf 25 geschätzt. Mezhirich war eine richtige Siedlung; mit ihren Gebäuden und dem verwendeten Material gibt sie eine Vorahnung von der Seßhaftigkeit, die vor etwa 10 000 Jahren mit dem Beginn der Landwirtschaft fast überall zur Lebensweise der Menschen wurde.

Knochennadel mit anhaftendem Gestein aus Enlene, Frankreich. Die Bekleidung der Frühmenschen ist nicht erhalten, aber Werkzeuge für ihre Anfertigung hat man aus Zeiten bis vor 26 000 Jahren gefunden. Originalgröße. *Photo von David Brill; mit freundlicher Genehmigung der Société Civile de Domaine de Pujol.*

42. Kleidung

Wie die Behausungen, so war auch Kleidung während des größten Teils unserer Entwicklungsgeschichte überflüssig. Die Hominiden bewohnten tropische oder subtropische Gebiete und hatten zumindest bis zum Auftauchen von *Homo ergaster* und *Homo erectus* eine dichte Körperbehaarung. Nach dem Skelett des Jungen von Nariokotome zu schließen (siehe Seite 72), war *Homo ergaster* ähnlich wie die heutigen Äquatorialafrikaner groß und schlank. In der tropischen Wärme war geringere Behaarung wahrscheinlich energetisch günstiger, und es gibt keinerlei Anhaltspunkte, daß *ergaster* oder auch der Weltenbummler *Homo erectus* Kleidung trug. ◖ Der erste Hominide, der sich etwas anziehen mußte, war vermutlich *Homo neanderthalensis*. Archäologische Indizien dafür gibt es zwar nicht, aber charakteristische schräge Abnutzungsspuren an den Schneidezähnen der Neandertaler könnten entstanden sein, weil das Gebiß - vielleicht bei der Verarbeitung von Tierhäuten - zum Festhalten von Leder und Sehnen diente. Manche Werkzeuge der Neandertaler eignen sich zum Abschaben von Säugetierfellen, was ihnen vermutlich half, in ihrer oft eisigen Umwelt zu überleben. In der Grotte du Renne bei Arcy-sur-Cure (Frankreich) entdeckte man einige Anhaltspunkte für Körperschmuck bei Neandertalern. Neben Châtelperronien-Steinwerkzeugen wurden Geräte aus Knochen und Geweih gefunden, aber auch acht Gegenstände, die sich als Schmuck eignen wie geschnitzte und eingekerbte Zähne von Rehen und Füchsen. ◖ Artefakte, die speziell mit dem Herstellen und Tragen von Kleidung zu tun haben, findet man jedoch nur im Zusammenhang mit Jetztmenschen. Knochennadeln, die fast nicht von heutigen Nähnadeln zu unterscheiden sind, entdeckte man an 26 000 Jahre alten Fundstellen in Mitteleuropa und in Westeuropa an Stellen aus der Solutréen-Zeit vor 23 000 Jahren. Im darauffolgenden Magdalénien werden Nadeln häufiger. Das Exemplar in der Abbildung stammt aus Enlene (Frankreich), einer bekannten Stelle mit mehreren tausend kleinen Kunstgegenständen, darunter behauene, flache Steine, die wie Fliesen auf dem Höhlenboden lagen. Natürlich waren die Nadeln haltbarer als das mit ihnen genähte Material, so daß man über das Aussehen der Kleidung nur spekulieren kann. ◖ Mindestens ebenso alt sind Knöpfe aus Knochen- oder Steinscheibchen. An der Fundstelle Montastruc, in der Dordogne (Frankreich), aus dem späten Magdalénien zeigt eine Darstellung die Vorderseite eines Menschen mit einer Reihe kleiner Kreise von der Rumpfmitte nach oben bis zur Brust. Manche runden Gegenstände, die man für Knöpfe hält, tragen eingeritzte Tierdarstellungen, andere Knöpfe sind knebelförmig. ◖ Schmuckstücke, zum Beispiel Perlen und Anhänger aus Knochen, Mammutelfenbein, Perlmutt, Bernstein, Stein und anderen Naturmaterialien tauchen zu Beginn des Aurignacien im oberen Paläolithikum auf, also vor etwa 35 000 Jahren. Sie sind an alten Lager- und Wohnstätten in großer Zahl verstreut. Perlen dienten wahrscheinlich zu verschiedenen Zwecken, so als Knöpfe, Halsketten oder Armbänder, sie wurden aber auch als Verzierung auf die Kleidung genäht. Auch in den Gräbern früher Jetztmenschen wie des Cro-Magnon (siehe Seite 100) findet man Schmuckstücke häufig. ◖ Der Archäologe Randall White rekonstruierte die Herstellung von Elfenbeinperlen in Frankreich während des Aurignacien. Ausgangsmaterial waren zehn Zentimeter lange Stücke aus der weichen Außenschicht eines Mammutstoßzahns, die zu einem zylindrischen Stab von der Dicke eines Bleistifts verarbeitet wurden. Elfenbeinabfälle sind an den französischen Fundstellen selten, und vollständige Stoßzähne fehlen ganz, das heißt, das Elfenbein wurde aus größerer Entfernung herantransportiert. Die Stäbe wurden eingekerbt und in kürzere Stücke zerbrochen. Nun wurde eine Schicht nach der anderen abgetragen, bis ein Ende eines solchen Stückes einen dünnen Stiel bildete, und an der Ansatzstelle dieses Stiels wurde mit einem spitzen Werkzeug ein Loch gebohrt. Durch weiteres Schleifen und Polieren wurde der Stiel kleiner und die Verdickung am anderen Ende runder, bis das Loch schließlich dicht an einer Seite der fertigen Perle lag. Die zylindrische Perle entstand also um das Loch, und man versuchte nicht, die fertige Perle zu durchbohren. ◖ Das vielleicht berühmteste Beispiel für frühen Körperschmuck stammt aus Sunghir, einer etwa 24 000 Jahre alten Fundstelle bei Moskau, wo die Grabstätten von drei Menschen rund 10 000 Elfenbeinperlen und durchbohrte Zähne enthielten. Im Grab eines älteren Mannes waren die Perlen in Reihen über Stirn und Brust sowie entlang der Beine angeordnet. Sie waren also vermutlich auf einem Umhang oder auch auf einer Mütze, einer Jacke und der Hose aufgenäht. Auch Reste von Armbändern und Anhängern aus Elfenbein sowie Halsketten aus Perlmutt und Zähnen fand man in allen drei Gräbern. ◖ Irgendeine Art schützender Kleidung war zweifellos notwendig, damit die Menschen sich über das eiszeitliche Europa und nach Norden bis in die russischen Steppen verbreiten konnten. Ein in Buret (Sibirien) gefundenes Knochenfigürchen zeigt einen Menschen mit einem Parka-ähnlichen Gewand. Wahrscheinlich wurden ausschließlich Felle getragen, denn in dem Gebiet wurden viele Pelztiere gejagt, vor allem Wölfe und Füchse. ◖ Da es an den archäologischen Fundstellen so wenig Indizien für Bekleidung gibt, müssen wir den

Zeitrahmen dieses Buches verlassen und ans Ende der Jungsteinzeit springen, um eine Ahnung zu bekommen, was diese Menschen vielleicht getragen haben. Eine außergewöhnliche Entdeckung war 1991 der gefrorene Körper eines jungsteinzeitlichen Jägers, der sich in einem Gletscher der Tiroler Alpen erhalten hatte. Er lieferte wichtige Aufschlüsse über die Kleidung vor mehr als 5 000 Jahren. Sehr sorgfältig sammelten und rekonstruierten die Archäologen sieben Gewandstücke, die mit dem „Ötzi" und seinen wenigen Ausrüstungsgegenständen gefunden wurden. Von oben nach unten trug er einen spitzen Pelzhut mit ledernem Kinnriemen, ein ärmelloses langes Hemd aus Rehhäuten, einen Mantel aus geflochtenem Gras, der von den Schultern bis zu den Knien reichte, mit Fransen besetzt war und den Beinen Bewegungsfreiheit ließ, lockere Lederhosen, die am Gürtel mit Riemen befestigt und unten in die Schuhe gesteckt waren, ein ledernes Lendentuch, das eine Gürteltasche mit Werkzeug und Zunder schützte, die Tasche selbst, vermutlich aus Leder des heute ausgestorbenen Auerochsen, eines Vorfahren der Hausrinder, und Schuhe aus ovalen Lederstücken, die mit Riemen zusammengebunden, mit Graspolstern ausgestopft und mit einem Netz aus Grasschnüren befestigt waren.

43. Die Bestattung

Archäologische Indizien für absichtliche Bestattungen findet man erst recht spät. Aus der Zeit seit dem oberen Paläolithikum vor 40 000 Jahren hat man zahlreiche bestattete Menschen ausgegraben, oft zusammen mit Grabbeigaben und Schmuckstücken. Die Anhaltspunkte für absichtliche Bestattungen von Neandertalern im mittleren Paläolithikum sind weniger eindeutig, denn diesen Grabstätten fehlen Spuren von Zeremonien oder Ritualen. Bei dem noch älteren, reichhaltigen Fund von 300 000 Jahre alten Hominidenfossilien in Sima de los Huesos im spanischen Atapuerca-Gebirge (siehe Seite 204) dürfte es sich ebenfalls um bewußt in einem dunklen Höhlengang beseitigte Leichen handeln, aber Hinweise auf Einzelbestattungen gibt es dort nicht. ◖ Seit dem mittleren Paläolithikum, als die Menschen häufiger Höhlen und Felsüberhänge aufsuchten, konnten vollständige oder fast vollständige Skelette eher erhalten bleiben. Zum Nachweis einer absichtlichen Bestattung, braucht man also neben dem verbogenen Skelett weitere Indizien, beispielsweise ein ausgehobenes Grab oder Grabbeigaben. Leider gibt es aber zahlreiche Möglichkeiten, wie solche Anhaltspunkte zwischen Bestattung und Ausgrabung – oder auch danach – verlorengehen können. ◖ Neandertalerskelette, die vielleicht absichtlich bestattet wurden, fand man in Krapina, La-Chapelle-aux-Saints, La Ferrassie, La Quina, Le Moustier, Regourdou, Roc de Marsal und Spy in Europa sowie in Amud, Kebara, KiikKoba, Tabun, Teshik-Tash und Shanidar in Asien. Manche davon, nämlich die Funde von Krapina und einige aus Shanidar, sind wohl eher die Opfer eingestürzter Höhlendecken, und andere könnten durch natürliche Vorgänge begraben worden sein. Überzeugender sind die Indizien bei La Chapelle I, La Ferrassie 1 und 2 (die Kopf an Kopf lagen) und vier anderen Individuen, die dort in Gruben gefunden wurden, bei dem Kind von Roc de Marsal, dem Erwachsenen mit Kind in Amud und dem 1983 entdeckten Skelett von Kebara; diese und andere wurden von ihren Zeitgenossen tatsächlich richtiggehend bestattet. ◖ Ob die Bestattung religiöse oder spirituelle Überzeugungen der Neandertaler oder eine emotionale Bindung zu bestimmten Individuen widerspiegelt – oder ob sie einfach aus pragmatischen Gründen erfolgte, weil man den verwesenden Körper vor aasfressenden Tieren schützen und aus dem Lager entfernen mußte – läßt sich nicht feststellen. Häufig wird die Neandertaler-Grabstätte Shanidar 4 genannt, auch als „alter Mann" aus der Shanidar-Höhle im Irak bekannt. Bodenproben aus dem Grab enthielten in hoher Konzentration Pollen verschiedener bunter Wildpflanzen, manche davon mit medizinischer Wirkung. Daraus entwickelte sich die Vorstellung, der blinde, verkrüppelte Mann sei offensichtlich eine zeitlang gepflegt worden, und dann hätten seine Betreuer Blumen auf das Grab gestreut. Da die sechziger Jahre noch gut in Erinnerung waren, bezeichnete man die Shanidar-Neandertaler auch als die ersten „Blumenkinder". Man kann aber nicht ausschließen, daß der Wind den Pollen über die Leiche geweht hat oder daß er von zwei Irakern der Ausgrabungsmannschaft stammte, die Blumen an ihre Schärpen gesteckt hatten. ◖ Mit Ausnahme von Shanidar 4 fehlt den Grabstätten aus dem mittleren Paläolithikum ein besonderer Charakter, und die Grabbeigaben – ausnahmslos Steinwerkzeuge und Tierknochen, aber keinerlei Kunst- und Schmuckgegenstände – könnten schon in der Erde enthalten gewesen sein, mit der man die Leichen bedeckte. Bein- und Fußknochen eines Rindes, die man in La-Chapelle-aux-Saints bei der Leiche fand, interpretierte man zum Beispiel als Fleisch, das dem Verstorbenen als Wegzehrung mitgegeben wurde, und zahlreiche Werkzeuge galten als Indiz, daß die Neandertaler an dieser Stelle immer wieder Begräbnisfeiern abhielten. Aber beide Vermutungen sind reine Spekulation. ◖ Die Jetztmenschen im oberen Paläolithikum dagegen legten offenbar viel öfter Gräber an: Man kennt in Eurasien fast 100 Stellen im Gegensatz zu drei Dutzend von Neandertalern des mittleren Paläolithikums. Die Grabstätten des oberen Paläolithikums finden sich in Höhlen und im Freien, und oft enthalten sie zahlreiche Grabbeigaben: Stein- und Knochenwerkzeuge, Muschelschalen, Elfenbeinperlen und -anhänger, Tierknochen und roten Ocker. Die Körper sind meist nicht zusammengekauert wie bei den Neandertalern, sondern gestreckt, wobei man häufig mehrere nebeneinander findet, wie zum Beispiel in dem Doppelgrab Qafzeh IX eines Säuglings und einer erwachsenen Frau (siehe Seite 239) oder in dem rätselhaften Dreiergrab von Dolni Vestonice, vermutlich mit einer Frau und zwei jungen Männern, von denen einer mit einem durch die Hüfte getriebenen Holzpflock angetroffen wurde. ◖ Ein gutes Beispiel für die hochentwickelten Bestattungsvorgänge im oberen Paläolithikum ist das 20 000 Jahre alte Grab eines Mannes, des „jungen Prinzen", aus Arene Candide in Italien. Die Leiche wurde mit rotem Ocker bestäubt und mit Anhängern aus Mammutelfenbein geschmückt, und außerdem mit vier *bâtons de commandement*, Muschelschalen, die wohl ein Armband bildeten. In eine Hand steckte man ihm ein 23 Zentimeter langes Messer aus Flintstein. Roter Ocker kommt in Gräbern aus dem oberen Paläolithikum häufig vor, aber was er symbolisch bedeutete, kann man nur raten. Er war auch weltweit verbreitet: Der Körper eines Mannes (siehe Seite 51), der vor 30 000 Jahren am Mungo-See in Australien bestattet wurde, war ebenfalls mit Ocker bestreut.

44. Kunst

Wenn Kunst der Versuch ist, die Natur nachzuahmen, waren unsere Vorfahren im oberen Paläolithikum meisterhafte Künstler. Wer Höhlen wie Lascaux in Südfrankreich oder Altamira in Nordspanien besucht, ist unweigerlich beeindruckt von den Pferden, Büffeln, Rehen und anderen prähistorischen Tieren, die auf die Höhlenwände gemalt sind. Über die Zeitalter hinweg verbinden uns diese verblüffend impressionistischen Darstellungen mit den Künstlern, die ihre Welt vor fast 20 000 Jahren auf den Wänden ihrer Behausungen festhielten. ◖ Als Wissenschaftler 1880 erstmals auf die Höhle von Altamira aufmerksam wurden, war die erste Reaktion: Solche raffinierten, vollendet ausgeführten Malereien können unmöglich von prähistoriscchen Menschen stammen. Aber die Entdeckung weiterer ausgemalter Höhlen in Frankreich bestätigte, daß die Kunst des oberen Paläolithikums echt war. Heute kennt man in Südwesteuropa mehr als 300 Höhlen aus dieser Zeit, die uns Einblicke in das ästhetische Empfinden unserer Ahnen erlauben. Auch heute noch werden ausgemalte Höhlen entdeckt, so im Dezember 1994 die Höhle von Chauvet in der Ardeche-Schlucht, die 30 000 Jahre alt ist. Noch bemerkenswerter ist die Höhle

Abguß einer Grabstätte des *Homo sapiens* in Arene Candide, Italien. Im Gegensatz zu den Grabstätten der Neandertaler enthalten Gräber aus dem oberen Paläolithikum häufig Artefakte, Schmuckstücke und verstreuten roten Ocker. In dieser Rekonstruktion einer 20 000 Jahre alten Grabstätte erkennt man Anhänger aus Mammutelfenbein und eine Schneide aus Flintstein, die man einem männlichen Jugendlichen mitgegeben hatte. *Mit freundlicher Genehmigung von Giacomo Giscobini, Università di Torino.*

von Cosquer bei Marseille. Als vor 12 000 Jahren die Gletscher schmolzen, wurde sie durch den steigenden Meeresspiegel unzugänglich, und erst 1991 entdeckte sie ein Taucher am Ende eines 150 Meter langen, unter Wasser gelegenen Durchganges wieder. ◖ Im oberen Paläolithikum, also vor 40 000 bis 10 000 Jahren, nahm die kulturelle Tätigkeit der Menschen explosionsartig zu. Unsere Vorfahren gelangten zu einer gewissen Beherrschung der Natur und damit vielleicht auch zu dem Selbstvertrauen, sich über die Natur zu freuen. An die Stelle des früheren, ausschließlich auf die Selbsterhaltung gerichteten Lebens trat eine Existenz mit einem komplexen System aus Bilderkunst, Neuerungen, Zeremonien und Ritualen. Die Menschen befaßten sich mit nicht greifbaren Ängsten und Rätseln, während vielleicht gleichzeitig auch die Wahrnehmung der eigenen Geisteskräfte und des Bewußtseins zunahm. Als dann die Menschen des oberen Paläolithikums sich über die Welt verbreiteten, erfanden sie die Kunst. Manche Kunstwerke in Australien sind wohl bis zu 40 000 Jahre alt, und da sie noch heute zur Lebenswelt der Aborigines gehören, dürfte es sich hier um die älteste ununterbrochene künstlerische Tradition der Welt handeln. In Afrika reicht die Kunst 30 000 Jahre zurück, aber nur wenig davon hat überlebt, weil viele bemalte Stellen den Elementen ausgesetzt waren. ◖ Was die Kunst zu jener Zeit im einzelnen bedeutete, werden wir wohl nie erfahren, da sie jedoch so hoch entwickelt war und in Asien, Afrika, Australien und Europa so weite Verbreitung fand, muß künstlerische Tätigkeit im oberen Paläolithikum sehr wichtig gewesen sein. Wahrscheinlich waren professionelle Künstler am Werk, und das läßt auf eine Gesellschaft im wirtschaftlichen Überfluß schließen, in der bestimmte Personen von der reinen Sorge für den Lebensunterhalt befreit wurden. Die Bilder selbst waren in den kulturellen Gesamtzusammenhang der Gruppe eingebettet und spiegeln die Interessen aller wider. ◖ Eine der bekanntesten und bestuntersuchten Beispiele für Höhlenkunst sind die Malereien von Lascaux. Betritt man dort den Saal der Stiere, drängt sich sofort der Eindruck sorgfältiger Planung auf, in der sich vielleicht wenigstens teilweise die Absichten eines einzigen Künstlers widerspiegeln. In der Höhle fand man Öllampen, die beim Malen als Beleuchtung dienten, und auf dem Höhlenboden lag ein Stück Holzkohle, das auf 17 000 Jahre datiert wurde. Löcher in den Höhlenwänden waren wohl eine Art Verankerung eines Gerüsts für die Künstler und ihre Assistenten. Etwa 17 000 Jahre bevor Michelangelo die Sixtinische Kapelle ausmalte, vollendete hier ein steinzeitlicher Künstler sechs Meter über dem Boden seine Malereien. ◖ Die Parade der Pferde und Stiere in Lascaux scheint in Bewegung zu sein, insbesondere wenn man sie im flackernden Licht einer Öllampe betrachtet. Angeführt wird das Ganze anscheinend von einem Fabeltier mit zwei gerade nach vorn ragenden Hörnern, in dem manche Fachleute einen in Tierfelle gekleideten Schamanen sehen. Höhlen haben ihre eigene Aura des Geheimnisvollen, und Lascaux wurde vielleicht ausgewählt, weil sie einen einmaligen Charakter hatte oder für die Gruppe von besonderer Bedeutung war. ◖ Die Malereien von Lascaux zeigen viele naturalistische Einzelheiten und wurden mit unterschiedlichen Techniken und Farbstoffen hergestellt. Der braune und rote Ocker, der an den Wänden in mehreren Tönungen vorkommt, stammt wohl aus dem Sediment am Höhlenboden. Als schwarze Farbe dienten Mangan und Holzkohle. Das Zeichnen auf den unebenen, calcitbedeckten Wänden erforderte besondere Geschicklichkeit – Fehler waren nicht zu verbergen. Die Umrisse der größten Tiere wurden mit sicherer Hand auf ausreichend großen Flächen vorgezeichnet. Linien wurden mit einem Ockerstift gezogen, und Punkte erzeugte man mit einem Pigmentstöckchen, das man an die Wand stieß. ◖ Wo die Farben weich und verschwommen erscheinen, hat der Künstler wahrscheinlich darauf geblasen, vielleicht durch einen hohlen Vogelknochen; oder der Farbstoff wurde gekaut und dann an die Wand gespuckt. Die Technik, Farben an die Wand zu blasen oder zu spucken, dürfte für den Künstler eine besondere Bedeutung gehabt haben. Atem heißt Leben, und nach der Vermutung des französischen Prähistorikers Michel Lorblanchet hauchte der Künstler durch das Blasen seinem Bild „Leben" ein. Demnach hätte der Künstler sich gewissermaßen in das gemalte Tier verwandelt. ◖ Menschen wurden in den Höhlen nur selten dargestellt, aber in einer Fülle von Tierbildern scheinen sich Magie und Realität zu vermischen. Manche Tiere auf den Bildern, zum Beispiel Pferde und Büffel, sehen wie aufgespießt aus. Waren solche Darstellungen ein Versuch, wohlgesonnene magische Kräfte herbeizurufen, die dem Jäger den Sieg über die Beute und den Jagderfolg schenken sollten? In anderen Malereien betonen natürliche Vorsprünge der Höhlenwand den Bauch eines Tieres, so daß es wie trächtig aussieht. Vielleicht entstanden solche realistischen Darstellungen in der Hoffnung auf stets reichliche Jagdbeute. Sollten sie in der Abgeschiedenheit der Höhlen ein Symbol dafür sein, daß die Erde der Urquell allen Lebens ist? ◖ In der französischen Höhle Les Trois Frères gibt es ein Phatasiewesen, das „der Zauberer" genannt wird. Es trägt einen Helm mit Geweih und hat Eulenaugen, den Schwanz eines Pferdes, Wolfsohren, Bärenpranken sowie Füße und Penis eines Menschen. Diese Vermischung natürlicher Formen vermittelt den Eindruck eines Ortes der Initiation, wo Menschen unter dem Zauber eines Schamanen bestimmte Durchgangsriten erlebten. Entstanden manche Symbole und Bilder durch Halluzinationen, wenn die Schamanen in Trance verfielen? ◖ Die Höhlenmalereien wurden zweifellos für die gesamte Gruppe geschaffen, haben aber auch etwas Heimliches oder Rituelles. Einerseits öffentlich, waren sie andererseits auch vor allzuviel Öffentlichkeit versteckt. Heute ist öffentliche Kunst in Form von Denkmälern oder allgemein bekannten Werken sehr verbreitet, und oft erinnert sie die Menschen an ihre Heimat oder eine gemeinsame Geschichte. Aus dem oberen Paläolithikum kennt man solche öffentlichen Kunstwerke kaum, doch eines im französischen Cap Blanc ist sehr eindrucksvoll. Ein Fries mit Pferden, das unter einem Felsüberhang in weichen Kalkstein gehauen wurde, ist von dem darunterliegenden Tal aus zu sehen. Über seine Funktion kann man nur spekulieren – vielleicht sollte es wandernden Jägern und Sammlern zeigen, daß das Gebiet einer bestimmten Gruppe gehörte. Solche Kunstwerke richteten sich an alle, auch wenn sie nicht zur Gruppe des Künstlers gehörten, und dienten eindeutig einem anderen Zweck als die private, rituelle Kunst. ◖ Wenn es individuelle Kunstwerke gab, waren sie beweglich. Man kennt sie in den verschiedensten Formen: menschliche Köpfe in Stein, Knochen, Geweih und Elfenbein geschnitzt; sogenannte „Venusfiguren", Darstellungen des ganzen weiblichen Körpers mit besonderer Betonung von Brust und Vulva, die als Fruchtbarkeitsfetische dienten; geschnitzte Tierköpfe und ganze Tiere; durchlöcherte Tierknochen, Muschelschalen und Zähne, die zu Halsketten zusammengefügt wurden; ein raffiniert verzierter Speerwerfer oder bearbeitete *bâton de commandement*, und so weiter. Diese beweglichen Kunstwerke gehörten wahrscheinlich einer bestimmten Person und wurden das ganze Leben lang getragen. Vielleicht deutete ein solcher Gegenstand an, daß jemand zu dieser oder jener Sippe gehörte, oder er diente wie die heutigen Eheringe als Symbol der Verbindung zwischen zwei Menschen. Denkbar ist auch, daß der Besitzer diese Gegenstände als Talisman betrachtete und ihnen übernatürliche Kräfte zuschrieb. ◖ Einige besonders interessante tragbare Kunstwerke sind offenbar Aufzeichnungen über historische Ereignisse. Unter anderem hielt man so wahrscheinlich die wechselnden Jahreszeiten fest, denn ein Knochenmesser aus La Vache zeigt auf einer Seite das Gesicht einer Hirschkuh, Wasser und Blütenpflanzen – vermutlich ein Dokument des Frühlings. Auf der anderen Seite deuten ein Büffel in der Herbstbrunst, welkende Blumen und Nüsse den Herbst an. Weniger eindeutig ist eine geschnitzte Knochenplakette aus Blanchard. Sie trägt 29 schlangenförmig angeordnete Markierungen und wurde als Darstellung der Mondphasen vor 30 000 Jahren interpretiert. ◖ Am Ende des oberen Paläolithikums wurde die Kunst in Europa mehr zur Improvisation. Ihre erste große Blütezeit erlebte die prähistorische Kunst auf dem Höhepunkt der letzten Eiszeit. Als die Eiskappen schmolzen, verschwanden in Europa die offenen Steppen und Savannen, Wälder beherrschten die Landschaft, und die Lebensweise des oberen Paläolithikums machte der Landwirtschaft Platz.

Geschnitzter Bärenkopf aus Isturitz, Frankreich. Die Bewohner dieser Fundstelle ordneten die Knochen von Höhlenbären gezielt an und schufen dieses realistische Abbild eines Tiers, das sicher Ehrfurcht und Angst hervorrief. Originalgröße. *Photo von David Brill; mit freundlicher Genehmigung des Musée des Antiquités Nationale.*

Bisonfigürchen aus La Madeleine, Frankreich. Dieser Kopf einer Speerschleuder, die Darstellung eines Bisons, der seine Flanke leckt, ist ein klassisches Beispiel für die beweglichen Kunstwerke von der namensgebenden Fundstelle des Magdalénien. Originalgröße. *Photo von David Brill; mit freundlicher Genehmigung des Musée des Antiquités Nationale.*

Felskunst im Südosten Algeriens *(links).* Dieses Bild eines Giraffenjägers schufen Menschen vom Volk der Tuareg vor etwa 3 000 Jahren. *Photo von David Coulson.*
Höhlenmalerei aus Lascaux, Frankreich *(oben).* Vor 17 000 Jahren schuf ein Künstler in der Rotonde von Lascaux dieses Bild: die Begegnung zweier Auerochsen, einer ausgestorbenen Rinderart, die jeweils mit einem Symbol versehen sind. Zwischen ihren Hörnern erkennt man ein kleines Pferd, und unten befinden sich drei Hirsche. *Mit freundlicher Genehmigung von Norbert Aujoulat, Centre Nationale de Préhistoire, Ministère de la Culture.*

45. Der Ursprung der Sprache

Sprache ist etwas typisch Menschliches, und wir alle sind tagtäglich auf sie angewiesen. Sie informiert uns, bereichert unsere Wahrnehmung und ist die Grundlage unseres gesamten Verhaltens. Man stelle sich einmal eine menschliche Kultur ohne Sprache vor – ohne Bücher, Theater, Oper, Lyrik, Zeitungen, Fernsehen, Internet, beiläufige Unterhaltungen und formale Debatten. Natürlich hat man viel Mühe darauf verwendet, diesen zentralen Bestandteil unseres Daseins zu seinen Ursprüngen zurückzuverfolgen. ◖ Nach Ansicht mancher Paläoanthropologen ist die Sprache bei den Jetztmenschen vor etwa 50 000 Jahren fast über Nacht entstanden, nachdem eine genetische Mutation die entsprechende „Verdrahtung" im Gehirn geschaffen hatte und die kulturelle Blüte ermöglichte, die man in archäologischen Funden aus dem oberen Paläolithikum beobachtet. Meist gilt die Sprache aber als ältere Errungenschaft, die sich über Jahrmillionen hinweg und zumindest seit den Anfängen der Gattung *Homo* entwickelt haben muß. Wie können wir zwischen diesen gegensätzlichen Hypothesen entscheiden? ◖ Zu diesem Zweck hat man Fossilfunde angeführt, insbesondere Abdrücke der Schädelinnenseite, an denen die Furchen des Hominidengehirns zu erkennen sind. Da jedoch zwischen der Oberflächenstruktur und den inneren Funktionen des Gehirns nicht unbedingt ein enger Zusammenhang besteht, lassen sich solche Rückschlüsse nur schwer ableiten. Die Fachleute achten auf Asymmetrien der Gehirnhälften sowie auf Broca-Zentrum, Wernicke-Zentrum und andere Gehirnbereiche, die bei Jetztmenschen mit der Sprache zu tun haben. Bestimmte Gehirnwindungen in diesen Bereichen galten, wenn sie bei den Abdrücken vorhanden waren, als Hinweis auf die Sprachfähigkeit früher Hominiden wie *Homo habilis* und sogar *Australopithecus africanus*. ◖ Lage und Ausbildung dieser Strukturen wurden allerdings unterschiedlich interpretiert, und entsprechend unterschiedlich waren die Aussagen über die Sprachfähigkeit. Insbesondere das Wernicke-Zentrum ist in Abdrücken der Schädelinnenseite nur schwer zu identifizieren. Desweiteren gilt das Broca-Zentrum zwar üblicherweise als motorisches Sprachzentrum, aber neueren Befunden zufolge verteilt sich die Sprachsteuerung über mehrere Gehirnbereiche, wobei das Broca-Zentrum eher allgemeine motorische Aufgaben erfüllt. ◖ Auch unser Erbe als Primaten wurde als Beleg für eine frühe Sprachentstehung angeführt. Hominiden waren soziale Primaten und lebten in großen Gruppen, die zusammengehalten werden mußten, und vielleicht war die Sprache das Mittel dazu. Die Sprache oder zumindest eine weiterentwickelte akustische Kommunikation konnte diese Bindungsfunktion viel wirksamer erfüllen als das Kraulen, und ermöglichte gleichzeitig den Austausch nützlicher Informationen. Hingegen leben auch andere Primaten in großen Gruppen und verständigen sich akustisch, doch besitzen sie keine Entsprechung zur menschlichen Sprache. Dennoch weist das Ausmaß der Kommunikation bei Tieren darauf hin, daß die Sprache im Umfeld der sozialen Gruppe entstanden sein muß. ◖ Die Sprachentwicklung ist wahrscheinlich eng mit der Evolution des Gehirns gekoppelt, und da unser Gehirn seit zwei Millionen Jahren wächst und sich umgestaltet, ist es sehr unwahrscheinlich, daß Sprache plötzlich durch eine grundlegend neue Mutation entstand. Das Gehirn könnte schon eine Sprachfähigkeit besessen haben, bevor gesprochene Sprachen auftauchten. Da es beim frühen *Homo* immer größer wurde, war es sicher zu komplizierter Kognition und Koordination in der Lage, und bediente sich dabei ähnlicher Fähigkeiten wie für die Sprache. Vielleicht entwickelte die Sprache sich parallel zur Gehirnvergrößerung oder war sogar nicht die Folge, sondern die Ursache des Gehirnwachstums im Pleistozän. ◖ Gegen die frühe Sprachentwicklung sprechen jedoch die archäologischen Befunde. Zwar tauchen die ersten Werkzeuge ungefähr zu der Zeit auf, in der manche Paläoanthropologen auch die Sprachentstehung vermuten, aber in der Technik des frühen *Homo*, im Oldowan und insbesondere im Acheuléen, weist nichts auf eine Weitergabe von Ideen hin, die über Standardmethoden der Steinbearbeitung hinausgingen. Und noch wichtiger: Wenn die Sprache, die Symbole zur Kommunikation benutzt und der Realität symbolische Bedeutungen zuordnet, sich früh entwickelt hat, warum findet man dann archäologische Hinweise auf solche Symbole erst in sehr später Zeit, nämlich vor 40 000 bis 50 000 Jahren? ◖ Die Werkzeuge dieser späteren Periode sind in Form, Funktion und Material sehr vielgestaltig; auch Regionalstile und andere Eigenschaften lassen darauf schließen, daß Sprache für die Entwicklung und Verbreitung neuer Formen von Bedeutung war. Zur gleichen Zeit taucht auch Kunst in Form von Malereien, Gravierungen und Schnitzerei auf. Von ihrem Wesen her ist Kunst natürlich symbolisch. Möglich wurde sie vielleicht erst durch eine voll ausgeprägte phonetische Sprache im heutigen Sinn mit Syntax und Symbolen. ◖ Heißt das, daß von allen Hominiden nur die Jetztmenschen über Sprachfähigkeit verfügten? Zumindest unsere engen Verwandten, die Neandertaler, hatten wohl ebenfalls eine Sprache. Die Untersuchung ihrer Schädelbasis führte zunächst zu der Hypothese, daß der Kehlkopf (Larynx) der Neandertaler zum Sprechen zu wenig entwickelt war: Bei Jetztmenschen sitzt er tief unten im Hals und ermöglicht ein breites Spektrum von Lauten, aber als einzige Säugetiere können wir deshalb nicht gleichzeitig trinken und atmen, ohne uns zu verschlucken. Aus der Wölbung des Schädels schloß man, der Kehlkopf habe bei den Neandertalern höher gelegen, und der gesamte Stimmapparat sei affenähnlicher gewesen, so daß sie nicht das ganze menschliche Lautspektrum hervorbringen konnten. ◖ Aber dann fand man in der Grabstätte Kebara 2 in Israel ein überzeugendes Indiz für die Sprachfähigkeit der Neandertaler. Neben dem Unterkiefer des Skeletts entdeckte man auch das fast vollständige Zungenbein – das einzige aus dem mittleren Paläolithikum bis zu den Skelettfunden von Atapuerca in Spanien. Es ist als einziger Knochen des Menschen nicht mit anderen Knochen verbunden, sondern nur mit dem weichen Gewebe des Kehlkopfes, und dient als Verankerung wichtiger Sprechmuskeln. Das Zungenbein von Kebara hat eine praktisch moderne Anatomie und unterscheidet sich stark von dem der Schimpansen, das heißt, dieser Neandertaler hatte wohl einen modernen Kehlkopf und konnte die ganze Palette der heutigen Sprachlaute hervorbringen. ◖ Wichtig ist neben dem Zeitpunkt der Sprachentstehung die noch schwierigere und gleichzeitig sehr bedeutende Frage, warum die Sprache sich überhaupt entwickelte. Manchen Hypothesen zufolge war sie kein Hauptziel der natürlichen Selektion, sondern eher ein Nebenprodukt. Wie der Linguist Steven Pinker jedoch gezeigt hat, weist in der Sprache selbst vieles darauf hin, daß sie eine spezifische Anpassung darstellt. Gesprochene oder geschriebene Sprache existiert heute in allen Kulturkreisen, und genauso war es – soweit man weiß – auch in der Vergangenheit. In allen Sprachen gibt es komplizierte Grammatikregeln, und auch manche nicht funktionsbezogenen Regeln sind allen Sprachen gleichermaßen eigen. Demnach ist vermutlich nicht die Kultur, sondern die Natur in Form des menschlichen Gehirns die gemeinsame Triebkraft. Alle Kulturkreise und alle Individuen in einem Kulturkreis besitzen offenbar das gleiche Potential, Sprache zu erlernen. Und was am interessantesten ist: In allen Kulturkreisen beginnen die Kinder mit zwei bis drei Jahren, sich von selbst die Sprache anzueignen – ganz ohne Unterricht, allein durch die Erlebnisse und Wahrnehmungen aus ihrer Umgebung. ◖ Wie jede gute Anpassung steigert die Sprache unseren Fortpflanzungserfolg; sie ist ein wesentlicher Bestandteil unserer Strategie der Partnersuche. Wir können mit ihrer Hilfe lebensrettende Informationen über das physikalische und gesellschaftliche Umfeld austauschen. Sprache ist anatomisch komplex, und man kann in ihr ein ebenso kompliziertes Organ wie das Wirbeltierauge sehen, das ebenfalls einer bestimmten Funktion dient. Das Kriterium der komplexen Gestaltung, dem zufolge ein Organ das Produkt der natürlichen Selektion ist, trifft auf die Sprache also zu. Außerdem funktioniert sie offenbar unabhängig von den Systemen, die hinter anderen Kognitionsvorgängen stehen; sie kann zum Beispiel auch ohne Intelligenz vorhanden sein, und umgekehrt. Deshalb hat sich die Sprache höchstwahrscheinlich nicht durch Zufall – zufällige Gendrift oder andere Vorgänge – entwickelt, sondern durch gerichtete natürliche Selektion. Sie wurde in unserer biologischen Ausstattung zum besten Mittel, um Gedanken auszutauschen.

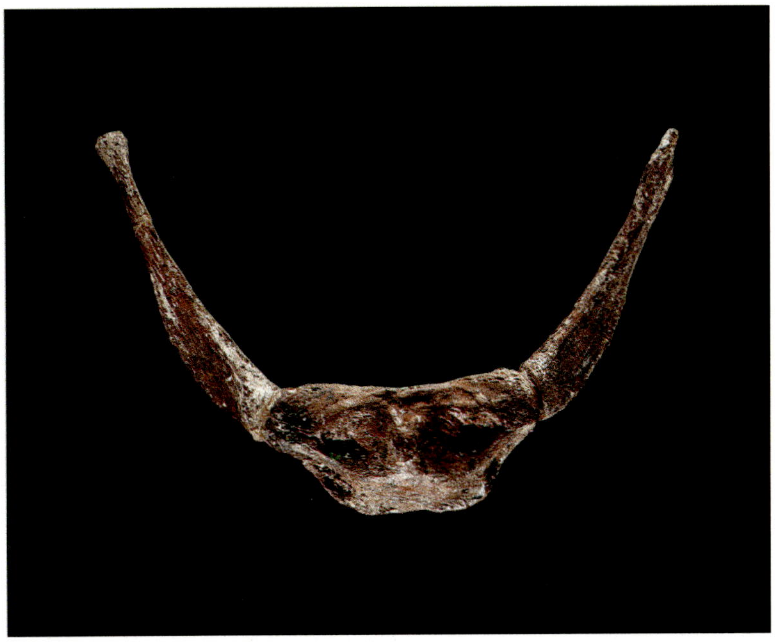

Zungenbein eines *Homo neanderthalensis* aus Kebara, Israel. Dieser Knochen aus dem Rachen, der nur selten erhalten ist, ähnelt stark dem Zungenbein eines Jetztmenschen; demnach besaßen wahrscheinlich auch die Neandertaler die Fähigkeit zu Sprechen. Originalgröße. *Photo von David Brill; mit freundlicher Genehmigung der Sackler School of Medicine, Universität Tel Aviv.*

46. Das Problem des Bewußtseins

Jetzt haben wir die Evolution vieler Körperteile von den Füßen bis zum Gehirn betrachtet. Aber wie steht es mit dem Bewußtsein, jenem scheinbar körperlosen Gebilde? Wo hört das Gehirn auf, und wo fängt das Bewußtsein an, oder sind beide das gleiche? Ist das Bewußtsein – und nicht aufrechter Gang, Sprache oder hochentwickelte Kultur – das eigentlich Besondere am Menschen? ◖ Was ist Bewußtsein überhaupt? Für diesen schwer faßbaren Begriff reicht eine einzige Definition nicht aus. Als Ichwahrnehmung und Selbstreflexion kann man es beschreiben, als die Fähigkeit, Schmerz und Freude zu empfinden, das Empfinden, lebendig und man selbst zu sein, die Summe von allem, was uns durch den Kopf geht. ◖ Bewußtsein besteht also im subjektiven Erfahren des eigenen Lebens und ist deshalb etwas anderes als die logische Kognition der Computer. Seit Mitte des 20. Jahrhunderts, als der Mathematiker Alan Turing die Frage stellte, ob Maschinen denken können, entwickeln Fachleute für Künstliche Intelligenz immer neue Apparate, um eine Antwort zu finden. Jedoch bestehen beträchtliche Zweifel, ob Maschinen jemals subjektive Gefühle erleben werden wie der Supercomputer HAL in Stanley Kubricks Filmepos *2001 – Odyssee im Weltraum.* Oder, wie Robert Wright kürzlich in der Zeitschrift *Time* im Zusammenhang mit „Deep Blue", dem Schachcomputer, der den Weltmeister Garri Kasparow herausforderte (und verlor), fragte: „Kann Deep Blue sich blau ärgern?" ◖ Zur Lösung des Bewußtseinsproblems kann die Paläoanthropologie wohl nur wenig beitragen. Gefühle versteinern nicht. Aber Antworten auf die genannten Fragen haben Fachleute der verschiedensten Disziplinen zu geben versucht – Philosophen, Neurologen, Immunologen, Molekularbiologen, Physiker, um nur einige zu nennen –, und die Anregungen bezogen sie meist aus ihrer eigenen Disziplin. Zwei neuere Hypothesen über das Bewußtsein gewichten Fühlen und Denken unterschiedlich. Nicholas Humphrey vertritt in *Naturgeschichte des Ich* die Ansicht, Bewußtsein sei nicht mehr und nicht weniger als unmittelbare Sinneserfahrung; Sinnesreize definieren, wer wir sind, wie wir fühlen, was wir wissen. Der Philosoph Daniel Dennett dagegen argumentiert in *Philosophie des menschlichen Bewußtseins,* man könne das Bewußtsein durch den Vergleich mit einem Computer verstehen. Der Geist ist demnach Software für die Hardware des Gehirns; dieses Programm schreibt unsere Erfahrungen nieder, die aus den vielen ins Gehirn strömenden Informationen zusammengestellt und ausgewertet werden. Nach dieser Vorstellung ist der Augenblick der Empfindung unbedeutend im Vergleich zu der nachfolgenden geistigen Reflexion und Verarbeitung, aus der dann der Sinn erwächst. Bewußtsein – der Geist – ist schlicht ein Produkt des Gehirns. ◖ Eine weitere Hypothese, neuraler Darwinismus genannt, vertrat der Immunologe Gerald Edelman als Reaktion auf die Vorstellung vom Gehirn als Computer. Edelman vergleicht das Gehirn mit dem Immunsystem und meint, wechselnde Bündnisse von Neuronen machten sich nach Art der natürlichen Selektion gegenseitig Konkurrenz, so daß das Gehirn durch ausgewählte äußere Reize stimuliert wird. Eine vierte Hypothese von dem Physiker Roger Penrose läßt die Metapher des Computers zugunsten der Quantenmechanik fallen und postuliert Wechselwirkungen subatomarer Teilchen, die im Gehirn das Ichgefühl erzeugen. ◖ Zugegeben: Wir haben beide nicht alle Stärken und Schwächen dieser Theorien genau untersucht, aber besonders befriedigend erscheint uns keine davon. Da das Bewußtsein von seinem Wesen her einzigartig und subjektiv ist, läßt es sich nur schwer wissenschaftlich analysieren. Mindestens ein Philosoph meint denn auch, unser Gehirn sei als Produkt der Evolution kognitiv zu beschränkt, als daß es den Begriff des Bewußtseins verstehen könne. Anders als bei greifbaren Eigenschaften wie aufrechtem Gang oder Sprache ist beim Bewußtsein nicht klar, ob es eine Anpassung ist und unsere Lebenstüchtigkeit steigert. Wenn es nur die Summe der Empfindungen darstellt, ist das vielleicht nicht der Fall; was früher vielleicht ein entscheidender Teil der Überlebensfähigkeit war, trägt heute zur Bereicherung unseres Lebens bei. Erst wenn die Kluft zwischen körperlichen und subjektiven Bereichen des Themas geschlossen ist, können wir hoffen, das Bewußtsein zu begreifen. Bis dahin bleibt es, so die Zeitschrift *Scientific American*, „das größte Rätsel der Biologie".

47. Werden die Menschen aussterben?

Aussterben. Ein gewichtiges Wort mit einem Unterton des Endgültigen, Unausweichlichen. Aussterben ist ein ebenso natürlicher Vorgang wie Artbildung und Evolution. Nicht nur das Leben jedes Individuums, sondern auch das jeder Spezies geht irgendwann zu Ende – das ist an den Fossilien leicht zu erkennen. Über Mechanismen, Ursachen und größere Folgen des Aussterbens wissen wir relativ wenig, aber es hat die Evolution maßgeblich beeinflußt. ◖ Praktisch alle Arten, die es einmal gab, sind ausgestorben. Etwa 250 000 solche Ereignisse sind gut durch Fossilien belegt. Außerdem zeigen die Fossilfunde mehrere Phasen des Massenaussterbens, die sich während der letzten 250 Millionen Jahre etwa alle 26 Millionen Jahre wiederholten. Deshalb vermutet man als Ursache kosmische Katastrophen – beispielsweise Einschläge regelmäßig wiederkehrender Asteroiden. Auch große Vulkanausbrüche und Lavaströme dürften verantwortlich gewesen sein, insbesondere für das Aussterben im Perm vor etwa 250 Millionen Jahren, bei dem 75 bis 95 Prozent aller Lebensformen auf der Erde verschwanden. ◖ Dieses Ereignis war das bei weitem größte von fünf Massensterben, die ihre fossilen Spuren hinterließen; das letzte fegte vor 65 Millionen Jahren zwischen Kreide und Tertiär die großen Dinosaurier hinweg und eröffnete hiermit der Formenvielfalt der Säugetiere, einschließlich der Primaten, neue Möglichkeiten. Drei weitere Ereignisse des Massenaussterbens gab es, nebenbei bemerkt, im Ordovizium, Devon und Trias vor 440, 365 und 210 Millionen Jahren. Unabhängig von der Ursache waren diese Ereignisse eine Katastrophe für alle Arten, die sich nicht anpassen und überleben konnten. ◖ Betrachtet man also nur die frühere Entwicklung, müssen auch wir zwangsläufig aussterben. Wir sind die einzigen Überlebenden einer kleinen, relativ ungewöhnlichen Familie der Primaten, einer seltsamen Gruppe von Säugetieren. In der Natur haben wir eine beispiellos beherrschende Stellung erreicht, weil wir Ressourcen nutzen und die Umwelt verändern können – oftmals mit schädlichen Folgen. Nach Ansicht von Biologen wie E. O. Wilson sorgen wir durch die Störung und Vernichtung natürlicher Lebensräume für ein

Schädel eines *Australopithecus robustus* aus Swartkrans, Südafrika. Diese Speziës, hier repräsentiert durch den Fund SK 48, tauchte vor etwa 1,9 Millionen Jahren auf und starb vor 1,6 bis 1,0 Millionen Jahren wieder aus. Originalgröße. *Photo von David Brill; mit freundlicher Genehmigung des Transvaal Museums.*

Schädel eines *Homo neanderthalensis* aus Saint-Césaire, Frankreich. Typische Neandertaler tauchten erstmals vor etwa 200 000 Jahren auf und starben vor 30 000 Jahren aus. Dieser 36 000 Jahre alte Fund gehört zu einem der letzten Überlebenden dieser Spezies. Originalgröße. *Photo von David Brill; mit freundlicher Genehmigung der Université de Bordeaux I.*

sechstes Massenaussterben, das die biologische Vielfalt der Erde bedroht. Zwar gibt es Grund zu der Annahme, daß wir uns recht lange halten können (*Australopithecus afarensis* blieb etwa eine Million Jahre lang erhalten), aber nach unserem Verhalten zu urteilen, wird auch unser Ende kommen. In der Evolution gibt es keine Garantien. ◖ Das Aussterben wurde in der Hominidenevolution immer häufiger. *A. afarensis* taucht nach heutiger Kenntnis letztmals in drei Millionen Jahre alten Sedimenten bei Hadar in Äthiopien auf, und später lebte keine Hominidenart mehr so lange - ausgenommen vielleicht *Homo erectus*, wenn man ihm auch einige sonst *Homo ergaster* zugeschriebene Fossilien zuordnet. Vor zwei bis drei Millionen Jahren, nach dem Aussterben von *afarensis*, entwickelten sich die Hominiden auseinander, bis am Ende dieser Phase fünf Arten nebeneinander existierten. Vor weniger als zwei Millionen Jahren wechselte die Entwicklung jedoch von der Artbildung zum Aussterben. *Homo habilis* und *Homo rudolfensis* entstanden und vergingen vor mehr als 1,5 Millionen Jahren. Vor 1,5 bis einer Million Jahren starben *Australopithecus boisei* und *A. robustus* aus. Und während der letzten Million Jahre verschwanden *Homo erectus, H. heidelbergensis* und *H. neanderthalensis*. ◖ Unsere eigenen Aussichten auf entwicklungsgeschichtlichen Wandel sind stark vermindert oder gar nicht mehr vorhanden. Die Bevölkerungsgruppen sind nicht mehr isoliert, sondern wir bilden im wesentlichen einen weltweiten Genpool. Durch natürliche Selektion werden wir uns wohl kaum noch morphologisch verändern, weil wir auch unter dem positiven Einfluß der kulturellen Evolution stehen. Durch die Kultur können wir uns ganz allgemein an neue Umweltbedingungen anpassen. Biologisch sind wir in vielfacher Hinsicht noch Savannenbewohner, aber kulturell erforschen wir den Weltraum. Solange wir die Erde am Leben erhalten, bleibt die Kultur unsere wichtigste Überlebensstrategie. Angenommen, die Lebensbedingungen verschlechtern sich: Wird unser Gehirn, das in zwei Millionen Jahren der biologischen und kulturellen Evolution geformt wurde, der Herausforderung gewachsen sein? Übrigens ist unser Gehirn ein höchst aufwendiges Organ, das im Körper 20 Prozent der gesamten Energie verbraucht. Angesichts zukünftiger Umweltbelastungen und der fortschreitenden weltweiten Vereinheitlichung wird seine Gehirngröße wohl weiter abnehmen - sie geht bereits, wie auch die Stämmigkeit, seit etwa 10 000 Jahren zurück. ◖ Evolution und Zukunft sind in ihrem Wesen nicht vorhersagbar. Wenn die Umweltbedingungen sich plötzlich ändern, wenn neue Krankheiten oder politische Anarchie und Terrorismus eine große Zahl von Menschen bedrohen - wer weiß, ob unsere Kultur uns dann darüber hinweghilft? Sie hat uns jedoch bis hierher gebracht, so daß wir die Vergangenheit betrachten und über die Zukunft nachdenken können. Der tschechische Präsident Vaclav Havel sagte einmal: »Zum ersten Mal in der Menschheitsgeschichte umfaßt eine einzige Zivilisation die ganze Erde ... Deshalb ist die moderne Welt so aufregend, weil so viele Völker in vielen Ländern sich der Coexistenz widersetzen. Und doch ist gerade diese Coexistenz unsere einzige Überlebenschance.«

Was eigentlich ist der Mensch in der Natur? Ein Nichts, verglichen mit der Unendlichkeit; ein Alles, verglichen mit dem Nichts. Eine Mitte zwischen Nichts und Allem. Unendlich weit weg vom Verstehen der Gegensätze ... und ebenso unfähig, das Nichts zu erkennen, wenn er erscheint, und die Unendlichkeit, die ihn einhüllt.
- B. Pascal, *Pensées*.

Höhlenmalerei aus Cosquer, Frankreich. Dieses Bild, eines der ältesten europäischen Kunstwerke, wurde vor etwa 27 000 Jahren gemalt. Handabdrücke dürften die Signatur des Künstlers darstellen; sie zeigen, daß die Menschen des oberen Paläolithikums sich ihrer selbst und ihrer Umwelt bewußt waren. *Photo von J. Collina-Girard; mit freundlicher Genehmigung von Jean Clottes, International Committee on Rock Art.*

48. Der Platz des Menschen in der Natur

Das Hauptthema dieses Buches sind fossile Belege für die Evolution des Menschen. Die Erforschung der entfernten Vergangenheit hat allerdings nicht nur Kenntnisse über unsere Vorfahren geliefert. Auch Darwins Vorstellung von Evolution und Aussterben wurden durch die Paläoanthropologie allgemein bekannt. In dieser umfassenderen Sicht ist der *Homo sapiens* eine Spezies unter vielen - wie alle anderen kann er aussterben. Unter Evolutionsgesichtspunkten ist das so gut wie sicher. Je mehr wir unsere Spezies im größeren zeitlichen Zusammenhang betrachten, desto mehr rückt eine zentrale Frage in den Mittelpunkt: Was ist unser Platz in der Natur? ◖ Einer extremen Ansicht zufolge ist der Mensch ein Störenfried für die natürliche Ordnung, der eigentlich nicht auf die Erde gehört. Aber wir sind da, haben die üblichen Evolutionsvorgänge überlebt, und können mit der gleichen (keiner größeren!) Berechtigung leben wie alle anderen Organismen. Im Gegensatz zu allen anderen Lebewesen verfügen wir jedoch über große Intelligenz, die uns eine beispiellose Beherrschung der Natur ermöglicht. Eine Gabe mit der Pflicht, sie verantwortlich zu nutzen - als Beschützer der Erde und des Lebens. ◖ Vergleichen wir die Fossilien unserer Vorfahren mit dem modernen Leben, dann zeigt sich, daß wir stark von der Kultur abhängig sind. Unsere Verbindung zur Natur hat sich gelockert. So versorgt sich zum Beispiel nicht mehr jeder einzelne unmittelbar mit den Ressourcen der Erde. Aber diese Abhängigkeit von der Kultur hat sich in einem erdgeschichtlichen Augenblick entwickelt. Körperlich dagegen wurden wir in Jahrmillionen geformt, und biologisch haben wir uns seit der Zeit unserer Vorfahren kaum verändert. ◖ Vielleicht ist dieses Ungleichgewicht im Tempo von biologischer und kultureller Evolution die tiefere Ursache unserer heutigen Unzufriedenheit, unserer unguten Gefühle der Entwurzelung und der Trennung von der Natur. Kultureller und technischer Fortschritt verläuft unglaublich schnell, genetischer Wandel dagegen im Schneckentempo. Genetisch unterscheiden wir uns erst zu 1,6 Prozent von den Schimpansen, obwohl wir uns vor sechs bis acht Millionen Jahren von ihnen getrennt haben. Um wieviel näher müssen wir dem ersten *Homo* stehen, der vor über zwei Millionen Jahren auftauchte! ◖ Fossilien wie Lucy sind Bindeglieder zu unserer gemeinsamen Abstammung mit den afrikanischen Menschenaffen; das ist nicht mehr umstritten. Jedoch besagen die Fossilien etwas noch Wichtigeres: Sie zeugen auch von unserer Verbindung zur Natur. Je mehr solche Bande wir finden, desto näher fühlen wir uns der Natur. Wir sind ohne Zweifel ein Teil der Einheit des Lebendigen, aber da wir so völlig in der Kultur leben, fühlen wir uns oft von der Natur getrennt. Deshalb dürfen wir nie vergessen, daß wir zur Natur gehören; wir können sie nicht leugnen, denn wir sind aus ihr hervorgegangen. ◖ Die Zeitvorstellungen der Menschen werden durch die Lebensdauer des Einzelnen bestimmt. Wir kennen vielleicht noch die Vergangenheit unserer Eltern und Großeltern, und wir machen uns Sorgen um die Zukunft unserer Kinder und Enkel. Solche Gedanken erstrecken sich insgesamt vielleicht über eine Zeitspanne von 100 Jahren. Doch wollen wir gute Verwalter der Erde sein - eine Verantwortung, die uns unser Gehirn und unsere Anpassungsfähigkeit auferlegt - müssen wir sowohl an die entferntere Zukunft denken als auch im Rückblick aus der Geschichte unserer entfernten Vorfahren lernen. ◖ Was sagt die Vergangenheit über unsere Zukunft aus?
A. afarensis, Lucys Spezies, wanderte nach heutiger Kenntnis etwa eine Million Jahre oder 50 000 Generationen lang durch Afrika. Den anatomisch modernen Menschen gibt es seit rund 100 000 Jahren - nur 5 000 Generationen, ein Zehntel der Lebensdauer von Lucys Art. Um ebenso lange erhalten zu bleiben wie sie, müßten wir noch 9 000 Jahrhunderte überleben; nach allen Voraussagen wird hingegen bereits das nächste Jahrhundert äußerst schwierig werden. Wir sind eine sehr späte Ergänzung zur Biomasse der Erde. ◖ Unseren Platz in der Natur zu kennen, ist eine unglaubliche Bereicherung. Natur ist etwas Vertrautes, denn sie liegt in unseren Genen. Sie wird jedesmal wach, wenn wir am Lagerfeuer sitzen und Geschichten erzählen, wie unsere Vorfahren es vor Hunderttausenden von Jahren taten, als sie noch Sammler und Jäger waren,

die im Einklang mit der Natur lebten. Wenn wir die kommenden 9 000 Jahrhunderte überstehen wollen, müssen wir unsere Arroganz ablegen und eine nachdenkliche Spezies werden. Wir und unsere Nachkommen müssen Entscheidungen treffen, die nicht nur uns, sondern auch unseren Mitreisenden auf dem Lebensweg dienen. ◖ Der *Homo sapiens* ist das intelligenteste, gefährlichste und hilfsbereiteste Tier, das jemals existiert hat, aber wir müssen begreifen, daß wir nicht das Ziel der drei Milliarden Jahre währenden Evolution auf der Erde sind. Unsere Spezies ist wie alle anderen ein Zwischenschritt. Im Gegensatz zu den anderen sind wir dagegen bis zu einem gewissen Grad in der Lage, unser Schicksal selbst in die Hand zu nehmen. Wir verfügen über das Know-how, um den Ausgang des Spieles zu beeinflussen.

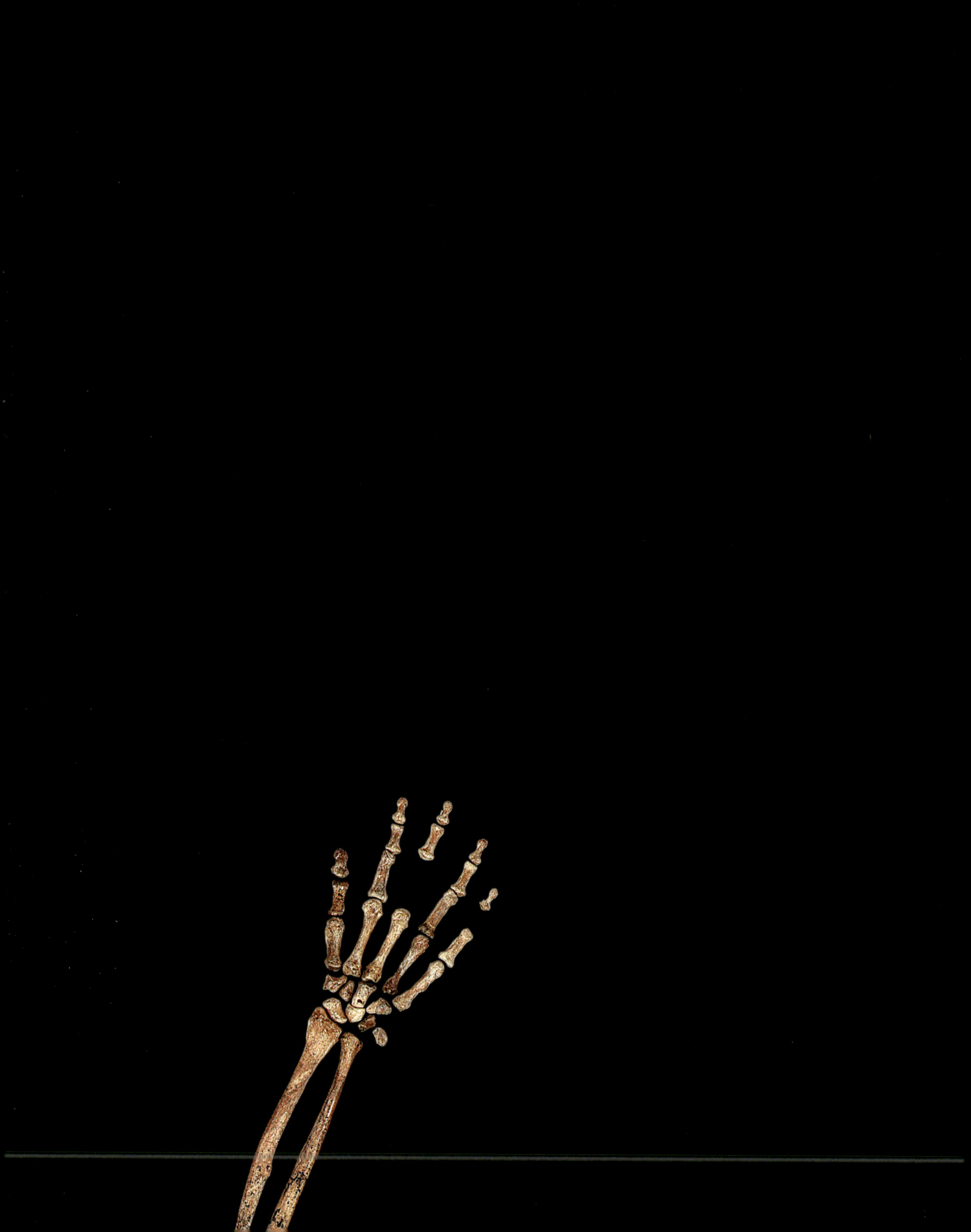

DIE BELEGE

Teil 2

FUND	FUNDORT	ALTER	ENTDECKER	DATUM	VERÖFFENTLICHUNG
Teil einer juvenilen Mandibula	Aramis, Äthiopien	4,4 Millionen Jahre	Alamayehu Asfaw	20. Dezember 1992	White, T. D., G. Suwa und B. Asfaw, 1994. *Australopithecus ramidus*, a new species of early hominid from Aramis, Ethiopia. *Nature* 371: 306–312.

Ardipithecus ramidus

ARA-VP-1/129

Etwa 70 000 Generationen vor Lucys Geburt wanderte im heutigen Äthiopien ein rätselhafter, aber sehr auffälliger, affenähnlicher Hominide durch die afrikanische Landschaft. Heute, 4,4 Millionen Jahre später, liefert sein fast vollständiges Skelett spannende neue Erkenntnisse über eine Zeit, als die Hominiden sich noch nicht allzuweit von ihrem gemeinsamen Vorfahren mit den afrikanischen Menschenaffen entfernt hatten.

Bisher wurden nur wenige Informationen über das „geheimnisvolle Skelett" zugänglich gemacht, das ein internationales Team unter Leitung der Anthropologen Tim White und J. Desmond Clark von der University of California in Berkeley 1994/95 an der Fundstelle ARA-VP-6/500 im Bereich von Middle Awash in Äthiopien sicherstellte. Die Knochen sind zertrümmert und warten bisher zum größten Teil noch in Kunststoffumhüllungen auf ihre Rekonstruktion. Die Grabungen waren ungewöhnlich schwierig, weil die Knochen in hartem Ton verbacken waren. Damit sie nicht zu Staub zerfielen, mußte jedes Teil zunächst mit Konservierungsmitteln behandelt werden und konnte erst dann aus dem Boden gelöst werden. Die langsamen, mühseligen Grabungsarbeiten zogen sich oft bis in die Nacht hin und erfolgten dann im Scheinwerferlicht eines Geländewagens.

Das Skelett ist bemerkenswert vollständig; so sind beispielsweise sieben der acht Handwurzelknochen und fast alle langen, gebogenen Fingerknochen vorhanden. Becken-, Bein- und Fußknochen weisen wahrscheinlich auf eine andere Art der Fortbewegung hin als bei allen sonstigen Primaten, ob lebend oder ausgestorben. Mit der Aussage, *ramidus* sei aufrecht gegangen, halten sich die Entdecker bisher sehr zurück, obwohl das Foramen magnum recht weit vorn liegt; dies erkennt man an einem Teil der Schädelbasis (ARA-VP-1/500), und es gilt in der Regel als Anzeichen für den aufrechten Gang.

Die fossilreichen Schichten im Gebiet von Middle Awash wurden erstmals Ende der sechziger Jahre von dem französischen Geologen Maurice Taieb untersucht. Anfang der achtziger Jahre schätzte ein Team unter Leitung des amerikanischen Geologen Jon Kalb von der University of Texas das Alter der Sedimente in der Region von Aramis auf etwa 4,5 Millionen Jahre. Aber erst am 17. Dezember 1992 fand Gen Suwa, ein Anthropologe der Universität Tokio, hier das erste Hominidenfossil: einen dritten Molaren der rechten Oberkieferhälfte. In der gleichen Grabungssaison entdeckte Alemayehu Asfaw vom äthiopischen Informations- und Kulturministerium das hier gezeigte aufschlußreiche Kieferbruchstück mit einem ersten unteren Milchbackenzahn, das unter der Katalognummer ARA-VP-1/129 bekannt ist.

Nach einer weiteren ergiebigen Grabungssaison in Aramis gab das Team von Middle Awash im September 1994 bekannt, man habe mit *Australopithecus ramidus* eine neue Australopithecinenart entdeckt. Als Typusexemplar wählte man ARA-VP-6/1, eine Gruppe zusammengehöriger erwachsener Zähne. Von anderen Hominiden unterscheidet sich diese Spezies durch eine ganze Reihe anatomischer Merkmale, so durch ihre relativ großen oberen und unteren Eckzähne, einen schimpansenähnlichen ersten unteren Milchbackenzahn, affenähnliche Kiefergelenke, dünnen Zahnschmelz und einen deutlich asymmetrischen unteren ersten Prämolaren. Insgesamt vermitteln die Fossilien von Aramis den Eindruck eines deutlich primitiveren (affenähnlicheren) Zustands als die Reste späterer Hominiden.

Nachdem man das Material anfangs der Gattung *Australopithecus* zugerechnet hatte, wurde es in einer Korrektur, die im Mai 1995 in *Nature* erschien, in die neue Gattung *Ardipithecus* eingeordnet. *Ardi* bedeutet in der Sprache von Afar „Boden", und *ramid* heißt „Wurzel"; *pithecus* kommt aus dem Griechischen und bedeutet „Affe". Gattungs- und Artname weisen also auf eine Spezies am Anfang der Hominidenentwicklung hin.

Die Bekanntgabe einer neuen Hominidenart stößt immer auf Widerspruch, was auch bei *ramidus* bereits der Fall ist. In Frage gestellt werden die Genauigkeit der Altersbestimmung, die Unterschiede zu anderen, längst benannten Arten und seine Stellung im Stammbaum der Menschen (siehe Seite 38). Eindeutige Antworten werden erst weitere detaillierte Veröffentlichungen über die Funde von Aramis liefern, doch dürfte die Präparation, Rekonstruktion und Analyse der Stücke noch mehrere Jahre in Anspruch nehmen.

Die Entdeckungen von Aramis eröffnen Neuland und ermöglichen einen der ersten Einblicke in die Zeit vor mehr als 4,0 Millionen Jahren. Daß *ramidus* unser Wissen über eine sehr frühe Phase der menschlichen Evolution erweitern wird, steht außer Frage. Die Region von Middle Awash ist ein fruchtbarer Boden für Fossilsammler, die bereits vorhaben, auf etwa fünf Millionen Jahre datierte geologische Schichten zu untersuchen. Sollte man in derart alten Horizonten Hominidenfossilien finden, wäre wohl nur schwer festzustellen, ob es sich um unsere Vorfahren oder um die Ahnen afrikanischer Menschenaffen handelt.

Ardipithecus ramidus, ARA-VP-1/129.
Die spitze Krone dieses Milchbackenzahnes in einem Bruchstück von der rechten Seite des Unterkiefers erwies sich als entscheidendes Merkmal für die Definition der neuen Spezies. Originalgröße. *Photo Copyright © 1994 bei Tim D. White/Brill Atlanta.*

AUSTRALOPITHECINEN

Charles Darwin wagte 1871 in seinem Werk *Die Abstammung des Menschen* eine kühne Prophezeiung:

In jeder großen Region der Erde sind die dort lebenden Säugetiere nahe mit den ausgestorbenen Arten derselben Region verwandt. Es ist daher wahrscheinlich, daß Afrika früher von jetzt ausgestorbenen Affen bewohnt wurde, welche dem Gorilla und dem Schimpansen nahe verwandt waren; und da diese beiden Spezies jetzt die nächsten Verwandten des Menschen sind, so ist es noch etwas wahrscheinlicher, daß unsere frühen Urerzeuger auf dem afrikanischen Festlande lebten.

Die Bestätigung für diese Voraussage ließ nach Darwins Tod noch fast ein halbes Jahrhundert auf sich warten. Erst dann gab der Anatom Raymond Dart von der University of the Witwatersrand in Johannesburg bekannt, er habe an der Fundstelle von Taung in Südafrika einen fossilen Kinderschädel gefunden. 1925 ordnete er den Schädel einer neuen systematischen Gruppe zu, die er *Australopithecus africanus* nannte. Er erkannte in dem Fund eine Mischung affenartiger Merkmale wie vorstehendes Gesicht und kleines Gehirn (405 Kubikzentimeter), da aber das Foramen magnum (das Loch in der Schädelbasis, aus dem das Rückenmark austritt) weit vorn lag, vermutete er, die Spezies sei aufrecht gegangen und demnach ein Vorfahre der Menschen.

Der von Dart gewählte Name *Australopithecus* setzt sich aus dem lateinischen *australo* („südlich") und dem lateinisch-griechischen *pithecus* („Affe") zusammen. Wie sich herausstellte, waren die „südlichen Affen" nicht nur auf Südafrika beschränkt, und Affen sind sie auch nicht. Wegen der strengen Regeln der internationalen zoologischen Nomenklatur kann Darts Name jedoch nicht mehr geändert werden. Deshalb ist *Australopithecus* der gültige Gattungsname für eine vielgestaltige Gruppe früher Hominiden (Angehörige der zoologischen Familie Hominidae, zu der wir selbst und unsere aufrecht gehenden Vorfahren gehören), die offenbar keine Steinwerkzeuge benutzten und vor vier bis einer Million Jahren im Osten und Süden Afrikas verbreitet waren.

In der Zeit, seit Dart den Gattungsbegriff prägte, hat sich durch weitere Entdeckungen herausgestellt, daß zu *Australopithecus* sehr unterschiedliche frühe Hominiden gehören, nämlich die sieben Arten *anamensis, afarensis, africanus, robustus, aethiopicus, boisei* und in jüngster Zeit *bahrelghazali.* Diese frühen Hominiden, die zusammenfassend als Australopithecinen oder manchmal auch als Affenmenschen bezeichnet werden, spiegeln die erste Ausbreitung unserer zoologischen Familie wider und lebten offenbar ausschließlich in Afrika. Man hat sie – abgesehen von einem Fund im Tschad – nur in Süd- und Ostafrika entdeckt, aber vermutlich waren sie in einem größeren Gebiet zu Hause, wo allerdings ihre Reste leider keine Fossilien bilden konnten. Sie gingen aufrecht und besaßen damit das entscheidende Merkmal der Hominiden, doch hatten sie im Gegensatz zu unserer eigenen Gattung *Homo* ein relativ kleines Gehirn: Sein Volumen lag meist bei höchstens 500 Kubikzentimetern – bei einigen Exemplaren wurde allerdings über ein geringfügig größeres Gehirn berichtet. Bei *Homo* dagegen liegt das Gehirnvolumen meist über 600 Kubikzentimeter (über ein kleines von 510 Kubikzentimetern wurde ebenfalls berichtet), und die Spanne reicht bis zu 2 000 Kubikzentimetern. Der Durchschnitt für den heutigen *Homo sapiens* liegt bei 1 200 Kubikzentimetern.

Seit 1936 fand der berühmte Paläontologe Robert Broom vom Transvaal Museum im südafrikanischen Pretoria an der Fundstelle Sterkfontein weitere Fossilien von Australopithecinen. Diese Funde, insgesamt mittlerweile fast 400 Stück, erhielten zunächst den neuen Namen *A. transvaalensis* (nach dem Gebiet Transvaal in Südafrika), heute rechnet man sie aber zu *A. africanus,* derselben Spezies wie das Kind von Taung.

An zwei weiteren Stellen in Südafrika, nämlich Kromdraai und Swartkrans, kamen Reste einer anderen Australopithecinenart ans Licht. Broom identifizierte 1938 einen fossilen Hominiden aus Kromdraai, der sich deutlich von *A. africanus* unterschied: Er hatte einen Knochenkamm auf dem Schädel, große Backenzähne und einen kräftigen Unterkiefer. Mit seinem Hang, für jede seiner Entdeckungen einen neuen Gattungs- und Artnamen zu prägen, und im Hinblick auf die Robustizität des Fundes von Kromdraai bezeichnete Broom das Stück als *Paranthropus robustus. Para* heißt auf griechisch „fast", und *anthropus* ist das lateinisch-griechische Wort für „Mensch". Unter den Fossilien von Kromdraai waren nur zwölf Stücke von Hominiden; die meisten Paläoanthropologen halten sie zwar für eine eigene Art, man rechnet sie jedoch zu derselben Gattung wie das Kind von Taung und bezeichnet sie als *Australopithecus robustus.*

Im Jahr 1948 entdeckten Broom und sein Schüler John T. Robinson an der Fundstelle Swartkrans, die 1,2 Kilometer von Sterkfontein entfernt auf der anderen Seite eines alten Flußtales liegt, weitere Fossilien von robusten Australopithecinen. Wie nicht anders zu erwarten, taufte Broom auch diese Funde auf einen neuen Namen: *Paranthropus crassidens (crassus* heißt „dick", und *dens* bedeutet „Zahn"). Langwierige Ausgrabungen förderten in Swartkrans mittlerweile fast 300 Australopithecinenfunde zutage, womit diese Fundstelle eine der reichhaltigsten in Afrika ist. Manche Fachleute glauben noch immer, die Hominiden von Swartkrans seien eine andere Spezies als die von Kromdraai, aber die Mehrheit ordnet sie *A. robustus* zu.

Ende der vierziger Jahre arbeitete Dart an der Fundstelle Makapansgat im Norden von Transvaal, wo man seither mehrere Dutzend Stücke von Australopithecinen ausgegraben hat. Trotz vieler anatomischer Ähnlichkeiten mit den Hominiden von Sterkfontein schrieb Dart sie einer neuen Art namens *A. prometheus* zu. Der Artname erinnert an den Riesen der griechischen Sage, der den Göttern das Feuer stahl; er wurde gewählt, weil die Knochen schwarz waren – als Ursache vermutete man Feuer, das die Australopithecinen entfacht hatten. Wie sich jedoch durch chemische Analysen herausstellte, war in Wirklichkeit Manganoxid die Ursache der dunklen Färbung. Heute zählt man die Hominiden von Makapansgat zu *A. africanus.*

Unter den Tierfossilien von Makapansgat erkannte Dart besonders viele Hörner, Antilopenkiefer und bestimmte Langknochen. Nach seiner Interpretation hatten die Australopithecinen sie gesammelt und als Werkzeuge oder Waffen verwendet. Die langen Knochen, so seine Spekulation, dienten als Knüppel, die Hörner zum Graben und die gezackten Zahnreihen in den Antilopenkiefern als Sägen. Das Ganze nannte er Osteodontokeratische Kultur (*osteo* für „Knochen", *donto* für „Zähne", *kerato* für „Horn"). Nach heutiger Kenntnis erklärt man die Fundsituation von Makapansgat besser mit der aasfressenden und räuberischen Tätigkeit von Hyänen, Stachelschweinen und Leoparden.

Die Australopithecinen-Fundstellen in den südafrikanischen Höhlen lassen sich zwar mit radiometrischen Verfahren nicht genau datieren, weil sie weder Vulkanasche noch andere auswertbare Ablagerungen enthalten, doch konnte man anhand fehlender oder vorhandener Säugetierarten eine vergleichende Zeittafel aufstellen. Dabei geht man von einfachen Voraussetzungen aus: In älteren geologischen Schichten findet man mehr ausgestorbene Formen, in jüngeren mehr heute noch lebende. Durch den Ver-

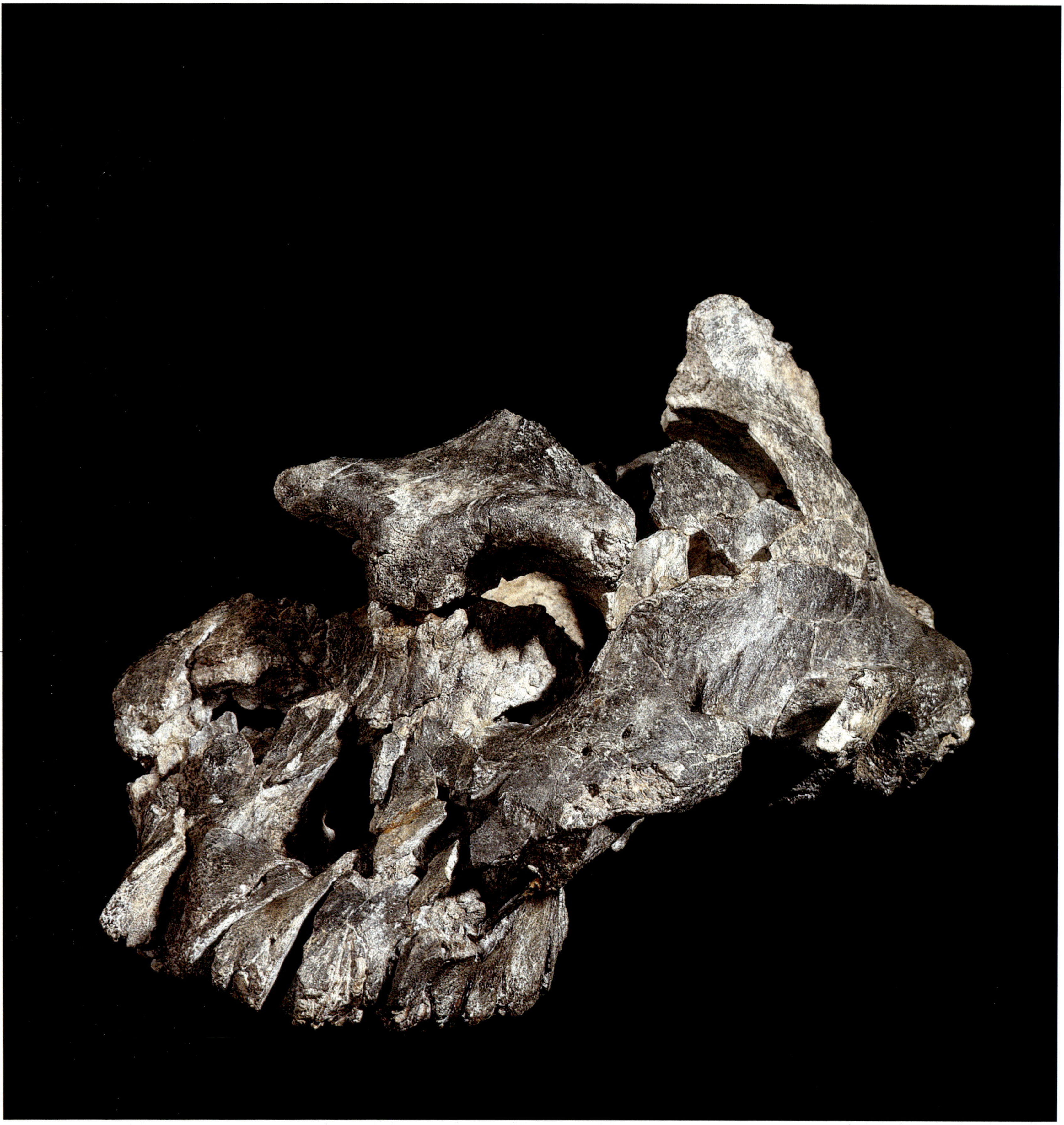

***Australopithecus aethiopicus*, KNM-WT 17000.** Dieser 2,5 Millionen Jahre alte Schädel gehört zu der ältesten bekannten Art robuster Australopithecinen, eines Parallelzweiges der Hominiden, der vor etwa einer Million Jahre ausstarb. Originalgröße. *Photo von Robert I. M. Campbell; mit freundlicher Genehmigung des kenianischen Nationalmuseums.*

gleich ausgestorbener und lebender Arten in den südafrikanischen Höhlen gelangt man für die Fundstellen zu folgender Chronologie (von den ältesten zu den jüngsten): Makapansgat, Sterkfontein, Taung, Kromdraai und Swartkrans.

Da manche in Südafrika gefundenen Tiere auch von radiometrisch datierten Fundstellen in Ostafrika bekannt sind, kann man für die südafrikanischen Funde mit Hilfe der Biostratigraphie ein ungefähres Alter angeben. Manche Antilopen- und Kleinaffenarten zum Beispiel sind charakteristisch für bestimmte Perioden, das heißt, man kennt sie nur aus dieser Zeit. Mit ihrer Hilfe gelangte man für die südafrikanischen Stellen zu folgender Altersschätzung: Makapansgat: 2,8 Millionen Jahre; Sterkfontein: 2,5 Millionen Jahre; Taung: 2,3 Millionen Jahre; Kromdraai: 2,0 Millionen Jahre; und Swartkrans: 1,8 bis 1,0 Millionen Jahre.

Die weltbekannte Archäologin Mary Leakey entdeckte 1959 in der Olduvai-Schlucht in Tansania das erste bedeutende Fossil eines ostafrikanischen Australopithecinen. Das Stück erhielt wegen seiner riesigen Backenzähne den Spitznamen „Nußknackermensch". Louis Leakey, ein Pionier der Paläoanthropologie in Ostafrika, nannte ihn ursprünglich *Zinjanthropus boisei,* aber heute heißt er *A. boisei.* Er wird manchmal auch als „superrobuster" Australopithecine bezeichnet und unterscheidet sich von seinem südafrikanischen Gegenstück durch besonders große Backenzähne, ein langes Gesicht, visierähnliche Wangenknochen und andere anatomische Eigenschaften. Man hat in Äthiopien, Kenia und Tansania zahlreiche Reste von *boisei* gefunden; ihr Alter liegt zwischen 1,4 und 2,3 Millionen Jahren.

Eine der bestbekannten Australopithecinenarten, *A. afarensis,* erhielt seinen Namen 1978 von Donald Johanson, Tim White und Yves Coppens; Grundlage waren Fossilfunde aus Laetoli in Tansania und Hadar in Äthiopien. Die Art ist durch mehr als 300 Funde vertreten, darunter die meisten Schädel- und sonstigen Knochen; charakteristisch ist eine einzigartige Kombination primitiver anatomischer Merkmale von Schädel, Zähnen und Kiefern. Der Schädel sieht sehr affenähnlich aus und wird von einem vorstehenden Gesicht beherrscht. Der Gehirnschädel ist recht klein und beherbergte ein Gehirn von etwa 430 Kubikzentimetern. Bekannt wurde die Spezies vor allem durch das berühmte, 3,2 Millionen Jahre alte Skelett „Lucy", das trotz des eindeutig aufrechten Ganges viele Merkmale von Affen hat, so die relativ langen Arme sowie die gebogenen Finger- und Zehenknochen. Nach Ansicht fast aller Fachleute ist *afarensis* – mittlerweile auch aus Kenia bekannt – die einzige bisher erkannte Hominidenart in der Zeit vor vier bis drei Millionen Jahren.

A. aethiopicus erhielt seinen Namen 1968 von zwei französischen Paläontologen aufgrund eines zahnlosen Kiefers aus der Shungura-Formation in der Nähe des Flusses Omo. Heute kennt man die Spezies auch durch den „Schwarzen Schädel" vom Westufer des Turkana-Sees im Norden Kenias. Mit der großen, weit hinten liegenden Knochenleiste (Sagittalkamm) oben auf dem Gehirnschädel und – soweit man aus den Zahnwurzeln schließen kann – riesigen Backenzähnen hat der 2,5 Millionen Jahre alte Schädel deutliche Ähnlichkeit mit den robusten Australopithecinen. Er unterscheidet sich jedoch von allen anderen Arten durch Eigenschaften, die an *A. afarensis* erinnern, wie das vorspringende Gesicht, eine geringe Wölbung der Schädelbasis und Schläfen-Nackenleisten am Hinterhauptsbein (Os occipitale). Obwohl man noch nicht einmal ein halbes Dutzend Funde kennt, ist *aethiopicus*, der auf 2,7 bis 2,5 Millionen Jahre datiert wurde, die am stärksten abweichende Australopithecinenart.

Die Zoologin Meave Leakey vom kenianischen Nationalmuseum und ihre Kollegen schrieben 21 Australopithecinenfunde von den Stellen Kanapoi und Allia Bay in Nordkenia der Spezies *A. anamensis* zu (*anam* ist das Wort der Turkana für „See"). Mit 4,2 bis 3,9 Millionen Jahren ist er etwas älter als *afarensis* und nach Ansicht der Entdecker für diesen ein idealer Vorfahre. Zwar hat *anamensis* in Kiefern und Zähnen viele anatomische Gemeinsamkeiten mit *afarensis*, aber das primitive, stark zurücktretende Vorderende des Kiefers, die engen, parallel verlaufenden Zahnreihen und die anatomischen Einzelheiten der Zähne rechtfertigen für diese Funde eine neue Artbezeichnung.

Hominidenfossilien aus 4,4 Millionen Jahre alten Lagerstätten an der Fundstelle Aramis in der Region Middle Awash in Äthiopien wurden in der ersten Veröffentlichung der Spezies *Australopithecus ramidus* zugeschrieben (*ramid* ist das Afar-Wort für „Wurzel"). Später jedoch veranlaßten die auffallend primitiven Merkmale von Kiefern und Zähnen wie dünner Zahnschmelz, relativ große Eckzähne und mehrere andere Eigenschaften die Entdecker, die neue Gattung *Ardipithecus ramidus* zu definieren. Damit trennten Tim White aus Berkeley, Gen Suwa aus Japan und Berhane Asfaw aus Äthiopien die Hominiden aus Aramis von den Australopithecinen ab.

Die geographische Verbreitung der Australopithecinen war immer nur schwer auszumachen, weil es außerhalb des Great Rift Valley in Ostafrika und der südafrikanischen Höhlen kaum brauchbare geologische Schichtungen gibt. Kürzlich jedoch berichtete der Paläoanthropologe Michel Brunet von der französischen Universität Poitiers über ein neu entdecktes vorderes Stück eines Unterkiefers

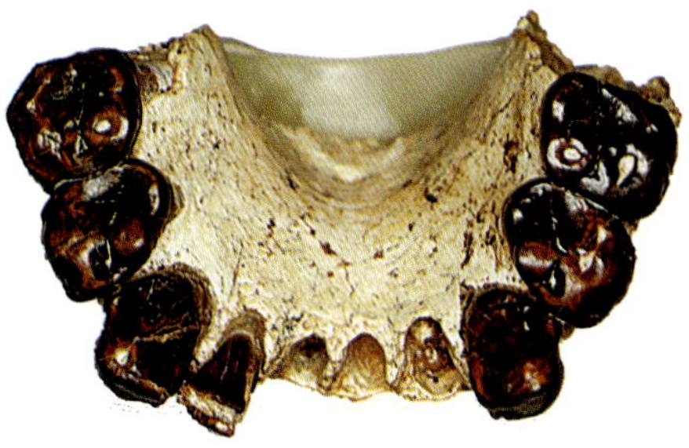

***Australopithecus bahrelghazali,* KT12/H1.** Dieser Unterkiefer, der 1996 als neue Spezies beschrieben wurde, stammt aus Bahr el Ghazal im Tschad. Damit erweitert sich das Verbreitungsgebiet der Australopithecinen vom Great Rift Valley aus um 2 500 Kilometer nach Westen. Originalgröße. *Mit freundlicher Genehmigung von Michel Brunet, Université de Poitiers.*

***Australopithecus africanus*, Sts 71 (Schädel) und Sts 36 (Unterkiefer).** Als Typusexemplar für diese Spezies dient ein 1925 gefundener Kinderschädel aus Taung, aber seitdem wurden an der Fundstelle Sterkfontein in Südafrika mehrere hundert Stücke entdeckt, darunter auch diese beiden. Originalgröße. *Photo von David Brill; mit freundlicher Genehmigung des Transvaal Museum.*

mit sieben Zähnen aus dem zentralafrikanischen Tschad, 2 500 Kilometer westlich des Great Rift Valley. Die gleichzeitig gefundenen Wirbeltiere ähneln denen in Ostafrika, die auf 3,5 bis 3,0 Millionen Jahre datiert wurden. Der Fund wurde der neuen Spezies *Australopithecus bahrelghazali* zugeordnet (Bahr el Ghazal ist ein Flußbett); in seiner Kieferanatomie ähnelt er *A. afarensis*, aber der Kinnbereich hat eine modernere Form.

Zwar gibt es zweifellos mehrere Australopithecinenarten, über ihre Verwandtschaftsbeziehungen und selbst über die Einteilung herrscht dagegen keineswegs Einigkeit. Nach Ansicht mancher Fachleute rechnet man die robusten Formen am besten zur Gattung *Paranthropus* mit den Arten *robustus, crassidens, boisei* und *aethiopicus*. Die anderen Arten werden manchmal grazile Australopithecinen genannt; das ist aber vermutlich irreführend, denn ihr Körperbau ist offenbar nicht wesentlich leichter als bei den robusten Formen. Nach Darts ursprünglicher Benennung gehören zur Gattung *Australopithecus* derzeit die Arten *anamensis, afarensis, bahrelghazali* und *africanus*.

Die Gründe, bei diesen frühen Hominiden verschiedene Gattungen zu unterscheiden, formulierte John Robinson 1972 sehr deutlich: Bei *Paranthropus* (den robusten Formen) spiegele die spezialisierte Schädelanatomie die Spezialisierung auf harte, zähe, faserige Nahrung wider. Die eher generalisierten Schädel von *Australopithecus* hingegen, so Robinson, weisen auf eine höher entwickelte Ernährungsweise hin, die neben Pflanzen auch Fleisch einschloß. Diese Überlegung, Ernährungshypothese genannt, griff der Paläoanthropologe Ron Clarke von der University of the Witwatersrand in Johannesburg wieder auf. Nach Ansicht dieser Fachleute entspricht eine Gattung einer besonderen Lebensweise oder „adaptive Zone". Die Arten innerhalb der Gattungen *Paranthropus* und *Australopithecus* spiegeln einfach Variationen des größeren Themas der Gattungsanpassung wider. Solche Auffassungen werden in diesem Buch zwar berücksichtigt, aber wir haben uns entschlossen, bei einer einzigen Gattung namens *Australopithecus* zu bleiben.

***Australopithecus boisei*, Omo L. 7a-125.** Der Blick auf die Kaufläche des Unterkiefers zeigt deutlich die riesigen Prämolaren und Molaren dieser Spezies. Originalgröße. *Photo von David Brill; mit freundlicher Genehmigung des äthiopischen Nationalmuseums.*

FUND	FUNDORT	ALTER	ENTDECKER	DATUM	VERÖFFENTLICHUNG
adulte Mandibula	Kanapoi, Kenia	4,1 Millionen Jahre	Peter Nzube	10. September 1994	Leakey, M. G., C. S. Feibel, I. McDougall und A. C. Walker, 1995. New four-million-year-old species from Kanapoi and Allia Bay, Kenya. *Nature* 376: 565–571.

Australopithecus anamensis

KNM-KP 29281 TYPUSEXEMPLAR

Die windzerzauste Wüste südwestlich des Turkana-Sees (früher Rudolf-See genannt) wurde erstmals 1965 erforscht. Damals entdeckte eine Expedition des Museums für Vergleichende Zoologie der Harvard University an einer Stelle namens Kanapoi vier Millionen Jahre alte Fossilien. Bryan Patterson, der Expeditionsleiter, war der Sohn des Oberstleutnants Patterson von der Indischen Armee, der Ende des 19. und Anfang des 20. Jahrhunderts entscheidend zum Bau der Eisenbahn von Mombasa nach Uganda beigetragen hatte. Pattersons Gruppe fand nur ein einziges Hominidenfossil: den linken distalen Oberarmknochen KNM-KP 271.

Auch wenn es nur ein Einzelfund war, erregte die Entdeckung eines vier Millionen Jahre alten Hominiden 1965 erhebliches Aufsehen, aber taxonomisch war er nicht eindeutig einzuordnen. Wegen seines hohen Alters bezeichneten ihn manche Fachleute als *Australopithecus,* andere dagegen wiesen auf anatomische Ähnlichkeiten mit *Homo* hin. Mit der Erweiterung der Kenntnisse über die Oberarme früher Hominiden stellte sich heraus, daß man den Knochen von Kanapoi wegen der starken anatomischen Überschneidungen von *Australopithecus* und *Homo* unmöglich einer der beiden Gattungen mit Sicherheit zuordnen kann. Erst durch weitere Funde war die entwicklungsgeschichtliche Stellung der Hominiden von Kanapoi zu klären.

Da Kanapoi sehr abgeschieden liegt, begannen die nächsten Freilandarbeiten dort erst 1994, als die Zoologin Meave Leakey vom kenianischen Nationalmuseum ein Wissenschaftlerteam zusammenstellte. Den unentbehrlichen Hintergrund bildeten ihre umfangreichen Freilanderfahrungen, die sie unter anderem durch Arbeiten mit ihrem Mann Richard Leakey im Turkana-Becken gesammelt hatte. Als weitere Mitglieder der Suchmannschaft wählte Meave Leakey die beiden altgedienten Hominidensammler Peter Nzube und Kamoya Kimeu, die ebenfalls am kenianischen Nationalmuseum arbeiteten. Fast 30 Jahre nach dem ersten Hominidenfund in Kanapoi wurden dort neun Stücke von Zähnen, Schädeln und postkranialen Knochen entdeckt. Die anatomischen Merkmale der Zähne und Kiefer erinnerten an *A. afarensis,* aber es gab auch offenkundige Unterschiede. Zwar waren die Funde eindeutig *Australopithecus* zuzuordnen, zahlreiche primitive Eigenschaften verlangten hingegen für diese Hominiden eine neue Spezies: *A. anamensis.* Der Artname kommt von *anam,* dem Turkana-Wort für „See"; er wurde gewählt, weil Kanapoi in der Nähe des Turkana-Sees liegt, und sollte auch an den Lonyumun-See erinnern, der sich vor Jahrmillionen in dieser Gegend befand.

Die anatomischen Eigenschaften des Schienbeins KNM-KP 29285, von dem das proximale und das distale Ende erhalten sind, weisen auf den aufrechten Gang hin. Seine proximalen Gelenkknorren (Kondylen), die mit dem rumpffernen Ende des Oberschenkelknochens verbunden sind, haben wie bei Menschen eine konkave Form, und das distale Schienbeinende am Fußgelenk hat eine Verdickung, die beim aufrechten Gang als Stoßdämpfer dient.

Der Holotypus KNM-KP 29281, ein Unterkiefer ohne die aufsteigenden Kieferbögen, aber mit vollständigem Gebiß, ist recht klein und schmal, ganz ähnlich wie bei den Menschenaffen des Miozäns. Die Zahnreihen sind noch gerader und stärker parallel als bei *A. afarensis.* Das Vorderende des Kiefers tritt bei *anamensis,* von der Seite gesehen, deutlich zurück, und der Wulst (Torus) auf der Innenseite ist kräftig entwickelt und nach hinten verlängert. Diese und viele andere Eigenschaften der Zähne sprechen dafür, daß die Hominiden von Kanapoi primitiver waren als *afarensis* (siehe Seite 124).

Zu der gleichen Spezies wie die Funde von Kanapoi rechnet man auch zwölf Hominidenfossilien aus der Allia Bay am Ostufer des Turkana-Sees. Die Sedimentreihen von Kanapoi und Allia Bay wurden mit der Argon-Argon-Methode sehr genau datiert. In Kanapoi stammen die Wirbeltierfossilien in ihrer Mehrzahl aus zwei Schichten. In der unteren, die auf 4,2 Millionen Jahre datiert wurde, fand man den Kiefer, der als Typus für *anamensis* dient. Die obere enthielt Pattersons Humerus und die Tibiastücke; sie ist älter als 3,5 und jünger als 4,1 Millionen Jahre. Die Hominiden von Allia Bay sind ungefähr 3,9 Millionen Jahre alt.

Daß neue Funde wie die als *A. anamensis* eingeordneten auch neue Fragen aufwerfen, ist nichts Ungewöhnliches. So zeigt die Gruppe, bis zum momentanen Kenntnisstand, eine ungewöhnliche Kombination affen- und menschenähnlicher Eigenschaften, wie man sie bei anderen Hominiden nicht findet. Schädel und postkraniales Skelett von *afarensis* haben eine affenähnliche Anatomie, bei *anamensis* dagegen zeigen die postkranialen Knochen (Tibia) fortgeschrittene, *Homo*-artige Merkmale, während der Schädelbereich an die Menschenaffen des Miozäns erinnert. Was eine solche Mischung von Merkmalen bedeutet, wird man erst durch weitere Funde klären können. Wichtig ist aber bei *A. anamensis,* daß er mit seiner im Vergleich zu *A. afarensis* ähnlichen, aber primitiveren Anatomie einen guten Vorläufer für Lucys Spezies abgibt.

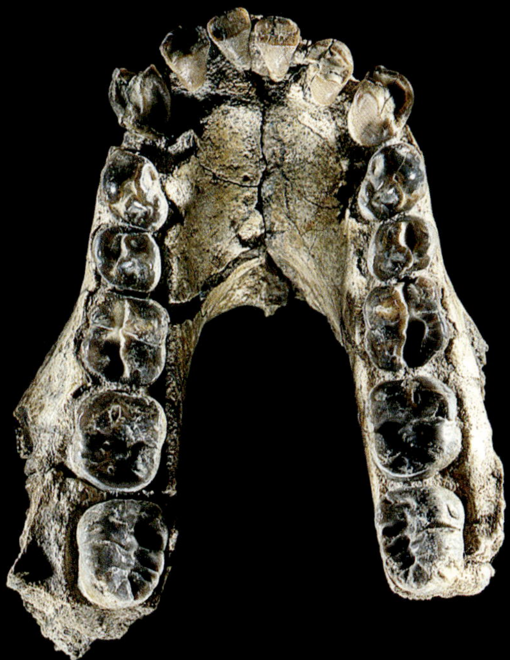

***Australopithecus anamensis,* KNM-KP 29281.** Diese Spezies unterscheidet sich von anderen Hominiden durch die geraden, parallelen Zahnreihen *(oben)* und die zurücktretende Knochennaht unter den Vorderzähnen, die man in der Seitenansicht erkennt *(unten)*. Originalgröße. *Photos von Robert I. M. Campbell; mit freundlicher Genehmigung des kenianischen Nationalmuseums.*

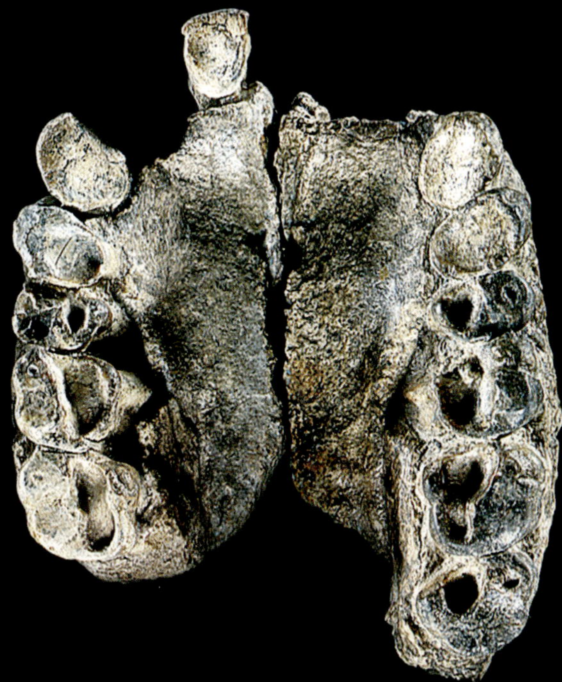

***Australopithecus anamensis,* KNM-KP 29283.** Der Oberkiefer dieser Spezies hat einen sehr flachen Gaumen *(oben)*, und die in Seitenansicht erkennbaren Eckzähne *(unten)* mit ihren kräftigen Wurzeln und Kronen sind größer als bei *A. afarensis*. Originalgröße. *Photos von Robert I. M. Campbell; mit freundlicher Genehmigung des kenianischen Nationalmuseums.*

FUND	FUNDORT	ALTER	ENTDECKER	DATUM	VERÖFFENTLICHUNG
adultes Teilskelett	Hadar, Äthiopien	3,2 Millionen Jahre	Donald Johanson	30. November 1974	Taieb, M., D. C. Johanson und Y. Coppens, 1975. Expédition internationale de l'Afar, Ethiopie (3ème Campagne 1974), découverte d'Hominidés plio-pléistocenes a Hadar. *C. R. Acad. Sci. Paris* 281: 1297–1300.

Australopithecus afarensis

A.L. 288-1 LUCY

Die meisten Fossilien werden einfach nur mit einer Katalognummer oder ihrem Fundort bezeichnet. Das Teilskelett Lucy jedoch kennt außerhalb der Paläoanthropologen-Fachkreise kaum jemand unter der Katalogbezeichnung „Afar Locality (A.L.) 288-1".

Lucy ist eine Berühmtheit unter den Fossilien – sie ist bekannter als ihr Entdecker. Sie kommt in Kreuzworträtseln und Fernsehquizsendungen ebenso vor wie in Comics, Gedichten, Rocksongs und feministischen Theaterstücken, ja es gibt sie sogar als Tattoo. In Äthiopien, wo man sie fand, gab die Post eine Sonderbriefmarke mit ihrem Namen in der Amhar-Sprache heraus: Dinquinesh, „wunderbares Ding". In abgelegenen äthiopischen Kleinstädten ist eine „Lussy Bar" oder ein „Lucy Café" nichts Ungewöhnliches. Der wissenschaftliche Name *Australopithecus afarensis* kommt von dem Gebiet Afar und dem moslemischen Nomadenvolk der Afar. Seine Angehörigen sind auf Lucy sehr stolz, und obwohl sie Moslems sind, halten manche von ihnen Lucy sogar für den ersten Menschen; demnach würde die gesamte Menschheit von den Afar abstammen.

Lucy wurde auf der ganzen Welt zu einer Art Botschafterin unserer Ahnen: Wie ein Magnet zieht sie Menschen an, die sich dann mit unseren Ursprüngen befassen. Selbst diejenigen, die so gut wie nichts von der Evolution des Menschen wissen, haben irgendwie schon einmal von Lucy gehört. Ihr Name klingt wie der einer entfernten Verwandten, was sie natürlich auch ist. Der liebevolle Name, der dem Teilskelett gegeben wurde, geht auf den Beatles-Song „Lucy in the Sky with Diamonds" zurück.

Mittlerweile hat man vollständigere Skelette und auch sehr viel ältere Fossilien gefunden, aber Lucy ist nach wie vor der Markstein, ein Bezugspunkt, mit dem man andere Entdeckungen vergleicht. Fossile Hominiden sind beispielsweise „älter als Lucy" oder „vollständiger als Lucy". Am wichtigsten ist jedoch, daß sie, wie es der Herkunft ihres Namens von dem lateinischen *lux* entspricht, eine Menge Licht auf die frühesten Stadien der menschlichen Evolution geworfen hat. Nachdem man sie 1978 einer neuen Spezies von *Australopithecus* zugeordnet hatte, trat sie erstmals auf einer Nobel-Tagung über frühe Hominiden als *A. afarensis* in Erscheinung. Diese Art ist offenbar der letzte gemeinsame Vorfahre mehrerer Abstammungslinien von Hominiden, die in der Zeit vor drei bis zwei Millionen Jahren entstanden. Überreste der langlebigen Spezies *afarensis*, die vor vier bis drei Millionen Jahren existierte, kennt man heute aus Tansania, Kenia und Äthiopien. Lucys Artgenossen hinterließen auch in Laetoli (Tansania) die großartigen Fußspuren in 3,5 Millionen Jahre alter Vulkanasche.

Lucys Skelett umfaßt etwa 47 der 207 Knochen, darunter Teile von Armen und Beinen, Wirbelsäule, Rippen und Becken. Vom Unterkiefer abgesehen, ist der Schädel nur durch fünf Stücke seines Gewölbes vertreten, und auch die meisten Hand- und Fußknochen fehlen. Da kein einziger Skelettbestandteil doppelt vorhanden ist (es gibt zum Beispiel keine zwei rechten Oberarmknochen), stammen die Reste von einem einzigen Individuum.

Wie man an dem durchgebrochenen dritten Molaren (Weisheitszahn) und den geschlossenen Epiphysen (Wachstumszonen) erkennt, war sie trotz ihrer geringen Größe von knapp über einem Meter bereits erwachsen. Vergleichende Untersuchungen mit anderen ihrer Spezies zugeschriebenen Fossilien lassen vermuten, daß es bei diesen Vorfahren einen starken Geschlechtsdimorphismus gab. Die geringe Größe ist charakteristisch für ihre weiblichen Mitglieder (siehe Seite 73).

Lucy stand im Mittelpunkt hitziger Debatten und gab den Anlaß zu einem Vierteljahrhundert paläoanthropologischer Forschung. So lassen zum Beispiel manche primitiven Merkmale wie die relativ langen Arme und die gebogenen Handknochen darauf schließen, daß sie noch geschickt in den Bäumen klettern konnte. Andere halten diese Merkmale jedoch für Evolutionsballast aus einer Zeit, als ihre Vorfahren noch auf den Bäumen lebten, und sind überzeugt, Lucy sei aufrecht auf dem Boden gegangen. Anfangs war es nicht einfach, Lucy einen Platz im Stammbaum der Menschen zuzuweisen, aber heute leugnet kaum noch jemand ihre wichtige Stellung in der menschlichen Evolution. Manche halten sie für die „Mutter der Menschheit", für andere ist sie die „Frau, die den Stammbaum der Menschen durcheinanderbrachte".

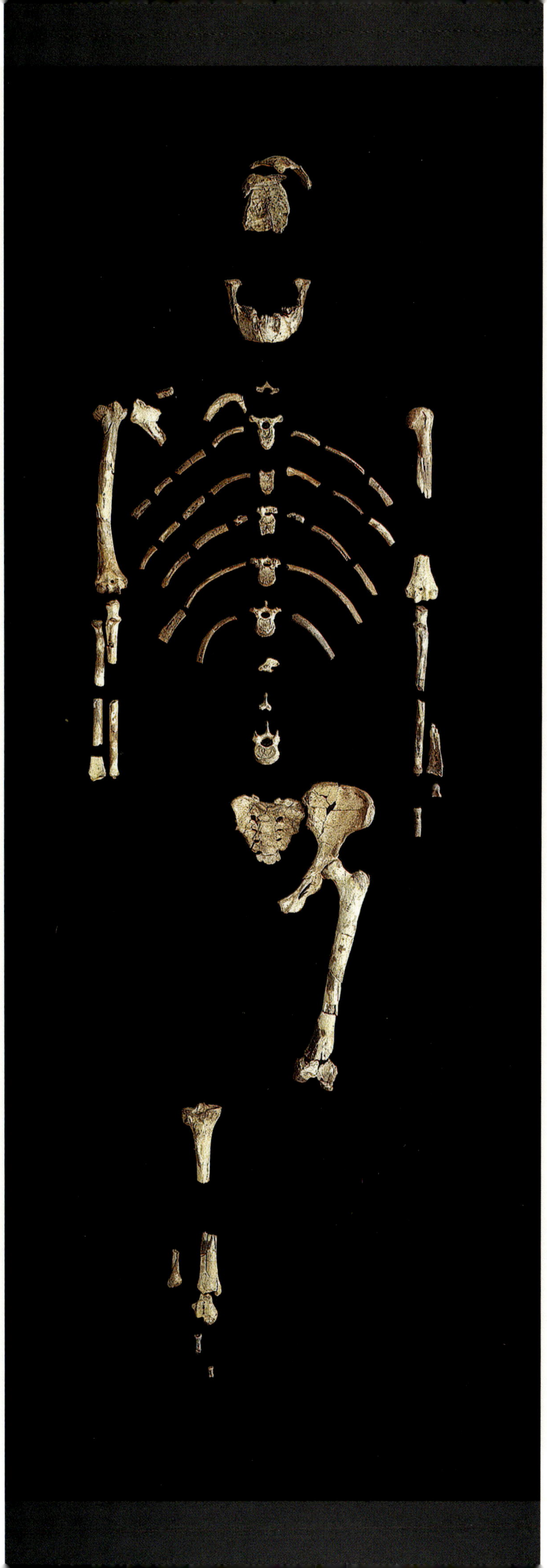

Skelett von *Australopithecus afarensis* aus Hadar, Äthiopien. Das Skelett „Lucy" (A.L. 288-1) ist auch 20 Jahre nach seiner Entdeckung wichtiges Bezugsmaterial, mit dem man ältere oder jüngere Fossilien vergleicht. *Photo von David Brill; mit freundlicher Genehmigung des äthiopischen Nationalmuseums.*

FUND	FUNDORT	ALTER	ENTDECKER	DATUM	VERÖFFENTLICHUNG
Fragmente von 13 Individuen	Hadar, Äthiopien	3,2 Millionen Jahre	Michael E. Bush	2. November 1975	Taieb, M., D. C. Johanson, Y. Coppens und J.-J. Tiercelin, 1978. Expédition internationale de l'Afar, Ethiopie (4ème et 5ème Campagne 1975–1977): Chronostratigraphie des gisements a hominidés pliocene de l'Hadar et correlations avec les sites prehistoriques de Kana Gona. *C. R. Acad. Sci. Paris* 287: 459–461.

Australopithecus afarensis

A.L. 333 *DIE ERSTE FAMILIE*

Im Herbst 1975, etwa ein Jahr nachdem man Lucy gefunden hatte, machte man in Hadar eine einzigartige Entdeckung. An der Fundstelle Afar Locality (A.L.) 333 an einem steilen Abhang fand man eine Reihe von Hominidenfossilien, die die Erosion in einem einzigen geologischen Horizont freigelegt hatte. Anfangs glaubte man, es handele sich vielleicht um ein weiteres Teilskelett, aber die Bergung von zwei gleichartigen distalen Wadenbeinen (Fibulae) machte deutlich, daß man es hier mit mehr als einem Individuum zu tun hatte. Nach zwei Grabungsperioden an der Fundstelle 333 hatte man über 200 Hominidenfragmente sichergestellt. Die meisten davon fand man beim genauen Durchmustern des Berghanges, nur 17 Stücke wurden an ihrer ursprünglichen Position ausgegraben.

Nach der Zahl der Kieferbruchstücke und unteren Zähne handelt es sich bei den Funden von der Stelle 333 um mindestens 13 Individuen, neun Erwachsene und vier Jugendliche; das jüngste, das noch nicht einmal ein Jahr alt war, ist durch einen nicht durchgebrochenen unteren Milchschneidezahn (A.L. $333^{x\text{-}25}$) vertreten.

In fossilreichen geologischen Schichten findet man meist eine Mischung von Resten verschiedener Tiergruppen. An der Fundstelle 333 handelte es sich jedoch bei allen Knochen mit Ausnahme weniger Reste von Fischen und Nagern um Hominiden. Die paläontologische Untersuchung solcher Fossiliensammlungen bezeichnet man als Taphonomie, und wenn die Zusammenstellung so unausgewogen ist wie bei 333, geht sie wahrscheinlich auf eine Katastrophe zurück. Mit anderen Worten: Eine Gruppe von *afarensis* starb durch ein katastrophales Ereignis und wurde in einem einzigen geologischen Horizont begraben.

Die Todesursache ist nicht im einzelnen geklärt, aber man hat verschiedene Szenarien gezeichnet, so auch das von einer plötzlichen Überschwemmung. Bei näherem Hinsehen zeigt sich, daß die Knochen keinerlei Zahnspuren tragen, das heißt, Raubtiere können als Ursache ausgeschlossen werden. Außerdem sind die Gelenke an den Knochenenden intakt und nicht von Aasfressern abgenagt. Allerdings sind die Knochen zerbrochen, vermutlich weil sie vom Wasser weggetragen und erst dann endgültig im Sediment begraben wurden, wo sie versteinern konnten. Da die Knochen kaum verwittert sind, müssen sie recht schnell in der Erde verschwunden sein. Da die Stelle 333 auf eine Katastrophe zurückgeht, handelt es sich aller Wahrscheinlichkeit nach um eine Gruppe von Verwandten. Deshalb ermöglicht diese einzigartige, wichtige Fossiliensammlung Einblicke in die biologischen Eigenschaften und den Aufbau einer einzigen Hominidenspezies, wie man sie an keiner anderen Fundstelle in Afrika gewinnen kann.

Von der Größe abgesehen, sind die Stücke von 333 anatomisch fast völlig gleich. Tatsächlich enthält die Sammlung das gesamte Größenspektrum der Hominiden, die man in Hadar gefunden und *A. afarensis* zugeschrieben hat – ein weiteres Argument für die Vorstellung, daß in den über drei Millionen Jahre alten Lagerstätten von Hadar nur eine einzige Spezies vorkommt und daß diese Spezies, *afarensis*, einen ausgeprägten Geschlechtsdimorphismus besaß.

Äußerst nützlich sind die Funde von 333 auch, weil man an ihnen Wachstum und Entwicklung bei einer Hominidenspezies ablesen kann. An mehreren recht vollständigen Ober- und Unterkiefern sowie einem Teilschädel (A.L. 333-105) eines Kindes läßt sich die Entwicklung vom Kindes- zum Erwachsenenalter nachvollziehen. Manche anatomischen Merkmale, beispielsweise die Form von Nasenbereich und Unterkiefer, in denen sich der erwachsene *afarensis* von anderen *Australopithecus*-Arten unterscheidet, sind bereits an den unausgereiften Exemplaren zu erkennen.

Die immer noch laufenden Ausgrabungen an der Stelle 333 versprechen weitere neue Erkenntnisse über die Ursachen einer derart bemerkenswerten Ansammlung von Hominiden. Die fossiltragende Schicht ist von widerstandsfähigem Sandstein überlagert, der auf einen alten, gewundenen Flußlauf schließen läßt. Die Schicht, aus der die Fossilien stammen, ist ziemlich feinkörnig und könnte eine Flußniedrung gewesen sein. Eine letzte Besonderheit der Hominiden von 333 ist ihr geologisches Alter. Nach einer neuen Argon-Datierung der Sedimente von Hadar liegen die Hominiden zwischen zwei Schichten aus Vulkanasche. Wie sich in genauen Laboranalysen gezeigt hat, ereignete sich die Katastrophe, die diese Hominiden umbrachte und den ersten Hinweis auf ein Gruppenleben unserer Vorfahren konservierte, vor 3 210 000 bis 3 180 000 Jahren!

***Australopithecus afarensis*, A.L. 333-105.** Dieses Stück gehört zu einem von mindestens 13 Individuen, die man an der Fundstelle 333 in Hadar (Äthiopien) fand; obwohl es stark zerbrochen und verformt war, lieferte es neue Erkenntnisse über die jugendliche Schädelanatomie dieser Spezies. Originalgröße. *Photo von David Brill; mit freundlicher Genehmigung des äthiopischen Nationalmuseums.*

FUND	FUNDORT	ALTER	ENTDECKER	DATUM	VERÖFFENTLICHUNG
adultes Cranium	Hadar, Äthiopien	3,0 Millionen Jahre	Yoel Z. Rak	26. Februar 1992	Kimbel, W. H., D. C. Johanson und Y. Rak, 1994. The first skull and other new discoveries of *Australopithecus afarensis* at Hadar, Ethiopia. *Nature* 368: 449–451.

Australopithecus afarensis

A.L. 444-2

Menschen erkennen einander aufgrund der jeweiligen Merkmalskombination am Schädel und insbesondere im Gesicht. Zwar sind auch andere anatomische Bereiche bei jedem Menschen einzigartig, charakterisiert sind wir aber vor allem durch das Gesicht. Das gleiche gilt auch für fossile Hominiden: Ihre Arten erkennt man am einfachsten an der jeweiligen Kombination anatomischer Merkmale am Schädel. Deshalb haben Paläoanthropologen allgemein das größte Vertrauen zu Arten, deren Schädel man kennt.

Auch 1978, als *Australopithecus afarensis* als neue Spezies definiert wurde, handelte es sich bei den zur Begründung herangezogenen anatomischen Merkmalen in ihrer großen Mehrzahl um Eigenschaften des Schädels; dennoch wurde die neue Art nicht sofort allgemein anerkannt, unter anderem weil kein mehr oder weniger vollständiger Schädelfund zur Verfügung stand. Man kannte fast alle anatomischen Bereiche des Schädels, jedoch nur von Bruchstücken verschiedener Individuen. Aufgrund dieser Fragmente setzte man 1983 eine Rekonstruktion des männlichen *A. afarensis* zusammen. Da man die verschiedenen anatomischen Merkmale aber nicht an ein und demselben Schädel gefunden hatte, vermuteten manche Paläoanthropologen, man habe bei der Rekonstruktion mehrere Hominidenarten in einen Topf geworfen. Demnach hätte man also das Gesicht einer Spezies mit dem Gehirnschädel einer anderen zusammengefügt.

Die Gelegenheit, den Wahrheitsgehalt der zusammengesetzten Rekonstruktion zu überprüfen, ergab sich 1992, als Yoel Rak von der Universität Tel Aviv in Israel einen ziemlich vollständigen Schädel von *A. afarensis* entdeckte. Er fand in einer Senke in Hadar 13 große Schädelteile und Hunderte kleinerer Bruchstücke. Nach dem Zusammensetzen ähnelte der Schädel Afar Locality (A.L.) 444-2 stark der früheren Rekonstruktion – ein Argument für die Hypothese, daß auch in diese nur eine einzige Spezies eingeflossen war.

Der Schädel ist etwas über 3,0 Millionen Jahre alt, und nach Messungen seiner Gesamtgröße ist es der voluminöseste *Australopithecus*-Schädel, der jemals gefunden wurde. Dennoch liegt die Gehirngröße Schätzungen zufolge nur bei knapp über 500 Kubikzentimetern. Wegen seiner Größe, der langen Eckzähne, des (hier nicht gezeigten) kräftigen Unterkiefers und der starken Muskelansätze hält man ihn für ein Männchen. Andere Funde aus Hadar, so A.L. 417-1 mit kleinen Eckzähnen und einem weniger vorstehenden Gesicht, gelten als Weibchen. Die Unterschiede zwischen männlichen und weiblichen *A. afarensis* sind ähnlich stark ausgeprägt wie bei den Menschenaffen.

Nach der starken Abnutzung der Zähne zu schließen, war A.L. 444-2 ein altes Individuum. Der Zahnschmelz ist zu einem großen Teil abgeschliffen, so daß große Bereiche des Zahnbeins freiliegen. Die Schneidezähne zeigen ebenfalls starken Verschleiß, vermutlich durch das Abreißen von Pflanzenteilen und auch weil Nahrung mit den Lippen und Vorderzähnen verarbeitet wurde. Unterstützt wird diese Ansicht durch die weit hinten liegende, flache Sagittalleiste. Die auf der Schädelrückseite liegenden Äste des Schläfenmuskels sind ziemlich waagerecht angeordnet und verdickt, damit sie den Zugkräften widerstehen, die sich durch die Nahrungsverarbeitung in dem vorstehenden Gesicht ergeben. In dieser Hinsicht ähnelt *A. afarensis* stark den Schimpansen und vor allem den Gorillas. Ganz anders sind die Verhältnisse dagegen bei den robusten Australopithecinen: Dort arbeiten die vorderen Äste des Schläfenmuskels in senkrechter Richtung und erzeugen zwischen den Backenzähnen starke Kaukräfte; manchmal sind sie so vergrößert, daß sich eine vorn angeordnete Sagittalleiste ausbildet. A.L. 444-2 besitzt eine kleine, sehr flache, weit hinten liegende Sagittalleiste.

Der vordere Bereich des Schädels, der bei *A. afarensis* zuvor kaum bekannt war, ist bei A.L. 444-2 glücklicherweise gut erhalten. Seine anatomischen Einzelheiten, so die niedrige, fliehende Stirn und der Knochenwulst über den Augenhöhlen, sind weitere Eigenheiten dieser Spezies. Von vorn betrachtet ähnelt das Gesicht mit seinen viereckigen Augenhöhlen eher dem eines Gorillas als dem eines Schimpansen. Der Schädel bestätigt nicht nur, daß in Hadar nur eine einzige Spezies lebte, sondern er erweitert auch den Zeitrahmen für *A. afarensis* an dieser Stelle von 3,0 auf 3,4 Millionen Jahre in die Vergangenheit.

Nach der Entdeckung des Schädels A.L. 444-2 konnte man auch einen Stirnknochen identifizieren, den man 1981 in Belohdelie gefunden hatte, einer Stelle etwa 72 Kilometer südlich von Hadar. Der Fund von Belohdelie hat einige charakteristische Merkmale mit A.L. 444-2 gemeinsam, so den dicken Augenbrauenwulst und die fehlende Einschnürung dahinter, die für Schimpansen typisch ist. Da das Stück von Belohdelie auf 3,9 Millionen Jahre datiert wurde, erweitert sich der Zeitrahmen für *A. afarensis* auf 900'000 Jahre, was für diesen Teil des Schädels auf eine lange Phase der anatomischen Gleichförmigkeit schließen läßt.

Anhand des recht vollständigen Schädels A.L. 444-2 erstellte der anthropologisch ausgebildete Künstler John Gurche eine räumliche Rekonstruktion des Kopfes von *A. afarensis* (siehe Seite 82). Er ging von einem Abguß des Schädels aus und formte aufgrund der Kenntnisse, die er sich beim Sezieren von Menschen und Affen erworben hatte, aus Ton die zugehörigen Muskelschichten. Abschließend kamen Fettgewebe und Speicheldrüsen, Glasaugen und Nasenknorpel hinzu. Schließlich umhüllte er das Ganze mit einer Haut aus biegsamem Polyurethan. Einzelheiten wie Hautfalten, Hautfarbe und Behaarung werden immer umstritten bleiben, aber das so entstandene Bild ist sicher ein gutes Porträt eines Artgenossen von Lucy. Endlich hatte *A. afarensis* ein Gesicht, so daß jeder sehen kann, wie stark diese Spezies sich von unserer eigenen unterschied. Sieht der Schädel auch affenähnlich aus, liegt in den Augen doch etwas Bedeutungsvolles, das uns über die Jahrmillionen hinweg berührt.

***Australopithecus afarensis*, A.L. 444-2.** Dieser 1992 entdeckte Fund ist der erste relativ vollständige Schädel von *A. afarensis*; er bestätigte eine frühere Rekonstruktion, die man anhand der Knochen mehrerer Individuen vorgenommen hatte. *Photo von William H. Kimbel, Institute of Human Origins; mit freundlicher Genehmigung des äthiopischen Nationalmuseums*

FUND	FUNDORT	ALTER	ENTDECKER	DATUM	VERÖFFENTLICHUNG
Kniegelenk eines Erwachsenen	Hadar, Äthiopien	3,4 Millionen Jahre	Donald C. Johanson	30. Oktober 1972	Johanson, D. C. und T. Taieb, 1976. A preliminary anatomical diagnosis of the first plio/pleistocene hominid discoveries in the central Afar, Ethiopia. *Am. J. Phys. Anthropol.* 45: 217–234.

Australopithecus afarensis

A.L. 129-1A+1B

Im Jahr 1972 stieß ein internationales Wissenschaftlerteam, das sich nur wenige Tage im Gebiet von Hadar (Äthiopien) aufhielt, auf eine unglaubliche Zahl gut erhaltener, durch Erosion geologischer Schichten freigelegter Fossilien. Die Auswertung einiger Fundstücke, insbesondere von Schweinen und Elefanten, ließ auf ein Alter von weit über drei Millionen Jahren schließen. Man kannte bis dahin nur sehr wenige derart alte Hominidenfossilien, weshalb das Team hoffte, man werde solche Stücke nun auch in Hadar finden. Mit großem Optimismus plante man für das folgende Jahr eine erste Expedition.

Die Teilnehmer des Projekts, das man International Afar Research Expedition nannte, begannen mit einer systematischen Übersichtsuntersuchung der Einöde von Hadar. Ihr Hauptziel war die Entdeckung von Hominidenfossilien, denn jeder wichtige Fund konnte unschätzbare neue Erkenntnisse über eine kaum bekannte Phase der menschlichen Evolution liefern. Wie es das Schicksal dann wollte, befand sich der erste Hominidenfund an dieser Stelle tatsächlich in einer der ältesten geologischen Schichten von Hadar.

Man machte ein kleines Fossilbruchstück aus, das aus weichen Sedimenten herausragte. Bei näherer Untersuchung erwies es sich als zerbrochen, so daß ein Querschnitt durch den Knochen freilag. Der aufschlußreichste Teil – das Ende mit dem Gelenkkopf – war noch in dem lockeren Sediment verborgen, aber nachdem man es vorsichtig freigelegt hatte, erkannte man darin das proximale (obere) Ende einer Tibia (A.L. 129-1b). Es war recht klein, so daß man es leicht mit dem Schienbein eines Kleinaffen verwechseln konnte. Der Knochen wurde zunächst genau an der Fundstelle belassen, und bei eingehender Suche auf allen Vieren fand man auch das distale (untere) Ende eines Femurs (A.L. 129-1a). In der Farbe der Versteinerung paßte es genau zu dem Schienbein; darüberhinaus stellte sich beim Zusammenfügen heraus, daß beide Knochen offenbar von demselben Individuum stammten. Die Gelenkflächen ergänzten sich genau – sie hatten sich während des Lebens dieses Hominiden vor etwa 3,4 Millionen Jahren aneinander angepaßt.

Die Anatomie des Knies liefert verläßliche Aufschlüsse über die Art der Fortbewegung, und dieses Gelenk stammte, wie man an einer ganzen Reihe typischer Merkmale erkannte, von einem aufrecht gehenden Lebewesen. Daß es sich um das Knie eines Hominiden handelte, war durch drei Eigenschaften belegt: Erstens stand der Schaft des Oberschenkelknochens in einem Winkel, durch den der obere Gelenkkopf ins Becken paßte; zweitens war die seitliche Kondyle (eine der beiden Verdickungen, die auf dem Schienbein aufliegen) abgeflacht und von vorn nach hinten verlängert, was beim Gehen eine bessere Übertragung des Körpergewichts auf das Schienbein ermöglicht; und drittens hatte die Vertiefung für die Patella (Kniescheibe) am Oberschenkelknochen einen erhöhten Rand, so daß die Kniescheibe sich nicht verschieben konnte.

Zunächst war dieser Fund von großer Bedeutung, weil er belegte, daß es in den geologischen Schichtungen von Hadar tatsächlich Hominiden gab; außerdem war er zur Zeit seiner Entdeckung der älteste Beleg für ein zentrales Kennzeichen der menschlichen Evolution: für den aufrechten Gang. Das Stück des Oberschenkelknochens paßt bequem in eine Handfläche, das heißt, das Individuum war recht klein, von ähnlicher Größe wie Lucy. Als man es fand, konnte man es keiner Spezies zuordnen, heute wissen wir jedoch, daß es zu *Australopithecus afarensis* gehört.

Auch die proximalen Enden der Oberschenkelknochen wurden gefunden; sie gehörten wahrscheinlich ebenfalls zu demselben Individuum, denn sie gleichen in Farbe und Versteinerungsgrad dem Kniegelenk. Beide Oberenden sind am Gelenkhals abgebrochen – die typische Form der Verletzung bei heutigen Menschen, die sich die Hüfte brechen. Außerdem gibt es an der Vorder- und Rückseite der Knochen zerdrückte Bereiche. Es handelt sich um Absplitterungen, die wahrscheinlich an dem noch frischen Knochen geschahen, vermutlich durch ein Raubtier. Noch interessanter ist, daß man das linke rumpfnahe Oberschenkelfragment etwa 18 Meter von den anderen Stücken entfernt fand; vielleicht hat also ein Raubtier die Knochen über die prähistorische Landschaft verteilt.

Heute ist das Kniegelenk von Hadar zwar nicht mehr das älteste Indiz für den aufrechten Gang, aber seine Entdeckung in Hadar 1973 gab den Anlaß zu weiteren Forschungsarbeiten, und nicht nur an dieser wichtigen Fundstelle, sondern auch in anderen Gebieten des Afar-Dreiecks.

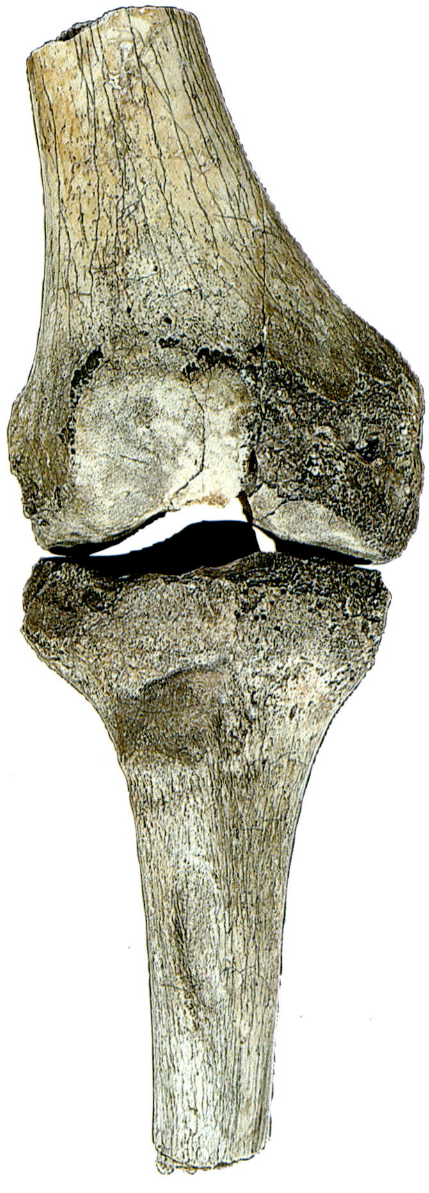

***Australopithecus afarensis*, A.L. 129-1a+1b.** Diese beiden Knochen – Oberschenkel (Femur) und Schienbein (Tibia) – waren die ersten Hominidenfossilien, die in Hadar (Äthiopien) gefunden wurden. Sie bilden ein mit Ausnahme der Kniescheibe vollständiges Kniegelenk und zeigen, daß diese Spezies aufrecht ging. Originalgröße. *Mit freundlicher Genehmigung von Donald Johanson, Institute of Human Origins, und des äthiopischen Nationalmuseums.*

FUND	FUNDORT	ALTER	ENTDECKER	DATUM	VERÖFFENTLICHUNG
adulte Mandibula	Laetoli, Tansania	3,6 Millionen Jahre	Maundu Muluila	1974	Leakey, M. D., R. L. Hay, G. H. Curtis, R. E. Drake, M. K. Jackes und T. D. White, 1976. Fossil hominids from the Laetoli Beds, Tanzania. *Nature* 262: 460–465. Leakey, M. D. und R. L. Hay, 1979. Pliocene footprints in the Laetoli Beds at Laetoli, northern Tanzania. *Nature* 278: 317–328.

Australopithecus afarensis

L.H.-4 TYPUSEXEMPLAR

FOSSILE FUSSABDRÜCKE VON HOMINIDEN

So sehr wir uns auch um wissenschaftliche Objektivität bemühen, immer tragen wir vorgefaßte Meinungen mit uns herum, die unsere Forschung stark beeinflussen können. Ähnlich verhielt es sich vermutlich, als Louis Leakey 1935 auf der Suche nach den Vorfahren der Menschen an die Fossilfundstelle von Laetoli in Tansania kam. Obwohl es dort viele fossile Überreste von Säugetieren gibt, hielt Leakey sich nicht lange an der Stelle auf: Es fehlten Steinwerkzeuge, was für ihn hieß, daß man dort keine Hominidenfossilien finden konnte. Menschen sind etwas Besonderes, weil sie Werkzeuge herstellen, so daß die etwa 30 Kilometer weiter nördlich gelegene Olduvai-Schlucht, wo die Steinwerkzeuge aus den geologischen Schichten ragten, für die Suche nach fossilen Resten unserer Vorfahren weitaus vielversprechender erschien.

Leakey hatte bei Sir Arthur Keith studiert, dem damals angesehensten Anatomen Englands, und war nun überzeugt, die Vorfahren des „wahren Menschen" reichten tatsächlich sehr weit zurück. Keith war leidenschaftlich von der Echtheit des Piltdown-Schädels überzeugt, den man 1912 in einer Kiesgrube im englischen Sussex gefunden hatte. Den Hominidenschädel mit einem Gehirn von heutiger Größe hatte man zusammen mit den Zähnen ausgestorbener, fünf Millionen Jahre alter Tiere entdeckt; sein Kiefer ähnelte dagegen dem eines primitiven Affen. Die Kombination eines modern aussehenden Gehirnschädels mit einem affenähnlichen Kiefer – wie wir heute wissen, handelte es sich um eine absichtliche Fälschung – rechtfertigte Keith' Ansicht, das Gehirn habe den Weg zur Evolution des Menschen geebnet.

Wie der Lehrer, so der Schüler: Mit der Überzeugung, daß der „wahre Mensch" bereits sehr früh aufgetaucht sei, ging Leakey nach Kenia. Als er dort erfuhr, der bekannte Berliner Paläontologe Hans Reck habe in der Olduvai-Schlucht im benachbarten Tansania ein menschliches Skelett gefunden, war Leakey sicher, daß die Entdeckung Keith' Ansichten bestätigen würde. Reck und Leakey unternahmen 1931 eine gemeinsame Expedition in die Olduvai-Schlucht, in der Leakey in Verbindung mit Steinwerkzeugen auch etwas anderes fand, wonach er gesucht hatte: einen sehr alten, aber modern aussehenden Hominiden, der die Bezeichnung *Olduvai Hominid* (OH) 1 erhielt. Keith im heimatlichen England war hocherfreut und gratulierte Louis Leakey zu seiner Entdeckung. Jetzt waren die Würfel gefallen, und der Glaube an einen sehr alten „wahren *Homo*" prägte Leakeys Überzeugungen bis zu seinem Tod.

Auch als man kurz darauf entdeckte, daß es sich bei dem Skelett aus der Olduvai-Schlucht um einen heutigen Massai handelte, den man in älteren geologischen Schichten bestattet hatte, ließ Leakey sich nicht beirren. An den Fundstellen Kanam und Kanjera in Kenia stieß er in Ablagerungen, denen man ein hohes Alter zuschrieb, auf Reste anatomisch moderner Menschen. Wie sich jedoch bei geologischen Untersuchungen herausstellte, waren auch diese Funde heutige Menschen, die in älteren Sedimenten bestattet waren. Den Piltdown-Betrug entlarvten 1953 die Anatomen Joseph Weiner und Wilfred Le Gros Clark von der Universität Oxford sowie Kenneth Oakley, ein Archäologe des British Museum of Natural History. Eigentlich war der Piltdown-Fund ein Schabernack gewesen: Man hatte den Schädel eines heutigen Menschen und den Unterkiefer eines Orang-Utan zusammen mit Knochen ausgestorbener Tiere vergraben.

Vielleicht war Louis Leakeys vorgefaßte Ansicht über das Wesen des „wahren Menschen" der Grund, warum er den linken unteren Eckzahn eines Hominiden nicht erkannte, der 1935 in Laetoli zusammen mit zahlreichen anderen Wirbeltierfossilien aus dem Pliozän gefunden wurde. Der Zahn war zu primitiv, sah nicht modern aus, und wurde nicht in Verbindung mit Steinwerkzeugen entdeckt. Deshalb hielt man ihn für einen Affenzahn; er geriet in Vergessenheit, bis man ihn am Londoner Natural History Museum als Hominiden erkannte und 1981 in *Science* einen entsprechenden Bericht veröffentlichte.

Abgesehen von einer kurzen Phase im Jahr 1939, als der deutsche Entdecker Ludwig Kohl-Larsen in Laetoli (der Name der Massai für eine rote Lilienart) zwei Reste von Hominiden entdeckte, bemerkte man kaum, welche Aufschlüsse über unsere Vergangenheit die Stelle liefern konnte. Erst 1974 machte Mary Leakeys Freund George Dove, der Inhaber der Lake Ndutu Lodge, die etwa 40 Kilometer von der Olduvai-Schlucht entfernt ist, die Wissenschaftlerin auf fossile Zähne aufmerksam, die er beim Bau seines Hauses

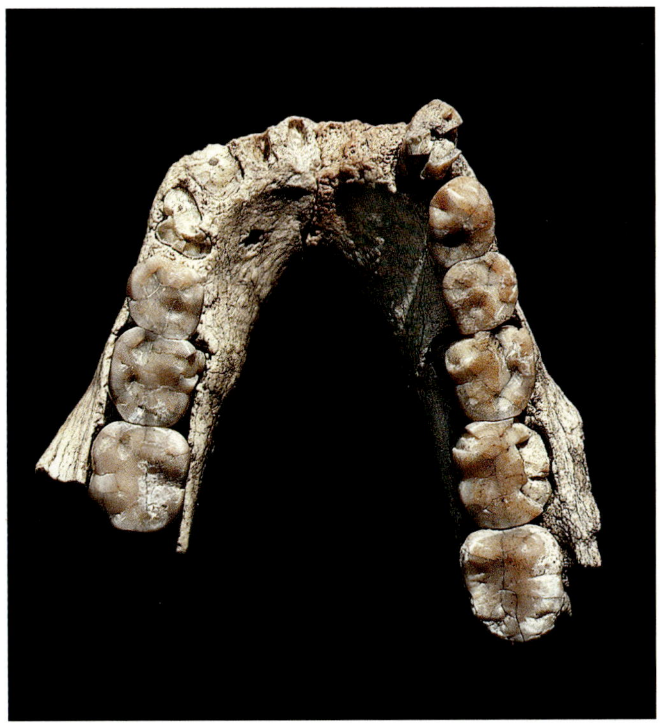

***Australopithecus afarensis*, L.H.-4.**
Dieser Unterkiefer, den man als Typusexemplar für die Spezies wählte, bestätigt die Verbindung zwischen Fossilien aus Laetoli (Tansania) und dem 1 500 Kilometer entfernten Hadar (Äthiopien). Originalgröße. *Mit freundlicher Genehmigung von Donald Johanson, Institute of Human Origins, und des kenianischen Nationalmuseums.*

in einer Ladung Sand entdeckt hatte. Zusammen verfolgten die beiden die Herkunft des Sandes bis nach Laetoli zurück. 1974 fuhr Mary Leakey wieder zu der Stelle, woraufhin sie dort etwa 30 Stücke von Hominiden entdeckte.

Geologische Untersuchungen in Laetoli bestätigten, daß die Hominiden etwa 3,6 Millionen Jahre alt waren, was ungefähr der Datierung für die Funde von Hadar entsprach. Das veranlaßte Donald Johanson und Tim White, der heute in Berkeley (Kalifornien) arbeitet, zu genaueren Untersuchungen und Vergleichen der Hominiden von Laetoli und Hadar. Wie sich schon bald herausstellte, waren die Hominiden, die man 1 500 Kilometer voneinander entfernt gefunden hatte, anatomisch fast genau gleich, so daß man sie sicher derselben Spezies zuordnen mußte. Eine ganze Reihe anatomischer Merkmale an Zähnen, Kiefern und Schädelknochen sprach dafür, daß die Hominiden von Leatoli und Hadar zu den Australopithecinen gehörten. Die eher primitiven Merkmalszustände (siehe Seite 119) führten allerdings dazu, daß man 1978 die neue Spezies *A. afarensis* definierte. Die Funde von Hadar waren zwar vollständiger, als Holotypus wählte man für die Spezies jedoch den Kiefer L.H.-4, dem die aufsteigenden Äste fehlen, der aber neun Zähne enthält: Er ist anatomisch besonders charakteristisch, und außerdem waren bereits genaue Beschreibungen und Photos veröffentlicht. Darüber hinaus trug die Wahl eines Fundes aus Laetoli als Typusexemplar für die größere Sammlung aus Hadar dazu bei, die Verbindung zwischen den Hominiden an den beiden Orten zu betonen.

Während die Hominiden von Laetoli und Hadar Schlagzeilen machten, gelang in Laetoli 1976 eine weitere Entdeckung, die diesen Ort später zu einem wirklichen Wunder der prähistorischen Welt machen sollte. In Vulkanasche, die man auf rund 3,6 Millionen Jahre datiert hatte, fand man Tausende von sehr gut erhaltenen Tierfährten. Als Tuff 7, die fragliche Ascheschicht, noch feucht war, hatten Kleinaffen, Antilopen, Elefanten, zwei Nashornarten, dreizehige Pferde, eine kleine Katze, Giraffen, Perlhühner und vielleicht sogar ein Mistkäfer ihre Fußspuren hinterlassen.

Doch erst als der Geochemiker Paul Abell 1978 in Laetoli Fußabdrücke fand, die einwandfrei von Hominiden stammten, war die Phantasie von Fachleuten und Laien gleichermaßen angeregt. Zunächst begegnete man der Entdeckung mit Unglauben, nachdem sich indes bestätigt hatte, daß es sich tatsächlich um Hominidenspuren handelte, legte man 1978/79 durch Ausgrabungen eine 27 Meter lange Spur mit über 69 Hominiden-Fußabdrücken frei. An der Tatsache, daß ein Hominide die Abdrucke hinterlassen hatte, bestand nach genauer Überprüfung kein Zweifel mehr. Die Vertiefungen in der Asche zeigten eine stark eingedrückte Ferse, und der kräftige Abdruck des großen Zehes glich dem, den ein heutiger Mensch beim Barfußgehen an einem Sandstrand hinterläßt. Am wichtigsten aber war, daß der große Zeh in einer Reihe mit den anderen Zehen stand und nicht abgespreizt war wie bei den auf allen Vieren gehenden Affen. Bei einigen besonders deutlich ausgeprägten Abdrücken erkennt man sogar das in Längsrichtung verlaufende Fußgewölbe und den Fußballen.

Auf welche Hominidenart gehen die Fußabdrücke zurück? Die Antwort scheint auf der Hand zu liegen, denn als einziger Hominide wurde *A. afarensis* in den Sedimenten von Laetoli gefunden, woraus man folgern kann, daß auch die Fußspuren von Angehörigen dieser Spezies stammen müssen. Der Anatom Russell Tuttle von der University of Chicago meinte allerdings nach genauer Untersuchung der fossilen Fußknochen aus Hadar, sie seien für die Abdrücke von Laetoli zu groß. Nach Tuttles Ansicht sehen die Fußspuren von Laetoli so modern aus, daß ein großer *A. afarensis* mit seinen geringfügig gebogenen Zehen sie nicht hinterlassen haben kann. Demnach müssen sie von einem anderen, eher *Homo*-ähnlichen Hominiden stammen, aber von einer solchen Spezies hat man in Laetoli seltsamerweise keinen einzigen Knochen gefunden. Außerdem bliebe dann noch zu erklären, warum *A. afarensis* in Laetoli Knochen, hingegen keine Fußspuren hinterlassen hat.

Die Anthropologen Gen Suwa von der Universität Tokio und Tim White von der University of California in Berkeley verfolgten Tuttles Behauptungen weiter und sahen sich die Fußknochen aus Hadar 1983 nochmals genau an. Sie stellten die Knochenanatomie in den Größenmaßstab von Lucy, woraufhin die so rekonstruierten Füße genau zu den Spuren von Laetoli paßten. Solange das Hominidenphantom, das in Laetoli Fußspuren, indes keine Knochen hinterließ, nicht gefunden ist, sollte man davon ausgehen, daß die Spur in Laetoli von *A. afarensis* stammt. Fußspuren von *afarensis* gefunden zu haben, grenzt fast an ein Wunder!

Mit den Gesteinsschichtungen von Laetoli befaßte sich der Geologe Richard Hay von der University of Illinois eingehend. Wie sich dabei herausstellte, ereignete sich der Vulkanausbruch, in dessen Asche die Fußspuren erhalten blieben, am Ende der Trockenzeit, als das Gras bis auf kurze Stiele abgegrast war. Durch fallende Tropfen entstandene kleine Vertiefungen der Oberfläche weisen darauf hin, daß gerade die Regenzeit einsetzte. In höheren Schichten, die offenbar aus der weiter fortgeschrittenen Regenzeit stammen, wurden viele kleinere Fußabdrücke weggespült, aber die Fährten von großen, wandernden Antilopenherden sind noch zu erkennen.

Dieses hervorragende Abbild der Vergangenheit entstand durch ein einzigartiges Zusammentreffen der Ereignisse. Der Vulkan Sadiman spuckte eine Aschewolke aus, die mit der Konsistenz feinen Sandes die Erde wie Neuschnee bedeckte. Dann regnete es. Die Asche wurde zu Schlamm, in dem Tiere ihre Fußspuren hinterließen. Anschließend schien die Sonne, der Schlamm trocknete, und weil er viel Carbonate enthielt, wurde er zu einer fast betonharten Schicht. Ein weiterer Ascheregen sorgte dann dafür, daß die Fußspuren für die Ewigkeit festgehalten wurden. Der Sadiman stellte seine Aktivität erst ein, nachdem sich eine 16 bis 20 Zentimeter hohe Ascheschicht gebildet hatte. Das letzte Ereignis geschah 3,6 Millionen Jahre später: Wissenschaftler erkannten die durch Erosion freigelegten Fußspuren.

Was in Lucys Verwandten vorging, als der Sadiman ausbrach, werden wir nie erfahren. Aber die Fußspur zeigt, daß zwei Hominiden – vielleicht nebeneinander – geradewegs von Süden nach Norden liefen. Die eine Folge besteht aus großen, die andere aus kleineren Abdrücken. War es ein Männchen und ein Weibchen? Stammen die kleineren Spuren von einem Kind? Nach der Hälfte der Spur blieben die beiden offenbar stehen, drehten sich um und blickten nach Westen. Was erregte ihre Aufmerksamkeit? Die Antwort ist im Strom der Zeit verlorengegangen; nach der Pause gingen sie jedoch in der ursprünglichen Richtung weiter – als wüßten sie genau, wohin.

***Australopithecus afarensis*, Fußabdruck von Laetoli.** Die Fundstelle von Laetoli (Tansania) erregte 1978 weltweit Aufmerksamkeit, weil man dort eine Fußspur von Hominiden entdeckt hatte. Sie zeigt, daß diese frühen Hominiden einen menschenähnlichen Gang hatten. Originalgröße. *Photo von John Reader, Science Source/Photo Researchers.*

FUND	FUNDORT	ALTER	ENTDECKER	DATUM	VERÖFFENTLICHUNG
adultes Cranium	Sterkfontein, Südafrika	2,5 Millionen Jahre	Robert Broom und John T. Robinson	18. April 1947	Broom, R., 1947. Discovery of a new skull of the South African ape-man, *Plesianthropus. Nature* 159: 672.

Australopithecus africanus

STS 5 *MRS. PLES*

Die Veröffentlichung von Raymond Dart aus dem Jahr 1925 über das Kind von Taung (siehe Seite 142) als neue Spezies von Vorfahren des Menschen kam nicht gut an. Seine Behauptungen gaben keinen Anlaß zum Lob, sondern erregten den heftigen Widerspruch fast aller Fachleute mit Ausnahme des Paläontologen Robert Broom. Er gehörte in der Paläoanthropologengemeinde zu den eher exzentrischen Charakteren: Kurz nachdem die Veröffentlichung über *A. africanus* erschienen war, sauste er in Darts Labor und fiel auf die Knie – „zur Verehrung unseres Vorfahren", wie er es ausdrückte.

Broom, ein Schotte, kam 1897 über Australien nach Südafrika, angeregt und begeistert von den säugetierähnlichen Reptilien der Karoo-Wüste. Er verdiente seinen Lebensunterhalt als Mediziner, doch nebenher sammelte, reinigte, zeichnete und veröffentlichte er viel. Im Jahr 1925, als Dart über das Kind von Taung berichtete, war Broom achtundfünfzig, und 250 Veröffentlichungen trugen seinen Namen. Er war von fast unvorstellbarer Produktivität: So benannte er etwa 70 neue Gattungen und fast 200 Arten von Reptilien.

Broom war auch vom Hominidenfieber gepackt, wegen seiner Arzttätigkeit und der Weltwirtschaftskrise konnte er indes auf diesem Gebiet nicht viel tun. Erst 1934 bekam er eine Stelle für Paläontologie und medizinische Anthropologie am Transvaal Museum in Pretoria. Er konzentrierte sich weiterhin auf Reptilien und veröffentlichte in 18 Monaten 16 Fachartikel, aber 1936 schwor er sich, einen erwachsenen Artgenossen des Kindes von Taung zu finden.

Broom ließ sich von zwei Studenten Darts zu einer Höhle führen, die 64 Kilometer nordwestlich von Johannesburg lag und dem Abbau von Kalkstein diente. G. W. Barlow, der Leiter der Steinbrucharbeiten, verkaufte nebenher an Touristen ein paar Fossilien, die man in der Höhle namens Sterkfontein gefunden hatte. Broom bat Barlow, die Augen nach allem offenzuhalten, was auch nur entfernt nach einem Hominiden aussah.

Am 17. August 1936, nur acht Tage nach Brooms Bitte, brachte man ihm zwei Drittel eines Schädel-Innenabdrucks, der dem Kind von Taung nicht unähnlich war. Bei weiterer Suche in dem Trümmergestein (Brekzie) stieß er auf die Schädelbasis, Teile des Gehirnschädels, einige Zähne und einen in kleine Stücke zerbrochenen Oberkiefer. Nun hatte er den gewünschten Hominiden. Mit seinem Hang zur Benennung neuer Arten bezeichnete er den Fund TM 1511 als *Australopithecus transvaalensis* (interessanterweise taucht dieser Name nur in einer Abbildungslegende auf), doch 1938 rechnete er ihn zu *Plesianthropus transvaalensis*, dem „Nahe-zu-Menschen aus Transvaal".

Während des Zweiten Weltkrieges kam die Fossilsuche praktisch zum Erliegen, aber 1947 nahmen Broom, der jetzt über 80 war, und sein Assistent John T. Robinson die Arbeiten in Sterkfontein wieder auf. Das Gestein an der Stelle ist so verfestigt, daß sie die Schichten mit Dynamit sprengen mußten. Am 18. April, nachdem der Staub sich gelegt hatte, fanden sie im Trümmergestein den Schädel eines erwachsenen Australopithecus. Die Explosion hatte den Gehirnschädel quer in zwei Teile gespalten, so daß sich eine mit Kristallen besetzte Gehirnhöhle darbot.

Nachdem sie den Fund mit der Bezeichnung Sts 5 wochenlang im Labor präpariert und gereinigt hatten, erwies er sich als fast vollständige Cranium ohne Zähne. Robinson und Broom meinten, es habe einem Weibchen mittleren Alters gehört, und seither war es als „Mrs. Ples" bekannt. Nach der Untersuchung anatomischer Einzelheiten an der inneren Schädelunterseite und den Augenhöhlen gelangten sie im Juni zu dem Schluß, „diese menschenähnlichen Geschöpfe mit ihrem kleinen Gehirn seien nahezu Menschen gewesen."

Die Entdeckung von „Mrs. Ples" war in vielerlei Hinsicht ein Wendepunkt, denn nun wurden die südafrikanischen Australopithecinen allgemein als Hominiden anerkannt. Vor dem Hintergrund des Erwachsenenschädels Sts 5 konnte man nicht mehr behaupten, das Kind von Taung sei einfach ein junger Affe gewesen. Sts 5 zeigte zweifelsfrei, daß das Kind von Taung, wäre es herangewachsen, sich nicht zu einem Affen entwickelt hätte.

Brooms eher hemdsärmelige Ausgrabungsmethoden, beispielsweise die mangelnde Aufmerksamkeit für stratigraphische Einzelheiten, führten zu Kritik der Kommission für Historische Denkmäler. Man hatte ihm die Arbeit in Sterkfontein sogar verboten, er setzte sich jedoch über die Anordnung hinweg. Die Behörde schloß ihn erneut aus, aber nach einem Aufschrei der wissenschaftlichen Welt und der Öffentlichkeit wurde das Verbot schnell wieder aufgehoben, so daß er seine Ausgrabungen in Sterkfontein fortsetzen konnte.

***Australopithecus africanus,* Sts 5** (siehe auch Seite 3). Dieser Schädel trug lange Zeit den Spitznamen „Mrs. Ples"; neueren anatomischen Untersuchungen zufolge ist er aber männlich. In der Seitenansicht fällt vor allem das stark vorspringende Gesicht auf. Originalgröße.
Photo von David Brill; mit freundlicher Genehmigung des Transvaal Museum.

FUND	FUNDORT	ALTER	ENTDECKER	DATUM	VERÖFFENTLICHUNG
adultes Teilskelett	Sterkfontein, Südafrika	2,5 Millionen Jahre	Robert Broom und John T. Robinson	1. August 1947	Broom, R., J. T. Robinson und G. W. H. Schepers, 1950. Sterkfontein Ape-man *Plesianthropus. Mem. Transvaal Mus.* No. 4.

Australopithecus africanus

STS 14

Nachdem die Kommission für Historische Denkmäler den Paläontologen Robert Broom vorübergehend von der Fossilsuche in der Höhle von Sterkfontein ausgeschlossen hatte (siehe Seite 134), war er 1947 mehr denn je entschlossen, dort bedeutsame Hominidenfossilien zu finden. Am 1. August sprengte er zusammen mit seinem Assistenten John Robinson, der später mit einer umfassenden Untersuchung über die Gebisse der Australopithecinen zu großem Ansehen gelangte, ein Stück des verbackenen Höhlengesteins (Brekzie). Zum Vorschein kamen ein Stück Oberschenkelknochen, mehrere Wirbel und – am wichtigsten – beide Hüftbeine eines Australopithecinen. Das war nach allen Maßstäben ein äußerst bedeutender Fund. Darüber hinaus war es auch ein entscheidender Beleg: Broom konnte nun alle überzeugen, die bezweifelt hatten, daß Australopithecinen tatsächlich Hominiden sind. Das Teilskelett war der Beweis für den aufrechten Gang dieser frühen Vorfahren, der ihnen einen Platz in der Familie der Hominidae sicherte.

Zähne und Kiefer kommen an Hominiden-Fundstellen immer besonders häufig vor – Zähne, weil sie mit dem Zahnschmelz die härteste körpereigene Substanz enthalten, und Kiefer, weil der Knochen um die Zähne sehr dicht und kompakt ist. Das ist ein glücklicher Umstand, denn Zähne und Kiefer liefern viele Aufschlüsse über die Anpassung an verschiedene Ernährungsweisen und über die taxonomische Zugehörigkeit der Hominidenreste (siehe seite 28). Empfindlichere Skeletteile dagegen, zum Beispiel Wirbel, Rippen und Becken, sind Raritäten. Insbesondere die papierdünnen Knochen der Beckenschaufeln zerbrechen leicht und werden zerstört, bevor sie endgültig im Boden begraben werden und Fossilien bilden können. Wirbel können wegen ihrer besonderen hydrodynamischen Eigenschaften leicht von dem verwesenden Kadaver wegschwimmen und versteinern nur selten. Und die Rippen mit ihrem nahrhaften Knochenmark werden häufig von hungrigen Aasfressern als Hors-d'oeuvre zermalmt.

Der Fund vom August 1947 erhielt die Katalognummer Sts 14. Nachdem man in mühseliger Laborarbeit das harte umgebende Gestein entfernt hatte, schälten sich 15 aufeinanderfolgende Wirbel und vier Rippen heraus. Im Vergleich zum Becken eines Jetztmenschen zeigt das von Sts 14, wie nicht anders zu erwarten, geringfügige Abweichungen, insgesamt unterscheidet es sich aber anatomisch eindeutig vom Becken aller Affen. Die Beckenschaufeln sind kurz und breit, die Incisura ischiadica (Einbuchtung der hinteren Sitz- und Darmbeinkante) ist gut entwickelt, und der untere vordere Darmbeinfortsatz ist kräftig. Broom wies eifrig darauf hin, dies sei der unwiderlegbare Beweis, daß die Australopithecinen zu den Hominiden gehörten, und bestätige, daß diese frühen Arten aufrecht gingen.

Da das Becken auffällig klein ist, hielten Broom und seine Kollegen den Fund für ein Weibchen. Im Unterschied zum Becken eines Jetztmenschen steht der vordere obere Fortsatz nach vorn, die Gelenkflächen für das Kreuzbein sind sehr klein, und die Beckenschaufeln sind deutlich nach außen gebogen. Nach Robinsons Ansicht hatte dieses Individuum breite Hüften und einen vorgewölbten Bauch.

Während moderne Menschen fünf Lendenwirbel haben, besitzt Sts 14 deren sechs. Bei den heutigen afrikanischen Menschenaffen ist der Lendenwirbelbereich meist zurückgebildet; sie haben zwischen drei und fünf Lendenwirbel, der Durchschnitt liegt aber zwischen drei und vier. Der erste Lendenwirbel von Sts 14 ist eine Übergangsform mit Ansatzstellen für Rippen wie bei einem Brustwirbel. Die sechs Lendenwirbel sind von oben nach unten immer stärker keilförmig, was für eine gut ausgeprägte Wirbelsäulenkrümmung (Lordose) spricht.

Broom und Robinson veröffentlichten 1950 nur eine vorläufige Beschreibung von Sts 14; eine eingehendere Untersuchung von Robinson erschien erst 1972. Es besteht immer ein gewisser Druck, neue Befunde zu publizieren, und immer ist es eine Gratwanderung: Einerseits will man die zufriedenstellen, die auf eine Veröffentlichung warten, und andererseits darf man nicht voreilig publizieren, denn sonst wird man wegen unvollständiger Befunde zur Zielscheibe der Kritik. Jenes Problems war Broom sich 1950 genau bewußt, weshalb er in erkennbar defensivem Ton schrieb: »Wir ziehen es vor, auch unzulängliche Beschreibungen zu liefern und anderen Fachleuten etwas über unsere Funde mitzuteilen, statt sie zehn Jahre oder länger geheimzuhalten.« Damit spielte Broom auf Wissenschaftler an, die Veröffentlichungen jahrelang zurückhielten und andererseits gleich mit Kritik bei der Hand waren, wenn andere – wie er selbst – schnell etwas publizierten.

Brooms Artikel lassen beim Lesen etwas von einer Dringlichkeit spüren, die zweifellos auch auf sein fortgeschrittenes Alter zurückzuführen war. Gegen Ende war er geradezu besessen davon, sein Buch über die Hominiden von Swartkrans zu Ende zu bringen. Am 6. April 1951, nachdem er die letzten Korrekturen eingearbeitet hatte, soll er angeblich gesagt haben: »Jetzt ist es fertig ... und ich auch.« Am gleichen Abend starb er.

***Australopithecus africanus*, Sts 14.** Überreste von Wirbeln und Becken findet man nur selten in fossiler Form; deshalb war dieser Fund besonders wichtig: Er zeigte, daß die Australopithecinen vom Hals an abwärts eher den Menschen als den Affen ähnelten. *Photo von John Reader, Science Source/Photo Researchers.*

FUND	FUNDORT	ALTER	ENTDECKER	DATUM	VERÖFFENTLICHUNG
adultes Cranium und Mandibula	Sterkfontein, Südafrika	2,5 Millionen Jahre	Robert Broom und John T. Robinson	13. November 1947; 10. August 1948	Broom, R., Robinson, J. T. und G. W. H. Schepers, 1950. Sterkfontein Ape-man *Plesianthropus. Trans. Mus. Mem.* No. 4; Broom, R. und J. T. Robinson, 1949. A new mandible of the ape-man *Plesianthropus transvaalensis. Am. J. Phys. Anthropol.* 7: 123–127.

Australopithecus africanus

STS 71 UND STS 36

Die Ausgrabungen der Jahre 1947 bis 1949 in Sterkfontein unter Leitung des bekannten Paläontologen Robert Broom vom Transvaal Museum und seines Schülers John Robinson führten zur Entdeckung von 70 Resten früher Hominiden. Die Arbeiten in der Höhle kamen schnell voran, und 1950 veröffentlichten Broom und Robinson zusammen mit dem Anatomen G. W. H. Schepers von der University of the Witwatersrand in Johannesburg in einem Buch eine genaue Beschreibung der Funde. Wichtige neue Aufschlüsse über die Hominidenspezies von Sterkfontein lieferte einer der am besten erhaltenen Schädel, der ursprünglich als Schädel Nr. 7 bezeichnet wurde und heute als Sts 71 bekannt ist. Er umfaßt mehr als die Hälfte des Gesichts und die gesamte rechte Seite des Gehirnschädels, so daß man das Gehirnvolumen auf 428 Kubikzentimeter schätzen kann. Von der Seite sieht der Schädel – vermutlich aufgrund langsamer Verformung während der Fossilbildung – eher rund und weniger länglich aus als „Mrs. Ples" (Sts 5), deren Schädelvolumen bei 485 Kubikzentimetern liegt.

In einer Abbildungslegende bezeichnet Broom Sts 71 als Weibchen – eine seltsame Einordnung eines derart kräftig gebauten Gesichts. Insbesondere der weit vorn liegende Ansatz des Jochfortsatzes (die Stelle, wo der Wangenknochen seitlich am Gesicht ansetzt) und die großen Backenzähne weisen eher auf ein Männchen hin. Interessante neue Aufschlüsse über das Geschlecht von Sts 71 ergaben sich 1972 durch die Doktorarbeit des mittlerweile verstorbenen John Wallace, der bei Philip Tobias promovierte, einem heute emeritierten Professor für Anatomie an der University of the Witwatersrand. Das Thema war die Form und Funktion der südafrikanischen Australopithecinen.

Wallace wußte, daß einige Ober- und Unterkiefer aus den südafrikanischen Höhlen von denselben Individuen stammten, so beispielsweise die Funde Sts 52a (Maxilla) und 52b (Mandibula), bei denen Einzelheiten von Biß und Zahnnstellung zusammenpaßten. Er identifizierte zehn Individuen mit zusammengehörigen oberen und unteren Zahnreihen. Neun davon stammten aus der Höhle von Swartkrans, und das einzige Exemplar aus Sterkfontein bestand aus dem Schädel Sts 71 und dem zugehörigen Unterkiefer Sts 36 (siehe Seite 120). Bei beiden waren die Zähne stark abgenutzt, so daß große Bereiche des Zahnbeines freilagen. Bei der Untersuchung des Kiefers Sts 36 waren Broom und Robinson zu dem Schluß gelangt, es müsse sich aufgrund der Größe und der kräftigen Zähne um ein Männchen handeln. Deshalb ergibt sich durch die Erkenntnis, daß der Schädel Sts 71 und der Unterkiefer Sts 36 zusammengehören, ein überzeugendes Bild von einem männlichen Schädel aus Sterkfontein.

Mit dem Nachweis, daß Sts 71 ein Männchen ist, war ein Problem gelöst, aber dafür ergab sich ein anderes. Im Vergleich zu den weiblichen Schädeln aus Sterkfontein (Sts 5 und Sts 52) zeigt das Gesichtsprofil von Sts 71 eine geringere Prognathie (Langkiefrigkeit). Das ist ungewöhnlich, denn die Männchen der heutigen Menschenaffen haben in aller Regel einen längeren Kiefer als die Weibchen. Wenn die morphologischen Unterschiede in den Gesichtsschädeln von Sterkfontein nicht auf Geschlechtsdimorphismus beruhen, wäre es nach Ansicht der Paläoanthropologen William Kimbel vom Institute of Human Origins und Tim White von der University of California auch denkbar, daß die Sammlung mehrere Hominidenarten umfaßt.

Einen weiteren Hinweis auf beträchtliche anatomische Unterschiede zwischen den Funden von Sterkfontein liefert auch der nicht genauer beschriebene Schädel Stw 505 (die Abkürzung Stw steht für „Sterkfontein, Ausgrabungen der University of the Witwatersrand"), der 1989 gefunden wurde (siehe Seite 141). Er ist ein höchst ungewöhnliches Stück: Das Schädelvolumen liegt über 600 Kubikzentimeter und ist damit deutlich größer als der Mittelwert von 452 Kubikzentimeter für sechs ausgewachsene Schädel von *A. africanus.* Morphologisch ist Stw 505 anderen Schädeln aus Sterkfontein (insbesondere Sts 71) sehr ähnlich, wobei die Zahnwurzeln auf kräftige Backenzähne und stark zurückgebildete Schneidezähne schließen lassen. Die Jochbeinwurzel ist sehr dick, und es gibt sogar Anzeichen für einen flachen Scheitelkamm auf der Rückseite des Schädels.

Die Neubewertung länger bekannter Funde wie Sts 71 ist ein ausgezeichnetes Beispiel dafür, wie sich Interpretationen durch eingehende Untersuchungen ändern können. Wenn Sts 71 und der zugehörige Unterkiefer Sts 36 zu einer anderen Spezies als *A. africanus* gehören, ergibt sich die schwierige Aufgabe, unter den Funden von Sterkfontein zwischen den beiden Arten, die sich in vielerlei Hinsicht sehr ähnlich sind, zu unterscheiden.

***Australopithecus africanus*, Sts 71.**
Die Seitenansicht (siehe nächste Seite) zeigt den Gehirnschädel dieses Fundes mit einem Volumen von 428 Kubikzentimetern; das Gesicht springt weniger stark vor als bei Sts 5. Originalgröße.
Photo von David Brill; mit freundlicher Genehmigung des Transvaal Museum.

***Australopithecus africanus*, Sts 71** (siehe vorhergehende Seite). Originalgröße. *Photo von David Brill; mit freundlicher Genehmigung des Transvaal Museum.*

***Australopithecus africanus*, Stw 505.**
Dieser bisher nicht genauer beschriebene Fund aus dem Jahr 1989 hat für *Australopithecus* ein ungewöhnlich großes Gehirnvolumen (über 600 Kubikzentimeter); es zeigt die Variationsbreite zwischen den Hominiden von Sterkfontein. Originalgröße. *Photo von Ron Clarke, University of the Witwatersrand.*

FUND	FUNDORT	ALTER	ENTDECKER	DATUM	VERÖFFENTLICHUNG
juveniles Cranium	Taung, Südafrika	ca. 2,3 Millionen Jahre	M. de Bruyn	Oktober 1924	Dart, R. 1925. *Australopithecus africanus*. The man-ape of South Africa. *Nature* 115: 195–199.

Australopithecus africanus

KIND VON TAUNG

TYPUSEXEMPLAR

In der Kleinstadt Taung im damaligen südafrikanischen Protektorat Betschuanaland baute die Northern Line Company Kalkstein ab. Der Steinbrucharbeiter M. de Bruyn, der die Arbeiten beaufsichtigte, kannte den Anatomieprofessor Raymond Dart und wußte, daß dieser sich sehr für die fossilen Tiere interessierte, die manchmal in dem Dolomit-Kalkstein zum Vorschein kamen. Er verwahrte diese Funde und schickte hin und wieder eine oder zwei Kisten zu Dart an der University of the Witwatersrand in Johannesburg. Was de Bruyn nicht wußte: Die Sendung mit Funden aus dem Herbst 1924 enthielt etwas, das wertvoller war als die Diamanten aus dem 130 Kilometer nördlich gelegenen Kimberley. In diesem Paket fand Dart einen Schädel-Innenabdruck, der anders aussah als die üblichen Pavianschädel aus der gleichen Gegend. Das Gesicht und der zugehörige Unterkiefer waren zum größten Teil erhalten; vor allem paßte der Innenabdruck genau zum vorderen Teil des Schädels. Er hatte sich nicht geirrt: Die Anatomie bestätigte seine anfängliche Ahnung, daß es sich hier nicht um einen Affen handelte. Nachdem Dart in sorgfältiger, mehr als zweimonatiger Arbeit den Kalkstein entfernt hatte, schälte sich aus dem Stein der Schädel eines unausgereiften Primaten heraus, bei dem es sich nur um einen frühen Hominiden handeln konnte. Am 7. Februar 1925 präsentierte er die Belege in der Wissenschaftszeitschrift *Nature*, indem er auf Darwins Voraussage zurückgriff, wonach in Afrika eines Tages die Reste aus den frühesten Stadien der menschlichen Evolution zum Vorschein kommen würden.

In einem kühnen Vorstoß bezeichnete Dart die erste neue Gattung der Paläoanthropologie: *Australopithecus*. Den Fund von Taung wählte er als Holotypus für die Spezies *Australopithecus africanus*. Obwohl er darin das lateinische *australo* mit dem griechischen *pithecus* mischte, blieb sein Name für den „südlichen Affen aus Afrika" bis heute bestehen.

Der „Affenmensch aus Südafrika", wie Dart ihn nannte, besaß eine ganze Reihe menschenähnlicher Eigenschaften, so eine gewölbte, hohe Stirn ohne Brauenwülste, zarte Wangenknochen, ein in Seitenansicht relativ flaches Profil und einen leicht gebauten Unterkiefer. Aus dem geschätzten Schädelvolumen des Kindes von 405 Kubikzentimetern errechnet sich ein Volumen von 440 Kubikzentimetern im ausgewachsenen Zustand. Auch die Zähne sehen recht modern aus: Es fehlt die Lücke zwischen unteren Eckzähnen und ersten Prämolaren, die man bei Menschenaffen beobachtet, und die recht kleinen Eckzähne ragen nicht weit über die Nachbarzähne hinaus. Das Foramen magnum (das Loch in der Schädelbasis, aus dem das Rückenmark austritt) liegt weit vorn an der Schädelunterseite und nicht hinten wie bei Vierbeinern. Wegen dieser anatomischen Anordnung war Dart überzeugt, daß das Kind von Taung aufrecht ging.

Die Reaktionen des britischen Anthropologen-Establishments auf Darts Veröffentlichung reichten von ernsthaften Zweifeln bis zu blanker Ablehnung. Erstens, so hieß es, sei der Fund als ganzes falsch: Er hatte den Kiefer eines Menschen und das Gehirn eines Affen – genau das Umgekehrte erwarteten diejenigen, nach deren Ansicht das Gehirn in der menschlichen Evolution die Vorreiterrolle gespielt hatte. Immerhin hatte man in England bereits den Piltdown-Menschen mit großem Gehirn und affenartigem Kiefer, und wie konnte man ein englisches Fossil zugunsten eines Fundes aus dem tiefsten Afrika beiseite wischen?

Einer der häufigsten Kritikpunkte an Darts Fund aus Taung war schlicht die Tatsache, daß es sich um ein Kind handelte. Der erste Backenzahn des Dauergebiß brach gerade durch, ein Beleg für das kindliche Alter des Fossils. Da die meisten charakteristischen Kennzeichen – die großen Eckzähne, die fliehende Stirn, der große Unterkiefer und das vorstehende Gesicht – sich bei heranwachsenden Affen erst später entwickeln, hielt man es für unangebracht, anhand eines unausgereiften Schädels eine neue Hominidenart zu definieren. Wäre das Kind von Taung erwachsen geworden, hätte es sich nach dieser Ansicht ebensogut als Affe entpuppen können.

Auch andere Argumente wurden gegen das Kind von Taung als Vorfahren der Menschen angeführt. Dart galt als zu jung und unerfahren. Die wenigsten Wissenschaftler machten die lange Reise nach Johannesburg, um sich das Original anzusehen, und Abgüsse standen nicht ohne weiteres zur Verfügung. Selbst als Dart mit seinem Fund nach England fuhr, stand er im Schatten der bekannteren Ausstellungen mit Stücken des Pekingmenschen, die damals gerade ins Zentrum der Aufmerksamkeit rückten.

Leider wurden in Taung trotz mehrerer neuer Ausgrabungsprojekte nie weitere Reste von Hominiden gefunden. Warum tauchte an dieser Stelle nur ein einziges Stück auf? Einkerbungen und Bruchspuren an dem Fossil von Taung ähneln denen, die man an Tierknochen in Adlerhorsten findet.

Möglicherweise handelt es sich also um die Reste der Mahlzeit eines großen Raubvogels. Was immer auch der Grund gewesen sein mochte, jedenfalls lehnte die Royal Society Darts Buch über das Kind von Taung mit Ausnahme des Abschnitts über die Zähne ab. Und zur Verletzung kam noch die Beleidigung hinzu: Der einflußreiche englische Anatom Sir Arthur Keith und der österreichische Paläontologe Othenio Abel veröffentlichten jeweils etwa 100 Seiten über den Fund von Taung; Keith gelangte dabei zu dem Schluß, es handele sich um einen Schimpansen, und nach Abels Ansicht war es ein Gorilla.

Vielleicht aus diesen oder auch anderen Gründen entschloß sich Dart, seine Vorstellungen über das Kind von Taung nicht durch die Suche nach weiteren Fossilien zu untermauern. Statt dessen baute er an der University of the Witwatersrand ein anatomisches Institut auf. Erst 20 Jahre später, als man an Stellen wie Sterkfontein (siehe Seite 134) erwachsene Exemplare von *A. africanus* fand, wurden Darts Erkenntnisse über das Kind von Taung bestätigt. Seltsamerweise liegt das Typusexemplar von *Australopithecus africanus* bis heute, über 70 Jahre nach seiner Entdeckung, noch ohne wissenschaftliche Beschreibung in einem Tresor der Universität.

Australopithecus africanus, **Kind von Taung** (siehe auch Seite 79). Dieser Schädel, der erste in Afrika gefundene frühe Hominide, war die Grundlage für eine neue Gattungs- und Artbezeichnung. Der erste Molar ist erst teilweise durchgebrochen, das heißt, dieses Individuum starb schon als Kind. Originalgröße. *Photos von David Brill; mit freundlicher Genehmigung der University of the Witwatersrand.*

FUND	FUNDORT	ALTER	ENTDECKER	DATUM	VERÖFFENTLICHUNG
adultes Teilcranium und Mandibula	Kromdraai, Südafrika	ca. 2,0 Millionen Jahre	Gert Terblanche	8. Juni 1938	Broom, R. 1938. The Pleistocene anthropoid apes of South Africa. *Nature* 142: 377–379; 897–899.

Australopithecus robustus

TM 1517 TYPUSEXEMPLAR

Nachdem Robert Broom 1936 in Sterkfontein den ersten Australopithecinen entdeckt hatte, kehrte er mehrere Male zu dem Steinbruch zurück. Er wollte wissen, ob Barlow weitere Hominidenfunde aufgespürt hatte. Broom kaufte von Barlow ungefähr 18 weitere Hominidenfossilien, von denen die meisten aber stärker zerstückelt waren als der erste Schädel-Innenabdruck mit den Schädelteilen. Ein Stück mit der Bezeichnung TM 1513, der distale Abschnitt eines Femurs, war jedoch ziemlich vollständig; seine Anatomie, insbesondere der Ansatzwinkel (Collum-Corpus-Winkel) des Knochenschaftes und die verlängerte seitliche Kondyle, überzeugte Broom, daß *Plesianthropus transvaalensis* aufrecht ging.

Bei einem Besuch in Sterkfontein am 8. Juni 1938 kaufte Broom für zwei Pfund ein Oberkieferfragment mit einem ersten Molaren. Es war für ihn ein besonders interessantes Stück: Mit seinem großen Ausmaßen und den runden, dicken Zahnhöckern gehörte es nach seiner Vermutung zu einer neuen Art und nicht zu *transvaalensis*, dessen Fossilien man zuvor an dieser Stelle gefunden hatte. Weiterhin stellte Broom fest, daß sich das Gesteinsmaterial an dem Oberkiefer von dem in Sterkfontein unterschied, und er fragte Barlow, wo man das Stück gefunden habe. Eine Woche später räumte Barlow ein, er habe es von einem Schuljungen erhalten, der sonntags als Fremdenführer in der Höhle arbeitete.

Sofort machte Broom sich zur Wohnung des Jungen auf; als er dort ankam, war Gert Terblanche gerade in der Schule. Broom wollte ihn unbedingt sprechen, denn an der Maxilla wiesen frische Bruchstellen darauf hin, daß man am Fundort vielleicht noch weitere Stücke entdecken konnte. Er spürte den Jungen in der Schule auf und kaufte ihm vier weitere Zähne ab. Nachdem er in der Schule einen Vortrag über die Höhlen-Fundplätze gehalten hatte, führte Gert ihn zu einer Stelle namens Kromdraai, die etwa 1,5 Kilometer ostnordöstlich von Sterkfontein lag.

Wie Broom vermutet hatte, wurden an dem Abhang, wo das erste Stück aufgetaucht war, weitere Fossilien gefunden. Diese Bruchstücke umfaßten fast den gesamten Gaumen mit Zähnen, die linke Seite eines Schädels mit dem Jochbeinbogen und die rechte Hälfte eines Unterkiefers mit Prämolaren und Molaren. Brooms anfängliche Ahnung war richtig gewesen: Der Hominide von Kromdraai unterschied sich stark von dem in Sterkfontein.

Das Stück aus Kromdraai mit der Bezeichnung Transvaal Museum (TM) 1517, hatte ein größeres Gesicht und kräftigere Kiefer mit viel größeren Prämolaren und Molaren. Schnell schrieb Broom eine Veröffentlichung, und im August 1938, kaum zwei Monate nach dem ersten Fund von Kromdraai, wurde TM 1517 zum Holotypus für *Paranthropus robustus*. In dem Gattungsnamen kombinierte Broom zwei griechische Begriffe mit der Bedeutung „neben dem Menschen", und im Hinblick auf den kräftigeren Bau der Fossilien fügte er als Artbezeichnung das lateinische *robustus* für „stark und stämmig gebaut" hinzu. (In diesem Buch heißt er nicht *Paranthropus*, sondern *Australopithecus*, aber immer mehr Paläoanthropologen kehren mittlerweile zu Brooms Gattungsbezeichnung für die robusten Australopithecinen zurück.)

Als der Zweite Weltkrieg den Ausgrabungen in Sterkfontein ein Ende machte, wandte Broom sich der Laborarbeit zu. Er trug Gesteinstrümmer aus Kromdraai ab und fand Hand- und Fußknochen, ein rechtes Ellenbogengelenk sowie das Os talus aus der Fußwurzel. Er nahm sich vor, eine Monographie über die Australopithecinen zu vollenden, und darin wagte er sogar die kühne Behauptung, sie bildeten eine eigene zoologische Unterfamilie namens Australopithecinae. Seine fachkundigen Beschreibungen der Hominidenfossilien sind bis heute eine wichtige Grundlage für die paläoanthropologische Arbeit. Der zweite Teil des Werkes stammt von dem Anatomen G. W. H. Schepers und einem Schüler Darts, nämlich dem Jungen, der Broom 1936 nach Sterkfontein geführt hatte; die beiden beschrieben – nach Ansicht mancher Fachleute recht phantasievoll – die Schädel-Innenabdrücke der Australopithecinen.

Brooms Monographie, die am 31. Januar 1946 erschien, erhielt den Preis der National Academy of Sciences der USA als wichtigstes biologisches Buch des Jahres und trug viel zur Wandlung der Ansicht bei, die südafrikanischen Affenmenschen seien keine Vorfahren der Menschen. Für die Paläoanthropologie war 1946 überhaupt ein entscheidendes Jahr, denn Sir Wilfred E. Le Gros Clark, ein angesehener Professor für Anatomie an der Universität Oxford, befaßte sich in einer eingehenden Studie mit den Originalfossilien der Australopithecinen und gelangte dabei zu der Überzeugung, daß sie tatsächlich Vorfahren der Menschen waren. Le Gros Clarks Zustimmung hatte beträchtliches Gewicht, und auf dem Ersten Panafrikanischen Kongreß, den Louis Leakey im Januar 1947 in Nairobi einberief, ordnete er die Australopithecinen ausdrücklich als Hominiden ein.

***Australopithecus robustus*, TM 1517.**
Da Gesicht, Kiefer und Zähne dieses Fundes im Vergleich zu *A. africanus* sehr groß sind, war Robert Broom überzeugt, daß er es mit einer anderen Spezies zu tun hatte; damit war der erste robuste Australopithecine entdeckt. Originalgröße.
Photo von John Reader, Science Source/Photo Researchers

FUND	FUNDORT	ALTER	ENTDECKER	DATUM	VERÖFFENTLICHUNG
adultes Cranium	Sterkfontein, Südafrika	ca. 2,5 Millionen Jahre	Alun Hughes	6. Juni 1984	Clarke, R. J., 1988. A new *Australopithecus* cranium from Sterkfontein and its bearing on the ancestry of *Paranthropus*. In *Evolutionary History of the „Robust" Australopithecines*, F. E. Grine (Hrsg.), S. 285–292.

Australopithecus sp.
STW 252

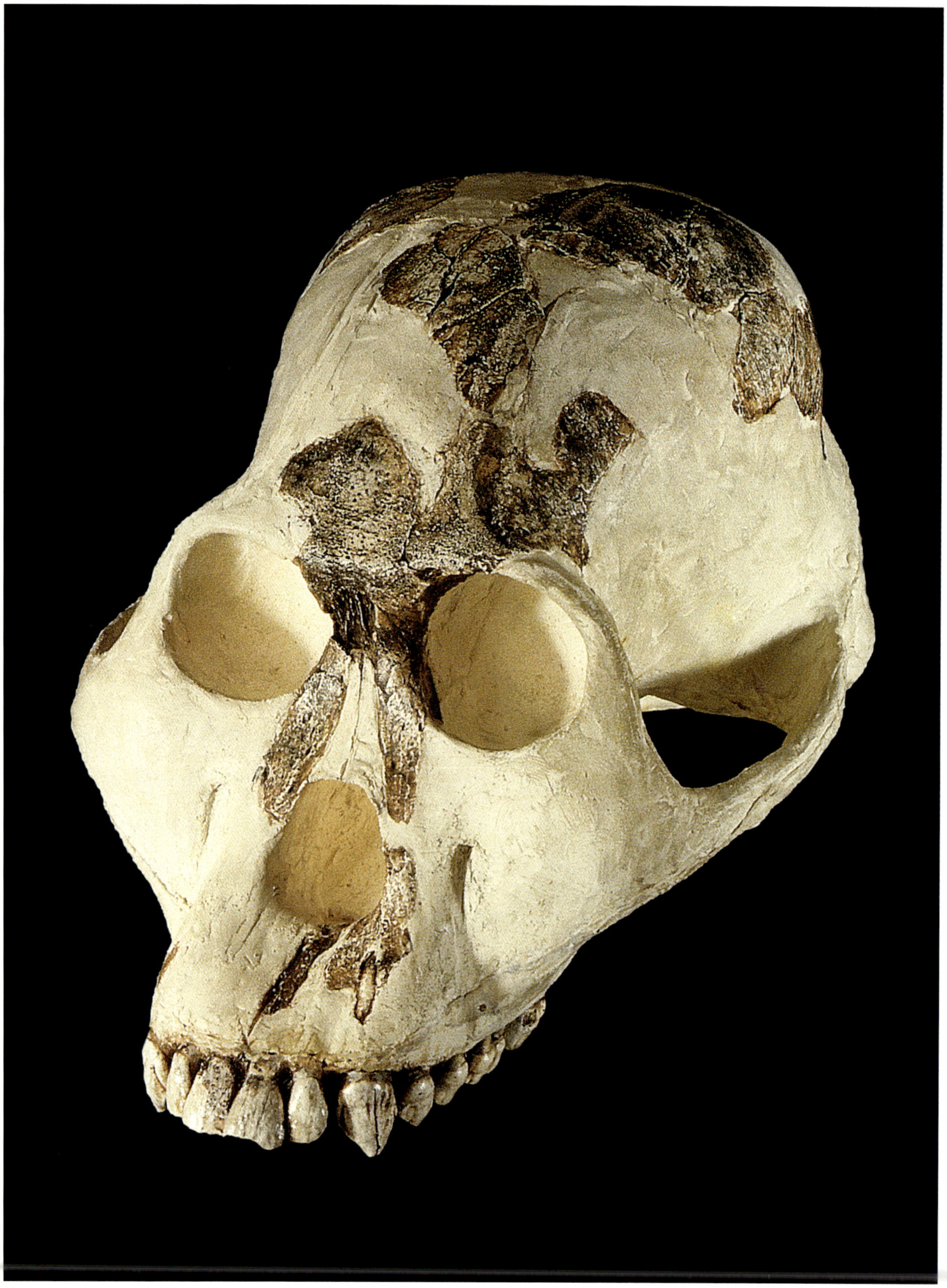

Nach Ansicht der meisten Paläoanthropologen gehören die vielen fossilen Hominiden aus der Höhle Sterkfontein in Transvaal zu einer einzigen Spezies namens *Australopithecus africanus*. Nachdem man dort 1984 einen zerstückelten Teilschädel (Katalognummer Stw 252) gefunden hatte, eröffnete sich allerdings erneut eine Möglichkeit, die einige Wissenschaftler schon früher in Erwägung gezogen hatten: daß in Sterkfontein mehrere Arten vorkommen (siehe Seite 138).

Da Stw 252 aus einer nicht datierten Schicht in der Höhle geborgen wurde, läßt sich sein Alter auch nicht annähernd genau angeben. Nach Berichten des Paläoanthropologen Ron Clarke von der University of the Witwatersrand stammt er jedoch aus Ablagerungen tief im Inneren der Höhle, wonach er älter als viele andere Funde aus Sterkfontein sein könnte. Clarke untersuchte und rekonstruierte Stw 252: Er besteht aus einer fast vollständigen unteren Zahnreihe, dem größten Teil des Gaumens, kleinen Stücken des Gesichts und Teilen von Stirn-, Scheitel- und Hinterhauptsbein. In manchen anatomischen Eigenschaften unterscheidet sich das Stück nach Clarkes Feststellungen deutlich von typischen *A. africanus*-Exemplaren wie Sts 5 (siehe Seite 134), wofür es größere Ähnlichkeit mit *Paranthropus* hat. Zu diesen Eigenschaften gehören eine dünne Oberkante der Augenhöhlen, zur Mittelnaht oben auf dem Schädel verlaufende Schläfennähte, ein angedeutetes Trigonum frontale (eine flache, dreieckige Vertiefung in der Mitte des Stirnknochens knapp über dem Nasenbein) und ein relativ flaches Gesicht. Im übrigen vertritt Clarke energisch die Ansicht, man solle für die robusten Australopithecinen, die in diesem Buch als *Australopithecus* bezeichnet werden, Robert Brooms Gattungsbezeichnung beibehalten.

Weiterhin bemerkte Clarke bei Stw 252 eine ungewöhnliche Kombination aus relativ großen Schneidezähnen und ebenfalls großen Backenzähnen, durch die dieses Stück sich von anderen Australopithecinen unterscheidet. Die oberen Schneidezähne sind viel größer als bei allen anderen Hominiden aus Sterkfontein, ja sogar größer als bei sämtlichen sonstigen südafrikanischen Australopithecinen. Insbesondere der Eckzahn ist spitz und so lang, daß er weit vorsteht. Die Backenzähne (Prämolaren und Molaren) sind groß und haben „dicke Höcker"; ihre Ausmaße liegen im gleichen Bereich wie bei den robusten Australopithecinen und überschreiten die des zarter gebauten *A.africanus* bei weitem. Clarke behauptet, Stw 252 sei ein Vorläufer der robusten Australopithecinen; er ordnet ihn zwar keiner neuen Spezies zu, vertritt aber vehement eine solche Bezeichnung.

Ein charakteristisches Kennzeichen der typischen robusten Australopithecinen sind stark vergrößerte, zum kräftigen Kauen geeignete Backenzähne und zurückgebildete Schneidezähne. Nach Clarkes Ansicht ist Stw 252 ein früher Vertreter der robusten Abstammungslinie: Die Backenzähne waren durch die natürliche Selektion bereits vergrößert, die vorderen Zähne waren hingegen noch nicht kleiner geworden. In dieser Hinsicht ähnelt Stw 252 dem Schwarzen Schädel (siehe Seite 152), der – so die Schätzung anhand der Zahnwurzeln – ebenfalls große Vorder- und Backenzähne besaß. Im Gegensatz zum Schwarzen Schädel fehlt bei Stw 252 aber der Scheitelkamm, das typische Anzeichen für starke, seitlich am Kopf gelegene Kaumuskeln.

Die großen vorderen Zähne erinnern in vielen Aspekten an die der ostafrikanischen Spezies *A. afarensis*; insbesondere die großen Eckzähne ähneln denen eines Fundes aus Laetoli in Tansania, der auf 3,5 Millionen Jahre datiert wurde. Wie *afarensis*, so hat auch Stw 252 das Diastema, eine Lücke zwischen den oberen Eckzähnen und den ersten Prämolaren. Die Backenzähne von *afarensis* sind jedoch winzig im Vergleich zu den großen Molaren und Prämolaren von Stw 252.

Stw 252 spricht wie der Schwarze Schädel für eine ganz bestimmte Reihenfolge morphologischer Veränderungen in der Evolution der robusten Australopithecinen: Zuerst vergrößerten sich die mahlenden und zerquetschenden Backenzähne, und erst später wurden die Vorderzähne kleiner. Sowohl der Schwarze Schädel als auch Stw 252 zeigen Prognathie (vorstehender Oberkiefer) mit vergrößerten Zähnen, die an den älteren Zustand bei *A. afarensis* erinnern. Nach einer Interpretation war deshalb ein *afarensis*-ähnlicher Hominide der Vorfahre von Stw 252 in Sterkfontein und auch des Schwarzen Schädels (siehe Seite 152) in Ostafrika.

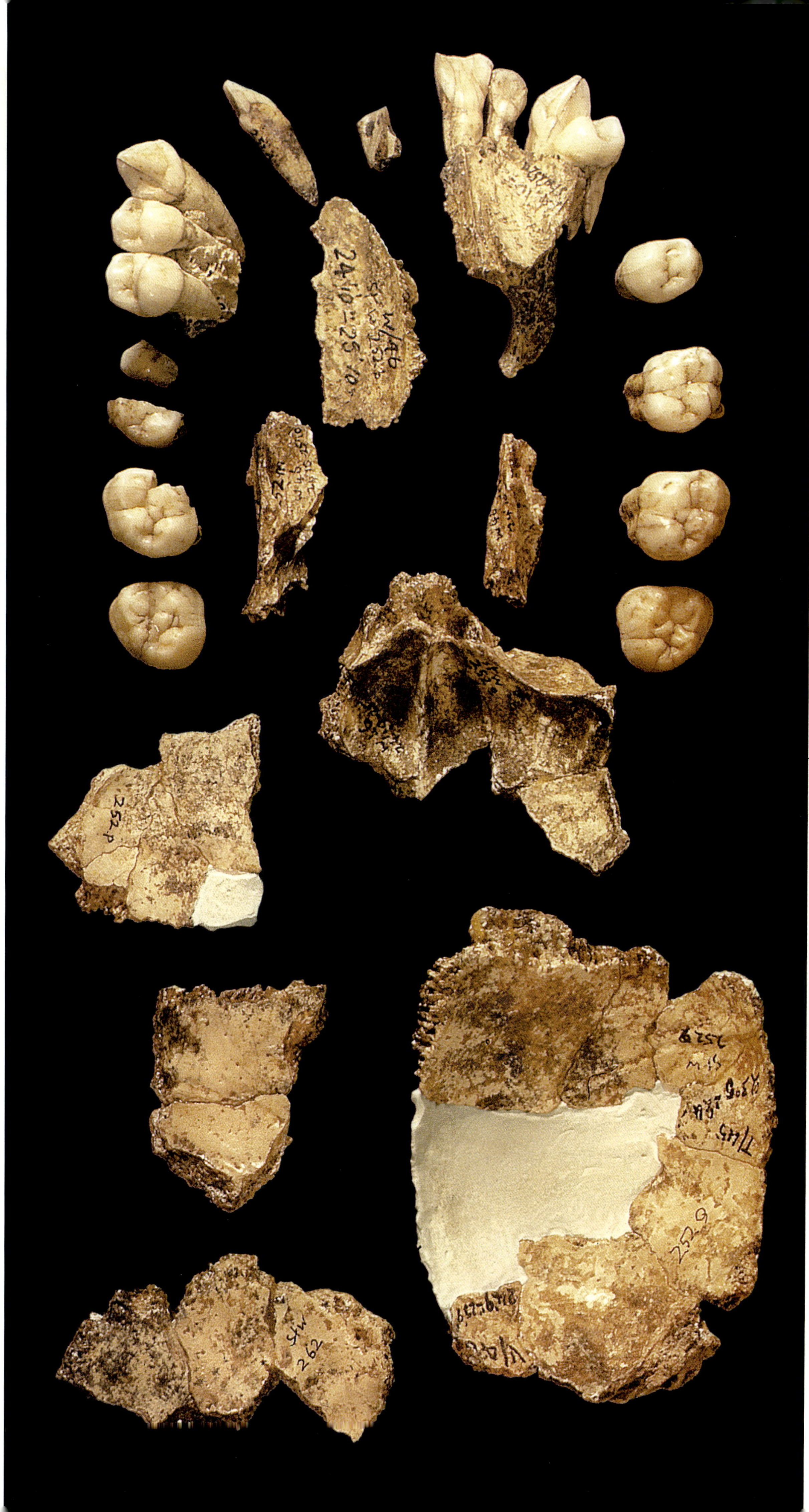

***Australopithecus* sp., Abguß Stw 252 *(links)* und Fossilbruchstücke *(rechts)*.** Für eine zweite Spezies in Sterkfontein spricht auch dieser Fund aus jüngster Zeit, der aus den hier gezeigten Originalzähnen und Schädelfragmenten rekonstruiert wurde. Er hat ein flaches Gesicht und ähnelt auch in anderen Eigenschaften den robusten Australopithecinen, aber die Kombination aus großen Vorder- und Backenzähnen findet man bei keinem anderen Vertreter dieser Gattung. Originalgröße. *Photos von Ron Clarke, University of the Witwatersrand*

	FUND	FUNDORT	ALTER	ENTDECKER	DATUM	VERÖFFENTLICHUNG
SK 6	juvenile Mandibula	Swartkrans, Südafrika	1,5–2,0 Millionen Jahre	Robert Broom und John T. Robinson	16.–26. November 1948	Broom, R., 1949. Another new type of fossil ape-man. *Nature* 163: 57
SK 48	adultes Cranium	Swartkrans, Südafrika	1,5–2,0 Millionen Jahre	Fourie	30. Juni 1950	Bromm, R. und J. T. Robinson, 1952. Swartkrans Ape-man, *Paranthropus Crassidens. Trans. Mus. Mem.* No. 6
SK 79	adultes Cranium	Swartkrans, Südafrika	1,5–2,0 Millionen Jahre	Robert Broom und John T. Robinson	1949	Robinson, J. T., 1956. The Dentition of the Australopithecinae. *Trans. Mus. Mem. No.* 9.

Australopithecus robustus

SK 6 TYPUSEXEMPLAR / SK 48 / SK 79

Für paläoanthropologische Forschung standen nie üppige Geldmittel zur Verfügung. Ein Teil der Kosten wird zwar durch die Etats von Staaten und Wissenschaftsinstitutionen gedeckt, aber die meisten Wissenschaftler müssen sich früher oder später auch um Finanzierung aus privaten Quellen bemühen. Das galt besonders in der Frühzeit des Wissenschaftsgebiets, beispielsweise für den schottischen Paläontologen Robert Broom, der am Transvaal Museum in Südafrika arbeitete. Er brauchte 1948 dringend neue Geldmittel und arbeitete deshalb mit einem wohlhabenden jungen Amerikaner namens Wendell Phillips zusammen, der laut Broom „mehr Geld und Geltungsbedürfnis als wissenschaftliche Fähigkeiten besaß". Phillips leitete und finanzierte die Afrikaexpedition der University of California und war sehr darauf erpicht, für die Universität Fossilien von Affenmenschen zu finden.

Broom, der bereits seit vielen Jahren in Sterkfontein arbeitete und über das ganze Tal sehr genau Bescheid wußte, kannte noch eine andere Höhlen-Fundstelle, die nur 1 170 Meter westlich von Sterkfontein lag und Swartkrans hieß. In der Hoffnung, dort ebenfalls Hominiden zu finden, ging er im November 1948 an die Arbeit. Fast sofort stieß man auf die linke Hälfte des Unterkiefers eines jugendlichen Hominiden mit fünf Backenzähnen, einen einzelnen rechten zweiten Prämolaren und drei Molaren.

Für Broom lag sofort auf der Hand, daß der kräftige Kiefer und die großen Zähne mit ihrem dicken Zahnschmelz ganz anders waren als die Funde von Sterkfontein auf der anderen Talseite. Seiner üblichen Neigung folgend, gab er dem Kiefer einen ganz neuen Gattungsnamen, und knapp zwei Monate später veröffentlichte er über den Fund mit der Bezeichnung SK 6 einen Bericht, der ihn als Holotypus von *Paranthropus crassidens* beschrieb. In dem Artnamen kombinierte er die lateinischen Wörter *crassus* („dick", „fest") mit *dens* („Zahn"). Besonders auffällig waren für Broom die rundlichen Zahnhöcker und der dicke Zahnschmelz auf den Zahnkronen.

Zwar ordnen die meisten Paläoanthropologen die Funde von Swartkrans heute als *A. robustus* ein, doch besteht auch eine starke Tendenz, *Paranthropus* als Gattung wiederzubeleben. Nach einer eingehenden Untersuchung des Paläoanthropologen Fred Grine von der State University of New York in Stony Brook, der sich insbesondere mit den Milchzähnen befaßte, könnte es sich bei den Überresten aus Swartkrans um eine andere Spezies handeln und nicht um den *P. robustus*, den Broom aufgrund eines Hominidenfossils von der Fundstelle Kromdraai benannt hatte (siehe Seite 144).

Brooms Ausgrabungen in Swartkrans brachten reichen Lohn: eine Hominidensammlung, in der Zähne und Kiefer vorherrschten. Seine Arbeiten sind ein gutes Beispiel dafür, wie wissenschaftliche Tätigkeiten manchmal durch wirtschaftliche Interessen unterbrochen werden. Obwohl der kommerzielle Calcitabbau in der Höhle Vorrang hatte, durchstöberte Broom, unerschrocken wie immer, Abraumhalden, die durch umfangreiche Sprengungen schnell wuchsen. Am 30. Juni 1950 wurde in den Sedimenten durch eine Explosion ein „schöner Schädel" freigelegt. Der nur geringfügig zerbrochene Fund SK 48 wurde durch die Sprengung leider ein wenig beschädigt, enthielt aber noch rechts den Eckzahn und ersten Prämolaren sowie links alle drei Molaren.

Der Schädel SK 48 war vor allem deshalb wichtig, weil er neue Aufschlüsse über die charakteristische Morphologie der robusten Australopithecinen lieferte. Broom hielt ihn für ein Weibchen. Er besitzt einen kleinen Scheitelkamm, und die kräftigen Jochbeinbögen ragen in Seitenansicht weit nach vorn, so daß der vertiefte Nasenbereich dahinter verschwindet. Der Eckzahn ist wie der gesamte Schneidezahnbereich recht klein, die Backenzähne dagegen haben stattliche Ausmaße – ein typisches Kennzeichen der robusten Australopithecinen.

Die Höhlen in Transvaal dienten nicht zu Wohnzwecken, sondern waren schlicht Fallen: In ihnen sammelten sich die Knochen hineingefallener Lebewesen an und wurden in dem sehr harten Gestein schließlich zu Fossilien. Die langsamen Vorgänge des Versinkens und Versteinerns führten oft zu gewaltigem Druck auf den Knochen, so daß diese brachen und verformt wurden. Ein ausgezeichnetes Beispiel ist SK 79, bei dem nur Teile des Gesichts erhalten sind (siehe Seite 4).

Selbst der Tod brachte Broom nicht zum Schweigen: Im März 1952, fast ein Jahr nachdem er gestorben war, erschien eine 123seitige Monographie mit dem Titel *Swartkrans Ape-Man, Paranthropus crassidens* mit zahlreichen Zeichnungen und Photos. Sie wurde als Transvaal Museum Memoir Nr. 6 von den Autoren Broom und Robinson veröffentlicht. Robinson setzte die Arbeiten in Swartkrans nach Brooms Tod allerdings nur noch ein Jahr lang fort. Aber glücklicherweise begannen sie 1966 erneut, diesmal unter der fachkundigen Leitung von C. K. Brain, der früher Direktor des Transvaal Museums gewesen war. Er schaffte die zerstörerischen Sprengungen ab und entwickelte eine Ausgrabungstechnik mit Metallkeilen, die mit einem sieben Kilo schweren Hammer in Bohrlöcher im Brekziengestein getrieben wurden. Die so entstandenen Gesteinstrümmer wurden mit Hammer und Meißel vorsichtig aufgebrochen. Zeigte sich dabei ein vielversprechendes Fossilstück, entfernte man das anhaftende Gestein stufenweise mit immer feineren Werkzeugen.

Erst 26 Jahre später stellte Brain die Ausgrabungen in Swartkrans ein, und im September 1992 wurde die Stelle unter Denkmalschutz gestellt, so daß ihre Erhaltung gesichert war.

***Australopithecus robustus*, SK 6.** Robert Broom benannte diesen Unterkiefer als Typusexemplar für *Paranthropus crasssidens*, und viele Paläoanthropologen entschlossen sich, alle robusten Australopithecinen der Gattung *Paranthropus* zuzuordnen. Originalgröße. *Photo von John Reader, Science Source/Photo Researchers.*

***Australopithecus robustus,* SK 48** (siehe auch vorangegangene Seite und Seite 108). In der Vorderansicht (*links*) erkennt man den kleinen Scheitelkamm und das breite, flache Gesicht. Von unten (*rechts*) sind die charakteristischen kleinen Eckzähne und die großen Backenzähne zu erkennen. Originalgröße. *Photo von David Brill; mit freundlicher Genehmigung des Transvaal Museum.*

FUND	FUNDORT	ALTER	ENTDECKER	DATUM	VERÖFFENTLICHUNG
adultes Cranium	Turkana-See, Kenia	2,5 Millionen Jahre	Alan C. Walker	29. August 1985	Walker, A. C., R. E. Leakey, J. M. Harris und F. H. Brown, 1986. 2,5-Myr *Australopithecus boisei* from west of Lake Turkana, Kenya. *Nature* 322: 517–522.

Australopithecus aethiopicus

KNM-WT 17000 *SCHWARZER SCHÄDEL*

Der Schwarze Schädel trägt seinen Namen, weil er durch manganhaltige Mineralien schwarzblau gefärbt ist. Er ist ein gutes Beispiel für die Artenvielfalt in der Hominidenevolution. Dieses Stück mit der Bezeichnung KNM-WT 17000 wurde auf der Westseite des Turkana-Sees gefunden und auf 2,5 Millionen Jahre datiert; es gehört zu einer eigenen Art namens *Australopithecus aethiopicus* und hat offenbar mit *Homo*, unserer eigenen Gattung, absolut nichts zu tun. Obwohl er nicht zu unserer unmittelbaren Vorfahrenreihe gehört, liefert der Schwarze Schädel jedoch wichtige Aufschlüsse über das Tempo und die Art des morphologischen Wandels sowie über die Möglichkeit, daß es in der Hominidenevolution mehrere Abstammungslinien gab.

Der Schwarze Schädel ist wahrscheinlich ein früher Vertreter einer sehr erfolgreichen Gruppe der Australopithecinen, die geographisch weit verbreitet war und sich lange Zeit behaupten konnte, bevor sie schließlich ausstarb. Diese faszinierenden, aufrecht gehenden Geschöpfe – robuste Australopithecinen genannt – entwickelten eine Reihe charakteristischer Anpassungen des Kauapparats, die zum Verzehr großer Mengen geringwertiger Nahrung nützlich waren, wie kräftige Kiefer, riesige Backenzähne zum Zermahlen und Zermalmen sowie in manchen Fällen einen Scheitelkamm (Sagittalkamm). Die bekanntesten Beispiele sind Robert Brooms *Paranthropus robustus* aus Südafrika (siehe Seite 144) und Louis Leakeys ostafrikanischer *Zinjanthropus boisei* (siehe Seite 156), die heute beide der Gattung *Australopithecus* zugerechnet werden.

Als die Entdeckung des Schwarzen Schädels bekanntgegeben wurde, ähnelte der Stammbaum der Menschen einem Y mit *A. afarensis* als Ausgangsart und zwei getrennten Abstammungslinien: Die eine führte zu den robusten Australopithecinen und starb schließlich aus, die andere brachte unsere eigene Gattung *Homo* hervor. Da Hominidenfossilien aus der Zeit vor zwei bis drei Millionen Jahren fast völlig fehlten, erhoffte man sich von der Entdeckung eines recht vollständigen Schädels aus dieser Periode neue Erkenntnisse über einen bis dahin ungeklärten Abschnitt der Hominidenevolution.

A. aethiopicus besitzt eine Reihe primitiver Merkmale, die an *A. afarensis* erinnern, seinen mutmaßlichen Vorfahren. Das Gesicht springt beispielsweise weit vor (Prognathie), das Schädelvolumen ist mit 410 Kubikzentimetern gering, und die Schädelverdickungen ähneln, vor allem an der Rückseite, denen von *A. afarensis*. Andererseits gibt es aber auch mehrere abgeleitete Merkmale, so den ausgeprägten Scheitelkamm, ein flaches, konkaves Gesicht und deutlich vergrößerte Backenzähne (zu erkennen an den erhaltenen Wurzeln von Prämolaren und Molaren), die für erdgeschichtlich jüngere Australopithecinenarten charakteristisch sind.

Diese Mischung primitiver und fortgeschrittener Merkmale des Schwarzen Schädels wird unterschiedlich interpretiert. Die Entdecker ordneten KNM-WT 17000 als *Australopithecus boisei* ein und betonten damit die wenigen abgeleiteten Merkmale, die er mit diesem gemeinsam hat. Ihrer Argumentation zufolge gab es in Ostafrika eine ununterbrochene Abstammungslinie robuster Australopithecinen. Um der schwierigen Frage aus dem Weg zu gehen, wo man in dieser Linie einzelne Arten abgrenzen soll, betrachteten sie den Schwarzen Schädel einfach als einen älteren Vertreter von *A. boisei*.

Zu einer anderen Schlußfolgerung gelangten die Paläoanthropologen William Kimbel, Tim White und Donald Johanson aus Berkeley in Kalifornien, nachdem sie 32 Merkmale von KNM-WT 17000 mit anderen Arten von *Australopithecus* verglichen hatten. Nach ihren Feststellungen stimmt der Schädel nur in zwei Merkmalen mit *A. boisei* überein, aber in zwölf Eigenschaften mit *A. afarensis*. Von den übrigen hatte er sechs mit *A. africanus, robustus* und *boisei* sowie zwölf mit *robustus* und *boisei* gemeinsam.

Wegen der ausgeprägten abgeleiteten Merkmale robuster Australopithecinen war die Überlegung, KNM-WT 17000 als *A. afarensis* zu bezeichnen, nicht haltbar. Außerdem stand er aufgrund der Argon-Argon-Datierung auf 2,5 Millionen Jahre in der Mitte zwischen *afarensis* und *boisei*. Daraus ergab sich der Schluß, KNM-WT 17000 verdiene den Namen *aethiopicus*. Wie kam es, daß ein Fossil aus Kenia den Namen *aethiopicus* erhielt?

In diesem Zusammenhang gewann ein fast vergessener, zahnloser Unterkiefer wieder an Bedeutung, den eine französische Expedition 1967 in der Shungura-Formation im Süden Äthiopiens westlich des Flusses Omo gefunden hatte. Die französischen Paläontologen Camille Arambourg, der inzwischen verstorben ist, und Yves Coppens vom Collège de France schrieben den Kiefer anfangs *Paraustralopithecus aethiopicus* zu. Nach ihrer Ansicht unterschied er sich durch seine V-Form und andere Eigenschaften von den übrigen robusten Formen, aber die Mehrheit der Paläoanthropologen erkannte den neuen Namen nicht an. Obwohl es sich um einen Kiefer handelte, der mit einem Schädel (17000) nicht direkt vergleichbar war, lieferte der nun wieder zu Ehren gekommene Fund Omo 18-1967-18 einen Artnamen (die Gattungsbezeichnung ließ man fallen) für das aufsehenerregende Stück vom Turkana-See: *A. aethiopicus* (siehe Seite 155).

Von der Debatte um die Nomenklatur abgesehen, ist 17000 auch für die Evolutionsgeschichte von größter Bedeutung. Mit seinem hohen Alter könnte er ein Vorfahre von *boisei* und/oder *robustus* sein. Noch interessanter ist eine andere Beobachtung: Da *A. africanus* nicht die primitiven Merkmale von *afarensis* und *aethiopicus* besitzt, kann er nicht der Vorläufer aller robusten Arten sein. Demnach muß der Stammbaum noch einen dritten Ast haben.

Nach heutiger Kenntnis ging aus *A. africanus* in Südafrika wahrscheinlich *A. robustus* hervor, und in Ostafrika entwickelte sich *A. aethiopicus* zu *A. boisei* weiter. Wenn weitere Funde diese Annahme bestätigen, handelt es sich um einen Fall von paralleler Evolution. Mit anderen Worten: Die robusten Australopithecinen, deren Vorfahren von dem gemeinsamen Urahn *A. afarensis* abstammen, entwickelten später unabhängig voneinander ähnliche Anpassungen – vermutlich aufgrund der Umweltveränderungen und der damit verbundenen spezialisierteren Ernährung.

Die parallele Evolution legt einen provozierenden Gedanken nahe. Die robusten Arten waren mit ihrer Spezialisierung außergewöhnlich erfolgreich und überlebten in einem großen Verbreitungsgebiet mindestens 1,5 Millionen Jahre lang. Dennoch gerieten sie schließlich in eine Sackgasse. Obwohl ihre Anpassung höchst nützlich war und sich in zwei verschiedenen Linien unabhängig entwickelte, konnte sie den robusten Australopithecinen nicht das Überleben sichern.

***Australopithecus aethiopicus*, KNM-WT 17000** (siehe auch Seite 118). Der auffällige „Schwarze Schädel" hat im Vergleich zu anderen robusten Australopithecinen ein stark vorspringendes Gesicht, das man in der Seitenansicht gut erkennt (siehe nächste Seite). Oben auf dem Schädeldach befindet sich ein großer Scheitelkamm, und hinten befinden sich verwachsene Knochenleisten. Originalgröße. *Photo von Robert I. M. Campbell; mit freundlicher Genehmigung des Kenianischen Nationalmuseums.*

***Australopithecus aethiopicus*, KNM-WT 17000** (siehe vorangegangene Seite). Originalgröße. *Photo von Robert I. M. Campbell; mit freundlicher Genehmigung des kenianischen Nationalmuseums.*

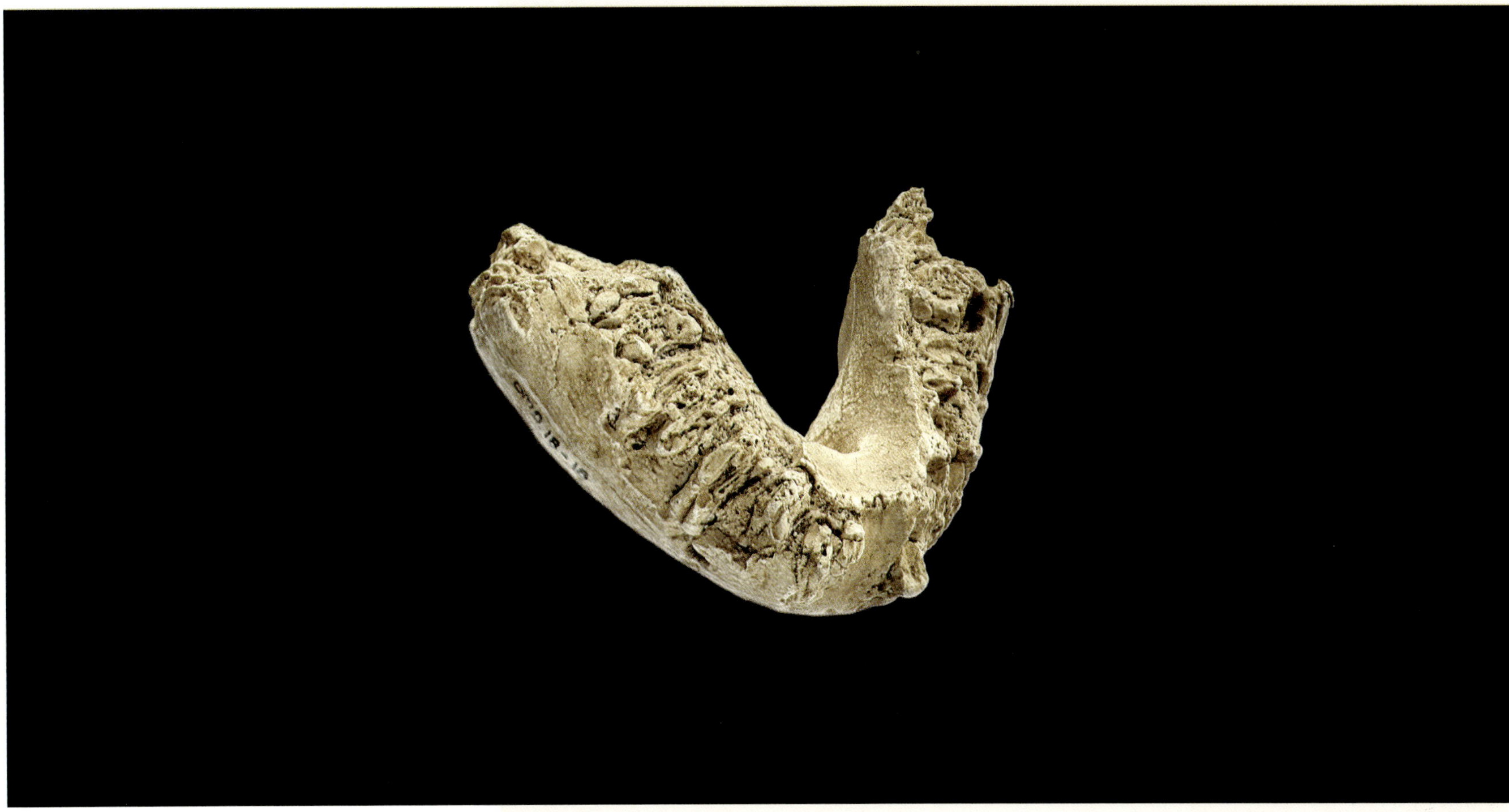

***Australopithecus aethiopicus,* Omo 18 (Abguß).** Der zahnlose, V-förmige Unterkiefer, der 1967 in Äthiopien gefunden wurde, dürfte zu derselben Spezies gehören wie der Schädel KNM-WT 17000, denn beide Funde sind 2,5 Millionen Jahre alt. Originalgröße. *Photo von David Brill; mit freundlicher Genehmigung von Donald Johanson, Institute of Human Origins*

FUND	FUNDORT	ALTER	ENTDECKER	DATUM	VERÖFFENTLICHUNG
adultes Cranium	Olduvai-Schlucht, Tansania	1,8 Millionen Jahre	Mary D. Leakey	17. Juli 1959	Leakey, L. S. B., 1959. A new fossil skull from Olduvai. *Nature* 184: 491–493.

Australopithecus boisei

OH 5 TYPUSEXEMPLAR *ZINJ* · *NUSSKNACKERMENSCH*

Nur allzu oft liegen wichtige Hominidenfossilien in irgendeinem Tresor, und es gibt nichts außer einer kurzen Nachricht in einer unbekannten Fachzeitschrift. Für das Typusexemplar der Spezies *Australopithecus boisei* gilt das sicher nicht. Es wurde von Mary Leakey 1959 entdeckt, genau 100 Jahre nachdem Darwins *Entstehung der Arten* erschienen war. Schon kurz nachdem Mary und ihr Mann Louis Leakey den Schädel in der Olduvai-Schlucht am Rand der Serengeti-Ebene im Norden Tansanias entdeckt hatten, vertrauten sie ihn Professor Phillip V. Tobias an, einem angesehenen Anatomen. Dieser veröffentlichte nach jahrelanger beschreibender, vergleichender und interpretierender Arbeit 1967 eine 264 Seiten lange Monographie über den Fund. Ein Werk, das zu einem Meilenstein der Paläoanthropologie wurde.

Die Entdeckung des berühmten Stückes aus der Olduvai-Schlucht war für das ganze Wissenschaftsgebiet ein entscheidender Einschnitt. Sie markiert nicht nur den Beginn der modernen, fachübergreifenden paläoanthropologischen Arbeitsweise (siehe Seite 21), sondern lenkte auch die gesamte Aufmerksamkeit auf Ostafrika. Die Folge war eine fast endlose Folge von Hominidenfunden im Great Rift Valley.

Nach Ansicht von Louis Leakey, der geradezu die Verkörperung der Disziplin darstellte, waren die Menschen mit großem Gehirn und der Fähigkeit zur Werkzeugherstellung vor mehreren Millionen Jahren entstanden. Seine anfänglichen Werkzeugfunde 1931 in der Olduvai-Schlucht hatten ihn davon überzeugt, daß man dort auch Hominiden finden würde. Werkzeuge waren für Louis das entscheidende Kennzeichen des Menschseins. Deshalb war es eine Ironie des Schicksals, daß der entscheidende Fund in der Olduvai-Schlucht ein *Australopithecus* war, dessen Gehirn zu klein und primitiv war, als daß er der Werkzeughersteller hätte sein können.

Interessante Aufschlüsse über Louis Leakeys Überzeugungen liefern seine ersten Eindrücke über den Schädel, die er am 17. Juli 1959 in seinem Expeditionstagebuch festhielt. Trotz aller offenkundigen Merkmale eines Australopithecinen wie der geringen Gehirngröße und des gut ausgeprägten Kauapparats bezeichnete er den Fund als *Titanohomo mirabilis* („wundersamer Riesenmensch"). Leakey hielt den Schädel „nahezu für einen Menschen", für den Hersteller der Steinwerkzeuge und damit für unseren unmittelbaren Vorfahren. Manche Fachkollegen hätten ihn vielleicht als Werkzeugmacher anerkannt, hingegen konnte der Erzeuger der Werkzeuge von Olduvai für Leakey kein *Australopithecus* sein.

Knapp einen Monat nach der Entdeckung beschrieb Leakey als Alleinautor in *Nature* den Schädel aus der Olduvai-Schlucht als neue Gattung und Art: *Zinjanthropus boisei.* Der Artname erinnert an Charles Boise, einen Mäzen Leakeys, der zur Finanzierung der Arbeiten in der Olduvai-Schlucht beitrug. Zinj ist ein alter arabischer Name für Ostafrika, und *anthropus* geht auf das griechische Wort für „Mensch" zurück. Leakeys Behauptung, Zinj sei eine neue Gattung und ein direkter Vorfahre der heutigen Menschen, fand bei anderen Paläoanthropologen kaum Unterstützung. Das hohe erdgeschichtliche Alter des Schädels – anfangs schätzte man es auf 600 000 Jahre, aber heute ist er auf 1,8 Millionen Jahre datiert – seine fast vollständige Erhaltung und die einfache Tatsache, daß man in denselben geologischen Horizonten auch Steinwerkzeuge gefunden hatte, waren Grund genug für große Begeisterung, als Leakey und Zinj zur Hundertjahrfeier von Darwins *Entstehung der Arten* an der Universität Chicago auftraten.

Von *Australopithecus boisei*, wie er heute heißt, wurden mittlerweile in Äthiopien, Tansania und Kenia mehr als 100 Zähne und Kiefer sowie einige recht vollständige Schädel gefunden. Der älteste dieser Funde (L. 74a-21, ein Unterkieferbruchstück) stammt aus Omo in Äthiopien und wurde auf etwa 2,3 Millionen Jahre datiert; der jüngste aus der Olduvai-Schlucht (OH 3 und OH 38, zwei einzelne Zähne) ist 1,2 Millionen Jahre alt.

A. boisei war ein wahrhaft eindrucksvolles Geschöpf. Das beherrschende Element war der große Schädel mit einem breiten, konkaven Gesicht, das in der Evolution des Menschen nicht seinesgleichen hat. Zinj ähnelte seinem südafrikanischen Vetter *A. robustus*, die Anpassung seines Schädels war jedoch „hyper-robust". Die Spezies besaß zwar einen ausgeprägten Geschlechtsdimorphismus (OH 5 war beispielsweise ein Männchen, KNM-ER 732 dagegen ein Weibchen), aber der Kauapparat hat bei beiden Geschlechtern die gleiche charakteristische Anatomie. Der Schädel der Männchen war mit kräftigen Knochenleisten ausgestattet, insbesondere mit einem in Längsrichtung verlaufenden Scheitelkamm zur Verankerung der gewaltigen Schläfenmuskeln. Diese Muskeln spürt man, wenn man die Finger seitlich an den Kopf hält und den Kiefer auf und ab bewegt. Die ausgeprägten, stark vorstehenden Wangenknochen verdeckten in Seitenansicht den Nasenbereich. Die Kaumuskeln (Musculi masseter) seitlich am Gesicht waren verdickt und sehr kräftig.

In den Kiefern steckten, mit riesigen Wurzeln verankert, gewaltige Molaren – sie waren viermal so groß wie unsere und hatten eine recht flache Oberfläche mit nur geringen Höckern. Die zurückgebildeten Schneide- und Eckzähne lassen darauf schließen, daß das Zerteilen und Durchlöchern der Nahrung für seine Ernährung keine große Rolle spielte. Der Unterkiefer, der bei manchen Exemplaren zehnmal so dick ist wie unserer, war nach hinten unter den Gehirnschädel verlegt, so daß die Kaumuskeln stärkere senkrechte Kräfte ausüben konnten. Durch diese Verschiebung von Unterkiefer und Gaumen entstand ein flaches, ein wenig eingedrücktes Gesicht.

Der kräftige, dicke Unterkiefer entspricht den großen Kaukräften, die zur Verwertung der minderwertigen Nahrung notwendig waren. Kurz gesagt, hatte sich die Gesichtsanatomie dieser Geschöpfe über viele Generationen hinweg so angepaßt, daß der wirksamste Kauapparat aller Zeiten entstand –- die Küchenmaschine der Menschwerdung. Wegen der Indizien für solche starken senkrechten Kräfte an Schädel und Kiefer trägt dieser Fund auch den Spitznamen „Nußknackermensch".

Louis Leakeys Vermutung, Zinj sei eine eigene Vorfahrenart des Menschen, ist heute allgemein anerkannt; den Gattungsnamen *Zinjanthropus* ließ man allerdings zugunsten von *Australopithecus* fallen. Auch eingehende Untersuchungen an anderen Funden, insbesondere solchen aus Koobi Fora, bestätigten die einzigartige Gesichtsanatomie von *A. boisei*. Eine bemerkenswerte Studie in vergleichender und funktioneller Anatomie ist *The Australopithecine Face* von Yoel Rak: Er definiert im Gesicht eine ganze Reihe morphologischer Merkmale, die *boisei* zu einer einzigartigen Spezies machen. Der Gaumen ist stark nach hinten verschoben; die Jochbeine (Wangenknochen) sind nach vorn verlagert und reichen bis zu einer visierähnlichen Verankerung für die Massetermuskeln; und die Augenbrauenwülste streben schräg von der Mitte weg, so daß das ganze Gesicht einen „traurigen" Ausdruck bekommt.

A. boisei war der Endpunkt einer Evolutionstentwicklung, die wir heute bis in die Zeit vor 2,5 Millionen Jahren zurückverfolgen können (siehe *Australopithecus aethiopicus*, Seite 152).

Daß die Australopithecinen ausstarben, lag wahrscheinlich an Umweltveränderungen, durch die es für sie immer schwieriger wurde, mit anderen Tieren um die schrumpfenden Nahrungsressourcen zu konkurrieren. Ein wichtiger Faktor war möglicherweise die Auseinanderentwicklung und Populationszunahme der Paviane. Oder vielleicht wurden die robusten Australopithecinen auch zu einer leichten Beute für die verschiedenen Angehörigen der Raubtierkaste, die zunehmend modernere Eigenschaften entwickelten. Wie C. K. Brain zeigen konnte, fielen die robusten Australopithecinen von Swartkrans häufig Leoparden zum Opfer – das ist an den Zahnspuren auf einem Schädel von dieser Stelle deutlich zu erkennen. Höchstwahrscheinlich machten die robusten Arten den entwicklungsgeschichtlichen Fehler, sich zu stark zu spezialisieren: Sie hatten sich an ihr Leben hervorragend angepaßt, waren aber nicht anpassungsfähig genug, um mit dem Wandel ihrer Umgebung mithalten zu können.

Australopithecus boisei, OH 5 (siehe auch Seite 5 und 74). Dieser Schädel mit dem Spitznamen „Zinj" ist das berühmteste Fossil aus der Olduvai-Schlucht; er gehört zu einem spezialisierten, „hyper-robusten" ostafrikanischen Australopithecinen. Originalgröße. *Photo von David Brill; mit freundlicher Genehmigung des Nationalmuseums von Tansania.*

FUND	FUNDORT	ALTER	ENTDECKER	DATUM	VERÖFFENTLICHUNG
adultes maskulines Cranium und adultes feminines Cranium	Koobi Fora, Kenia	1,7 Millionen Jahre	Richard Leakey und H. Mutua	1969/1970	Leakey, R., 1970. New hominid remains and early artifacts from North Kenya. *Nature* 226: 223–224; Leakey, R., 1971. Further evidence of lower Pleistocene hominids from East Rudolf, north Kenya. **Nature** 231: 241–245.

Australopithecus boisei

KNM-ER 406
KNM-ER 732

Erst nachdem man im kenianischen Koobi Fora die beiden wichtigen Schädel KNM-ER 406 und KNM-ER 732 entdeckt hatte, konnte man eine umstrittene Hypothese überprüfen, die der Anthropologe Milford H. Wolpoff von der University of Michigan in den sechziger Jahren aufgestellt hatte. Wolpoff vertrat die Ansicht, alle südafrikanischen Australopithecinen gehörten zu derselben Spezies. Nach seinen Überlegungen spiegelte sich in den Unterschieden von Zahngröße, robustem Körperbau, Knochenleisten und Gesichtsform nur der Geschlechtsdimorphismus wider. Demnach hatte man die Männnchen als *A. robustus* und die Weibchen als *A. africanus* bezeichnet.

Diese sogenannte Ein-Spezies-Hypothese hatte einige naheliegende Schwachpunkte. Erstens: Warum lebten und starben alle Weibchen (*A. africanus*) in Sterkfontein, alle Männchen (*A. robustus*) dagegen in Swartkrans? Und zweitens: Warum warteten die Männnchen eine halbe Million Jahre, um sich dann in Swartkrans zum gemeinsamen Sterben zu versammeln? Trotz solcher offenkundiger Interpretationsprobleme vertrat Wolpoff unter Hinweis auf die starken morphologischen Überschneidungen zwischen *A. africanus* und *A. robustus* weiterhin die Ein-Spezies-Hypothese.

Um die Kontroverse zu lösen, brauchte man weitere Funde fossiler Hominiden aus gut datierten geologischen Schichtungen. Besonders gut eigneten sich zu diesem Zweck die fossilreichen Sedimente von Koobi Fora auf der Ostseite des Turkana-Sees im Norden Kenias. In dieses Gebiet unternahm Richard Leakey, der Direktor des kenianischen Nationalmuseums, ab 1968 eine Reihe höchst erfolgreicher Expeditionen. Ende August des folgenden Jahres fand er einen praktisch vollständigen, allerdings zahnlosen Schädel. Der Fund, KNM-ER 406, war zwar teilweise in Sandstein eingeschlossen, aber die freiliegenden anatomischen Merkmale reichten aus, um ihn *A. boisei* zuzuordnen, der ursprünglich anhand des Olduvai-Hominiden Nummer 5 benannt worden war (siehe Seite 156).

Mit OH 5 hat KNM-ER 406 folgende Merkmale gemeinsam: 1. Scheitel- und Nackenkamm; 2. Tiefer Gaumen mit kräftigen Zahnwurzeln und vermutlich sehr langen Backenzähnen; 3. Eingedrücktes, erstaunlich breites Gesicht (wegen der ausladenden Wangenknochen) von geringer Höhe; 4. Unmittelbar hinter den dünnen Brauenwülsten eine starke Einschnürung der Stirn und knapp über den Nasenknochen die sogenannte Glabella, einen nach außen gewölbten Bereich, hinter dem das abgeflachte Stirndreieck liegt; 5. Herzförmiges Foramen magnum wie bei OH 5; und 6. Wangenknochen, die weit vorn über dem zweiten oberen Prämolaren ansetzen.

Anzeichen für Knochenerkrankungen findet man bei den frühen Hominiden nur selten; KNM-ER 406 zeigt ein kleines, rundes Loch im Stirnknochen unmittelbar über der linken Augenhöhle. Es geht vermutlich auf eine Krankheit zurück, vielleicht auf einen metastatischen Abszeß.

Im Jahr 1970 wurde in Koobi Fora ein weiterer Teilschädel gefunden, katalogisiert mit der Nummer KNM-ER 732. Er wird manchmal auch als Halbschädel bezeichnet, weil seine linke Hälfte zum größten Teil fehlt, und stammt aus ebenso alten geologischen Ablagerungen wie der 1,7 Millionen Jahre alte KNM-ER 406. Der Schädel KNM-ER 732 ist zwar eindeutig kleiner als 406 und besitzt auch nicht dessen Scheitel- und Nackenkamm, doch ansonsten zeigt er alle anatomischen Kennzeichen von *A. boisei*: 1. eine auffällige Glabella, 2. ein Stirndreieck, 3. ein eingedrücktes Gesicht, 4. einen nach vorn verschobenen Ansatz der Wangenknochen, 5. ein wegen der ausladenden Jochbeine sehr breites Gesicht, und 6. eine starke Einschnürung hinter den Brauenwülsten. Beide Stücke haben die typische dünne Schädeldecke der Australopithecinen, und das Schädelvolumen liegt nach Rekonstruktionen bei 510 Kubikzentimetern für KNM-ER 406 und bei 500 Kubikzentimetern für KNM-ER 732.

Wenn man sich hinsichtlich des Geschlechtsdimorphismus an dem Menschenaffen orientiert – bei Schimpansen und insbesondere bei Gorillas ist der männliche Schädel größer und kräftiger gebaut als der weibliche –, kann man den Unterschied zwischen KNM-ER 406 und 732 verstehen. Die beiden Schädel zeigen eine große Zahl anatomischer Gemeinsamkeiten, und genau diejenigen Merkmale, die bei KNM-ER 732 fehlen, wie der Scheitel- und Nackenkamm, fehlen auch am Schädel weiblicher Menschenaffen. Die naheliegendste Erklärung für die Unterschiede zwischen den beiden Funden lautet also: KNM-ER 406 ist ein Männchen von *A. boisei*, KNM-ER 732 dagegen ein Weibchen.

Die Entdeckung dieser beiden Schädel in Koobi Fora trug wesentlich dazu bei, alle Zweifel am Geschlechtsdimorphismus der Australopithecinen auszuräumen. Mit dem Dimorphismus von *A. boisei* als Vorbild, konnte man darüber hinaus auch die südafrikanischen Funde unter neuen Gesichtspunkten untersuchen. Dabei gelangte man zu zwei wichtigen Schlußfolgerungen: Erstens bestanden zwischen den Funden von Sterkfontein und Swartkrans größere anatomische Unterschiede als innerhalb einer einzigen Art wie *A. boisei*, und zweitens konnte man in jeder südafrikanischen Fundstelle Männchen und Weibchen unterscheiden, wenn man sich an der unterschiedlichen Größe und Kräftigkeit von KNM-ER 406 und 732 orientierte. Damit war die Ein-Spezies-Hypothese endgültig vom Tisch.

***Australopithecus boisei*, KNM-ER 406.** Auffällig sind an diesem Schädel eines männlichen robusten Australopithecinen das flache Gesicht, die sehr weit ausladenden Wangenknochen und der kräftige Scheitelkamm. Originalgröße. *Photo von David Brill; mit freundlicher Genehmigung des kenianischen Nationalmuseums.*

***Australopithecus boisei*, KNM-ER 406** (siehe vorangegangene Seite). Originalgröße. *Photo von David Brill; mit freundlicher Genehmigung des kenianischen Nationalmuseums.*

***Australopithecus boisei*, KNM-ER 732.** Dieser offenbar weibliche Schädel derselben Spezies spricht für einen starken Geschlechtsdimorphismus. Er hat ein ähnliches Gehirnvolumen, aber die Gesichtsteile sind viel kleiner, und die Knochenleisten fehlen. Originalgröße. *Photo von David Brill; mit freundlicher Genehmigung des kenianischen Nationalmuseums.*

HOMO

Nach der ersten Entdeckung eines *Australopithecus* im Jahr 1924 standen die Kenntnisse über *Homo*, unsere eigene Gattung, jahrzehntelang im Schatten des Wissens über diese ältere Gruppe. Die älteste bekannte Spezies von *Homo* war bis Anfang der sechziger Jahre *Homo erectus*, den der niederländische Anatom Eugène Dubois 1891 nach einer von ihm in Java gefundenen Schädeldecke benannt hatte. Heute kristallisiert sich jedoch durch neu entdeckte Fossilien von *Homo*, insbesondere solche aus Ostafrika, ein umfassenderes Bild von der Vielfalt der Gattung *Homo* im Pliozän und Pleistozän (vor 2,5 bis 1,5 Millionen Jahren) heraus. Endlich wird die große zeitliche und morphologische Kluft zwischen *H. erectus* und den Australopithecinen allmählich überbrückt. Doch sind beim derzeitigen Stand des Wissens die Paläoanthropologen angesichts der geringen Zahl entsprechender Funde noch weit von einer einheitlichen Meinung über Herkunft und Vielfalt des frühen *Homo* entfernt.

Die charakteristischen Kennzeichen der Australopithecinen sind ein relativ kleines Gehirn, große Backenzähne, einige affenähnliche Eigenschaften im postkranialen Skelett und das Fehlen einer Kultur. Die Arten der Gattung *Homo* dagegen besitzen absolut und relativ ein großes Gehirn, einen moderneren postkranialen Knochenbau, deutlich verkleinerte Kiefer und Zähne sowie vor allem eine Kultur.

Über das älteste in Afrika gefundene Exemplar von *Homo*, das nicht zu *Homo erectus* gehörte, wurde 1964 berichtet: einen *Homo habilis* aus der Olduvai-Schlucht in Tansania. Als Typusexemplar wählten Louis Leakey, Philip Tobias und John Napier den Fund Olduvai Hominid (OH) 7, einen Unterkiefer mit zugehörigen Teilen der Schädeldecke und einigen postkranialen Knochen. Mit ihrer bahnbrechenden Veröffentlichung lenkten sie die Aufmerksamkeit auf Merkmale, die anders waren als bei *Australopithecus*, so auf die schmalen Backenzähne und einen menschenähnlichen Fuß; aber der ausschlaggebende Grund, warum sie die Hominiden von Olduvai als *Homo* einordneten, war das große Gehirn. Bevor ihr Aufsatz in *Nature* erschien, galt ein Wert irgendwo zwischen 700 und 800 Kubikzentimetern als Untergrenze für unsere Gattung. Um dem Fund von Olduvai mit seinem geschätzten Gehirnvolumen von 680 Kubikzentimetern als *Homo* einordnen zu können, legten Leakey, Tobias und Napier die Untergrenze bei 600 Kubikzentimetern fest. Außerdem führten sie nicht anatomische Überlegungen für ihre Zuordnung an: Diese Hominiden waren wahrscheinlich in der Lage, die an der gleichen Stelle gefundenen Steinwerkzeuge herzustellen. Vor dem Hintergrund solcher Gedanken schlug Raymond Dart, der auch das Wort Australopithecus geprägt hatte, den Namen *habilis* vor, das bedeutet „fähig, geschickt, geistig begabt".

Das Schwergewicht bei der Definition dieser Spezies so stark auf die kulturellen Fähigkeiten zu legen, stieß bei vielen Paläoanthropologen auf große Vorbehalte. Ein wichtiger Einwand lautete: Man kannte aus der gleichen 1,8 Millionen Jahre alten Schicht, in der man das Material von *habilis* gefunden hatte, bereits einen anderen Hominiden, nämlich *A. boisei*, einen robusten Australopithecinen. Nach Ansicht vieler Kritiker ließ sich unmöglich feststellen, welche von beiden Arten die Werkzeuge hervorgebracht hatte. Die meisten Paläoanthropologen meinten, man solle Arten ausschließlich aufgrund anatomischer Unterschiede definieren und nicht anhand angeblicher kultureller Fähigkeiten.

Leakey nahm sich des Themas an: Er war nicht nur überzeugt, daß „der Mensch die Werkzeuge macht", sondern auch – noch wichtiger – daß „die Werkzeuge den Menschen machen". *Habilis* war sein Mensch, und bevor Louis Leakey 1972 starb, hatte er sich die Vorstellung zu eigen gemacht, *H. habilis* sei der direkte Vorläufer von *H. sapiens*, und *H. erectus* stelle eine Seitenlinie dar.

Aber *H. habilis* war keineswegs allgemein anerkannt. Manche Fachleute wollten lieber die Definition von *Australopithecus* so erweitern, daß die Funde aus der Olduvai-Schlucht noch hineinpaßten; andere hielten sie einfach für frühe Vertreter von *Homo erectus*. Aber weitere Entdeckungen aus der Olduvai-Schlucht, dem Becken des Turkana-Sees und Südafrika sprachen ebenfalls für die Vorstellung vom frühen *Homo*. Eine besonders starke Bestätigung brachte das Jahr 1972, als man in Koobi Fora östlich des Turkana-Sees (früher Rudolf-See genannt) im Norden Kenias den ziemlich vollständigen Schädel KNM-ER 1470 entdeckte. Leider waren die Zähne nicht erhalten, mit einem Gehirnvolumen von knapp über 750 Kubikzentimetern erkannten ihn jedoch fast alle als Beleg dafür an, daß es schon vor 1,9 Millionen Jahren einen *Homo* gegeben hatte, also ungefähr zur gleichen Zeit, als auch der *H. habilis* in der Olduvai-Schlucht lebte.

Weitere wichtige Funde von *Homo* aus dem Pliozän und Pleistozän sind unter anderem ein zart gebauter Kiefer (KNM-ER 992) und ein kleiner Schädel mit Zähnen (KNM-ER 1813), die ebenfalls aus Koobi Fora stammen und *H. habilis* zugeordnet wurden. Manche Funde, so das herrlich vollständige Skelett eines jungen Mannes (KNM-WT 15000) und zwei Schädel (KNM-ER 3733 und 3883) wurden eher als *Homo erectus* eingestuft.

Nicht alle Experten waren der Ansicht, daß diese Funde eindeutig zu *habilis* oder *erectus* gehörten. Der australische Anthropologe Colin Groves und sein ungarischer Kollege Vratislav Mazák gelangten 1975 zu dem Schluß, der Kiefer KNM-ER 992 gehöre wegen seiner sehr kleinen Backenzähne zu einer neuen Art namens *Homo ergaster*. Das Wort *ergaster*, eine Anspielung auf die im gleichen geologischen Horizont gefundenen Werkzeuge, ist der griechische Begriff für „Arbeiter". Diese Artbezeichnung übernahm der Anatom Bernard Wood von der Universität Liverpool, ein Spezialist für den frühen *Homo*: Er ordnet heute auch KNM-WT 15000 sowie KNM-ER 3883 und 3733 als *H. ergaster* ein.

Den Schädel 1470 rechnete Richard Leakey, der damalige Direktor des kenianischen Nationalmuseums, zu *Homo*, ohne ihm aber eine Artbezeichnung zu geben. Damit ließ er die Möglichkeit offen, daß jemand eine neue Spezies definierte. Das geschah 1986: der russische Anthropologe Valerij Alexejew wählte 1470 als Typusexemplar für die Spezies *Homo rudolfensis* (er nannte sie *Pithecanthropus rudolfensis*, wobei der heute nicht mehr gebräuchliche Gattungsname durch *Homo* ersetzt wurde). Obwohl Alexejew das Stück nur unvollständig beschrieb und nicht mit dem Originalfund vertraut war, setzte sich der Name durch; heute ist er allgemein üblich.

Eine interessante neue Wendung nahm die Erforschung von *H. habilis* 1986, als man in der Olduvai-Schlucht das Teilskelett OH 62 entdeckte. Es ist zwar sehr unvollständig, stellt aber erstmals einen eindeutigen Zusammenhang zwischen Armen und Beinen von *H. habilis* her, und daraus ergibt sich überraschenderweise, daß der Körperbau ziemlich affennähnlich war. Die Arme sind im Verhältnis zu den Beinen recht lang, ganz ähnlich wie bei *A. afarensis*, hingegen völlig anders als der moderne Körperbau, den die Paläoanthropologen sich vorgestellt hatten.

***Homo ergaster*, KNM-ER 992.** Wegen der kleinen Zähne wurde dieser Teilunterkiefer zum Typusexemplar für die Spezies *Homo ergaster*, zu der auch der Schädel KNM-ER 3733 und das Skelett KNM-WT 15000 gehören. Originalgröße. *Photo von Robert I. M. Campbell; mit freundlicher Genehmigung des kenianischen Nationalmuseums.*

Das Skelett KNM-WT 15000 von *H. ergaster* dagegen ist in Größe und Proportionen seiner postkranialen Teile viel moderner. Leider kennt man das postkraniale Skelett von *H. rudolfensis* zum größten Teil nicht; eine Ausnahme sind möglicherweise zwei lange Oberschenkelknochen (KNM-ER 1482 und 1471). Die Größenabweichungen beim frühen *Homo* hat man auch als Anzeichen eines Geschlechtsdimorphismus interpretiert: Demnach wären die kleineren Exemplare (*habilis*) weiblich und die größeren (*rudolfensis*) männlich. Andere eingehende Untersuchungen der Gesichts- und Schädelanatomie weisen allerdings darauf hin, daß KNM-ER 1813 und KNM-ER 1470 zu verschieden sind und nicht zu derselben Art gehören können.

Nach den derzeitigen Kenntnissen über den frühen *Homo* in Afrika erscheint es plausibel, daß es drei Arten gab: *Homo habilis* besaß im Verhältnis zu seiner geringen Körpergröße ein umfangreiches Gehirn, sein postkraniales Skelett ähnelt aber dem von *Australopithecus*. Die zweite Art, *Homo rudolfensis*, zeigt ein beträchtlich vergrößertes Gehirn und besondere Eigenschaften des Schädels wie Pneumatisation (große luftgefüllte Zellen in bestimmten Bereichen, zum Beispiel im Warzenfortsatz des Schläfenbeines), ein breites Gesicht, große Backenzähne (soweit man aus den Zahnwurzeln schließen kann), und einen relativ dicken Zahnschmelz – alles Eigenschaften, die ebenfalls an *Australopithecus* erinnern. Die dritte Art, *Homo ergaster*, deren Abgrenzung von *H. erectus* heute allgemein anerkannt ist, besitzt eine Kombination aus modernem Körperbau, einem absolut und relativ großem Gehirn, verkleinerten Kiefern und Zähnen sowie offenbar eine Körperhaltung und Fortbewegungsweise, die eher der des späteren *Homo* ähnelt. Bernard Wood gelangte zu dem Schluß, *H. ergaster* sei die beste Wahl für den Vorfahren der späteren Arten von *Homo*.

Die entwicklungsgeschichtlichen Wurzeln von *Homo* sind noch kaum geklärt, doch letztlich wird man sie in den zwei Millionen Jahre alten Sedimenten finden. Nach allgemeiner Ansicht ist zwar *A. africanus* ein guter Kandidat für den Vorfahren von *Homo*, aber ebenso überzeugende Argumente kann man auch für eine einzigartige Verbindung zwischen *africanus* und *A. robustus* anführen (siehe Seite 38). Wenn das stimmt, ist für die drei Arten von *Homo* im Pliozän und Pleistozän kein Vorfahre zu erkennen.

Aus dem Pliozän vor mehr als zwei Millionen Jahren gibt es nur wenige kostbare Funde, die man *Homo* zuschreiben kann. Behauptungen, es handele sich um einen frühen, etwa 2,5 Millionen Jahre alten *Homo*, gab es über Funde vom Baringo-See in Kenia (ein Schläfenbein), Uraha in Malawi (ein Unterkiefer), und Sterkfontein in Südafrika (ein Teilschädel). Über die Datierung dieser Funde besteht hingegen ganz allgemein keine Einigkeit. Der älteste gut datierte Fund von *Homo* ist A.L. 666-1 (siehe Seite 168) aus Hadar in Äthiopien mit etwa 2,3 Millionen Jahren. Dieser Oberkiefer stimmt mit keiner benannten Spezies von *Homo* überein, hat aber Ähnlichkeit mit *H. habilis*. Vielleicht weist A.L. 666-1, der 400 000 Jahre älter ist als die ältesten zuvor bekannten und gut datierten Funde von *Homo*, den Weg zur Aufklärung der Ursprünge unserer eigenen Gattung.

Wenn sich durch weitere Entdeckungen bestätigt, daß es mehrere Arten des frühen *Homo* gab, hat die Gattung möglicherweise eine adaptive Radiation durchgemacht. Nach der zeitlichen Verteilung der drei mutmaßlichen Arten sieht es so aus, als sei *Homo rudolfensis* am ältesten, gefolgt von *H. habilis* und zuletzt von *H. ergaster*. Die entwicklungsgeschichtliche Verwandtschaft dieser drei Arten und des *Homo* von Hadar sind nur äußerst schwer sicher zu belegen, weil es nur relativ wenige Funde des frühen *Homo* gibt.

Wenn aus *H. ergaster* die späteren Spezies *heidelbergensis, neanderthalensis* und *sapiens* hervorgingen, besteht eine erhebliche zeitliche Lücke zwischen dem jüngsten *ergaster* vor etwa 1,5 Millionen Jahren und dem ältesten *heidelbergensis* vor 0,8 Millionen Jahren. In dieser Zeitspanne steht der üblicherweise mit *H. erectus* bezeichnete Hominide; aber manche Paläoanthropologen, wie Ian Tatersall vom American Museum of Natural History, halten ihn für so spezialisiert, daß er kein Vorfahre der Jetztmenschen sein kann.

Homo heidelbergensis, den Otto Schoetensack 1908 aufgrund eines Unterkiefers aus Mauer bei Heidelberg benannt hatte, war lange Zeit fast in Vergessenheit geraten. Das geologische Alter des Fundes steht nicht genau fest, doch wahrscheinlich ist er mit einer halben Million Jahren einer der ältesten Hominiden aus Europa. Auch andere Funde schreibt man vernünftigerweise *H. heidelbergensis* zu, so die aus Arago (Frankreich), Atapuerca (Spanien), Petralona (Griechenland), Kabwe und Bodo (Afrika) sowie vielleicht auch Steinheim (Deutschland) und Ndutu (Tansania). Die Neandertaler mit ihrer charakteristischen Anatomie werden hier als eigenständige Spezies *Homo neanderthalensis* betrachtet; sie starben vor etwa 30 000 Jahren aus.

Der Jetztmensch (*Homo sapiens*) entstand wahrscheinlich vor 100 000 bis 200 000 Jahren in Afrika. Er ist die einzige heute noch lebende Hominidenspezies und auch der letzte Überlebende aus der zoologischen Familie der Hominidae. Nebenbei gesagt, ist *Homo sapiens* paradoxerweise die einzige Hominidenart, für die es kein Typusexemplar gibt. Wenn man sich der sogenannten „Out-of-Africa-Hypothese" (siehe Seite 46) anschließt und eine relativ späte Entstehung des *Homo sapiens* annimmt, ist der asiatische *H. erectus* kein Vorfahre des heutigen *Homo*.

Diese kurze Übersicht über die Gattung *Homo* soll deutlich machen, wie kompliziert die Evolution dieser Gattung war. Das gilt besonders für ihr frühestes Entwicklungsstadium, in dem die Evolution üblicherweise als unkompliziert und geradlinig galt. Die Artenvielfalt in der Gattung *Homo* spricht wieder einmal dafür, daß die Evolution der heutigen Menschen kein gerichteter, eingleisiger Prozeß war, sondern wie die Entwicklung anderer Säugetiergruppen mit Verzweigung und Artbildung verbunden war. Deshalb müssen wir der Artenvielfalt in der Gattung *Homo* ebensoviel Aufmerksamkeit widmen, wie wir es bei *Australopithecus* getan haben.

***Homo erectus*, Rekonstruktion des Pekingmenschen.** Ein Drittel aller bekannten Fossilien dieser Spezies stammen von der Fundstelle Zhoukoudian in China, aber die meisten Originalfunde, darunter auch die in dieser Rekonstruktion verwendeten, verschwanden während des Zweiten Weltkrieges. Originalgröße. *Photo von David Brill; mit freundlicher Genehmigung des American Museum of Natural History*

***Homo neanderthalensis*, Amud 1.** Die Neandertaler waren in der Regel von untersetzter Gestalt; das Skelett Amud 1 ist jedoch mit 1,80 Meter das größte bekannte Individuum dieser Spezies und hat das größte Gehirnvolumen aller Hominidenfossilien. Originalgröße. *Photo von David Brill; mit freundlicher Genehmigung der Israel Antiquities Authority, Rockefeller Museum.*

***Homo sapiens*, Cro-Magnon I.** Die Skelette aus dem Felsüberhang von Cro-Magnon (Frankreich) sind zumindest in der populärwissenschaftlichen Literatur das Musterbeispiel für die ersten europäischen Jetztmenschen. Originalgröße. *Photo von David Brill; mit freundlicher Genehmigung des Musée de l'Homme.*

FUND	FUNDORT	ALTER	ENTDECKER	DATUM	VERÖFFENTLICHUNG
adulte Maxilla	Hadar, Äthiopien	2,3 Millionen Jahre	Ali Yesuf und Maumin Allahendu	2. November 1994	Kimbel, W. H., R. C. Walter, D. C. Johanson, J. L. Aaronson, Z. Assefa, G. G. Eck, E. Hovers, C. W. Marean, Y. Rak, K. E. Reed, C. Vondra, T. Yemane, D. York, Y. Chen, N. M. Evensen und P. E. Smith, 1996. Late Pliocene *Homo* and Oldowan tools from the Hadar Formation (Kada Hadar Member), Ethiopia. *J. Hum. Evol.* 30.

Homo sp.

A.L. 666-1

Am 2. November 1994 gelang in Hadar (Äthiopien) eine überraschende Entdeckung: In einem Gebiet namens Makaamitalu wurde eine unscheinbare hominide Maxilla (Oberkiefer) gefunden. Im Gegensatz zu den 323 anderen Hominidenfunden aus Hadar, die man ausnahmslos *Australopithecus afarensis* zugeordnet hatte, zeigte der als A.L. 666-1 katalogisierte Fund einen charakteristischen, parabolförmigen Kieferbogen, der ihn zweifelsfrei als Angehörigen der Gattung *Homo* kennzeichnete.

Der Kiefer wurde in zwei Hälften gefunden; er war säuberlich entlang der Mittelnaht gebrochen, so daß man die Teile leicht zusammenfügen konnte. Die eigentliche Entdeckung am steilen Hang eines kleinen Hügels gelang Ali Yesuf und Maumin Allahendu, zwei einheimischen Mitarbeitern des Hadar-Forschungsprojekts, das von Institute of Human Origins in Berkeley (Kalifornien) betreut wurde. Bei weiterer sorgfältiger Suche an der Oberfläche der Fundstelle und beim Durchsieben des Bodens kamen etwa 30 weitere Stücke von Zahnkronen und Zahnwurzeln sowie Fragmente des Kiefers selbst zum Vorschein. Alle Stücke paßten in den Kiefer, der nun auf der rechten Seite vom Eckzahn bis zum ersten Molaren und links vom seitlichen Schneidezahn bis zum zweiten Molaren vollständig war.

Der Fund A.L. 666-1 unterscheidet sich anatomisch eindeutig von anderen Kiefern aus Hadar, die *A. afarensis* zugeschrieben werden. Bei *afarensis* ist der Oberkiefer flach und schmal, der Kieferbogen ist eher rechteckig, und unter der Nasenöffnung erkennt man eine deutliche Prognathie (Langkiefrigkeit). Der Kiefer 666 dagegen ist relativ tief und breit mit einem runden Kieferbogen und zeigt nur geringe Prognathie. Insbesondere diese Eigenschaften von 666 findet man verbreitet bei Arten, die man nicht *Australopithecus*, sondern *Homo* zuordnet.

An dem gleichen Abhang, wo die Maxilla gefunden wurde, lagen verstreut auch etwa 20 bearbeitete Steinsplitter und Kernsteine (siehe Seite 90). Die Artefakte waren frisch, hatten scharfe Kanten und befanden sich offenbar wie der Kiefer noch nicht lange an der Oberfläche. Die Werkzeuge, die vorwiegend aus Basalt oder Feuerstein bestehen, ähneln am ehesten denen aus der Oldowan-Industrie, die man so nannte, weil die ersten derartigen Stücke in der Olduvai-Schlucht in Tansania gefunden wurden.

Ein Bereich von zwei Quadratmetern wurde an dem Abhang ausgegraben. Man wollte herausfinden, aus welchem Horizont der Kiefer und die Artefakte stammten. In einer Schicht aus Sand, der genau dem an dem Kiefer haftenden Material glich, konnte man insgesamt 14 weitere Artefakte, die denen von der Oberfläche ähnelten, und drei Knochenbruchstücke sicherstellen. Die Knochen passen in Oberflächenbeschaffenheit und Farbe zu dem Kiefer. Außerdem sieht ein versteinerter Zahnwurzelabdruck aus dem Kieferbogen ganz ähnlich aus wie die vielen Wurzelabdrücke, die man bei den Ausgrabungen fand. Höchstwahrscheinlich stammte das an der Oberfläche gefundene Material also aus dem gleichen Horizont, der auch die Artefakte und Knochenfragmente enthielt.

Geologische Untersuchungen an der Fundstelle von 666 bestätigen, daß die Schicht mit den Artefakten nur 80 Zentimeter unter einer gut datierten Vulkanascheschicht namens BKT-3 liegt. BKT-3 wurde mit der Einzelkristall-Laserfusionsmethode (siehe Seite 26) sehr genau auf 2,33 ± 0,07 Millionen Jahre datiert.
Die Datierung von 666 auf 2,3 Millionen Jahre ist von großer Bedeutung, denn bisher ist für keinen anderen Fund von *Homo* aus Afrika eindeutig ein Alter von mehr als 1,9 Millionen Jahren nachgewiesen. Die Datierung eines Kiefers aus Malawi auf 2,5 Millionen Jahre ist nämlich ungenau, da sie sich auf gleichzeitig gefundene Wirbeltierarten gründet, die über einen beträchtlichen Zeitraum hinweg vorkommen. Die Anatomie von A.L. 666-1 stimmt mit der anderer *Homo*-Arten – *habilis, rudolfensis* und *ergaster* – nicht genau überein. Erst wenn man an der gleichen Stelle vollständigere Reste findet, wird sich herausstellen, ob der Kiefer zu einer dieser Arten oder zu einer ganz neuen gehört.

Die Entdeckung von A.L. 666-1 in Hadar ist bedeutend, weil es sich um den ältesten eindeutigen Zusammenhang zwischen Überresten eines Hominiden und Steinwerkzeugen handelt, und es der älteste gut datierte Beleg für die Gattung *Homo* ist. Weitere Funde dieser Gattung werden zu gehaltvollen neuen Erkenntnissen über ihren Ursprung beitragen.

***Homo* sp., A.L. 666-1 (*oben*) und *Australopithecus afarensis,* A.L. 200-1 (*unten*).** Die beiden Oberkiefer aus Hadar (Äthiopien) sehen sehr unterschiedlich aus. Der schmale, rechteckige Kiefer mit flachem Gaumen gehört zu *A. afarensis*, das andere, erst kürzlich entdeckte Fossil stammt von einer neuen Spezies von *Homo*. Originalgröße. *Mit freundlicher Genehmigung von Donald Johanson, Institute of Human Origins, und des äthiopischen Nationalmuseums.*

***Homo* sp., A.L. 666–1 (*oben*) und *Australopithecus afarensis,* A.L. 200-1 (*unten*).** Die Seitenansicht macht weitere Unterschiede deutlich; insbesondere springt der Alveolarbereich bei dem ältesten gut datierten Fossil unserer Gattung *Homo* weniger stark vor. Originalgröße. *Photos von William Kimbel, Institute of Human Origins; mit freundlicher Genehmigung des äthiopischen Nationalmuseums.*

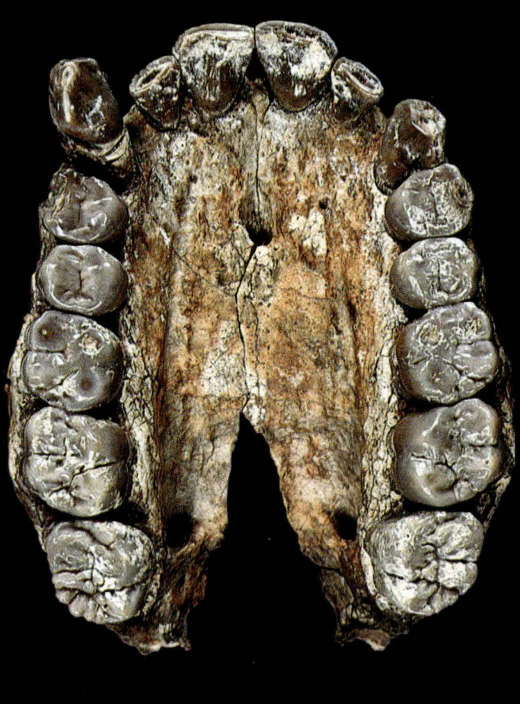

FUND	FUNDORT	ALTER	ENTDECKER	DATUM	VERÖFFENTLICHUNG
juveniles maskulines Teilskelett	Olduvai-Schlucht, Tansania	1,75 Millionen Jahre	Jonathan Leakey	4. November 1960;	Leakey, L. S. B., P. V. Tobias und J. R. Napier, 1964. A new species of the genus *Homo* from Olduvai Gorge. *Nature* 202: 7–9.

Homo habilis

OH 7 TYPUSEXEMPLAR

OH 7 dient als Holotypus für *Homo habilis*: Anhand dieses charakteristischen Fundes wurden die besonderen Merkmale der Art beschrieben, die seit eh und je als Ausgangspunkt von *Homo*, unserer eigenen Gattung, dient. Die Geschichte seiner Entdeckung und Untersuchung zeigt, wie man bei der Benennung einer neuen Hominidenart vorgeht, und welche Hindernisse häufig der wissenschaftlichen Anerkennung eines solchen Namens im Weg stehen.

Der Fund besteht aus zwei Dutzend Knochen und 14 Zähnen; nach ihrer räumlichen Nähe, ihrer ähnlichen Größe und dem Fehlen von Doppelfunden zu urteilen, dürften sie von demselben Individuum stammen: ein fast vollständiges linkes Scheitelbein, Bruchstücke des rechten Scheitelbeines, ein großer Teil des Unterkieferknochens und alle unteren Zähne von den Schneidezähnen bis zum ersten rechten und dem zweiten linken Molaren. Auch 21 in der Nähe gefundene Finger-, Mittelhand- und Handwurzelknochen gehören vermutlich zu demselben Skelett, eines Kindes, das im Alter von zehn bis zwölf Jahren starb. OH 7 trägt auch den Spitznamen „Jonnys Kind" zu Ehren seines Entdeckers, des ältesten Sohnes von Louis und Mary Leakey.

OH 7 wurde zwar als typischer Vertreter seiner Spezies ausgewählt, es war aber nicht das erste Fossil von *Homo habilis*, das man in der Olduvai-Schlucht fand. Heslon Mukiri, ein Mitarbeiter des Ehepaares Leakey, stieß schon 1959 an einer anderen Stelle im Bett I, der ältesten großen geologischen Schichtung in der Schlucht, auf einen Molaren und einen Prämolaren. Doch einige Wochen nach Mukiris Entdeckung fand Mary Leakey den aufsehenerregenden Schädel OH 5 (siehe Seite 156), der die beiden Zähne eine Zeitlang in den Schatten stellte. Erst 1960, als man OH 7 entdeckte, wandte sich die Aufmerksamkeit wieder dem zarter gebauten Hominiden zu, der zur gleichen Zeit wie die robusten Australopithecinen des Types OH 5 lebte und vermutlich die vielen hier gefundenen Oldowan-Werkzeuge hergestellt hatte. Zum Holotypus für *H. habilis* wurde der vollständigere OH 7; die beiden Zähne und ein Unterkieferbruchstück bezeichnete man als OH 4.

Louis Leakey nannte die OH-7-Knochen formlos „Prä-Zinjanthropus", aber schon bald war er überzeugt, daß sie zu einer frühen Form von *Homo* gehörten. Zur Beschreibung der Knochen sicherte er sich die Hilfe des Paläoanthropologen Philip Tobias und des Anatomen John Napier, und diese blieben bis zu eingehenderen Untersuchungen vorsichtig. Tobias wies auf die auffällige Größe der Scheitelbeine hin und stellte fest, daß OH 7 ein deutlich größeres Gehirn besaß als *Australopithecus africanus* oder *A. boisei*; andererseits war es aber kleiner als das des *Homo erectus* aus Java und China. Für einen Teilabguß des Schädelinneren ermittelte Tobias ein Volumen von 363 Kubikzentimetern, und daraus errechnete er für das gesamte Schädelvolumen einen Wert von 674 Kubikzentimeter – 50 Prozent mehr als der Durchschnittswert für sechs Schädel von *A. africanus*.

Der Nachweis eines derart deutlichen Unterschieds in der Gehirngröße war ein erster Schritt zur Benennung einer neuen Spezies. Weitere Indizien lieferten die Zähne: Sie lagen außerhalb des für *A. africanus* bekannten Formenspektrums und ähnelten viel stärker denjenigen des späteren *Homo*. Die Schneidezähne von OH 7 waren im Vergleich zu *Australopithecus* wie auch zu *H. erectus* relativ groß. Die Prämolaren erschienen zu schmal und lang, als daß sie zu irgendeinem Australopithecinen gehören konnten. Auch die Handknochen ähnelten denen späterer Arten von *Homo*, und ebenso verhielt es sich mit einer fast vollständigen Gruppe von Fußknochen, die man ebenfalls in der Nähe fand, die aber zu einem anderen Skelett gehörten.

Alle diese Indizien von drei verschiedenen Teilen des Skeletts wiesen also darauf hin, daß es sich bei dem Fund um etwas Neues handelte. Auch weitere Fossilien, die man Ende 1963 in der Olduvai-Schlucht fand – die Stücke OH 13, 14, 15 und 16 – bestätigten, daß dort neben *A. boisei* eine zweite Hominidenart gelebt hatte. Im Januar 1964, über drei Jahre nach der Entdeckung von OH 7, stellten Leakey, Tobias und Napier den neuen Hominiden der Öffentlichkeit vor; den Namen hatte Raymond Dart vorgeschlagen, der über 40 Jahre zuvor auch die Gattung *Australopithecus* benannt hatte. *Homo habilis* heißt „geschickter Mensch" – eine Anspielung auf die mutmaßliche Fähigkeit der Spezies, Werkzeuge herzustellen.

Nachdem der Name veröffentlicht war, stellten mehrere angesehene Anthropologen seine Stichhaltigkeit in Frage. Sie argumentierten, die neuen Fossilien unterschieden sich nicht so stark von *Australopithecus africanus* (oder auch von *Homo erectus*), daß es sich um eine eigene Art handeln könne, sondern seien eher so etwas wie eine Unterart. Andere Namen und Interpretationen wurden eingeführt und diskutiert, seit den siebziger Jahren ist *habilis* allerdings bei der Mehrheit der Paläoanthropologen anerkannt. Vor allem setzte sich diese Meinung durch, nachdem man den Schädel 1470 entdeckt hatte (siehe Seite 177) – mittlerweile gibt es jedoch überzeugende Argumente, daß dieser zu einer zweiten Spezies des frühen *Homo* gehört.

***Homo habilis*, OH 7.** Dieser Unterkiefer ist einer von zwei Dutzend Knochen eines jugendlichen Skeletts, die in der Olduvai-Schlucht (Tansania) gefunden wurden und das Typusexemplar dieser Spezies darstellen. Die relativ großen Schneidezähne sowie die schmalen Prämolaren und Molaren waren ein Indiz, daß es sich hier um eine neue Hominidenart handelte. Originalgröße. *Photo von John Reader, Science Source/Photo Researchers*

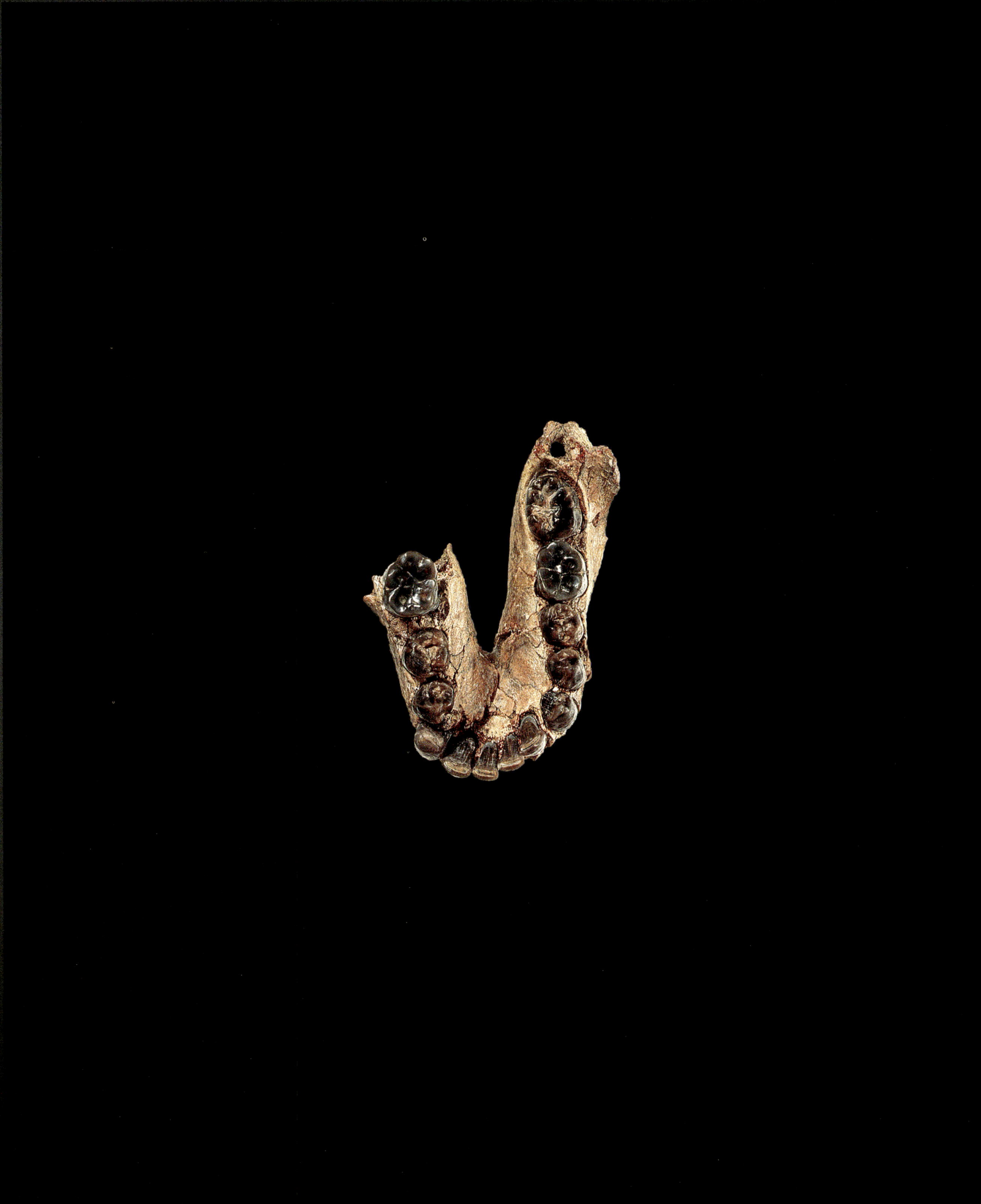

FUND	FUNDORT	ALTER	ENTDECKER	DATUM	VERÖFFENTLICHUNG
adultes feminines Cranium	Olduvai-Schlucht, Tansania	ca. 1,8 Millionen Jahre	Peter Nzube	Oktober 1968	Leakey, M. D., R. J. Clarke und L. S. B. Leakey, 1971. New hominid skull from Bed I, Olduvai Gorge, Tanzania. *Nature* 232: 308–312.

Homo habilis

OH 24

Eine ausreichende Zahl charakteristischer Fossilfunde ist die erste Voraussetzung für die Benennung einer neuen Hominidenspezies. Denjenigen Wissenschaftlern, nach deren Ansicht die Definition von *Homo* aufgrund unvollständiger Schädelfossilien wie OH 7 (siehe Seite 170) voreilig war, lieferte dieser Fund wichtige bestätigende Argumente für die Echtheit der Art. Aus diesem Grund beschreiben wir ihn hier, aber auch weil er der älteste Hominide aus der Olduvai-Schlucht ist und dort mit Ausnahme von OH 5 (siehe Seite 156) nie ein derart vollständiger Schädel gefunden wurde.

Als man den stark zerstückelten, zusammengebrochenen und von Kalkstein umgebenen Gehirnschädel fand, konnte man seinen Wert kaum erahnen. Der Paläoanthropologe Philip Tobias, einer der Autoren des ersten Artikels über *habilis*, meinte beim Anblick des Fossils: „So platt war sonst nur Twiggy!" Der Name des englischen Photomodells blieb als Spitzname an OH 24 hängen.

Der Paläoanthropologe Ron Clarke stellte die Anatomie des Schädels in mühseliger Arbeit mit Zahnstochern, Bohrer und Hammer so weit wie möglich wieder her. Über 100 winzige Bruchstücke konnte man nicht an ihren ursprünglichen Platz setzen, darüber hinaus ist das ganze Stück ein wenig verformt. Das Schädeldach ist flach, und die Basis ist rund um das Foramen magnum eingedrückt. Hinter den Brauenwülsten müßte die Schädeldecke eigentlich steiler nach oben verlaufen. Aber trotz solcher Unzulänglichkeiten liefert der Fund eine Menge Aufschlüsse über diese Hominidenart.

Alle Schädelknochen sind dünn und weit weniger „robust" als diejenigen der Australopithecinen. Der Gehirnschädel ist im Vergleich zu den Australopithecinen seitlich erweitert, so daß OH 24 einen ebenso auffällig breiten Scheitel hat wie OH 7 (siehe Seite 170); in senkrechter Richtung sind die Knochen des Gehirnschädels hingegen kürzer als beim Typusexemplar von *habilis*. Das Gehirnvolumen von OH 24 liegt knapp unter 600 Kubikzentimetern, dem Mindestwert für *Homo*, doch hat diese niedrige Schätzung ihre Ursache vermutlich in der verzerrten Form des Schädels.

Die zunehmende Vergrößerung des Gehirnschädels wurde durch ein kleineres Gesicht ausgeglichen; ein Prinzip, das sich auch in unserer eigenen Spezies fortsetzte. Unter einer recht kurzen, geraden oberen Gesichtshälfte ragt der Oberkiefer von OH 24 schräg nach vorn, so daß ein ähnliches Hohlprofil entsteht wie bei *Australopithecus africanus* (siehe Sts 5, Seite 134); allerdings steht es weniger vor als bei dieser Spezies. In seiner Breite reicht das Gesicht fast an das von *A. boisei* heran, es ist aber bei weitem nicht so flach wie bei robusten Australopithecinen.

Die Zahnkronen und -wurzeln sind bei OH 24 klein. Die fehlenden Schneide- und Eckzähhne verschwanden wahrscheinlich durch Erosion in dem Berghang, lange bevor das Fossil dort gefunden wurde. Zwei Prämolaren und fünf Molaren sind noch erhalten. Nach den durchgebrochenen Zähnen zu urteilen – die dritten Molaren sind gerade zum Vorschein gekommen und zeigen noch keine Abnutzung – starb dieses Individuum als Jugendliche oder junge Erwachsene.

In den Merkmalen von Schädel und Zähnen ähnelt OH 24 eher dem Fund OH 13 als dem mutmaßlich männlichen OH 7, dem er allerdings im geologischen Alter näher steht. Die Seiten von OH 24 sind eindeutig kleiner als die Scheitelbeine von OH 7. Man kann also annehmen, daß es beim frühen *Homo* anatomische Unterschiede zwischen einzelnen Individuen und zwischen den Geschlechtern gab.

***Homo habilis*, OH 24.** Obwohl dieser Schädel umfangreich rekonstruiert ist, lieferte er wichtige zusätzliche Indizien, daß es sich bei *Homo habilis* um eine echte Spezies handelt. Originalgröße. *Photo von David Brill; mit freundlicher Genehmigung des Institute of Human Origins.*

FUND	FUNDORT	ALTER	ENTDECKER	DATUM	VERÖFFENTLICHUNG
adultes Cranium	Koobi Fora, Kenia	1,9 Millionen Jahre	Kamoya Kimeu	1973	Leakey, R. E. F., 1974. Further evidence of Lower Pleistocene hominids from East Rudolf, North Kenya, 1973. *Nature* 248: 653–656.

Homo habilis

KNM-ER 1813

Die Entdeckung eines sehr kleinen Schädels in Koobi Fora warf ein Dilemma auf, das in keinem Verhältnis zur geringen Größe des Fundes stand. Ein Jahr zuvor hatte man KNM-ER 1470 gefunden (siehe Seite 177), und deshalb wußte man, daß bei Koobi Fora vor zwei Millionen Jahren eine Art von *Homo* mit großem Gehirn, großem Gesicht und großen Zähnen gelebt hatte. Nun tauchte dieser Fund auf: Er war im wesentlichen ebenso alt und hatte den gleichen glockenförmigen Gehirnschädel, aber ein kleines Gesicht, kleine Zähne und ein viel kleineres Gehirn. Die geringe Größe war nicht auf niedriges Alter zurückzuführen, denn der dritte Molar war vollständig durchgebrochen und zeigte Abnutzungserscheinungen.

Konnte 1813 ein weibliches Exemplar aus derselben Spezies wie der männliche 1470 sein, wie einige Fachleute vermuteten, oder ist alles viel komplizierter? Wegen des Größenunterschieds liegt zwar der Verdacht nahe, daß 1470 ein Mann und 1813 eine Frau war, daß jedoch beide zu derselben Spezies gehören, wird immer unwahrscheinlicher. Die Unterschiede in der Größe des Gehirnschädels sowie in Größe und Form des Gesichts, aber auch in den robusten Eigenschaften sind so groß, daß man sie nicht übergehen oder mit Geschlechtsdimorphismus erklären kann. Es gab vielmehr mindestens zwei Arten von *Homo*, von denen eine überlebte und den *Homo erectus* sowie später den heutigen Menschen hervorbrachte.

1813 ist der kleinste Hominidenschädel, der am Turkana-See gefunden wurde, und sein Gehirnvolumen ist sogar etwas geringer als bei allen Fossilien von *Homo* aus der Olduvai-Schlucht: Es liegt bei etwa 510 Kubikzentimetern (knapp über dem Durchschnittswert für die Australopithecinen und unterhalb der allgemein anerkannten Grenzlinie von 600 Kubikzentimetern für *Homo*). Das Volumen von 1470 dagegen beträgt 775 Kubikzentimeter.

Zwar sind bei diesem Fund die Nasenknochen zerstört, und das ganze Gesicht ist im Vergleich zu den normalen anatomischen Verhältnissen etwas nach links verschoben, doch ist die rechte Gesichtshälfte größtenteils vollständig. Besonders gut ist der Oberkiefer mit der vollständigen linken Zahnreihe vom Eckzahn bis zum dritten Molaren erhalten. Das kurze, zart gebaute Gesicht und der kleine, bogenförmige, runde Oberaugenwulst sind ganz anders als bei 1470. Auf der Rückseite des Schädels 1813 befindet sich ein seltsamer runder Auswuchs, möglicherweise der Anfang eines Querwulstes, wie er bei *Homo erectus* vorkommt. Dieses Merkmal könnte also eine Verbindung von 1813 zu späteren Arten von *Homo* darstellen.

Man kann 1813 zwar leicht dem Schädel 1470 gegenüberstellen, einfacher ist hingegen der Vergleich mit weniger vollständigen Schädeln aus der Olduvai-Schlucht, die allgemein zu *Homo habilis* gerechnet werden. Die Zähne von 1813, aber auch der Gaumen und Teile des Schädels, ähneln stark den entsprechenden Teilen von OH 13. Außerdem findet man Verbindungen von 1813 zu dem zerstückelten Schädel OH 24 (siehe Seite 172): Beide haben eine ähnliche Gesamtgröße, ein kurzes Gesicht, kleine Augenhöhlen und Nasenknochen, niedrig angesetzte Wangenknochen und ein Gesicht, das unter der Nasenöffnung vorspringt. Die Abmessungen von Scheitel- und Hinterhauptsbein sind bei allen drei Stücken ähnlich.

Wegen dieser Übereinstimmungen haben wir uns entschlossen, KNM-ER 1813 entsprechend der Einteilung von Bernard Wood zu *Homo habilis* zu rechnen. Richard Leakey gelangte ursprünglich zu dem Schluß, 1813 stehe der südafrikanischen Art *Australopithecus africanus* am nächsten. In jüngerer Zeit vermeidet er es jedoch, dem Fund ein taxonomisches Etikett anzuhängen; er sagt nur, man solle ihn wie auch OH 13 nicht als *Homo habilis* bezeichnen, weil er diesen Namen für den Schädel 1470 verwendet. Anatomie und Stratigraphie sprechen jedoch dafür, daß 1813 zu *habilis* gehört und diese Art wegen ihrer Gesichtsproportionen, der Form der Wangenknochen und Brauenwülste sowie anderer Merkmale einen besseren Vorfahren für den späteren *Homo* einschließlich der Jetztmenschen darstellt als *rudolfensis*.

***Homo habilis*, KNM-ER 1813** (siehe auch Seite 6). Dieser Schädel aus Koobi Fora (Kenia), der in Größe und Erscheinungsbild dem Fund OH 24 ähnelt, wurde derselben Spezies zugeordnet. Das Stück unterscheidet sich durch die geringe Größe von Gesicht, Zähnen und Gehirnschädel von anderen Schädeln aus Koobi Fora, die zu zwei verschiedenen Arten des frühen *Homo* gehören. Originalgröße. *Photo von David Brill; mit freundlicher Genehmigung des kenianischen Nationalmuseums*

FUND	FUNDORT	ALTER	ENTDECKER	DATUM	VERÖFFENTLICHUNG
adultes Teilskelett	Olduvai-Schlucht, Tansania	1,8 Millionen Jahre	Tim D. White	21. Juli 1986	Johanson, D. C., F. T. Masao, G. G. Eck, T. D. White, R. C. Walter, W. H. Kimbel, B. Asfaw, P. Manega, P. Ndessokia und G. Suwa, 1987. New partial skeleton of *Homo habilis* from Olduvai Gorge, Tanzania. *Nature* 327: 205–209.

Homo habilis

OH 62

Nach jahrzehntelanger mühseliger Arbeit in der Olduvai-Schlucht zog Mary Leakey sich aus der Freilandarbeit zurück, um die Veröffentlichungen über ihre Ausgrabungen zu vervollständigen. Mit ihren unermüdlichen Anstrengungen hatten sie und ihr Mann Louis dafür gesorgt, daß man in der Schlucht, die sich in Tansania tief durch die flache, allgemein reizlose Serengeti-Ebene schneidet, buchstäblich jeden Stein umgedreht hatte – immer auf der Suche nach fossilen und archäologischen Fundstücken. Nach jeder Regenzeit wurden die Hänge und Wasserläufe des Tales systematisch nach neuen Belegen abgesucht, die vielleicht durch die Erosion ans Licht gekommen waren. Die Erosion der festen Sedimente der Olduvai-Schlucht schritt nur langsam fort, so daß die Chancen auf einen wichtigen Fund wie *Zinjanthropus* verschwindend gering waren, nachdem man die Oberfläche so viele Jahre lang abgesucht hatte.

Vor diesem Hintergrund wurde das Institute of Human Origins von der Denkmalschutzbehörde Tansanias 1985 gebeten, sich an der Wiederaufnahme der Arbeiten in der Olduvai-Schlucht zu beteiligen. Die Arbeitsgruppe war sich der geringen Aussichten auf wichtige Funde durchaus bewußt. Aber am Nachmittag des 21. Juli 1986, nur drei Tage nach Beginn der Expedition, wurde ein Hominidenfossil entdeckt; der Fundort lag unmittelbar neben einem Fahrweg, auf dem buchstäblich Tausende von Touristen und Wissenschaftlern in die Schlucht gekommen waren. Der Norden Tansanias, insbesondere der Ngorongoro-Krater und die Serengeti, zieht gewaltige Touristenströme an, die auf ihren Safaris die afrikanische Tierwelt beobachten und photographieren. Ein besonderer Höhepunkt dieser Touristenroute ist auch die Olduvai-Schlucht. Nach dem Besuch eines kleinen Museums, das die Arbeiten in dem Gebiet zeigt, werden die Touristen von ihren Reiseleitern in die Schlucht geführt, wo sie wichtige Stellen aufsuchen, beispielsweise die „Zinj"-Stelle, an der ein Gedenkstein den genauen Fundort markiert.

Es war eine Ironie des Schicksals: Auf der Erdoberfläche, nur 25 Meter neben der Straße, lag ein stark zerstückeltes, 1,8 Millionen Jahre altes Teilskelett. Nachdem man das erste Fragment, den proximalen Teil der rechten Elle (Ulna), erkannt hatte, begann eine unvergleichliche, gründliche genaue Suche nach weiteren Skeletteilen. Da es der 62. Hominidenfund in der Olduvai-Schlucht war, erhielt er die Bezeichnung Olduvai Hominid 62 oder kurz OH 62. Beim Durchmustern aller lockeren Sedimente in der unmittelbaren Umgebung wurden auf einer Fläche von ungefähr 40 Quadratmetern rund 18 000 Knochen- und Zahnbruchstücke entdeckt. Die meisten davon stammten nicht von Hominiden, aber 302 wurden als Teile von OH 62 identifiziert. Im Vergleich zu Stücken wie Lucy oder dem Schwarzen Schädel war OH 62 ein Scherbenhaufen. Die Zähne waren zersplittert, daß man, von wenigen Ausnahmen abgesehen, aus den winzigen Stücken keine vollständige Zahnkrone zusammensetzen konnte.

Ebenso erwies es sich als unmöglich, aus den Fragmenten der Schädeldecke etwas aufzubauen, das auch nur entfernt einem Schädel ähnelte. Einige Abschnitte des rechten Armes jedoch konnte man sicherstellen, insbesondere den größten Teil des Oberarmknochens sowie Stücke von Elle und Speiche (Radius). Auch ein Teil des linken Oberschenkelknochens (Femur) wurde gefunden, der aus einem Teil des Schenkelhalses und einem Stück des Knochenschaftes bestand. Doch am wichtigsten waren 32 Fragmente, aus denen man den größten Teil des Oberkiefers (Maxilla) rekonstruieren konnte. Die Maxilla ermöglichte auch die Identifizierung von OH 62. Dieser Teil des Gesichtsschädels ähnelt am ehesten den Funden aus der Olduvai-Schlucht und von anderen Stellen, die man *Homo habilis* zugeordnet hatte. Aus diesem Grund und weil die spezialisierten Eigenschaften robuster Australopithecinen wie die riesigen Molaren völlig fehlten, wurde auch OH 62 als *Homo habilis* eingeordnet.

Bei OH 62 wurden zum ersten Mal mit Sicherheit Teile zusammengehöriger Arme und Beine gefunden. Der dritte Molar war durchgebrochen, und wegen der stark abgenutzten Bißflächen der Zähne war klar, daß es sich um einen relativ alten Erwachsenen handeln mußte. Die Extremitätenknochen sind jedoch winzig – der Oberschenkel ist sogar noch kleiner als der von Lucy –, und deshalb nahm man an, daß OH 62 weiblich sein muß. Es dürfte sogar der kleinste erwachsene Hominide sein, der jemals gefunden wurde: Die Körpergröße liegt bei schätzungsweise einem Meter.

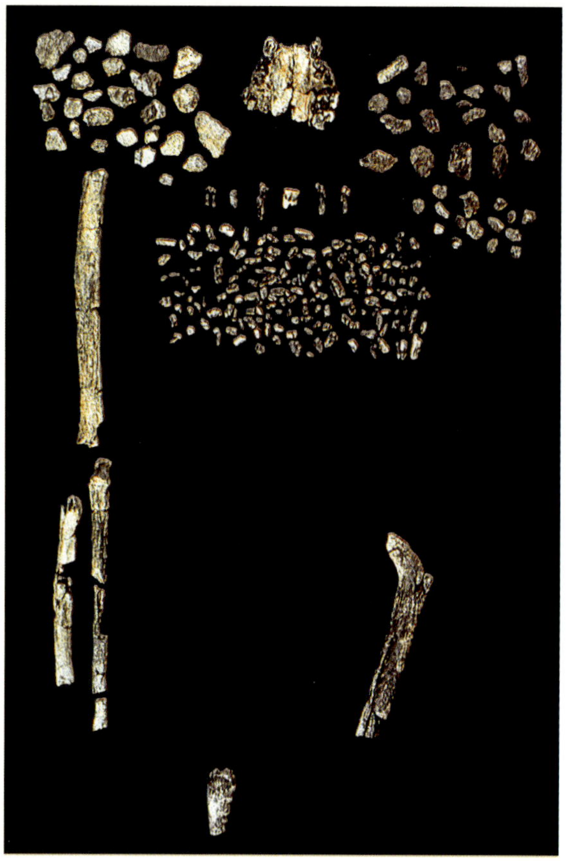

Homo habilis, OH 62. Anhand dieses sehr kleinen Skeletts, das aus über 300 Stücken teilweise zusammengesetzt wurde, konnte man die Körperproportionen abschätzen. Dabei stellte sich heraus, daß dieser Hominide wie Lucy und die afrikanischen Menschenaffen sehr lange Arme hatte.

Die verblüffendste Eigenschaft von OH 62 wurde deutlich, als man die Proportionen von Armen und Beinen berechnete. Sowohl für den Oberarm (Humerus) als auch für das Femur, die beide unvollständig sind, konnte man recht genaue Längenabschätzungen vornehmen. Das Verhältnis von Humerus zu Femur liegt bei 95 Prozent, das heißt, der Oberarmknochen hat 95 Prozent der Länge des Oberschenkelknochens – die Arme waren also sehr lang. Bei heutigen Menschen beträgt der Index etwa 70 Prozent, und bei Vierbeinern wie den Schimpansen liegt er bei 100 Prozent (Oberschenkel und Oberarm sind also gleich lang). Mit derart affenähnlichen Proportionen hatte man bei *Homo habilis* nicht gerechnet.

Zuvor hatte man geglaubt, *H. habilis* sei in den Proportionen moderner. Was die neuen Erkenntnisse bedeuteten, war klar: OH 62 ähnelte in seinen Proportionen dem primitiveren Körperbau von *A. afarensis* (Lucy). Wenn *H. habilis* vor 1,6 Millionen Jahren zum Vorläufer von *H. ergaster/ erectus* werden sollte, mußte nicht nur seine Körpergröße erheblich zunehmen, sondern auch das Längenverhältnis von Armen und Beinen mußte sich drastisch verändern. All das mußte sich in einem Zeitraum von nur 200 000 Jahren abspielen. So etwas war zwar nicht unmöglich, aber die Evolution mußte ziemlich schnell verlaufen sein.

OH 62 wirft noch eine ganze Reihe weiterer bedeutender Fragen auf. Angenommen, es handelt sich um einen weiblichen *H. habilis*: Welche Hominiden aus Ostafrika sind dann die männlichen Individuen? Falls die größeren Oberschenkelknochen vom Turkana-See (KNM-ER 1471 und 1482) von Männern stammen, ist der Geschlechtsdimorphismus ebenso stark wie bei *A. afarensis* – und das hatte man nicht erwartet. Die Entdeckung von OH 62 hat also im Zusammenhang mit der Artenvielfalt des frühen *Homo* erheblich zur Verwirrung beigetragen (siehe Seite 162). Nach Ansicht des Anatomen Bernard Wood von der Universität Liverpool (England), ist der *H. habilis*, den die klassischen Funde aus der Olduvai-Schlucht repräsentieren, eine deutlich andere Spezies als *H. ergaster* und *H. rudolfensis*. Es sieht also so aus, als gebe es beim frühen *Homo* mehr Arten, als man zuvor angenommen hatte. Um aber eindeutig zwischen ihnen zu unterscheiden, muß man vollständigere Exemplare finden, im Idealfall mit erhaltenen Schädelknochen und postkranialen Teilen von demselben Individuum.

FUND	FUNDORT	ALTER	ENTDECKER	DATUM	VERÖFFENTLICHUNG
adultes Cranium	Koobi Fora, Kenia;	1,8–1,9 Millionen Jahre	Bernard Ngeneo	August 1972	Leakey, R. E. F., 1973. Evidence for an advanced Plio-Pleistocene hominid from East Rudolf, Kenya. *Nature* 242: 447–450.

Homo rudolfensis

KNM-ER 1470 TYPUSEXEMPLAR

Der berühmte Schädel KNM-ER 1470, der den Umschlag des Bestsellers *Wie der Mensch zum Menschen wurde* von Richard Leakey und Roger Lewin zierte, machte Richard Leakey mit einem Schlag berühmt und bestätigte Louis Leakeys Überzeugung, daß bereits vor Jahrmillionen in Ostafrika eine Spezies von *Homo* mit großem Gehirn lebte. Louis sah den Fund nur vier Tage vor seinem Tod und nahm eine tief verwurzelte Überzeugung seines Lehrers Arthur Keith mit ins Grab: Danach ist unsere Gattung sehr alt – sie reicht mehrere Millionen Jahre weit zurück, und kein Australopithecine spielt in dieser Abstammungslinie als Vorfahre eine Rolle. Zwar galt 1470 häufig als Musterbeispiel für *Homo habilis*; die Spezies, zu deren Benennung Louis beitrug und die ihm am meisten ans Herz gewachsen war, aber er verdient wahrscheinlich eine andere Zuordnung und zeigt einen komplizierteren Evolutionsverlauf in der Frühzeit der Gattung *Homo*.

In der Erstbeschreibung des Fossils ordnete Richard Leakey den Schädel 1470 nicht *Homo habilis* zu, sondern er bezeichnete ihn als nicht näher bestimmte Spezies von *Homo* – vor allem weil man vermutete, der Fund sei 2,9 Millionen Jahre alt, eine Million Jahre älter als die Fossilien von *habilis* aus der Olduvai-Schlucht. Die Altersbestimmung gründete sich auf eine Schätzung von 2,6 Millionen Jahren für den KBS-Tuffstein, eine Vulkanascheschicht, die in Koobi Fora über dem Fund lag. Wie sich jedoch später herausstellte, hatte man das Alter des Tuffsteines falsch berechnet, weil die untersuchten Proben mit älterem Vulkangestein verunreinigt waren; in Wirklichkeit war er erst vor 1,8 Millionen Jahren entstanden, und damit war KNM-ER 1470 plötzlich ebenso alt wie *Homo habilis*.

Die Zoologin Meave Leakey rekonstruierte aus über 150 Bruchstücken zwei große Schädelteile, an denen die auffälligsten Merkmale deutlich werden: der große Gehirnschädel und das breite, flache Gesicht. Einige Fachleute wiesen auf untergeordnete Aspekte der Schädel- und Gesichtsform hin, die den Fund mit *Australopithecus* in Verbindung bringen könnten, die Mehrzahl seiner Merkmale und das Gehirnvolumen von 775 Kubikzentimetern sprechen hingegen eindeutig für die Einordnung als *Homo*. Ob 1470 wirklich zu *habilis* gehört, wurde zu einer heftig umstrittenen Frage. Vergleicht man ihn beispielsweise mit dem kleineren Schädel KNM-ER 1813 aus Koobi Fora (siehe Seite 174), so findet man nur einen schwach ausgeprägten Oberaugenwulst ohne Furche oder Vertiefung dahinter; das Gesicht von 1470 ist viel länger, sein oberer Teil ist schmaler als der mittlere, und der Oberkiefer ist nicht abgerundet, sondern eher eckig mit einem sehr kurzen, schwach gewölbten Gaumen. Die typischen Knochenleisten und kräftigen Muskelansätze der Australopithecinenschädel fehlen. Die Zahnkronen von 1470 sind nicht erhalten, aber die verbliebenen Zahnwurzeln und Zahnhöhlen zeigen, daß dieses Individuum sehr große Schneide- und Eckzähne, dafür allerdings Prämolaren und Molaren von eher bescheidenen Ausmaßen besaß.

Weitere anatomische Kennzeichen von 1470 sind eine deutliche Einschnürung des Gehirnschädels hinter den Augenhöhlen (die jedoch nicht so stark ist wie bei den robusten Australopithecinen), ein gewölbtes Stirnbein, das sich steil zu den eckigen Scheitelbeinen des dünnwandigen Gehirnschädels erhebt, und ein Hinterhauptsbein, das gleichmäßig gewölbt und nicht wie bei *Homo erectus* geknickt ist.

Alle Eigenschaften, die 1470 mit *habilis* gemeinsam hat, kommen auch bei anderen Arten von *Homo* vor, und es wurde bereits auf einige wichtige Unterschiede zwischen 1470 und *habilis* hingewiesen, die offenbar nicht auf Geschlecht, Zeit oder geographische Faktoren zurückzuführen sind. Wenn die kleineren Stücke aus der Olduvai-Schlucht und Koobi Fora *Homo habilis* darstellen, gehört 1470 vielleicht zu einer eigenen Spezies.

Im Jahr 1986 schlug Valerij Alexejew für KNM-ER 1470 den wissenschaftlichen Namen *Homo rudolfensis* vor. Diese neue Art erkannte man in wenigen Fossilien aus Koobi Fora, die in Schichten aus dem kurzen Zeitraum vor 1,9 bis 1,8 Millionen Jahren gefunden wurden. Weitere Funde, die man als *Homo rudolfensis* einordnet, sind die Schädelreste KNM-ER 1590 und KNM-ER 3732 sowie der Unterkiefer KNM-ER 1802. Wenn wir 1470 als eigenständige Spezies betrachten, schließen wir uns der Ansicht an, daß in Ostafrika mindestens zwei Arten des frühen Homo zur gleichen Zeit lebten. Die Evolution der Gattung war keine einfache Abfolge von *habilis* über *erectus* zu *sapiens*, so daß wir uns jetzt entscheiden müssen, ob *habilis* oder *rudolfensis* eher als Vorfahre für die weitere Abstammungslinie in Frage kommt.

***Homo rudolfensis,* KNM-ER 1470** (siehe vorangegangene Seite). Im Vergleich zu dem Schädel KNM-ER 1813, der ein ähnliches Alter hat und an der gleichen Stelle gefunden wurde, besitzt dieser Fund, der hier in Vorder- und Seitenansicht zu sehen ist, ein langes, flaches Gesicht, einen kurzen, eckigen Gaumen im Oberkiefer und ein viel größeres Gehirnvolumen. Originalgröße. *Photo von David Brill; mit freundlicher Genehmigung des kenianischen Nationalmuseums.*

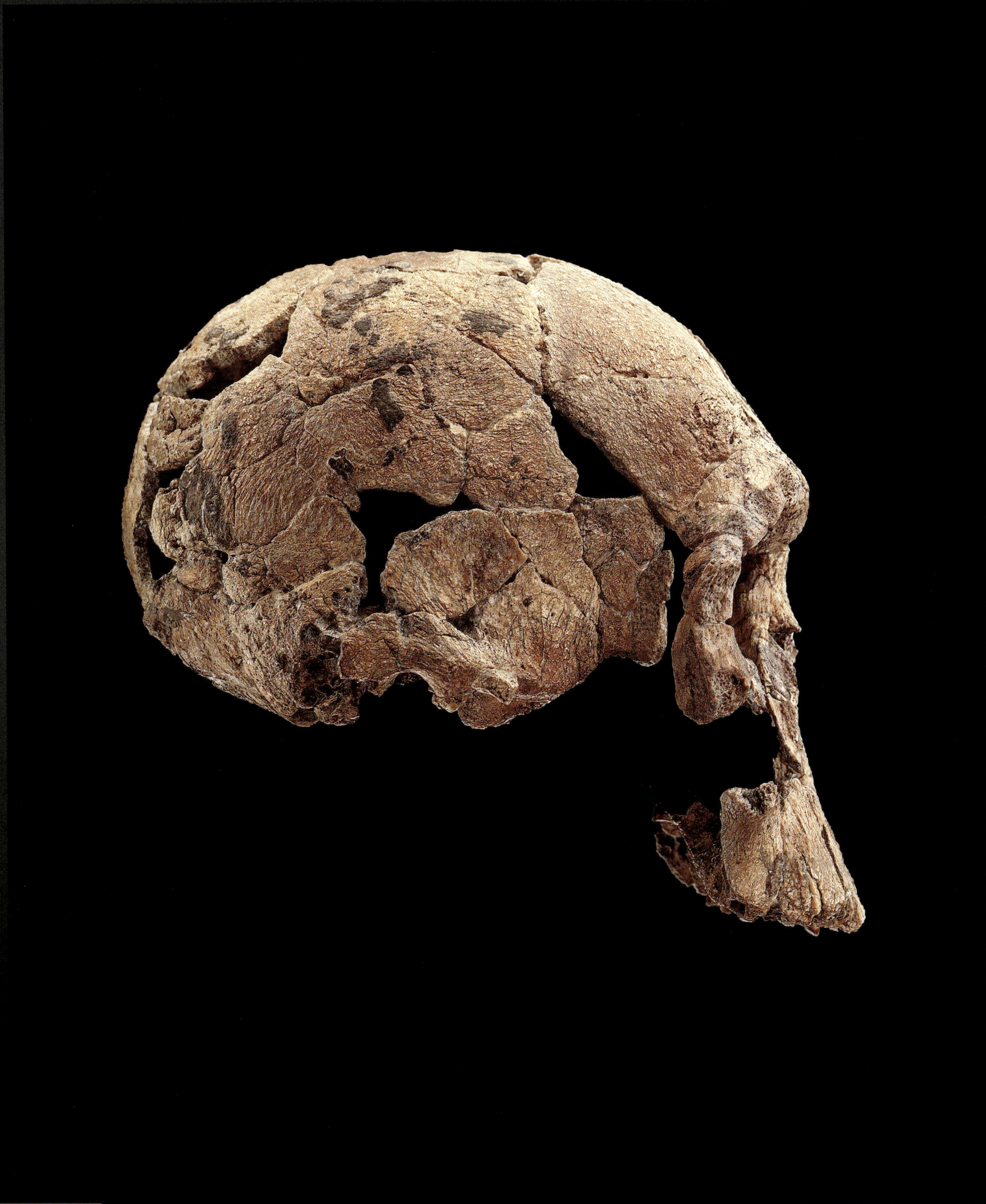

FUND	FUNDORT	ALTER	ENTDECKER	DATUM	VERÖFFENTLICHUNG
adultes Cranium	Koobi Fora, Kenia	1,75 Millionen Jahre	Bernard Ngeneo	1975	Leakey, R. E. F., 1976. New hominid fossils from the Koobi Fora Formation in Northern Kenya. *Nature* 261: 574–576.

Homo ergaster
KNM-ER 3733

Der ausgezeichnet erhaltene Schädel von *Homo ergaster* mit der Bezeichnung KNM-ER 3733 bestätigte, daß *Homo* und die robusten Australopithecinen in Ostafrika zur gleichen Zeit lebten, was gleichzeitig die Ein-Spezies-Hypothese für die Evolution des Menschen (siehe Seite 53) in Frage stellte. Bis 1984, als das Skelett KNM-WT 15000 ausgegraben wurde (siehe Seite 182), war KNM-ER 3733 das besterhaltene Exemplar dieser Spezies. Die beiden Bögen des Brauenwulstes ragten nur geringfügig aus dem Boden, aber das reichte, damit der Fossilsammler Bernard Ngeneo von der berühmten kenianischen „Hominidengang" ihn finden konnte. Die Bruchstücke von Gesicht und Oberkiefer spürte man in der Nähe auf, der Unterkiefer wurde jedoch nie gefunden.

Da die anatomischen Merkmale des Gesichts deutlich weniger „robust" sind als bei dem jungen Mann KNM-WT 15000, den man auf der anderen Seite des Turkana-Sees ausgrub, kann man den Schädel 3733 zuverlässig als weiblich bezeichnen. Er war auch bereits erwachsen – das erkennt man an den geschlossenen Nähten zwischen den Schädelknochen, der Abnutzung der Zähne und den durchgebrochenen dritten Molaren.

In Seitenansicht zeigt KNM-ER 3733 ein Profil mit niedriger Schädeldecke, wie es für den asiatischen *Homo erectus* typisch ist, sowie eine Verdickung entlang der Mittellinie auf dem Schädeldach, einen runden Wulst quer über dem Hinterhauptsbein und eine Schädelbasis, die breiter ist als das Schädeldach. Was die Gesamtgröße angeht, ist 3733 mit einem Gehirnvolumen von 850 Kubikzentimetern mit den Funden aus Zhoukoudian vergleichbar (siehe Seite 188), und der Gehirnschädel ist seitlich nicht wie bei Jetztmenschen gewölbt, sondern abgeflacht. Aber bei 3733 fehlen auch einige typische Merkmale des *Homo erectus* aus Java und China, so die dicken Schädelknochen, der eckige Brauenwulst und die dahinterliegende deutliche Furche oder Vertiefung. Solche Unterschiede geben Anlaß, dieses und andere Fossilien aus Afrika der Spezies *Homo ergaster* zuzuordnen, die ursprünglich anhand des Kiefers KNM-ER 992 aus Koobi Fora definiert wurde.

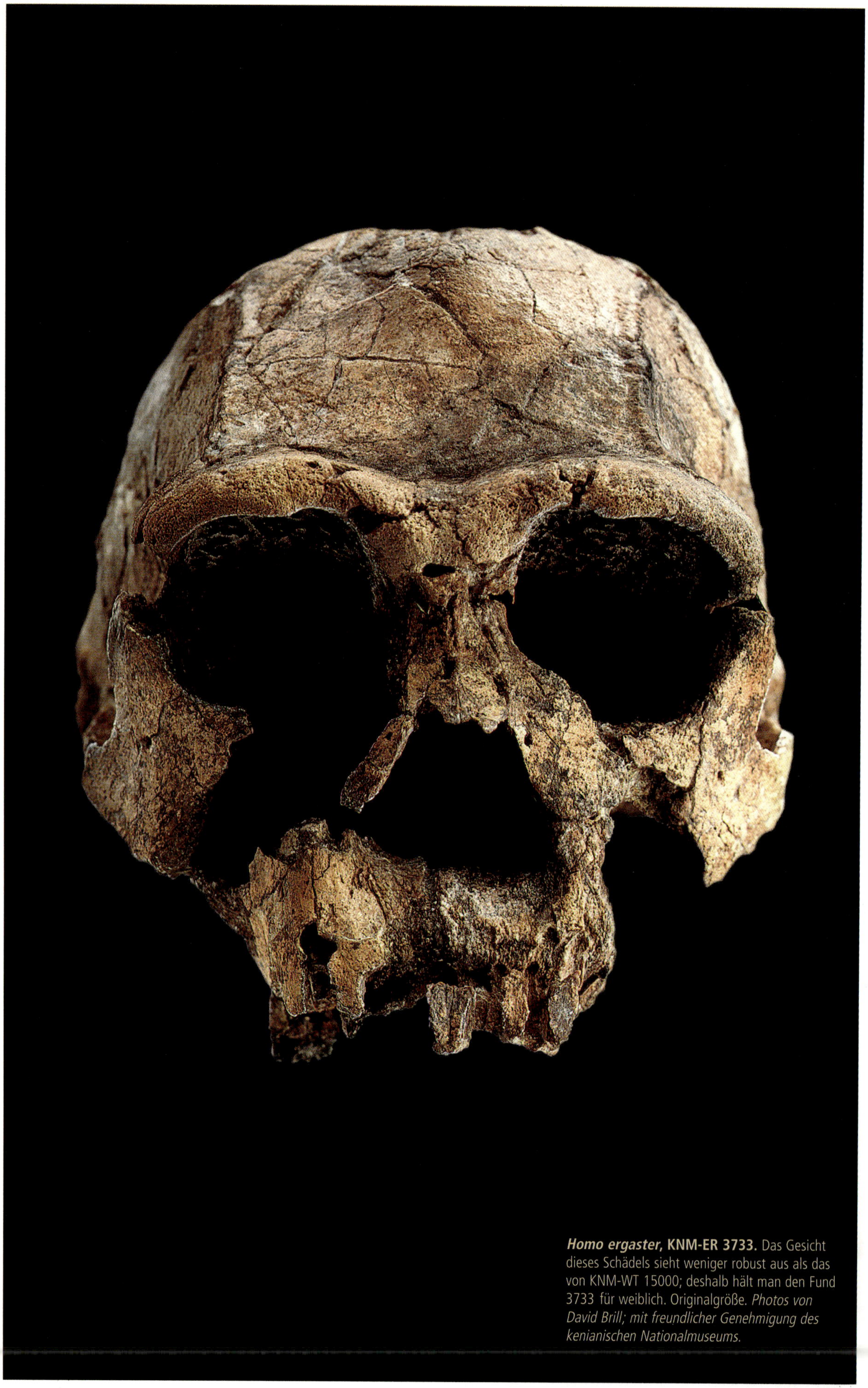

***Homo ergaster*, KNM-ER 3733.** Das Gesicht dieses Schädels sieht weniger robust aus als das von KNM-WT 15000; deshalb hält man den Fund 3733 für weiblich. Originalgröße. *Photos von David Brill; mit freundlicher Genehmigung des kenianischen Nationalmuseums.*

FUND	FUNDORT	ALTER	ENTDECKER	DATUM	VERÖFFENTLICHUNG
juveniles maskulines Skelett	Nariokotome, Kenia	1,6 Millionen Jahre	Kamoya Kimeu	22. August 1984	Brown, F., J. Harris, R. Leakey und A. Walker, 1985. Early *Homo erectus* skeleton from west Lake Turkana, Kenya. *Nature* 316: 788–792.

Homo ergaster

KNM-WT 15000

Die Entdeckung eines winzigen Schädelbruchstücks auf einem Abhang voller Lavakiesel an der Fundstelle Nariokotome in Kenia war nur ein bescheidener Anfang; am Ende hatte man einen beispiellosen Fund geborgen: das vollständigste bis heute entdeckte Skelett eines frühen Hominiden, eine Fundgrube für die Forschung. Es war das erste mehr als 100 000 Jahre alte menschliche Fossil mit einem so vollständigen Schädel, daß die Gehirngröße sich genau ermitteln ließ, und auch vom postkranialen Skelett waren so viele Teile vorhanden, daß man die Körpergröße exakt abschätzen konnte. Auf diese Weise konnte man die Theorien über die Gehirngröße sowie über Wachstum und Entwicklung überprüfen. Außerdem lieferten die 80 postkranialen Knochenfragmente neue Aufschlüsse über die Proportionen der Extremitäten sowie über Fortbewegung, Reifung, Schwangerschaft und vielleicht sogar über die Frage, ob dieser Hominide über eine Sprache verfügte. Viele postkraniale Knochen dieser Spezies, so zum Beispiel die Rippen, wurden mit dem Exemplar von Nariokotome überhaupt zum ersten Mal gefunden. Nachdem die Paläoanthropologen Richard Leakey und Alan Walker mit ihrer Arbeitsgruppe den Fund ausgegraben hatten, wurde er in den darauffolgenden zehn Jahren von Spezialisten für alle Teile des Skeletts untersucht.

Es handelt sich um einen Jungen, der offenbar schon als Jugendlicher starb (von der Schätzung seines Sterbealters ist auf Seite 78 genauer die Rede). Er kam am Rand eines seichten Flußdeltas ums Leben, wo sein Körper schnell vom Sediment bedeckt wurde, so daß er erhalten blieb. Zwar war ein großes Tier – vielleicht ein Flußpferd – darübergetrampelt und hatte einige Knochen zerstreut, aber das Skelett war bemerkenswert gut erhalten. Wäre der Junge von Nariokotome erwachsen geworden, hätte er eine Größe von über 1,80 Meter erreicht und fast 68 Kilogramm gewogen. Er maß bei seinem Tod bereits über 1,50 Meter und wog etwa 47 Kilogramm. Mit seinem großen, schlanken Körperbau ähnelte er den heutigen Bewohnern Äquatorialafrikas, und die Länge der Gliedmaßen erreichte trotz seines jugendlichen Alters fast die Mittelwerte für heutige weiße, erwachsene nordamerikanische Männer. Die Spezies war offenbar viel größer als alle früheren Hominiden (eine Abbildung des vollständigen Skeletts findet sich auf Seite 72).

Der Schädel wurde aus rund 70 Stücken rekonstruiert; diese Zahl schließt nicht die Zähne ein, die ebenfalls fast alle gefunden wurden. Ihre Morphologie entspricht der von *Homo erectus*-Funden aus China (siehe Seite 188). An andere Stücke von *erectus* erinnern die Merkmale des Schädels: Der Gehirnschädel ist hinten am breitesten, und hinter dem Oberaugenwulst liegt eine mäßig starke Furche. Im Vergleich zu dem afrikanischen Fund OH 9 hat KNM-WT 15000 – vielleicht weil er noch nicht ausgewachsen war – einen viel kleineren Brauenwulst. Das Schädelvolumen ist mit 880 Kubikzentimetern geringfügig größer als bei KNM-ER 3733 (siehe Seite 180) und geringer als bei OH 7. Als Erwachsener hätte der Junge wahrscheinlich ein Gehirnvolumen von 909 Kubikzentimetern gehabt, womit er zwischen den kleineren Exemplaren aus Kenia und den größeren Funden von *Homo erectus* aus Zhoukoudian in China stünde.

An KNM-WT 15000 fallen einige Unterschiede zum Skelett der Jetztmenschen auf. Unter anderem sind die Wirbelfortsätze länger, und der Rückenmarkskanal ist enger, so daß nur eine begrenzte Zahl von Nervenfasern in den Brustkorb führen kann; damit verbunden war wahrscheinlich auch eine geringere Fähigkeit, den Luftstrom von der Lunge zum Mund zu steuern – dann wäre der Junge nicht in der Lage gewesen zu sprechen. Das schmale Becken eignete sich zum Gehen und Laufen vermutlich noch besser als unser eigenes (zur Bedeutung des engen Beckens von KNM-WT 15000 für Geburt und Säuglingsentwicklung bei dieser Spezies siehe Seite 76). Darüber hinaus ist der Oberschenkelhals verlängert, ein primitives Merkmal, das man auch bei den Australopithecinen findet. Insgesamt zeigt KNM-WT 15000 jedoch, daß die Hominiden zu jener Zeit den affenähnlichen Körperbau der Australopithecinen hinter sich gelassen hatten und sich schnell der Körper- und Gehirngröße heutiger Menschen näherten.

***Homo ergaster*, KNM-WT 15000** (siehe auch Seite 72). Der Schädel des Jungen von Nariokotome (WT 15000) ist so vollständig, daß man das Gehirnvolumen genau messen konnte. Die 80 weiteren aufgefundenen Knochen dieses Skeletts erlauben eine Abschätzung der Körpergröße und liefern zahlreiche Aufschlüsse über die Biologie dieser Spezies. Originalgröße. *Photo von David Brill; mit freundlicher Genehmigung des kenianischen Nationalmuseums.*

FUND	FUNDORT	ALTER	ENTDECKER	DATUM	VERÖFFENTLICHUNG
adultes Teilcranium	Swartkrans, Südafrika	ca. 1,5 Millionen Jahre	Ronald Clarke	23. Juli 1969	Clarke, R. J., F. C. Howell und C. K. Brain, 1970. More evidence of an advanced hominid at Swartkrans. *Nature* 225: 1219–1222.

Homo ergaster

SK 847

Nicht alle menschlichen Fossilien werden im Freiland gefunden. Manchmal entdeckt man sie auch, wenn man Museumsstücke vor dem Hintergrund späterer Funde neu untersucht. Ein solcher Fall ist der Schädel Swartkrans (SK) 847, das beste Exemplar des frühen *Homo* aus Südafrika und vielleicht von einem der ersten, die das Feuer nutzten. Als der Paläontologe Ron Clarke 1969 die Sammlungen des Transvaal Museums durchging, fand er unter den fossilen Überresten der Hominiden von Swartkrans zwei Stücke eines Schädels – ein Gesichtsfragment und ein Schläfenbein –, die ganz anders aussahen als die Fossilien robuster Australopithecinen um sie herum. Wie Clarke feststellte, paßten beide Stücke zusammen, das heißt, sie stammten von demselben Individuum.

Als nächstes erkannte Clarke, daß das Gesichtsfragment auch zu dem Oberkieferstück SK 80 paßte, das Robert Broom und John Robinson Anfang der fünfziger Jahre beschrieben hatten. Nach ihrer Ansicht handelte es sich um eine eigene Hominidenart aus Swartkrans, die sich von den robusten Australopithecinen unterschied, und deshalb gaben sie ihr den Namen *Telanthropus capensis* (den Robinson später unter *Homo erectus* einordnete). Clarke hatte nun die linke Gesichtshälfte, den Wangenknochen und Teile von Seite und Basis des Schädels von einem einzigen Individuum vorliegen; er wußte jetzt, daß Broom und Robinson recht gehabt hatten. Aus der Höhle von Swartkrans stammte der größte Teil aller Überreste von Australopithecinen – Knochen von mindestens 85 Individuen der Spezies *Australopithecus robustus* –, aber durch Clarkes Zufallsfund war bestätigt, daß an der Stelle noch eine zweite Frühmenschenart gelebt hatte. Clarke schrieb über den Schädel seine Doktorarbeit.

Zu den auffälligen Merkmalen von SK 847 gehören ein relativ kurzes, schmales Gesicht, ein ausgeprägter, in der Mitte und an den Seiten dicker Brauenwulst (Torus supraorbitalis), eine mäßig starke Einschnürung hinter den Augenhöhlen, eine deutlich ausgebildete Stirnfurche (Sulcus supratoralis) und eine stark fliehende Stirn. Außerdem beobachtet man sehr zart gebaute Wangenknochen und ein nach vorn ragendes Nasenbein. In allen diesen Merkmalen unterscheidet SK 847 sich stark von *Australopithecus robustus*, wie beispielsweise SK 48 und SK 79 (siehe Seite 148) und von *Australopithecus africanus*, so bei Sts 5 (siehe Seite 134).

Darüber hinaus besitzt SK 847 einen kurzen Gaumen und ein kleines Kiefergelenk, in das nur ein kleiner, kurzer Unterkiefer paßt, nicht aber der typische kräftige Kiefer der robusten Australopithecinen. Sogar der Kiefer SK 15, der von einem anderen Individuum stammt, paßt gut zu SK 847 und ist zufällig auch das Typusexemplar für die Benennung von *Telanthropus*.
Trotz aller anatomischen Indizien, wonach SK 847 zu *Homo* gehört, behaupteten einige Paläoanthropologen vor allem aufgrund der Ein-Spezies-Hypothese (siehe Seite 158), alle Hominiden aus Swartkrans seien Angehörige der gleichen biologischen Art, und dieses Exemplar sei einfach ein kleiner robuster Australopithecine. Aber die Gesichtsanatomie von SK 847 ist eindeutig von der des mutmaßlichen robusten Australopithecinenweibchens KNM-ER 732 zu unterscheiden (siehe Seite 73 und 161). Viel eher ist SK 847 mit KNM-ER 3733 (siehe Seite 180) zu vergleichen, einem weiteren Fund aus Koobi Fora, der ebenfalls als *Homo ergaster* oder afrikanischer *Homo erectus* eingeordnet wurde.

Wenn *Homo* in Swartkrans gelebt hat, stellt sich eine interessante Frage. Soll man annehmen, daß dieser Hominide – und nicht die robusten Australopithecinen, deren Knochen an dieser Stelle mindestens 95 Prozent der Hominidenfossilien ausmachen – für die in der Höhle gefundenen Steinwerkzeuge und für die Spuren eines kontrollierten Feuers (siehe Seite 96–97) verantwortlich war? Obwohl die Statistik dagegen spricht, scheint das eine vernünftige Annahme zu sein. So wie es an keinem Fundort einen eindeutigen Zusammenhang zwischen Steinwerkzeugen und den Knochen robuster Australopithecinen gibt – auch wenn die Hände von *Australopithecus robustus* über die notwendige Muskulatur und den exakten Griff zum Abschlagen von Steinen verfügten –, so findet man auch an anderen Orten keinerlei Indizien, daß diese Spezies ein Feuer entzünden oder unterhalten konnte.

***Homo ergaster*, SK 847.** Die südafrikanischen Höhlen sind für ihre gut erhaltenen Fossilien von Australopithecinen bekannt; dieser Fund ist eines der sehr viel selteneren Beispiele für einen frühen *Homo*. Originalgröße. *Photo von David Brill; mit freundlicher Genehmigung des Transvaal Museums.*

***Homo ergaster*, SK 847** (siehe vorangegangene Seite). Originalgröße. *Photo von David Brill; mit freundlicher Genehmigung des Transvaal Museums.*

FUND	FUNDORT	ALTER	ENTDECKER	DATUM	VERÖFFENTLICHUNG
adultes Teilcranium	Trinil, Java, Indonesien	ca. 500 000 Jahre	Eugène Dubois	Oktober 1891	Dubois, E., 1894. Pithecanthropus erectus, *eine menschenähnliche Übergangsform aus Java* (Landesdruckerei, Batavia).

Homo erectus

TRINIL 2 TYPUSEXEMPLAR *JAVAMENSCH*

Wenn die Entdeckung einer Schädeldecke und einiger Knochen im Neandertal den Beginn der wissenschaftlichen Paläoanthropologie kennzeichnet, dann war der Fund „Trinil 2" das erste Fossil, an dem man das hohe Alter und die geographische Verbreitung unserer Vorfahren ablesen konnte. Eugène Dubois, sein Entdecker, machte sich von Holland aus auf, um das *missing link* zwischen Menschenaffen und Menschen zu finden, wobei ihm der erste Hominidenfund außerhalb Europas gelang. Trinil 2, der Javamensch, wurde zum Holotypus für *Homo erectus*.

Angeregt durch die Überzeugung des britischen Biologen Alfred Russel Wallace, wonach es in Südostasien Indizien für unsere Ursprünge gab, trat Dubois als Stabsarzt in die Königlich Niederländische Ostindien-Armee ein; auf Sumatra angekommen, wurde er im Nebenberuf Fossilsammler. Er hatte dort wenig Glück, so daß er seine Suche 1890 auf Java am Ufer des Flusses Solo fortsetzte.

Jetzt stellte sich der Erfolg ein: Er grub diesen dicken, versteinerten Schädel aus, der aus einem flachen Stirnknochen, großen Teilen der beiden Schläfenbeine und dem oberen Teil des Hinterhauptsbeines besteht. Auffällig sind an dem Fund der ausgeprägte Brauenwulst und die dahinter liegende Einschnürung. Die Oberflächenstruktur ist zum größten Teil abgeschliffen, aber die stark fliehende Stirn hat in der Mitte des Knochens eine deutliche Verdickung. Ein pathologisch veränderter Oberschenkelknochen (Femur), den man stromaufwärts von dem Schädel fand, könnte zu demselben Individuum gehören oder nicht und sieht bemerkenswert modern aus.

Im Jahr 1894 taufte Dubois seinen Javamenschen auf den Namen *Pithecanthropus erectus*; die Gattungsbezeichnung hatte der Biologe Ernst Haeckel für einen hypothetischen Vorfahren der Menschen geprägt. In den fünfziger Jahren schlug der Evolutionsforscher Ernst Mayr vor, man solle die Hominiden von Java und die ungefähr ebenso alten Fossilien des Pekingmenschen derselben Spezies zuordnen, und seitdem bezeichnet man sie als *Homo erectus*.
Bei der weiteren Suche in Java kamen insgesamt etwa 40 Individuen dieser Spezies zum Vorschein, und ebensoviele kennt man aus China, die meisten darunter von der Fundstelle Zhoukoudian (siehe Seite 188).

In Verbindung mit den Fossilien von *H. erectus* in Java hat man niemals Werkzeuge gefunden. Das ist merkwürdig, denn in anderen Regionen kommt die Spezies zusammen mit den auffälligen, allgegenwärtigen, klobigen Artefakten des Acheuléen vor. Manche Fachleute äußerten die Vermutung, diese Hominiden könnten in Indonesien und dem übrigen Ostasien ausschließlich Schneidewerkzeuge aus dem dort verbreiteten Bambus benutzt haben.

Andererseits wäre es angesichts neuer Erkenntnisse über zwei *H. erectus*-Funde aus Modjokerto und Sangiran (siehe Seite 191) aber auch denkbar, daß die Spezies Afrika verließ, bevor sich dort die Technik des Acheuléen entwickelte. Acheuléen-Artefakte verbreiteten sich mit den Auswanderern auch außerhalb Afrikas, drangen jedoch in Asien nie besonders weit vor. Trotz Dubois' erster Erfolge und der Funde späterer Fossilsammler hat Asien sich nicht als Wiege der Menschheit erwiesen. Nicht Wallace hatte recht, sondern Darwin: Unsere Ursprünge müssen wir letztlich in Afrika suchen.

***Homo erectus*, Trinil 2.** Nachdem man mit Trinil 2 das erste Hominidenfossil außerhalb Europas gefunden hatte, konzentrierte sich die Suche nach unseren Ursprüngen auf Asien, bis in Afrika noch ältere Stücke entdeckt wurden. Originalgröße. *Photo von John Reader, Science Source/Photo Researchers.*

FUND	FUNDORT	ALTER	ENTDECKER	DATUM	VERÖFFENTLICHUNG
rekonstruiertes adultes Cranium	Höhle Zhoukoudian, China	400 000–500 000 Jahre	W. C. Pei und das Labor für Känozoikum-Forschung	1928–1937 (für die Rekonstruktion benutzte Funde)	Weidenreich, F., 1943. The skull of *Sinanthropus pekinensis*: a comparative study of a primitive skull. *Palaeontologia Sinila*, New Series D, Ne. 10 Geological Survey of China, Pehpei, Chung King.

Homo erectus

PEKINGMENSCH

Die Höhle von Zhoukoudian, der „Drachenknochenberg", etwa 40 Kilometer südlich der chinesischen Hauptstadt Beijing in China gelegen, war der weltweit ergiebigste Einzelfundort für Fossilien von *Homo erectus*. Von hier stammt ein Drittel aller bekannten Fossilien dieser Spezies, und die Knochen von 40 Individuen – fünf Schädeldecken, mehrere Fragmente von Gehirn- und Gesichtsschädel, elf Unterkiefer und 147 Zähne – waren eine Fundgrube für die Forschung. Die Fossilien ereilte ein tragisches, rätselhaftes Schicksal: Abgesehen von zwei Zähnen, die man in den zwanziger Jahren nach Schweden geschickt hatte, wurden sie im Dezember 1941 für den Transport in die Vereinigten Staaten verpackt, verschwanden dann aber in den Wirren der japanischen Invasion in China.

Nach dem Krieg förderten Ausgrabungen ein paar weitere Zähne sowie Bruchstücke von Schädel-, Kiefer- und Extremitätenknochen zutage, alles andere war jedoch verloren. Glücklicherweise hatte man bereits im Vorfeld der Invasion von allen Stücken genaue Abgüsse hergestellt. In jüngster Zeit haben die Paläoanthropologen diesem berühmten alten Fossil ein neues Gesicht verliehen. Der hier gezeigte Schädel ist eine neue Rekonstruktion durch Gary Sawyer und Ian Tattersall vom American Museum of Natural History, die sich deutlich von der ursprünglichen Version des deutschen Anatomen Franz Weidenreich und seiner Assistentin Lucille Swan aus den dreißiger Jahren unterscheidet. Die ursprüngliche Rekonstruktion bestand aus Gehirnschädel und Unterkiefer von zwei Frauen sowie einem vermutlich ebenfalls weiblichen Oberkiefer. Hingegen bediente sich das neue Modell auch der zuvor außer acht gelassenen männlichen Knochen und erlaubt so einen Blick auf den ganzen Pekingmenschen.

Die neue Rekonstruktion besteht aus Knochen von vier Individuen. Die Schädeldecke des Schädels XII mit dem Nasenbein und dem Rand der linken Augenhöhle, ein Kieferteil des Schädels XIV und zwei Bruchstücke aus dem Gesicht des Schädels X ergaben zusammen eine fast vollständige linke Gesichtshälfte. Aus den linken und rechten Fragmenten GI und GII wurde der Unterkiefer zusammengesetzt, und die fehlende andere Seite anhand der Spiegelbildsymmetrie des Knochens ergänzt. Der so vervollständigte Unterkiefer konnte dann als Richtschnur für die Rekonstruktion des mittleren Gesichtsteiles dienen, so daß die Zähne und andere Berührungspunkte richtig angeordnet waren. Mit einzelnen Zähnen wurde das Gebiß in Ober- und Unterkiefer vervollständigt. Insgesamt ergibt sich daraus ein größerer Schädel mit einem insgesamt kräftigeren, vorspringendem Gesicht und einem breiteren, höheren Nasenbereich. Damit ähnelt der Pekingmensch nun stärker den *erectus*-Funden von anderen Stellen.

Seit den zwanziger Jahren wurden die Fossilien von Zhoukoudian ausgegraben und erhielten von dem kanadischen Arzt Davidson Black den Namen *Sinanthropus pekinensis*; er stützte sich dabei nur auf ein paar einzelne Zähne, und später wurden alle Fossilien der Spezies *Homo erectus* zugeordnet. Die erste Schädeldecke fand man 1929. Nachdem in den folgenden zehn Jahren immer mehr Fossilien zum Vorschein kamen, stellte Weidenreich an ihnen umfangreiche Untersuchungen an; er wollte damit seine „multiregionale" Theorie der menschlichen Evolution anhand zwölf anatomischer Merkmale belegen, die der Pekingmensch angeblich mit den heutigen Chinesen gemeinsam hat. Seine Monographien, die zwischen 1936 und 1943 erschienen, sind bis heute stichhaltig, und wir können nur dankbar für seine Voraussicht sein: Er nahm alle ursprünglichen Gußformen und Abgüsse – die hergestellt wurden, bevor die Fossilien verlorengingen – mit und brachte sie ins American Museum of Natural History, wo sie seither aufbewahrt werden.

Die fünf Schädeldecken zeigen ein mittleres Schädelvolumen von 1 043 Kubikzentimetern. Der Brauenwulst ist beim Pekingmenschen kleiner als bei OH 9 oder Sangiran 17 aus Java. Die Hinterhauptsknochen sind stark gebogen (dies erkennt man in der Seitenansicht hinten am Schädel), so daß sich über die ganze Breite des Knochens eine Verdickung zieht. Weitere Kennzeichen dieser Funde sind flache, dicke, rechteckige Scheitelbeine, kräftige Gesichtsknochen und ein klobiger Kiefer.

Zhoukoudian enthielt außerdem eine Fülle von Tieren und archäologischen Funden. Sie belegen, daß die Höhle über 200 000 Jahre lang bewohnt war. Offenbar beherbergte sie abwechselnd Raubtiere und Hominiden, die manchmal auch zur gleichen Zeit um Nahrung und Obdach konkurrierten. Man hat dort Knochen von 97 Säugetier- und 62 Vogelarten ausgegraben. Die Bewohner stellten mindestens 17 000 Steinwerkzeuge her, vorwiegend aus Quarz, in geringerem Umfang auch aus Bergkristall, Sand- und Flintstein. Außerdem blieb in Zhoukoudian der bis vor kurzem älteste Beleg für die Verwendung des Feuers durch Menschen erhalten (siehe Seite 96).

***Homo erectus*, Originalabguß des Pekingmenschen** (siehe auch Seite 7 und 165). Der von Franz Weidenreich angefertigte Originalabguß des Schädels XII aus Zhoukoudian (China) lieferte den Gehirnschädel und den oberen Gesichtsteil für eine neue Rekonstruktion des Pekingmenschen-Schädels. Originalgröße. *Photo von David Brill; mit freundlicher Genehmigung des American Museum of Natural History.*

***Homo erectus*, rekonstruierter Schädel des Pekingmenschen** (siehe vorangegangene Seite). In dieser Neurekonstruktion hat der Pekingmensch ein kräftigeres, stärker vorspringendes Gesicht und eine breitere Nase als in früheren Versionen; damit ähnelt er stärker den Fossilien von *Homo erectus* aus anderen Gebieten Asiens. Originalgröße. *Photo von David Brill; mit freundlicher Genehmigung des American Museum of Natural History.*

FUND	FUNDORT	ALTER	ENTDECKER	DATUM	VERÖFFENTLICHUNG
adultes maskulines Cranium	Sangiran, Java, Indonesien	ca. 800 000 Jahre	Mr. Towikromo	13. September 1969	Sartono, S., 1971. Observations on a new skull of *Pithecanthropus erectus* (Pithecanthropus VIII) from Sangiran, Central Java. *Proc. Acad. Sci. Amst. B*, 74, 185–194.

Homo erectus

SANGIRAN 17

Nachdem Eugène Dubois in Trinil seine berühmte erste Schädeldecke gefunden hatte (siehe Seite 187), mußten noch 80 Jahre vergehen, bevor die Paläoanthropologen dem Javamenschen endlich ins Gesicht sehen konnten. Zwar hatten andere Fossilsammler in der Folgezeit vollständige Gehirnschädel, Schädeldecken und Schädelfragmente von einem Dutzend Individuen gefunden, aber bei allen fehlte das Gesicht. Erst 1969 stieß ein Bauer auf seinem Acker auf das Seitenteil eines Schädels, der in dem Sandsteinboden lag. Er schlug dabei ein großes Loch in das Fossil, die Stücke konnten jedoch ebenso eingesammelt werden wie der noch unversehrte Teil, der stark mineralisiert war und durch Eisenoxid eine rostbraune Farbe angenommen hatte. Nach der Rekonstruktion erwies sich Sangiran 17 als der besterhaltene Hominidenschädel aus Java und das einzige bekannte männliche Exemplar von *Homo erectus* überhaupt. Da der Fund zum ersten Mal das Gesicht des indonesischen *Homo erectus* zeigte, spielte er in der multiregionalen Theorie der menschlichen Evolution eine entscheidende Rolle.

Nach dieser Theorie entstand *Homo erectus* in Java, und dort sammelten sich anatomische Merkmale an, die er später auf den aus ihm hervorgegangenen *Homo sapiens* weitergab. Diese Merkmale kann man über längere Zeit mitverfolgen, und zwar nicht nur bei verschiedenen Fossilien aus Java, sondern auch bei einer Gruppe von Jetztmenschen, die vor vielleicht 50 000 Jahren von Java aus nach Australien einwanderten. Eine eigene regionale Abstammungslinie verbindet demnach die Fossilien von *erectus* und *sapiens* in China, darunter die Funde aus Zhoukoudian (siehe Seite 188) und Dali (siehe Seite 234); in einer anderen Wanderungswelle gelangten Angehörige unserer Spezies den Spekulationen zufolge ungefähr zur gleichen Zeit von China nach Australien.

Diese direkte Evolutionslinie beginnt in Java angeblich bei den Funden von Sangiran und setzt sich über die Stücke von Sambungmachan und die viel jüngeren Schädel von Ngandong bis zu den heutigen Javanern fort. Als stabile anatomische Merkmale werden unter anderem angeführt: ein langer, relativ flacher Stirnknochen; ein vorspringendes Gesicht mit massigen, flachen Wangenknochen; ein deutlicher Knochenhöcker (Tuberositas zygomaxillaris) am Ansatz der Wangenknochen; eine abgerundete Kante am unteren Rand der Augenhöhle; und das Fehlen einer klaren Abgrenzung zwischen Nasenregion und unterem Gesichtsbereich. Ähnliche Merkmale sollen auch die viel jüngeren Fossilien aus Australien zeigen, so der Teilschädel WLH 50 aus Willandra Lakes und die nur 10 000 bis 14 000 Jahre alten Skelette aus Kow Swamp (siehe Seite 247). Viele dieser Merkmale im Gesicht sind Anpassungsfolgen an starke Kaukräfte.

Auch andere Eigenschaften von Sangiran 17 grenzen den indonesischen *Homo erectus* von anderen Gruppen dieser Spezies ab und spielen in der multiregionalen Theorie eine große Rolle: Die Schädelkapsel besteht aus sehr dicken Knochen und ist seitlich abgeflacht; der Schädel hat an seiner Basis die größte Breite; Stirn- und Scheitellappen des Gehirns sind nur schwach entwickelt (mit einem Gehirnvolumen von 1 029 Kubikzentimetern liegt Sangiran 17 fast am oberen Ende des Größenspektrums); und an den Seiten sowie auf der Rückseite des Schädels findet man kräftige Muskelansätze.

Ursprünglich besagte das multiregionale Entwicklungsmodell, *erectus* habe sich schon seit einer Million Jahren in China und Java entwickelt. Die neuere Datierung der Fossilien aus Indonesien – einige in den siebziger Jahren in Sangiran gefundene Schädelfragmente von Hominiden sind nach den Ergebnissen der Argon-Argon-Datierung 1,66 Millionen Jahre alt, Sangiran 17 ist allerdings viel jünger – würde die Isolierung dieser Spezies aber schon in die Zeit vor zwei Millionen Jahren verlegen. Da man nicht genau weiß, aus welcher geologischen Schicht die Funde in Java stammen, bestehen an dem Zusammenhang mit dem 1,66 Millionen Jahre alten Vulkangestein ernsthafte Zweifel. Die Vertreter der multiregionalen Theorie paßten ihre Vorstellungen an die neue Datierung an, zwei Millionen Jahre sind hingegen eine zu lange Zeit, als daß diese Spezies ein plausibler Vorfahre der heutigen Menschen sein könnte. Kein anderer Beleg aus der Hominidenevolution spricht für die Vorstellung, daß diese Population sich fast zwei Millionen Jahre lang an Ort und Stelle ohne Genfluß aus anderen Gebieten entwickelt hat.

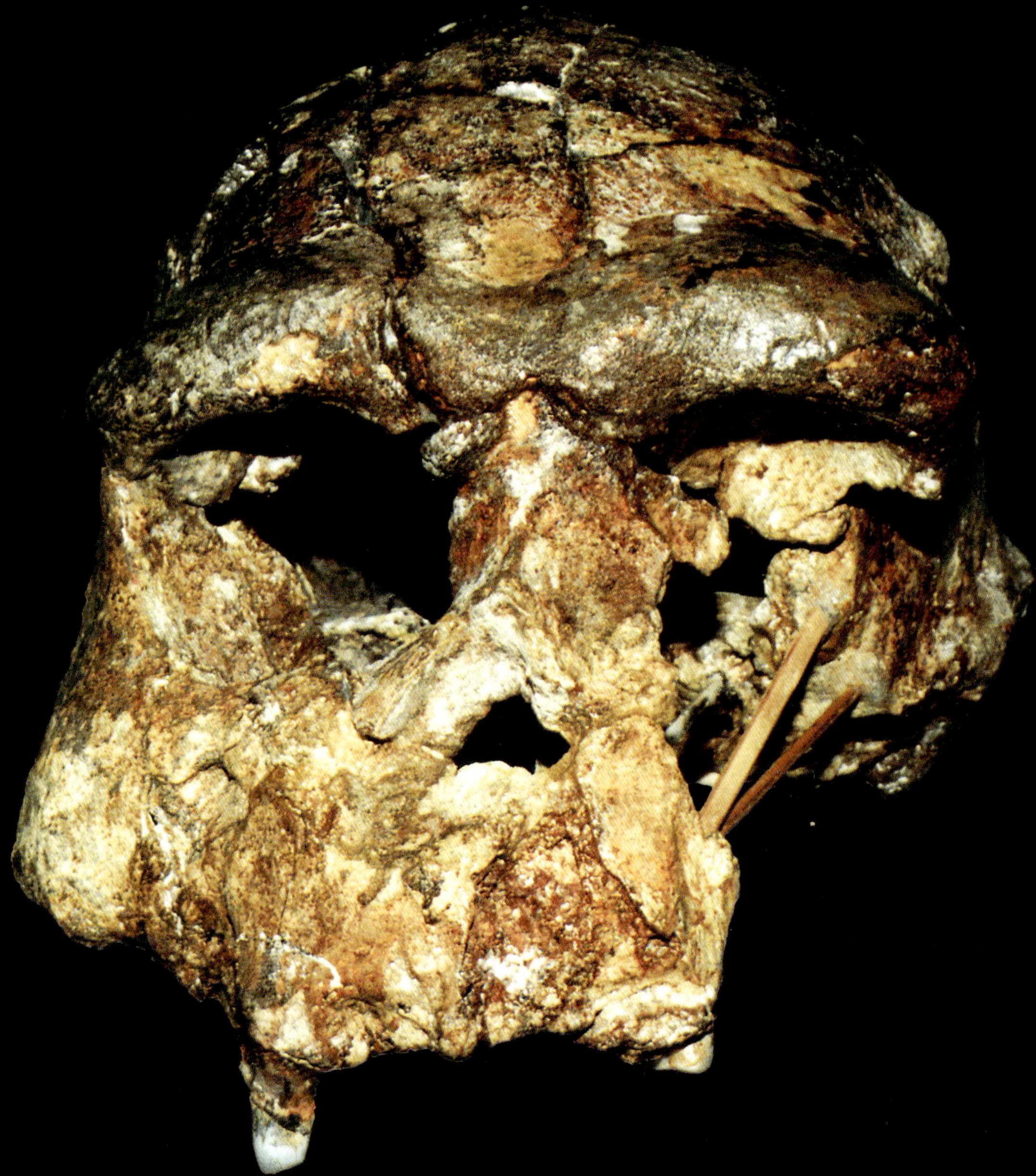

***Homo erectus*, Sangiran 17** (siehe vorangegangene Seite). Dieser ziemlich vollständige Schädel des Pekingmenschen (links: von vorn; rechts: Seitenansicht) hat eine flache Stirn, flache Wangenknochen, ein vorspringendes Gesicht und einen seitlich abgeflachten Gehirnschädel, der an seiner Basis am breitesten ist – alles charakteristische Eigenschaften des indonesischen *Homo erectus*. Originalgröße. *Mit freundlicher Genehmigung von Frachroel Aziz, Geological Research and Development Centre, Indonesien.*

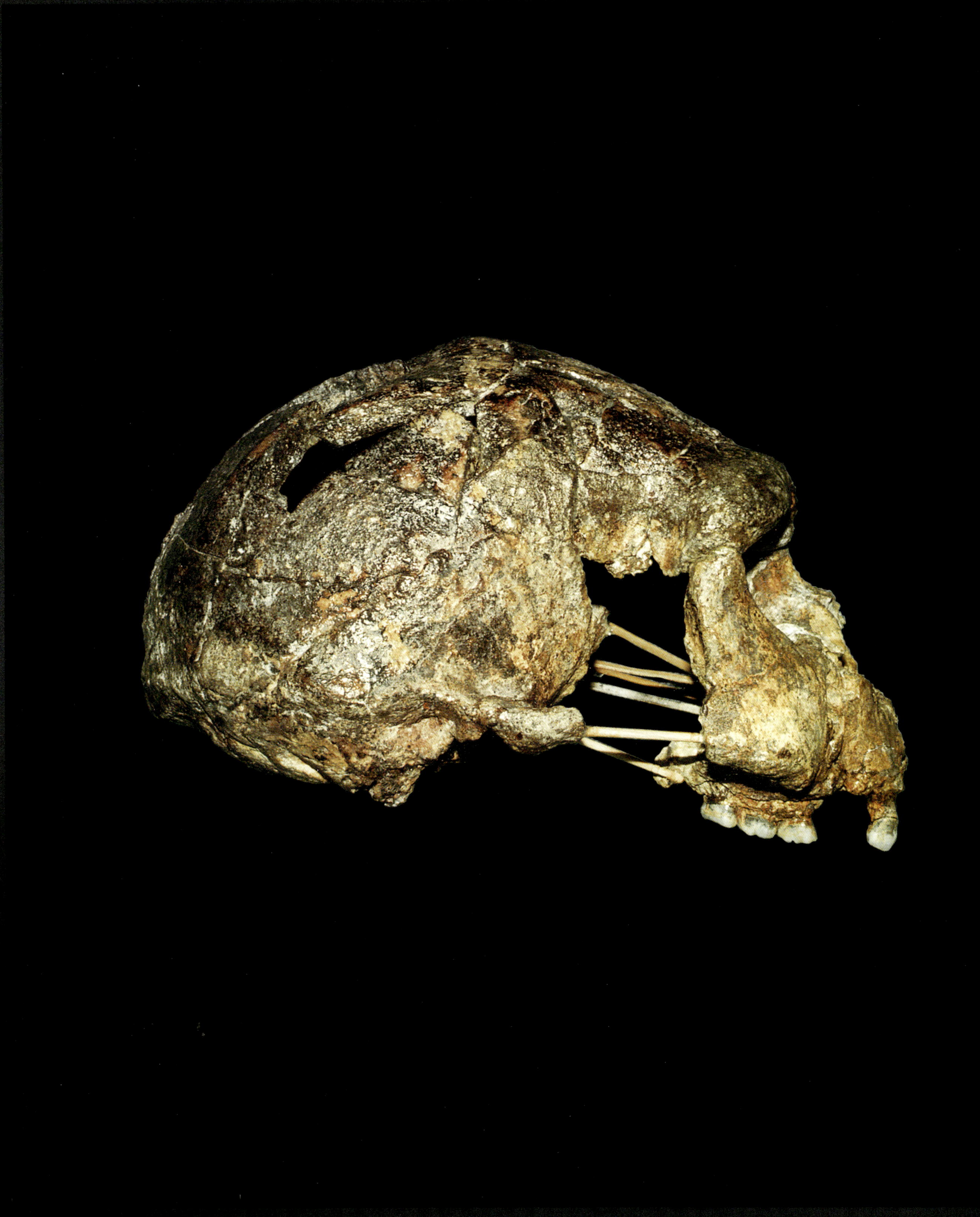

FUND	FUNDORT	ALTER	ENTDECKER	DATUM	VERÖFFENTLICHUNG
adultes Cranium	Bodo d'Ar, Äthiopien	600 000 Jahre	Alemayhew Asfaw, Paul Whitehead und Craig Wood	15. und 23. Oktober 1976	Conroy, G. C., C. J. Jolly, D. Cramer und J. E. Kalb, 1978. Newly discovered fossil hominid skull from the Afar depression, Ethiopia. *Nature* 276: 67–70.

Homo heidelbergensis

BODO-SCHÄDEL

Die Kreationisten behaupten gern, in der Paläoanthropologie fehlten Fossilien von Zwischenformen, mit denen man die Evolution einer Hominidenspezies zu einer anderen beweisen kann. Dieses Argument wird unter anderem durch das Fundstück Bodo widerlegt, das seinen Namen wegen der Fundstelle Bodo d'Ar in Äthiopien erhielt. Es besitzt mehrere anatomische Merkmale, die für verschiedene Arten von *Homo* typisch sind, und läßt sich deshalb nicht ohne weiteres einer Spezies zuordnen. Während der Schädel eine Momentaufnahme des biologischen Übergangs darstellt, zeigt sich der beginnende kulturelle Wandel an den in Bodo gefundenen Steinwerkzeugen.

Bodo hat von allen bekannten menschlichen Fossilien das größte Gesicht. 1981, fünf Jahre nach der Entdeckung dieses gewaltigen Schädels, fand man in Bodo d'Ar die linke untere Ecke aus dem Scheitelbein eines zweiten Individuums, und auch dieses kleine Bruchstück zeigt, wie kräftig der Schädel der Frühmenschen in dieser Gegend gebaut war. Ein 1990 ebenfalls in Bodo d'Ar gefundenes Stück eines Oberarmknochens (Humerus) ist jedoch kleiner als bei vielen Jetztmenschen und spiegelt möglicherweise die Größenunterschiede zwischen den Männern und Frauen in der Frühmenschenpopulation wider.

Trotz seines breiteren, kräftigeren Gesichts hat Bodo eine verblüffende Ähnlichkeit mit dem jüngeren Fund aus Kabwe (Broken Hill), der auch als Rhodesiamensch bezeichnet wird (siehe Seite 208). Beide haben ein breites Gesicht und einen dicken Augenbrauenwulst. Wie viele Exemplare von *Homo erectus*, so besitzt auch Bodo oben auf dem Schädel eine längs verlaufende Knochenleiste. Dem *Homo sapiens* ähneln die Nasenknochen, die Fossa mandibularis (eine flache Vertiefung unter der Ohröffnung zur Befestigung des Unterkiefers) und der Stirnknochen. Für die Vertreter der Ansicht, daß der Jetztmensch ursprünglich ausschließlich in Afrika entstand, ist etwas anderes noch wichtiger: Bodo zeigt anatomische Ähnlichkeiten mit dem Fund aus Petralona in Griechenland (siehe Seite 200).

Als man den Schädel entdeckte, schätzte man sein Alter nur auf 350 000 Jahre; damit wäre er ein Zeitgenosse anderer Funde von *Homo heidelbergensis* aus Europa gewesen. Nach neueren, 1994 veröffentlichten Befunden liegt das Alter aber eher bei 600 000 Jahren, das heißt im gleichen Bereich wie das von *H. erectus*. Aber anatomisch ist Bodo weiter entwickelt als seine asiatischen Zeitgenossen der Spezies *erectus* einschließlich des Pekingmenschen von der Fundstelle Zhoukoudian.

Die Funde von Bodo d'Ar zeigen eine der äußerst seltenen Momentaufnahmen von gleichzeitig ablaufender biologischer und kultureller Evolution. Rund um die Fundstelle des Schädels sind Steinwerkzeuge – Faustkeile und Schaber aus dem Acheuléen – über den Boden verstreut und daneben findet man Flußpferd-, Pavian- und Antilopenknochen. Die vielen Lavasteinwerkzeuge, die man in den gleichen Flußsedimenten fand wie die menschlichen Fossilien, belegen den technischen Wandel von den einfachen, einflächigen Schlagsteinen und Splittern der entwickelten Oldowan-Industrie zu zweiseitigen, schwerlastigen Artefakten des späteren Acheuléen. Seltsamerweise spielte dieser Übergang sich in Bodo d'Ar sehr spät ab, denn in anderen Gegenden Äthiopiens, so in Konso-Gardula, wurden die ältesten in Afrika gefundenen Acheuléen-Werkzeuge auf 1,7 Millionen Jahre datiert.

An einigen archäologischen Fundstellen bei Bodo schlachteten die Menschen vermutlich Flußpferde, aber auch an den Bodomenschen selbst wurden Steinwerkzeuge verwendet. Nach dem Reinigen des Schädels entdeckte man an mehreren Stellen eindeutige Schnittspuren, ein Hinweis, daß dieser Mensch entweder schon vor seinem Tod oder kurz danach das Opfer eines Gemetzels mit Steinwerkzeugen wurde (siehe Seite 93).

***Homo heidelbergensis*, Bodo** (siehe auch Seite 94). Dieser kräftige Schädel – er hat von allen bekannten Hominidenfossilien das größte Gesicht – zeigt eine Mischung aus primitiven anatomischen Merkmalen (dicker Brauenwulst, dicke Schädeldecke) und moderneren Eigenschaften (Form von Stirn und Nasenknochen). Originalgröße. *Mit freundlicher Genehmigung von Donald Johanson, Institute of Human Origins, und des äthiopischen Nationalmuseums*

FUND	FUNDORT	ALTER	ENTDECKER	DATUM	VERÖFFENTLICHUNG
adulte Mandibula	Kiesgrube bei Mauer, Deutschland	ca. 400 000–500 000 Jahre	ein Arbeiter im Auftrag von Joseph Rosch	21. Oktober 1907	Schoetensack, O., 1908. *Der Unterkiefer des* Homo heidelbergensis *aus den Sanden von Mauer bei Heidelberg,* 1–67 (W. Engelmann, Leipzig).

Homo heidelbergensis

MAUER 1 TYPUSEXEMPLAR

Dieser kräftige Kiefer war bis Anfang der neunziger Jahre das älteste bekannte Hominidenfossil aus Europa. Der kürzlich entdeckte Kiefer aus Dmanisi in Georgien und die Fossilien aus dem spanischen Gran Dolina (siehe Seite 46) übertreffen zwar den Fund aus Mauer im Alter, aber nach wie vor ist er eines der ältesten europäischen Fossilien. Der Kiefer, der auch Heidelbergmensch genannt wird, dient als Holotypus für die Spezies *Homo heidelbergensis*; dieser wissenschaftliche Name wird in letzter Zeit häufiger gebraucht und bezeichnet die Spezies am Anfang der Abstammungslinie, die zu den Neandertalern führt und bei ihnen endet.

Als man das Fossil bei dem Dorf Mauer einige Kilometer südöstlich von Heidelberg fand, belegte es eine Überzeugung, die der Paläontologe Otto Schoetensack bereits seit langem vertrat. Man wußte, daß die in dem Steinbruch von Mauer abgelagerten Flußsedimente die Überreste ausgestorbener Säugetiere enthielten, beispielsweise von Nashörnern, Elefanten, Bären, Büffeln, Hirschen und Pferden, und man glaubte, diese hätten im tiefsten Pleistozän gelebt. Nach Schoetensacks Ansicht konnten die Kiesgruben bei Mauer auch Reste eiszeitlicher Menschen enthalten, und deshalb fuhr er von Heidelberg aus häufig mit dem Zug dorthin. 20 Jahre mußte er sich gedulden, aber schließlich entdeckte ein Arbeiter den Kiefer in einer Schicht, die unter fast 24 Meter hohen Sedimenten begraben war. Nur ein Jahr später vollendete und veröffentlichte Schoetensack ein umfangreiches Buch über den Fund. Fünf Jahre nach der Entdeckung starb er.

Schoetensack dachte sich zwar den Namen aus, ohne ihn durch eine Beschreibung der besonderen anatomischen Eigenschaften dieser Spezies zu belegen, es gibt jedoch tatsächlich Merkmale, durch die sich *H. heidelbergensis* von *Homo erectus*, Neandertalern und Jetztmenschen unterscheidet. Die anatomischen Verhältnisse sind bei Mauer 1 eindeutig primitiver als bei Neandertalern oder heutigen Menschen. Das Kinn springt nicht vor, sondern die Knochennaht in der Mitte des kräftigen Kiefers verläuft von den Zähnen aus schräg nach unten und hinten. Der waagerechte Teil, der den Kiefer mit dem Schädel verbindet, ist erstaunlich breit und diente zur Anheftung starker Kaumuskeln. Abgesehen von der Taurodontie, einer Verbindung vergrößerter Markhöhlen und verschmolzener Zahnwurzeln, zeigen die vollständig erhaltenen Zähne keine typischen Merkmale der Neandertaler, und die großen Molaren sind für einen *H. erectus* zu klein, liegen aber im gleichen Größenbereich wie bei manchen Jetztmenschen.

Im Zusammenhang mit dem Heidelbergmenschen wurden keine eindeutig als solche erkennbaren Werkzeuge gefunden (angeblich sollen einige Knochenstücke und Steinbrocken Spuren menschlicher Benutzung tragen), aber vermutlich war er ein Zeitgenosse der Hersteller von Acheuléen-Werkzeugen, die in anderen Gegenden Westeuropas gefunden wurden, und wahrscheinlich lebte er zwischen den ersten beiden Eiszeiten des europäischen Pleistozäns. Das genaue Alter dieses Fundes ist jedoch immer noch nicht ganz gesichert.

In einer leichten Übertreibung schrieb Schoetensack, abgesehen von den Zähnen »könnte man selbst einem Fachmann keinen Vorwurf machen, wenn er zögert, diesen Fund als menschlich zu bezeichnen«. Und unter dem Einfluß von Schoetensacks Empfindungen meinte der englische Anatom Arthur Keith später: »Die Anatomen waren von Anfang an verblüfft über den Gegensatz zwischen den „menschlichen" Zähnen und der massiven – fast bestialischen – Kraft des Kiefers selbst.« Diese beiden Experten hielten Mauer 1 für einen frühen, primitiven Neandertaler. Eine Ansicht, die durch später in Europa gefundene Fossilien bestätigt wurde.

Homo heidelbergensis, Mauer 1. Das Typusexemplar dieser Spezies, der Unterkiefer des Heidelbergmenschen, wurde auf fast eine halbe Million Jahre datiert und ist damit nach wie vor eines der ältesten menschlichen Fossilien aus Europa. Auffällig ist das fehlende Kinn und die sehr breiten aufsteigenden Äste an den hinteren Enden des Knochens. Originalgröße. *Photo von John Reader, Science Source/Photo Researchers.*

FUND	FUNDORT	ALTER	ENTDECKER	DATUM	VERÖFFENTLICHUNG
adultes Cranium	Caune de l'Arago, Tautavel, Frankreich	ca. 400 000 Jahre	Henry de Lumley	1971	de Lumley, H. und M.-A. de Lumley, 1971. Découverte de restes humains anténéandertaliens datés du début de Riss à la Caune de l'Arago (Tautavel, Pyrénées-Orientales). *C. R. Acad. Sci. Paris* 272: 1729–1742.

Homo heidelbergensis

ARAGO XXI

Arago ist eine eindrucksvolle Kalksteinhöhle, die in den Pyrenäen hoch über dem Fluß Verdouble liegt. Seit 1964, als dort die Ausgrabungen begannen, hat man etwa 60 menschliche Fossilien gefunden. Darunter waren 14 Zähne und einige Fingerknochen, aber die aufsehenerregendsten Funde waren ein großer Hüftknochen und der Schädel Arago XXI, der auch als Tautavelmensch bezeichnet wird; wegen seiner Größe und seines kräftig gebauten Gesichts hielt man ihn üblicherweise für einen jungen Mann.

Trotz der leicht erkennbaren Verzerrung ist Arago XXI von großer Bedeutung, denn er repräsentiert das „robuste" Ende des anatomischen Formenspektrums bei den europäischen Frühmenschen im mittleren Pleistozän (vor 700 000 bis 200 000 Jahren). Arago XXI besteht aus einem fast vollständigen Gesicht, fünf Molaren und einem Teil des Gehirnschädels. Das leicht vorspringende Gesicht ist von einem kräftigen Brauenwulst eingerahmt, und eine dahinter liegende tiefe Furche trennt es von der langen, abgeflachten Stirn. Hinter den Augenhöhlen ist der Schädel eingeschnürt (postorbitale Konstriktion). Die Scheitelbeine an den Schädelseiten zeigen eine eckige Verdickung, ein Merkmal, das man normalerweise mit *Homo erectus* in Verbindung bringt.

Dieser Spezies wurde der Fund von seinen Entdeckern auch zugeordnet. Der Hüftknochen von Arago hat ebenfalls Ähnlichkeiten mit Knochen aus der Zeit des *H. erectus*, die im chinesischen Zhoukoudian, in Koobi Fora in Kenia sowie in der Olduvai-Schlucht in Tansania gefunden wurden. Auch zwei Unterkiefer ohne Kinn aus Arago, in deren unterschiedlicher Größe sich möglicherweise der Größenunterschied zwischen Männern und Frauen widerspiegelt, wurden mit *H. erectus* verglichen.

Andererseits bestehen aber Zweifel, ob *H. erectus* überhaupt nach Europa gelangte (siehe Seite 46), und auch manche Aspekte in der Anatomie von Arago XXI sprechen dagegen, ihn dieser Spezies zuzuordnen. So ist beispielsweise der Stirnknochen breiter als bei einem typischen *erectus*, die Einschnürung hinter den Augenhöhlen ist geringer, und in der Mitte des Knochens ist keine Leiste vorhanden. Die Seiten des Gehirnschädels von Arago XXI sind gerader, und seine geschätzte Gehirngröße von 1 166 Kubikzentimetern liegt außerhalb des bekannten Größenspektrums für *erectus*.

Statt dessen kann man den Fund aus Arago wie Petralona 1 (siehe Seite 200) oder den Schädel von Steinheim als Angehörigen der „archaischen" Bevölkerung Europas betrachten, die den Neandertalern vorausging und bei der man noch mit einigen primitiven Merkmalen ihrer Vorfahren der Spezies *erectus* rechnen kann. Der Schädel von Steinheim ist in vielerlei Hinsicht eine kleinere Version von Arago XXI: Stirnknochen und Gesicht sind anatomisch ähnlich, der Oberkiefer steht beim Steinheim-Schädel allerdings stärker vor, und die Wangenknochen zeigen deutlichere Vertiefungen. Deshalb ordnen wir Arago XXI als *Homo heidelbergensis* ein; diese Spezies zeigt erste Anzeichen der Anpassung an die vereiste Umwelt des Pleistozäns in Westeuropa und entwickelte in Ansätzen den Körperbau der Neandertaler, vor allem im Gesicht.

***Homo heidelbergensis*, Arago XXI.** Dieser Schädel repräsentiert das obere Ende des Spektrums von Größe und robustem Bau, das man bei Schädeln aus Europa zwischen der Zeit vor 500 000 Jahren und dem Auftauchen der Neandertaler beobachtet. Auffällig ist die starke Einschnürung des Schädels hinter den Augenhöhlen. Originalgröße. *Photo von David Brill; mit freundlicher Genehmigung des Musée de l'Homme.*

FUND	FUNDORT	ALTER	ENTDECKER	DATUM	VERÖFFENTLICHUNG
adultes Cranium	Berg Katsika, Petralona, Griechenland	300 000–400 000 Jahre	J. Malkotsis, J. Stathis, B. Avaramis, C. Sarijanides und C. St. Hantzarides	16. September 1960	Kokkoros, P. und A. Kanellis, 1960. Découverte d'un crane d'homme paléolithique dans peninsule Chalcidique. *Anthropologie* 64: 132–147.

Homo heidelbergensis

PETRALONA 1

In einem Höhlengewölbe voller hängender Stalaktiten und aufsteigender Stalagmiten wurde der Schädel Petralona 1 gefunden. Er war 23 Zentimeter über dem Boden in einem Stalagmiten eingebettet. Erste Berichte, wonach auch das übrige Skelett in der Nähe lag, waren wohl Gerüchte, denn ein solches Skelett wurde nie gefunden. Das ist bedauerlich, denn der bemerkenswert gut erhaltene Schädel erwies sich als eines der rätselhaftesten menschlichen Fossilien Europas: Seine Identität und sein geologisches Alter sind ebenso unsicher wie die Geschichten rund um seine Entdeckung. Der Fund macht deutlich, wie schwierig es sein kann, einem unveränderlichen, einzelnen Fossil den dynamischen biologischen Begriff einer Spezies zuzuordnen.

Petralona 1 ist eine ausgeprägte Übergangsform: Er ähnelt in manchen Merkmalen den Neandertalern, ist in anderen aber deutlich primitiver. Der Schädel sieht aus, als habe man das Gesicht eines Neandertalers auf den Gehirnschädel und die Schädelrückseite einer anderen Spezies verpflanzt. Ursprünglich hatte man ihn sogar als Neandertaler eingeordnet, doch später wurde behauptet, es handele sich um einen *Homo erectus.* Die größte Übereinstimmung zeigt die seltsame Anatomie von Petralona jedoch mit anderen europäischen Exemplaren von *Homo heidelbergensis* wie Arago XXI (siehe Seite 198) und den kürzlich entdeckten Schädeln von Atapuerca (siehe Seite 204).

Zu den neandertalerähnlichen Merkmalen im Gesicht von Petralona gehören die Doppelbögen des Brauenwulstes, der die Oberkante der Augenhöhlen wie eine Brille einrahmt, und die breite Nasenöffnung, die bei den späteren „klassischen" Neandertalern noch stärker ausgeprägt war. Die Wangenknochen sind ebenfalls wie bei Neandertalern erweitert, im Gegensatz zum *Homo sapiens* mit seinen charakteristischen, eingedrückten Jochbeinen (siehe Cro-Magnon I, Seite 244). Ein wichtiger Unterschied zu den Neandertalern besteht darin, daß der mittlere Gesichtsteil von Petralona I nicht vorspringt. Insgesamt ist das Gesicht und vor allem seine obere Hälfte im Vergleich zu allen Neandertalern sehr kräftig gebaut und ausladend, und der Gaumen im Oberkiefer ist so breit, daß er nicht einmal zu dem Unterkiefer von Mauer (siehe Seite 196) passen würde. Was den übrigen Schädel angeht, so ähnelt vor allem das dicke Hinterhauptsbein mit seinem auffälligen Querwulst zur Verankerung der Muskeln dem entsprechenden Bereich eines typischen *Homo erectus.* Ganz anders als bei diesem ist jedoch der erweiterte Gehirnschädel, und das geschätzte Schädelvolumen von 1 220 Kubikzentimetern mit dem der größten *erectus-* und der kleinsten Neandertalergehirne zu vergleichen.

Ursprünglich glaubte man, Petralona 1 sei nur 70 000 Jahre alt, also so jung wie viele Reste von Neandertalern. Spätere Schätzungen sprachen von einem zehnmal so großen Alter, aber in Wirklichkeit dürfte der Wert in der Mitte zwischen diesen Extremen liegen. Mit den beiden Analysenmethoden der Elektronenspinresonanz und der Uranreihendatierung (siehe Seite 26) hat man versucht, das Alter des Fundes zu ermitteln; dazu datierte man das Calcitgestein, das den Schädel bedeckte, und andere Gesteinsschichten in der Höhle. Diesen Untersuchungen zufolge liegt das Mindestalter von Petralona 1 bei 200 000 Jahren, aber nach der primitiven Morphologie zu urteilen, dürfte der Schädel eher doppelt so alt sein.

***Homo heidelbergensis*, Petralona 1** (siehe auch Seite 8). Petralona 1 ist wie Bodo eine Übergangsform. Er besitzt ein neandertalerähnliches Gesicht mit einem in zwei Bögen verlaufenden Brauenwulst und gerundeten Wangenknochen, aber am Gehirnschädel und auf der Schädelrückseite fehlen die typischen Merkmale der Neandertaler. Originalgröße. *Photo von David Brill; mit freundlicher Genehmigung des Paläontologischen Museums der Universität Thessaloniki*

FUND	FUNDORT	ALTER	ENTDECKER	DATUM	VERÖFFENTLICHUNG
adultes feminines Cranium	Kiesgrube Sigrist, Steinheim, Deutschland	ca. 250 000 Jahre	Karl Sigrist, Jr.	24. Juli 1933	Berckheimer, F., 1933. Ein Menschen-Schädel aus den diluvialen Schottern von Steinheim a. d. Murr. *Anthropol. Anz.* 10: 318–321.

Homo heidelbergensis

STEINHEIM

Der Schädel von Steinheim, ein eigenartiges Mosaik primitiver und fortgeschrittener Merkmale, ist der große Unbekannte – nach Größe und Morphologie allerdings wohl eher *die* große Unbekannte – unter den Schädeln des mittleren Pleistozäns. Ihm fehlen die robusten Eigenschaften anderer Funde von *heidelbergensis* wie Arago XXI (siehe Seite 198) und Petralona 1 (siehe Seite 200), aber ein Neandertaler im strengen Sinne ist er auch nicht. Im Vergleich zu dem Schädel Petralona 1 mit seinem neandertalerähnlichen Gesicht und dem primitiven Hinterkopf zeigt das Stück von Steinheim genau die umgekehrte Verteilung: Neandertalerartige Merkmale findet man nur auf der Rückseite des Schädels; so besitzt er die Fossa suprainiaca, eine Vertiefung des Hinterhauptsbeines.

Steinheim kommt in der Prä-sapiens-Hypothese vor, die erstmals von den Anatomen Sir Arthur Keith und Marcellin Boule formuliert und später von ihren Schülern verteidigt wurde. Danach müssen die Jetztmenschen eine sehr alte Vorfahrenreihe haben, die viele Millionen Jahre zurückreicht und mit der die Neandertaler sowie andere altertümliche Fossilien nichts zu tun haben. Die Reste des Piltdown-Menschen paßten sehr gut in dieses Schema, bis sie als Betrug entlarvt wurden. Der Steinheim-Mensch galt dagegen als Ausgangspunkt einer spät abgespaltenen Abstammungslinie von Neandertalern, die zu einer entwicklungsgeschichtlichen Sackgasse wurde. Später mußte man die Prä-sapiens-Hypothese verwerfen: Sehr alte Jetztmenschen gab es in Europa nicht.

Man kann in Steinheim zwar einen plausiblen Vorfahren der Neandertaler sehen – deshalb haben wir uns entschlossen, ihn als *Homo heidelbergensis* einzuordnen –, aber in einigen Eigenschaften läßt er unsere eigene Spezies vorausahnen. Auch primitive Eigenschaften sind noch vorhanden, so der ausgeprägte Brauenwulst und ein Schädelvolumen von rund 1 100 Kubikzentimetern. Der Steinheim-Mensch hatte im übrigen ein kleineres Gehirn als sein ungefährer Zeitgenosse, der Teilschädel aus dem englischen Swanscombe, denn 1 100 Kubikzentimeter sind für einen Neandertaler ein recht geringes Gehirnvolumen. In manchen Merkmalen des Gesichts und vielleicht auch in der Abwinkelung der Schädelbasis ähnelt

der Fund von Steinheim allerdings eher dem *Homo sapiens* als dem *Homo neanderthalensis*. Das Gesicht wurde nach dem Tod zwar durch Verformungen und Verschiebungen entstellt, aber es erscheint eindeutig flacher als bei den Neandertalern und besitzt neben der Nasenöffnung eine geringfügige Vertiefung, die man bei den Neandertalern nicht findet. Weitere moderne Merkmale sind die große Stirnhöhle, die geraden, umfangreichen Scheitelbeine und die kleinen dritten Molaren. An dem runden Warzenfortsatz unten am Schädel unter den Gehörgängen fehlen die ausgeprägten Knochenleisten, die man dort bei den Neandertalern mit ihren großen Beißkräften findet. Im Zusammenhang mit diesem Schädel wurden weder andere Skeletteile noch Steinwerkzeuge gefunden, die weitere Aufschlüsse über seine Artzugehörigkeit geliefert hätten.

***Homo heidelbergensis*, Steinheim.** Im Gegensatz zu dem Fund von Petralona zeigt der Schädel von Steinheim auf seiner Rückseite einige typische Eigenschaften der Neandertaler. Hinzu kommen aber das flachere Gesicht, die eingedrückten Wangenknochen und die kleinen dritten Molaren der Jetztmenschen. Originalgröße.
Mit freundlicher Genehmigung des Staatlichen Museums für Naturkunde.

FUND	FUNDORT	ALTER	ENTDECKER	DATUM	VERÖFFENTLICHUNG
adultes Cranium	Sima de los Huesos, Sierra de Atapuerca, Spanien	ca. 300 000 Jahre	Juan-Luis Arsuaga	8. Juli 1992 und 24. Juli 1993	Arsuaga, J.-L., I. Martinez, A. Gracia, J.-M. Carretero und E. Carbonell, 1993. Three new human skulls from the Sima de los Huesos Middle Pleistocene site in Sierra de Atapuerca. *Nature* 362: 534–537.

Homo heidelbergensis
ATAPUERCA 5

Aus der Zeit vor den Jetztmenschen ist Atapuerca 5 der vollständigste fossile Schädel. Er ist sogar besser erhalten als die Reste der Cro-Magnonmenschen, die nur wenig mehr als ein Zehntel seines Alters haben. Doch noch wichtiger ist: Dieser Schädel und über 700 weitere Fossilien von derselben Fundstelle vermitteln den ersten umfassenden Eindruck von der Frühzeit der Neandertaler.

Die *Sima de los Huescos*, „Knochengrube", am Boden eines 15 Meter tiefen Schachtes ist eine bemerkenswerte Fundstelle. Die winzige, niedrige Kammer enthielt die Reste von mindestens 30 Individuen, darunter Kinder, Jugendliche und Erwachsene. Alle Knochen des Skeletts sind vorhanden, sogar das empfindliche Zungenbein, das man zuvor nur bei dem Neandertalerskelett von Kebara gefunden hatte (siehe Seite 218). Über 70 Prozent aller postkranialen menschlichen Knochen aus dem mittleren Pleistozän (der Zeit vor 700 000 bis 200 000 Jahren) stammen von hier, wodurch Atapuerca die einmalige Gelegenheit bot, alters- und geschlechtsbedingte Unterschiede in einer einzigen menschlichen Population aus jener Zeit zu untersuchen.

Auf die Kammer stießen Höhlenforscher 1976, als sie das unterirdische System kartierten. Ihnen folgte eine spanische Ausgrabungsmannschaft, die im Laufe von sechs Jahren viele Tonnen Sedimente abtrug und unter Tausenden von Höhlenbärenknochen nach menschlichen Knochenresten suchte. Schließlich zahlten sich die Bemühungen aus: Kleine Knochen, zum Beispiel von den Fingerspitzen, überzeugten das Team davon, daß in der Grube vollständige menschliche Skelette zu finden waren.

In der Kälte, Feuchtigkeit und Enge der Kammer konnten fünf Menschen jeweils nur wenige Stunden am Tag arbeiten; von hölzernen Brettern aus, die über dem Boden aufgehängt waren, entfernten sie vorsichtig den feuchten Lehm, um die empfindlichen, leicht zerbrechlichen Knochen freizulegen. Die Fossilien wurden in Schachteln verpackt, die man in ausgepolsterten Taschen im Rucksack verstaute und dann aus der Höhle trug, so daß sie im Freien trocknen und aushärten konnten.

Im Jahr 1992 wurde das vollständige Schädeldach des Schädels 4 gefunden – ein Anlaß, in der Höhle mit Champagner anzustoßen. Am letzten Freilandarbeitstag des Jahres entdeckte die Arbeitsgruppe ganz in der Nähe das Calvarium des Schädels 5. Als die Wissenschaftler zum Saisonabschluß noch einmal zurückkamen und ein wenig gruben, stießen sie auf ein Gesicht, das zum Schädel 5 paßte. Als man dann 1993 noch den Unterkiefer entdeckte, war der Schädel 5 komplett.

Atapuerca 5 hat ein breites, klobiges Gesicht mit der weitesten Nasenöffnung aller bekannten menschlichen Fossilien. Der Schädel ist relativ klein und rund. Sein Gehirnvolumen ist mit 1 125 Kubikzentimetern geringer als bei allen erwachsenen Menschen von Atapuerca (und sogar kleiner als bei fast allen anderen Hominiden des mittleren Pleistozäns aus Afrika, Europa oder Asien), aber sein oberer Eckzahn ist der größte in der ganzen Sammlung – ein Indiz für starke Größenschwankungen bei den einzelnen Individuen. Der Schädel 4 dagegen hat wohl das größte bekannte Gehirnvolumen aller menschlichen Fossilien aus dem mittleren Pleistozän: 1 390 Kubikzentimeter. Eine solche Gehirngröße geht über die von *Homo erectus* hinaus und nähert sich den Verhältnissen bei den Neandertalern. Der Größenunterschied zwischen den Schädeln 4 und 5 ist mit dem zwischen dem Steinheim- und dem Petralona-Schädel vergleichbar (siehe Seite 200 und 202).

Manche Eigenschaften der Schädel von Atapuerca lassen Merkmale der „klassischen" europäischen Neandertaler vorausahnen, so der kräftige, in zwei Bögen verlaufende Brauenwulst über den Augen, der vorspringende mittlere Gesichtsteil (besonders auffällig beim Schädel 5), ein gut erkennbarer Nackenwulst auf der Rückseite des Gehirnschädels, abgenutzte Schneidezähne und beim Schädel 5 eine Lücke hinter dem dritten Molaren, die durch die nach vorn verlagerte Gesichtsmitte entsteht. Es fehlt die Vertiefung der Jochbeine über den Eckzähnen (Fossa canina), die bei Jetztmenschen vorhanden ist, nicht aber bei Neandertalern, so daß deren Wangen „aufgeblasen" aussehen. Bei einem anderen Fund aus dieser Sammlung ist die Vertiefung aber vorhanden.

Andere Merkmale der Bevölkerung von Atapuerca zeigen kaum eine Tendenz in Richtung der Neandertaler. Die an dieser Stelle gefundenen Schädel sind in Seitenansicht hoch und rund, im Gegensatz zu dem recht langen, niedrigen Schädel der typischen Neandertaler, und sie sind an der Schädelbasis am breitesten. Der Warzenfortsatz (Processus mastoideus) unten am Schädel hinter dem Ohrkanal ist stark ausgebildet und steht vor, außer bei den Jugendlichen, wo er eher den Verhältnissen bei Neandertalern ähnelt. Auch den Hinterhauptsbeinen der Atapuercamenschen fehlen eine auffällige Knochenverdickung und die elliptisch eingedrückte Fossa suprainiaca.

Die Fossilien von Atapuerca zeichnen das Bild eines frühen Stadiums der isolierten Evolution, die ihren Höhepunkt im Auftauchen und Aussterben der Neandertaler fand. In Verbindung mit den Knochen wurden zwar weder Werkzeuge noch andere Indizien für dauerhaften Aufenthalt gefunden, auch waren sie nicht absichtlich bestattet, aber sie dürften von Menschenhand in die Grube gelangt sein, womit sie vielleicht ein weiteres Verhaltensmerkmal der Neandertaler vorwegnehmen: die Bestattung der Toten.

***Homo heidelbergensis*, Atapuerca 4.** Im Gegensatz zu dem Schädel 5 mit seinem relativ kleinen Gehirnvolumen hat Atapuerca 4 das größte Gehirn aller menschlichen Fossilien aus dem mittleren Pleistozän: 1 390 Kubikzentimeter. Als er gefunden wurde, stießen die Entdecker in der engen Höhle mit Champagner an. Originalgröße. *Photo von Javier Trueba, Madrid Scientific Films; mit freundlicher Genehmigung von Juan-Luis Arsuaga.*

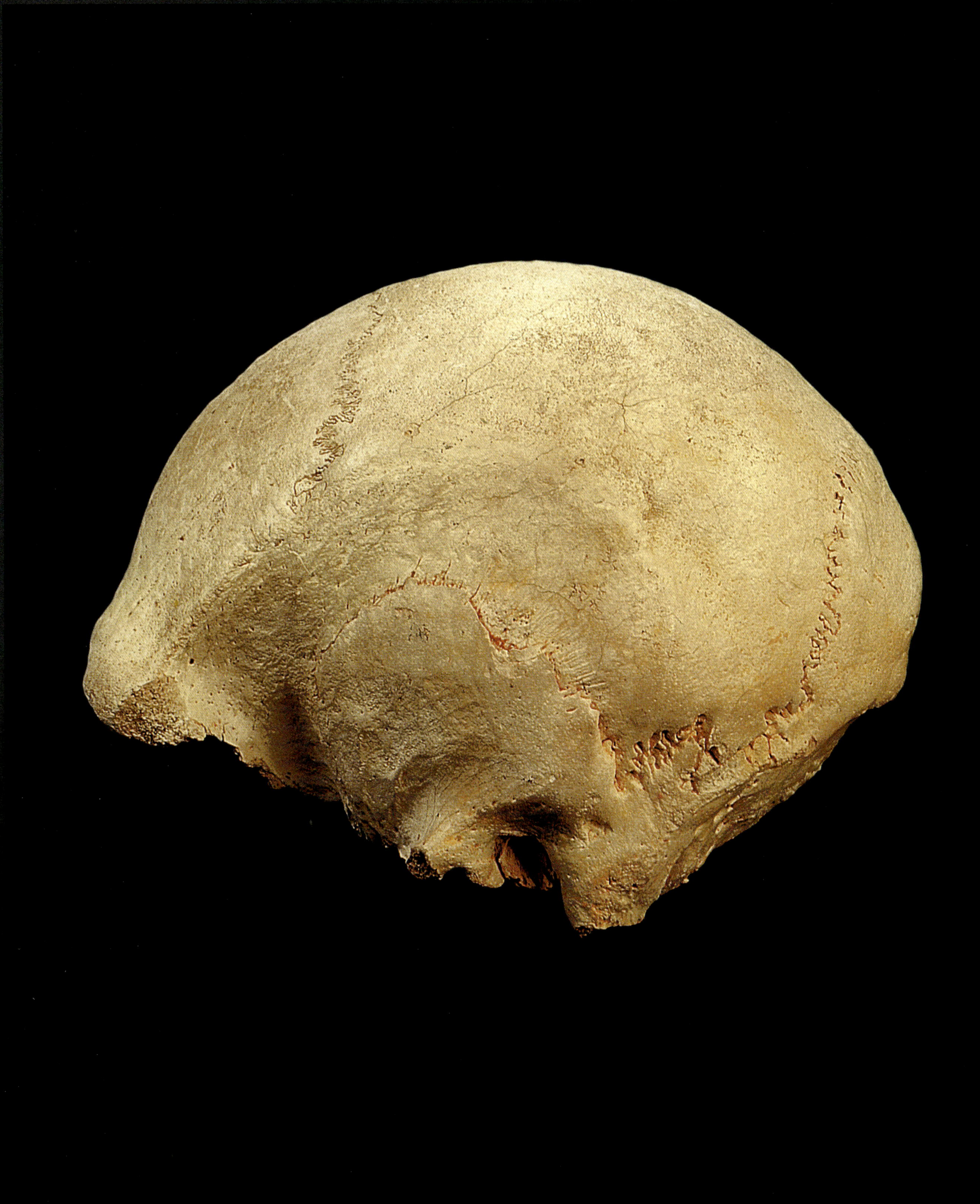

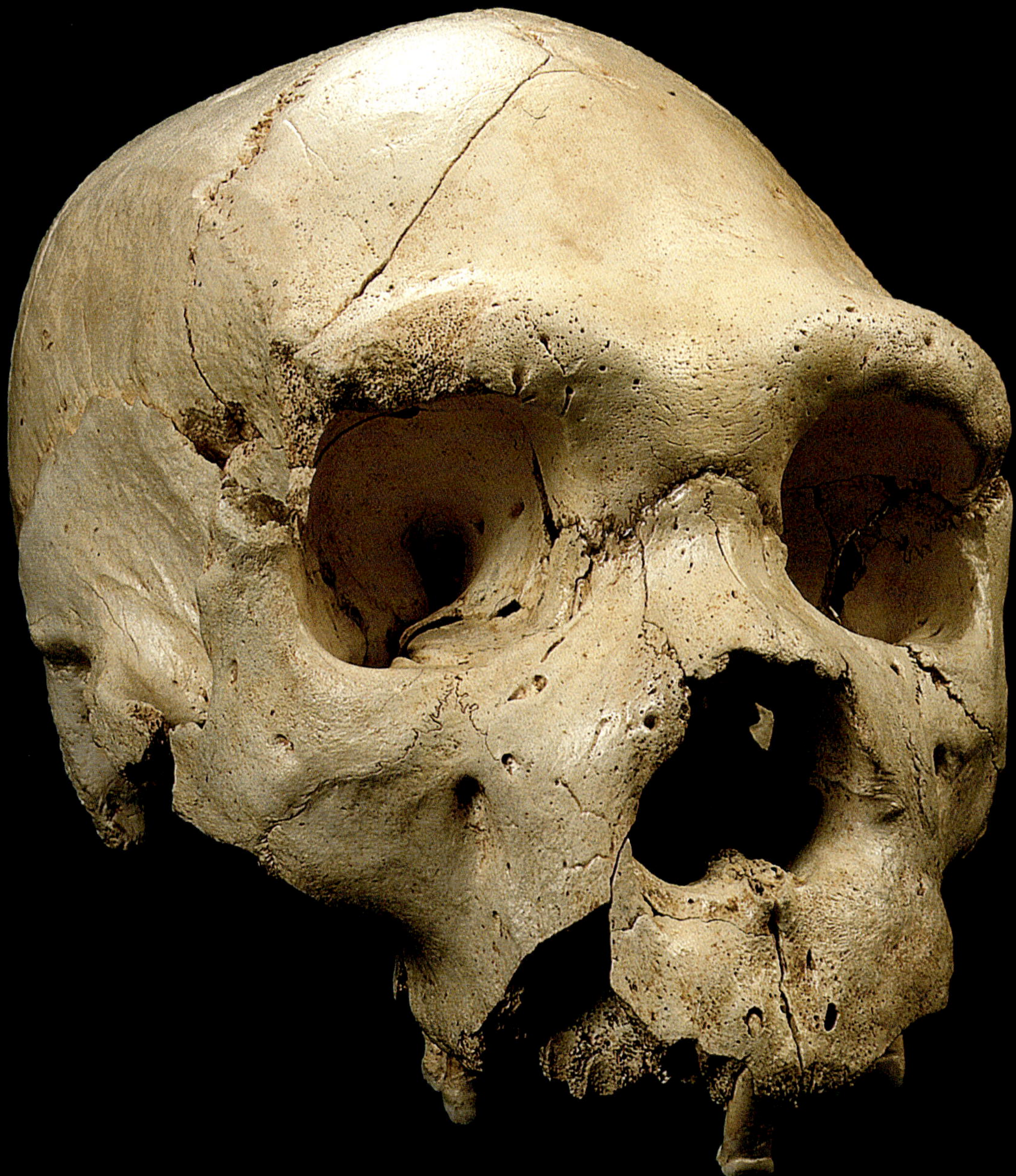

***Homo heidelbergensis*, Atapuerca 5** (siehe vorangegangene Seite). Dieser Fund (*links*: von vorn; *rechts*: von der Seite) ist der vollständigste Schädel aus einer spanischen Höhle. Er zeigt erste Ansätze der Merkmale von Neandertalern, zum Beispiel einen vorstehenden mittleren Gesichtsteil, einen Brauenwulst aus zwei Bögen, ausgedehnte Wangenknochen und eine Lücke hinter dem dritten Molaren. Originalgröße. *Photo von Javier Trueba, Madrid Scientific Films; mit freundlicher Genehmigung von Juan-Luis Arsuaga.*

FUND	FUNDORT	ALTER	ENTDECKER	DATUM	VERÖFFENTLICHUNG
adultes Cranium	Kabwe, Sambia	ca. 300 000 Jahre	Tom Zwigelaar	17. Juni 1921	Woodward, A. S., 1921. A new cave man from Rhodesia, South Africa. *Nature* 108: 371–372.

Homo heidelbergensis

BROKEN HILL 1

Dieses berühmte Stück, das erste in Afrika gefundene Fossil eines Vorfahren der Menschen, wurde bei der Suche nach Blei und Zink in einer riesigen Höhle unter einem Kalksteinhügel entdeckt. Es war für die Paläoanthropologen der Ausgangspunkt für die bis heute anhaltende Suche nach unseren Ursprüngen auf dem schwarzen Kontinent. Der Schädel, der heute als Broken Hill 1 bekannt ist, steckte 27 Meter unter der Oberfläche knapp über dem Boden der Höhle in ihrer Wand. Ausgegraben wurde er 1921 von dem Bergarbeiter Tom Zwigelaar, der den stattlichen Schädel angeblich an einem Pfahl hochzog, um seine Leute zu härterer Arbeit anzutreiben. Als man später nach dem Unterkiefer suchte, kamen einige modern aussehende Extremitätenknochen zum Vorschein, die von anderen Individuen und vermutlich aus jüngerer Zeit stammten. Bald darauf gelangte das gut erhaltene Fossil in die Hände des Londoner Anatomen Arthur Smith Woodward, der es in der Zeitschrift *Nature* als neue Spezies namens *Homo rhodesiensis,* „Rhodesiamensch", beschrieb.

Seit der Entdeckung des Schädels von Broken Hill hat man in Afrika mehrere Reste „archaischer" Menschen gefunden, und wir haben uns entschlossen, sie hier zusammen mit mehreren Stücken aus Europa der Spezies *Homo heidelbergensis* zuzuordnen. Wie Bodo (siehe Seite 144) und andere Fossilien, so dürfte auch Broken Hill 1 zu einer alten afrikanischen Population gehört haben, aus der unsere Spezies hervorging.

Anfangs glaubte man, der Fund von Broken Hill oder Kabwe sei 40 000 Jahre alt; Grundlage dieser Schätzung war die – später veränderte – Beurteilung der gleichzeitig gefundenen Steinwerkzeuge. Deshalb führte der amerikanische Anthropologe Carleton Coon, der eine ehrgeizige, aber falsche Rasseneinteilung der Weltbevölkerung aufstellte, den Schädel in seinem 1962 erschienenen Buch *The Origin of Races* als Beleg an, daß die Afrikaner sich zu einer Zeit, als in Europa bereits der *Homo sapiens* aufgetaucht war, noch auf der Evolutionsstufe des *Homo erectus* befanden. Andere Wirbeltierfunde von der gleichen Stelle weisen aber darauf hin, daß Broken Hill 1 mindestens 125 000 Jahre alt ist; ein Alter, bei dem seine primitiveren Merkmale durchaus sinnvoll erscheinen. Broken Hill 1 war also kein Zeitgenosse der sehr modern wirkenden Cro-Magnonmenschen (siehe Seite 244), sondern steht im Alter eher dem Schädel Petralona 1 nahe (siehe Seite 200).

Woodward stellte einige Ähnlichkeiten zwischen dem großen, klobigen Gesicht von Broken Hill 1 und dem des Neandertalers von La Chapelle-aux-Saints fest, doch die Form des Gehirnschädels war bei dem Fund von Broken Hill nach seiner Auffassung »viel stärker, die eines gewöhnlichen Menschen«. Der Schädel mit seiner niedrigen, fliehenden Stirn und seinem langen Gehirnschädel beherbergte ein Gehirn von knapp 1 300 Kubikzentimetern (geringfügig mehr als der Durchschnittswert für *Homo erectus*). Woodwards Kollege Sir Arthur Keith zeigte sich 1925 von dem Fund so beeindruckt, daß er ihm im zweiten Band seines neubearbeiteten Buches *The Antiquity of Man* zwei ganze Kapitel widmete. Broken Hill zeige, wie er schrieb, »daß die kühnen Träume der Darwinisten tatsächlich eine solide Grundlage haben«; der Schädel, so Keith, »erlaubt zum ersten Mal einen Einblick in unseren ursprünglichen Zustand«.

Keith war der Ansicht, man könne den kräftigen Brauenwulst nicht allein als Anpassung an starkes Kauen erklären; er hielt ihn wie die großen Eckzähne der Gorillas für ein sekundäres Geschlechtsmerkmal, mit dem die Männer Partnerinnen anlockten. Es gibt allerdings keinen Beleg, daß diese Vermutung stimmt.

Der Schädel zeigt einige Anzeichen von Krankheiten und Verletzungen. Zehn der 16 oberen Zähne sind kariös, und im Kiefer haben sich Abszesse gebildet. Eine teilweise verheilte, etwa sechs Millimeter große Wunde über und vor der linken Ohröffnung könnte von einem scharfen Gegenstand oder vom Zahn eines Raubtieres stammen.

***Homo heidelbergensis*, Broken Hill 1.** Dieser Schädel war das erste Hominidenfossil, das in Afrika gefunden wurde. Mit den robusten, primitiven Merkmalen des Gesichts ähnelt er dem Bodo-Schädel. Zehn Zähne sind kariös, und hinter dem linken Ohr hat der Knochen eine teilweise verheilte Verletzung. Originalgröße. *Photo von John Reader, Science Source/Photo Researchers.*

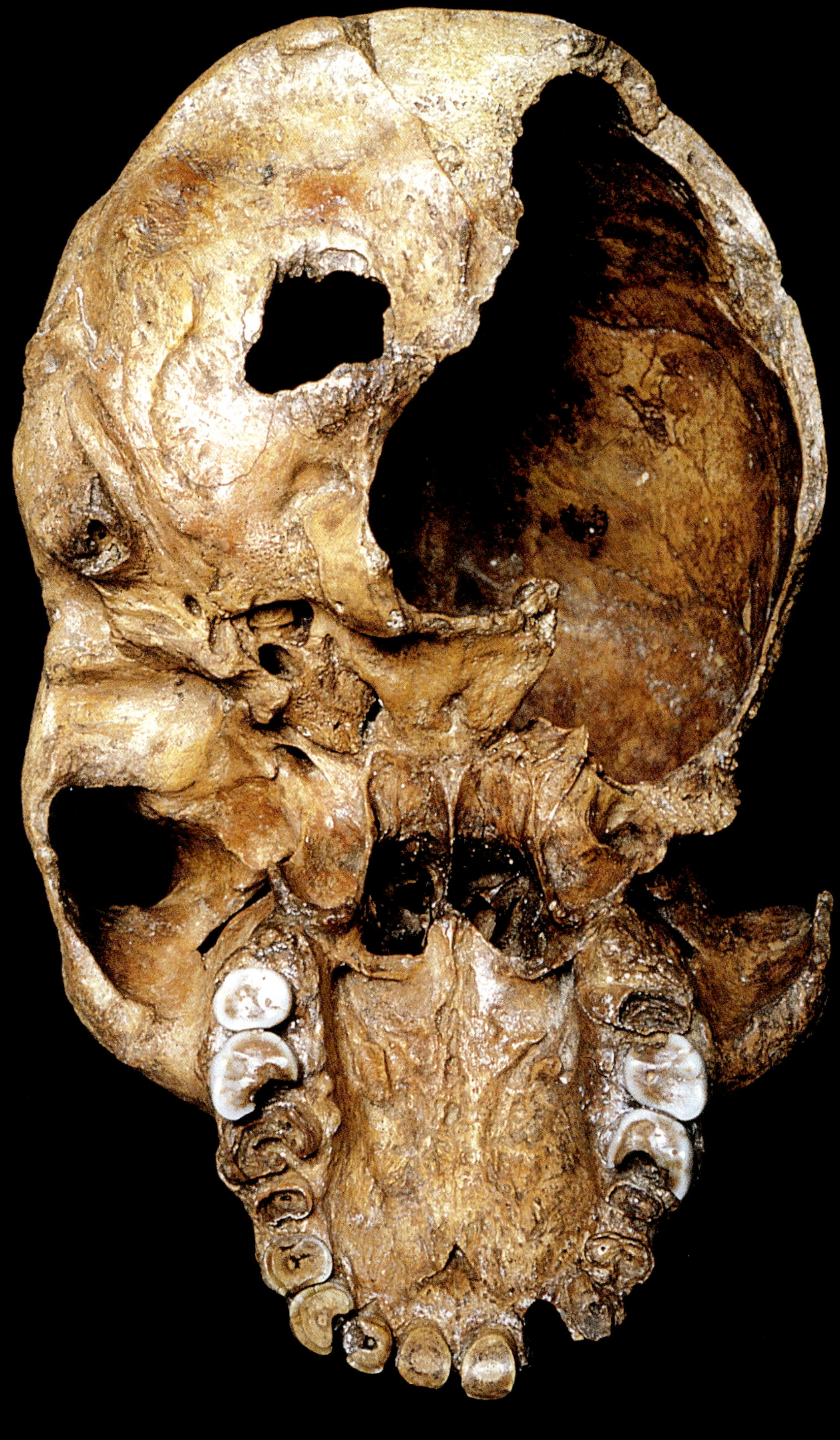

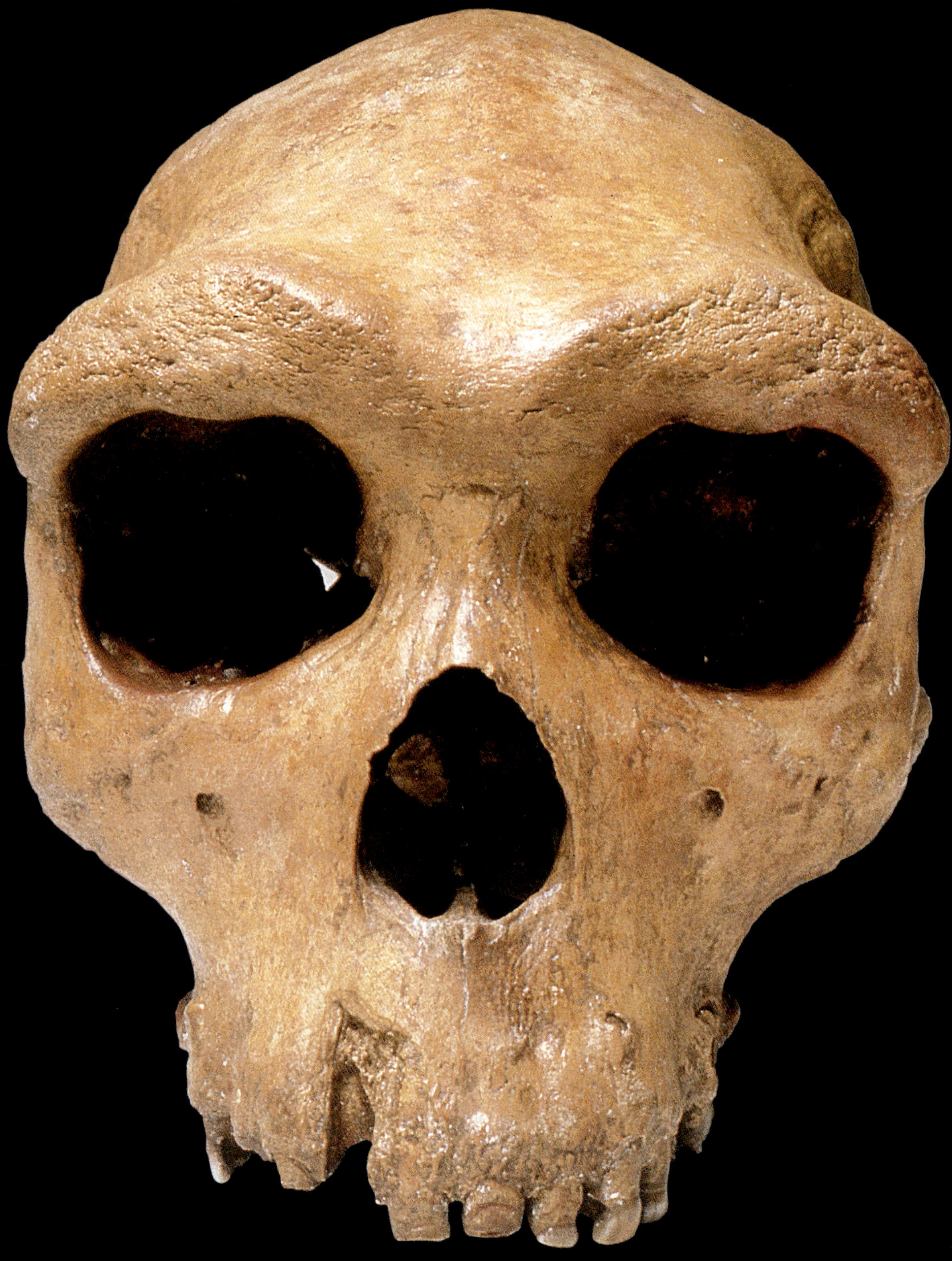

***Homo heidelbergensis*, Broken Hill 1** (siehe vorangegangene Seite). Originalgröße. *Photo von John Reader, Science Source/Photo Researchers.*

FUND	FUNDORT	ALTER	ENTDECKER	DATUM	VERÖFFENTLICHUNG
adultes feminines Teilcranium	Höhle Krapina, Kroatien	130 000 Jahre	Karl Gorjanović-Kramberger	23. August 1899	Gorjanović-Kramberger, K., 1906. *Der diluviale Mensch von Krapina in Kroatien* (C. W. Kreidels Verlag, Wiesbaden).

Homo neanderthalensis

KRAPINA C

***Homo neanderthalensis*, Krapina C** (siehe auch Seite 95). Krapina C ist der vollständigste von insgesamt fünf Schädeln aus dieser kroatischen Höhle; insgesamt fand man dort die stark zerstückelten Überreste einer Population von etwa 80 Individuen, vom Kind bis zum Erwachsenen. Dieser Schädel zeigt das typische breite, leicht gebaute Gesicht dieser besonderen Neandertaler. Originalgröße. *Photo von David Brill; mit freundlicher Genehmigung des Geolosko-Paleontologi Musej.*

Paläonanthropologen arbeiten meist mit einzelnen Bruchstücken von Schädeln und Skeletten. Manchmal findet man aber auch ein vollständiges oder fast vollständiges Skelett, und in sehr seltenen Fällen kommt an einer Stelle eine ganze urzeitliche Bevölkerungsgruppe ans Licht. So war es in der Kalksteinhöhle Krapina im Gebirge bei Hrvatsko Zagorje in Kroatien, wo man die weltweit größte Ansammlung von Resten des Neandertalers gefunden hat. Unter den insgesamt über 850 Fossilien von bis zu 80 Individuen, die meist mit 16 bis 24 Jahren gestorben sind, befinden sich Reste von Männern und Frauen vom Kindes- bis zum Erwachsenenalter und fast alle Teile des Skeletts. Außerdem fand man 3 000 Tierknochen und 1 000 Steinwerkzeuge. Da viele Hominidenknochen in kleine Stücke zerbrochen waren, war ihre Zuordnung zu den einzelnen Individuen seit den Ausgrabungen um die Jahrhundertwende eine fast unlösbare Aufgabe, jedoch konnten fünf Schädel teilweise rekonstruiert werden. Der vollständigste ist Krapina C.

Wie bei derart umfangreichen Funden zu erwarten, zeigen die Fossilien von Krapina in Größe und Anatomie beträchtliche Schwankungen, insbesondere bei Zähnen, Unterkiefern und bestimmten Merkmalen des Schädels. Unter den insgesamt 279 Zähnen sind Schneidezähne mit großer Krone und Molaren mit der für Neandertaler typischen Taurodontie, einer vergrößerten Pulpahöhle und verschmolzenen Zahnwurzeln. In Merkmalen wie dem vorstehenden mittleren Gesichtsteil, der Lücke hinter den letzten Molaren im Unterkiefer und der Knochenverdickung am Hinterkopf gleichen die Funde von Krapina anderen, jüngeren europäischen Neandertalern; das gleiche gilt für die postkranialen Knochen: Die Menschen von Krapina hatten offenbar einen tonnenförmige Brust, muskulöse Unterarme und kräftige Hände.

Allgemein jedoch fehlt den Fossilien von Krapina der typische Körperbau der Neandertaler aus weiter westlich gelegenen Gebieten wie La Ferrassie (siehe Seite 226). Auch den Neandertalern aus dem Nahen Osten gleichen sie nicht völlig. Im Vergleich zu den „klassischen" Neandertalern waren die Bewohner von Krapina eher zierlich gebaut, hatten aber ein großes Gesicht, weit auseinanderliegende Augen und einen breiten Schädel. Manche von ihnen hatten eine höhere Stirn, und ihre Extremitätenknochen ähnelten stark denen der Jetztmenschen. Die Zwischenstellung ihrer Anatomie wurde als Indiz angeführt, daß die Neandertaler von Krapina sich in gerader Linie zu der heutigen Bevölkerung Mitteleuropas weiterentwickelt haben, aus anderen Regionen in Europa fehlen allerdings solche Belege für eine Übergangsphase.

Der stark zerstückelte Zustand der Fossilien aus Krapina und Vindija, einer weiteren Höhle in Kroatien, aber auch Schnittspuren von Steinwerkzeugen auf manchen Knochen legen stark die Vermutung nahe, daß manche dieser Neandertaler zerlegt und vielleicht von ihren Artgenossen gegessen wurden (siehe Seite 93). Die Diskussion um diese Frage hält an, seit der Erstentdecker Karl Gorjanović-Kramberger zu dem Schluß gelangte, die Verteilung der Knochenbrüche und einige verbrannte Knochen seien ein Anzeichen für Kannibalismus.

Manche Brüche könnten auch von herunterfallendem Geröll stammen, doch warum von den markhaltigen Oberarmknochen nur das Ende am Ellenbogen vorhanden ist, hingegen nicht das von der Schulter, ist mit Steinschlag nicht zu erklären. Die an Fleisch und Knochenmark reichen Oberschenkelknochen fehlen in den Funden mit Ausnahme eines teilweise erhaltenen Knochenschaftes von einem Kind. Darüber hinaus gibt es keine Anzeichen, daß die verbliebenen Knochen von Raubtieren abgenagt wurden. Neben offenkundigen Schnittspuren zeigen manche Knochen auch muschelförmige Schäden und geriffelte Bruchflächen, das typische Kennzeichen von Schlägen mit Steinwerkzeugen von Menschenhand; auch das ist ein Indiz, daß menschliche Knochen wegen ihrer Nährstoffe verzehrt wurden.

FUND	FUNDORT	ALTER	ENTDECKER	DATUM	VERÖFFENTLICHUNG
adultes feminines Cranium	Steinbruch Saccopastore, Rom, Italien	ca. 120 000 Jahre	Mario Grazioli	13. Mai 1929	Sergi, S. 1929: La scoperta di un cranio del tipo di Neanderthal presso Roma, *Rivista di Antropologia* 28: 457–462.

Homo neanderthalensis

SACCOPASTORE 1

Der zierlich gebaute Schädel Saccopastore 1, der in einem Steinbruch bei Rom gefunden wurde, ähnelt den Jetztmenschen fast ebenso stark wie den „klassischen" Neandertalern, die 60 000 Jahre später in Europa auftauchten. Deswegen nimmt Saccopastore 1 in der „Prä-Neandertaler-Hypothese" des italienischen Anthropologen Sergio Sergi eine zentrale Stellung ein. Sergi äußerte die Vermutung, die Evolutionslinie, die von einem anatomisch generalisierten „Prä-Neandertaler" ausging, habe sich später in zwei Äste gespalten: der eine führte demnach zu den späteren Neandertalern, der andere zum *Homo sapiens*. Grundlage dieser Idee war die große Ähnlichkeit zwischen Saccopastore 1 und den Funden aus Steinheim (siehe Seite 202), Swanscombe, Fontéchevade und Ehringsdorf. Folglich bildeten die Menschen von Swanscombe und Steinheim den Ausgangspunkt des Prä-Neandertalers, die Funde von Saccopastore, Krapina und Ehringsdorf gehören in den Zweig der Neandertaler, und die Schädelreste von Fontéchevade repräsentieren die Abstammungslinie der Jetztmenschen. Diese Theorie verdrängte die zuvor beliebte Prä-Sapiens-Hypothese (siehe Seite 43) und ermöglichte es, altertümlich aussehende Frühmenschen als Vorfahren der heutigen Menschen anzusehen, während die europäischen Neandertaler weiterhin als Sackgasse der Evolution galten. Zum Teil stimmt dieses Bild: Die Neandertaler waren die Endstufe einer isolierten europäischen Evolutionslinie, die vom *Homo heidelbergensis* ausging, aber ob der moderne *Homo sapiens* aus einer vor den Neandertalern lebenden Bevölkerung hervorging, ist nicht geklärt.

Saccopastore 1, dem nur die Brauenwülste fehlen, ist der vollständigste Beleg für einen frühen Neandertaler aus der Riss-Würm-Zwischeneiszeit vor 127 000 bis 115 000 Jahren; im geologischen Alter ist er also mit der großen, doch nur in Bruchstücken erhaltenen Neandertalerpopulation von Krapina vergleichbar (siehe Seite 211). Sechs Jahre nachdem man den Schädel zusammen mit Moustérien-Werkzeugen in einer Kiesgrube an einem Nebenfluß des Tiber gefunden hatte, entdeckten die Anthropologen Alberto Blanc und Abbé Henri Breuil an der gleichen Stelle ein zweites Exemplar. Saccopastore 2 ist ein kräftiger gebauter Mann; erhalten sind die Schädelbasis und Stücke eines Gesichts, das dem Schädel Petralona 1 (siehe Seite 200) stärker ähnelt als einem typischen Neandertaler. Beide Funde zeigen, daß die Schädel der frühen Neandertaler viele generalisierte Merkmale besaßen.

Und doch handelt es sich unverkennbar um Neandertaler. Saccopastore 1 hat ein niedriges Schädeldach, der mittlere Gesichtsteil springt stark vor, und die Nasenöffnung ist breit. Basis und Rückseite des Schädels zeigen alle typischen Eigenschaften der Neandertaler – unter anderem die Vertiefung über dem Hinterhauptsbein (Fossa suprainiaca) und die Crista occipitomastoidea – mit Ausnahme der Verdickung am Hinterhauptsbein. Anders als bei den meisten Neandertalern sieht das Hinterhauptsbein von Saccopastore 1 aber abgerundet aus, und die Schädelbasis ist stärker abgewinkelt als bei „klassischen" Neandertalern wie den Funden von La-Chapelle-aux-Saints und La Ferrassie. Das zuletzt genannte Merkmal dürfte für die Sprachfähigkeit der Neandertaler von Bedeutung sein (siehe Seite 106).

***Homo neanderthalensis*, Sacccopastore 1.** Der Schädel dieser Frau aus einer frühen Neandertaler-Population zeigt in Vorderansicht die typische breite Nasenöffnung und eine niedrige Stirn. Von der Seite erkennt man das niedrige Schädeldach, das vorstehende Gesicht und die geneigte Schädelbasis. *Mit freundlicher Genehmigung von Giorgio Manzi, Museo di Antropologia der Universität Rom „La Sapienza".*

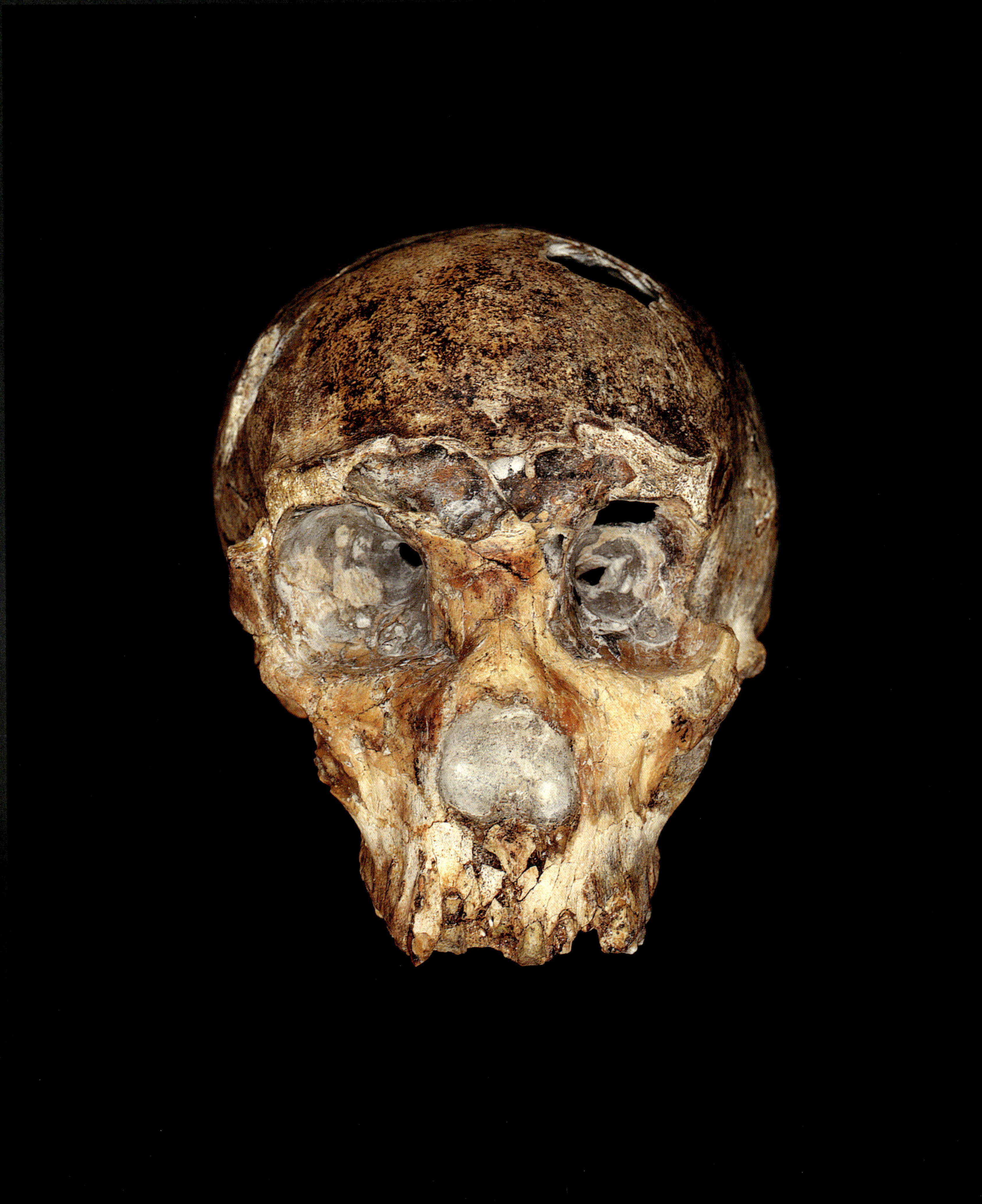

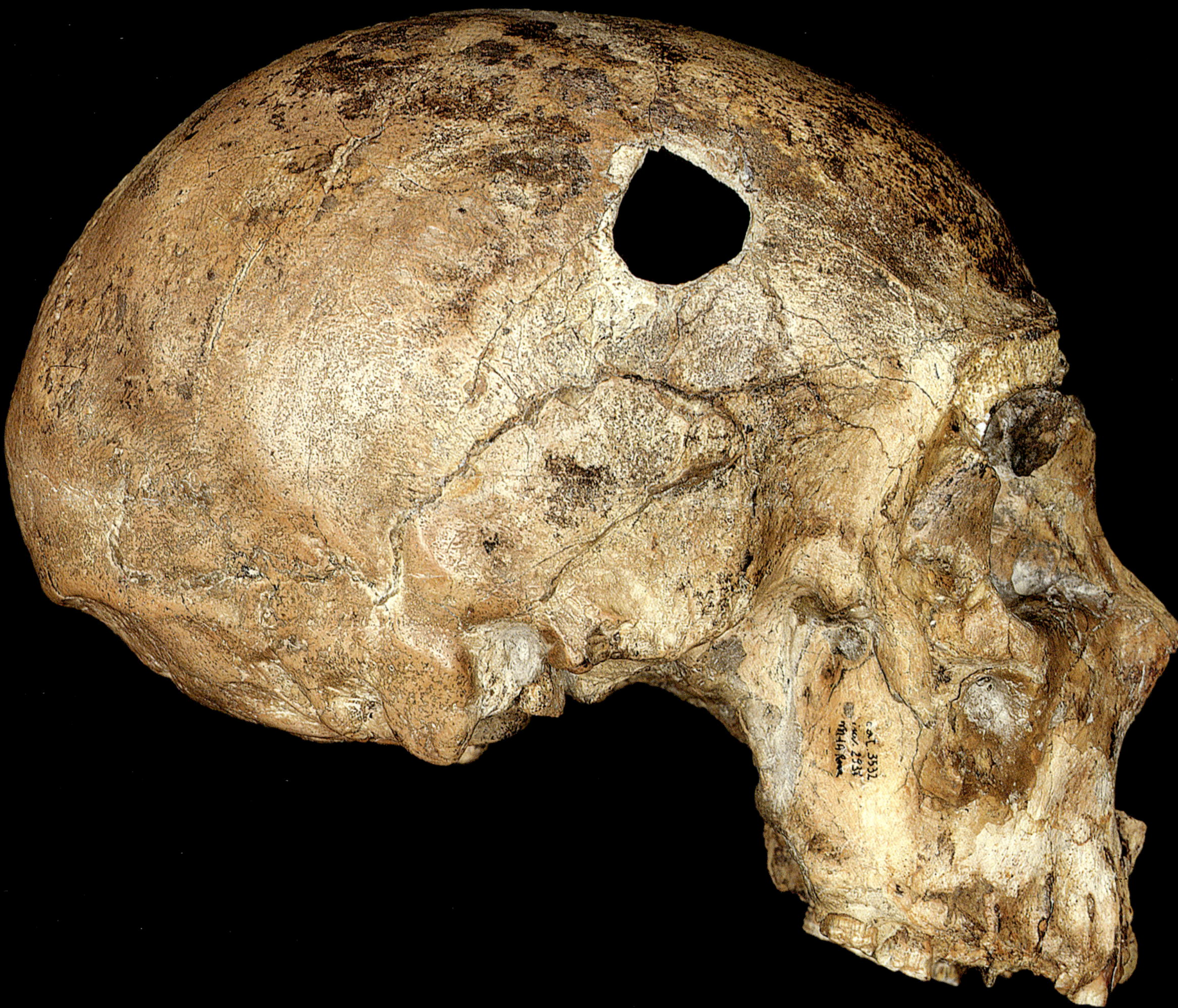

***Homo neanderthalensis*, Saccopastore 1**
(siehe vorangegangene Seite). Originalgröße. *Mit freundlicher Genehmigung von Giorgio Manzi, Museo di Antropologia der Universität Rom „La Sapienza“.*

FUND	FUNDORT	ALTER	ENTDECKER	DATUM	VERÖFFENTLICHUNG
juveniles Teilskelett	Tešik-Taš, Usbekistan	ca. 70 000 Jahre	Alexej Okladnikow	4. Juli 1938	Gremyatsky, M. A. und M. F. Nestourkh (Hrsg.), 1949. *Teshik-Tash: ein Mensch des Paläolithikums* (Moskauer Universitätsverlag, Moskau) [auf russisch].

Homo neanderthalensis

TESHIK-TASH

Das Skelett, das nach seinem Fundort in Usbekistan als Tešik-Taš bezeichnet wird, repräsentiert die Ostgrenze des bekannten Verbreitungsgebiets der Neandertaler. Etwa 3 200 Kilometer vom nächsten europäischen Neandertaler und 1 600 Kilometer von seinen Artgenossen in der Shanidar-Höhle im Irak entfernt lag dieser kleine Junge in einer Höhle, die sich ein Stück südlich von Samarkand fast 1 600 Meter hoch in dem zerklüfteten, abgelegenen Gissar-Gebirge befindet. Der Fund von Tešik-Taš zeigt, daß die Neandertaler auch isolierte Extremlebensräume bewohnten.

Tešik-Taš war die erste Fundstelle aus dem Paläolithikum, die man in Asien ausgrub, mittlerweile weisen hingegen mehrere Höhlen in dieser Gegend auf eine lange Geschichte der menschlichen Besiedlung hin. Das Skelett, durch das umgebende Sediment gelb gefärbt, wurde zu Beginn zweijähriger Grabungsarbeiten gefunden. Die Höhle enthielt fünf getrennte Besiedlungsschichten und ein Dutzend Feuerstellen, manche davon mit Ansammlungen zerbrochener Knochen und Hörner wilder Ziegen sowie mit Steinabschlägen und anderen Werkzeugen in der Nähe.

Offenbar war das Skelett am unteren Ende der dicksten und archäologisch reichhaltigsten Schicht beigesetzt worden; die Füße zeigten zum Höhleneingang. Die flache Grube, in der es lag, schützte es vor herunterfallenden Steinen, die andere Knochen in der Schicht unmittelbar über dem Skelett zerschmettert hatten, aber das Gewicht der darüberliegenden Sedimente zerquetschte den Schädel. Glücklicherweise blieb er trotzdem gut erhalten, so daß man ihn aus etwa 150 Stücken rekonstruieren konnte.

Der Junge von Tešik-Taš starb mit ungefähr neun Jahren, war jedoch immerhin soweit herangereift, daß sich bereits einige typische anatomische Merkmale der Neandertaler entwickelt hatten: ein umfangreiches Gesicht mit großem Nasenbereich, der Ansatz eines Brauenwulstes, eine fliehende Stirn, ein langer Gehirnschädel und ein niedriger Unterkiefer ohne knochigem Kinn. Das Gehirn hatte ein Volumen von etwa 1 500 Kubikzentimetern und war damit, gemessen an heutigen Menschen, für sein Alter recht groß.

Verstreut um den Schädel herum lagen mehrere postkraniale Knochen, so ein Halswirbel, mehrere Rippen, ein Oberarmknochen, die Schlüsselbeine (Claviculae), ein Oberschenkelknochen, ein Schienbein und die beiden Wadenbeine (die kleineren der beiden Knochen im Unterschenkel). Die Enden von Humerus und Femur waren abgenagt, und neben dem Skelett lag ein Koprolith (versteinerter Kot); demnach hatte wahrscheinlich eine Hyäne oder ein anderes Raubtier die Grabstätte aufgewühlt und einige Knochen herausgeholt. Artefakte wurden nicht mit dem Leichnam bestattet.

Das Auffälligste an dem Grab waren sechs Paare großer Knochen aus dem Inneren sibirischer Steinbockhörner, die mit der Spitze nach unten im Kreis um den Schädel lagen, sowie einige andere Knochen. Außerdem hatte für kurze Zeit neben dem Körper ein Feuer gebrannt. Wegen dieser Funde wird Tešik-Taš häufig als Beispiel für die Bestattungsrituale der Neandertaler genannt (siehe Seite 100).

Ob die Hörner in einer Art symbolischer Handlung absichtlich rund um den Leichnam angeordnet wurden, läßt sich nur schwer feststellen. Vielleicht dienten sie auch als Werkzeuge zur Bestattung des Jungen, und wurden später ohne jede rituelle Absicht weggeworfen. Oder die Hornknochen lagen rein zufällig in der Nähe des Skeletts. Hörner und Knochen von Steinböcken kommen an der Fundstelle sehr häufig vor; unter 769 Knochen von Säugetieren (Nager nicht mitgezählt), die man in der Höhle fand, stammten 761 von Steinböcken. Nach dieser großen Häufigkeit zu urteilen, war der Steinbock die bevorzugte Jagdbeute der Neandertaler; die Dorfbewohner in dieser abgelegenen Gegend lebten noch in den dreißiger Jahren des 20. Jahrhunderts, als das Skelett gefunden wurde, vorwiegend von der Ziegenjagd. Ob die Neandertaler mit Toten und Steinböcken nun einen Kult betrieben oder nicht: Sie waren auf diese flinken, majestätischen Tiere angewiesen, um hier zu überleben.

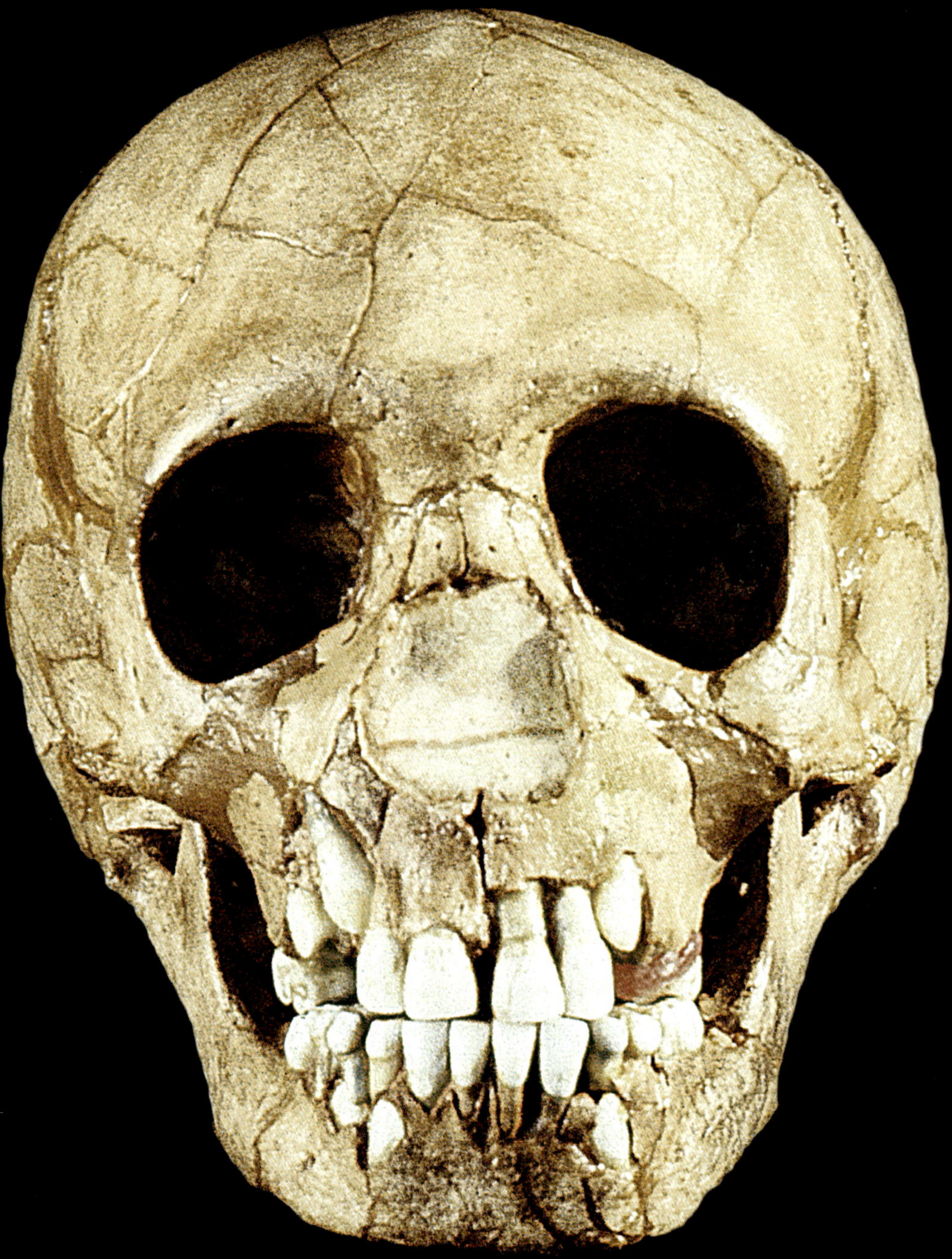

Homo neanderthalensis, **Tešik-Taš** (siehe vorangegangene Seite). Dieser Kinderschädel (*links*: von vorn; *rechts*: von der Seite) und das zugehörige Skelett ist der am weitesten östlich gefundene Neandertaler. Trotz seines kindlichen Alters zeigt der Schädel typische Merkmale der Neandertaler: einen langen, niedrigen Gehirnschädel, eine große Nasenöffnung, einen ausgeprägten Brauenwulst und einen Unterkiefer ohne ausgebildetem Kinn. Originalgröße. *Photos von Andrej Mauer; mit freundlicher Genehmigung des Instituts und Museums für Anthropologie, Staatliche Universität Moskau.*

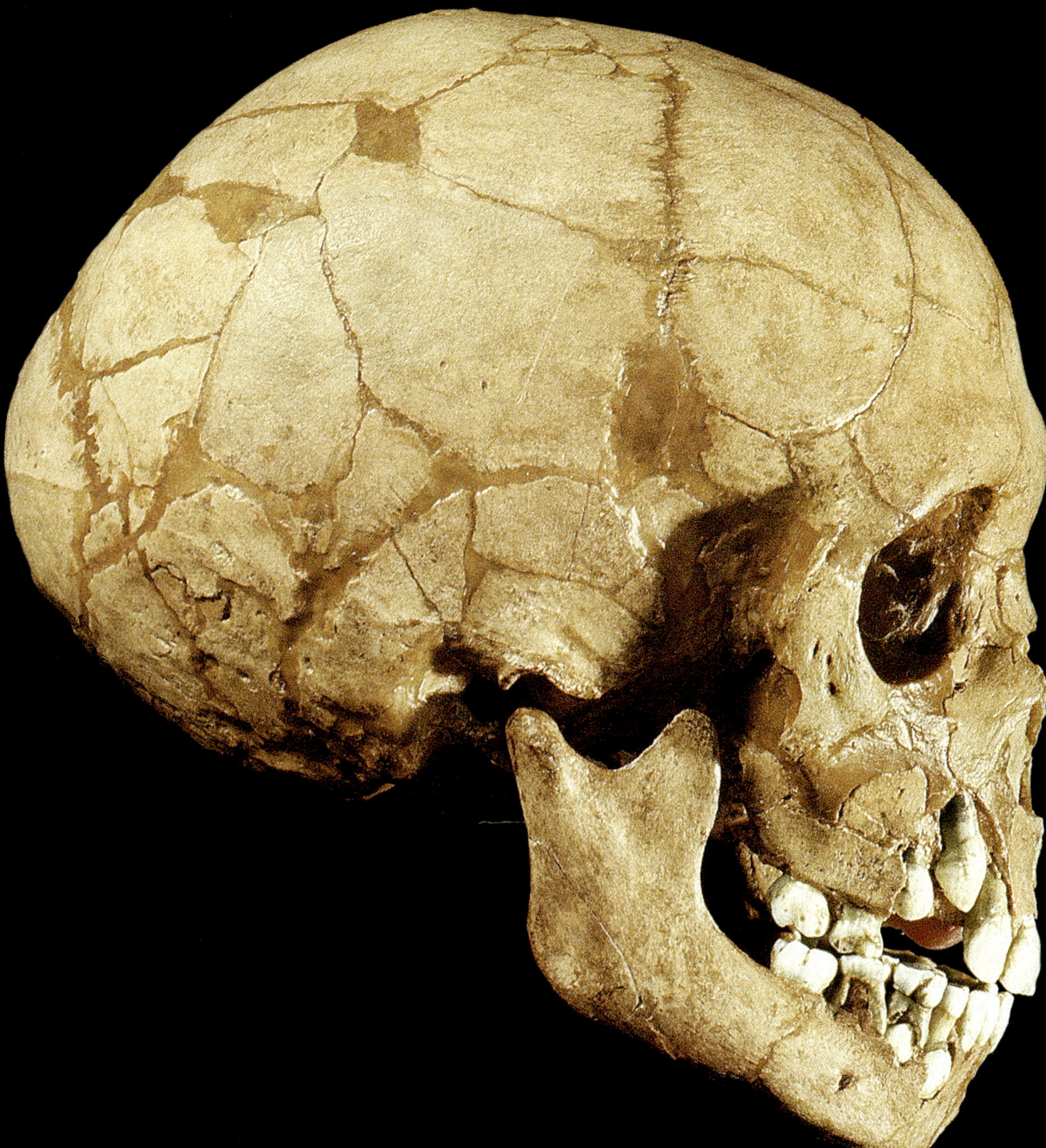

FUND	FUNDORT	ALTER	ENTDECKER	DATUM	VERÖFFENTLICHUNG
adultes maskulines Skelett	Kebara-Höhle, Israel	ca. 60 000 Jahre	Lynne Schepartz	Oktober 1983	Arensburg, B., O. Bar Yosef, M. Chech, P. Goldberg, H. Laville, L. Meignen, Y. Rak, E. Tchernov, A. M. Tillier und B. Vandermeersch, 1985. Une sépulture néanderthalien dans la grotte de Kebara (Israel). *Compte Rendus des Séances de l'Académie des Sciences* (Paris), Série II, 300: 227–230.

Homo neanderthalensis

KEBARA 2

Der Fund Kebara 2 trägt den Spitznamen „Moshe" zu Ehren von Moshe Stekelis, der früher an dieser Stelle Ausgrabungen vorgenommen hatte. Es handelt sich um ein vom Unterkiefer an abwärts fast vollständiges Skelett. Es ist das vollständigste bekannte Exemplar eines Neandertalers mit dem ersten kompletten Brustkorb, Wirbeln und Becken.

Ein weiterer Knochen, der erstmals bei Kebara 2 gefunden wurde, ist das Zungenbein (Os hyoideum), der einzige Knochen des menschlichen Körpers, der nicht mit anderen Knochen verbunden ist. Es ist im Knorpel des Kehlkopfes verankert und dient der Anheftung von Muskeln, die zum Sprechen notwendig sind. Das bei diesem Skelett gefundene Zungenbein gleicht dem der Jetztmenschen, was von großer Bedeutung für die Frage ist, ob die Neandertaler sprechen konnten (siehe Seite 107).

Das Skelett „Moshe" wurde am Rand einer Testgrube gefunden, die man in den sechziger Jahren, zu Beginn der Ausgrabungen, ausgehoben hatte (und aus der das bruchstückhafte Kinderskelett Kebara 1 stammt). Es war offenbar bestattet worden: Das Skelett lag auf dem Rücken in einer flachen Grube, der rechte Arm lag quer über der Brust, während der linke Arm auf dem Bauch ruhte. Er starb vermutlich mit 25 bis 35 Jahren, und an den Knochen gibt es keine Anzeichen für einen gewaltsamen oder krankheitsbedingten Tod. Seltsamerweise ist Moshes Schädel verschwunden – möglicherweise hat ihn ein Raubtier weggetragen, oder er wurde an einer anderen Stelle in der Höhle begraben. Gefunden wurde nur der dritte obere Molar. Auch das rechte Bein und der untere Teil des linken fehlen.

Obwohl wir das Gesicht nicht kennen, hat Kebara 2 eindeutige Ähnlichkeiten mit Skeletten aus Amud, Tabun und Shanidar, es ist allerdings robuster als die anderen Funde. Mit 1,70 Metern war er größer als der durchschnittliche europäische Neandertaler. Der kräftige Unterkiefer mit dem vollständigen Gebiß hat die für Neandertaler typische Lücke hinter den Molaren, und das Kinn fehlt. Andere Teile des Skeletts, so das Zungenbein und die Wirbel, sind in Form und Größe nicht von denen heutiger Menschen zu unterscheiden. Der fünfte Lendenwirbel am unteren Ende der Wirbelsäule zum Beispiel zeigt die gleichen modernen Anpassungen an den aufrechten Gang wie bei unserer eigenen Spezies.

Auch das vollständig erhaltene Becken spricht für eine solche Körperhaltung und Fortbewegung. Da der Abstand zwischen den seitlichen Hüftgelenken und der Verbindungsstelle der Schambeine vorn am Becken bei den Neandertalern größer war, lag ihr Schwerpunkt weit vorn, und ihr Becken wirkte wahrscheinlich nicht so gut als Stoßdämpfer wie bei den Jetztmenschen.

Neben diesem aufsehenerregenden Fossil entdeckte man in der Kebara-Höhle eine Fülle archäologischer Stücke, die einen genauen Einblick in des Leben der Neandertaler des Nahen Ostens ermöglichen. Sie besiedelten die Höhle vor mehr als 60 000 Jahren und lebten dort mindestens bis vor 48 000 Jahren. Im oberen Paläolithikum war sie dann seltener bewohnt, und deshalb findet man aus dieser Periode vorwiegend Reste von Raubtieren. An der Stelle wurden mehr als 25 000 Steinwerkzeuge von mindestens 2,5 Zentimetern Größe sichergestellt. Sie repräsentieren die Levallois-Technik, die für diese Periode typisch ist und in der Regel zusammen mit Resten der Neandertaler auftaucht. Als Material für ihre Werkzeuge bevorzugten die Neandertaler feinkörnigen Flintstein, der meist in wenigen Kilometern Umkreis um die Höhle gesammelt und mit einer wirksamen Schlagtechnik bearbeitet wurde. Die Hälfte der dreieckigen Spitzen und Abschläge, die man auf Abnutzungserscheinungen untersuchte, trugen Einschlagspuren, das heißt, sie wurden wohl an einem hölzernen Schaft befestigt und als Wurfgeschosse benutzt. Andere Werkzeuge tragen Abnutzungsspuren durch Holzbearbeitung und Schneiden. Seltsamerweise sehen die Artefakte von Kebara ganz ähnlich aus wie Steinwerkzeuge aus der Qafzeh-Höhle in Israel (siehe Seite 239), doch bei den dort bestatteten älteren Skeletten handelt es sich eindeutig um Jetztmenschen und nicht um Neandertaler. Warum zwei verschiedene Bevölkerungsgruppen, die sogar zu verschiedenen Arten gehörten, die gleiche Kultur hatten, bleibt ein Rätsel.

In der Höhle wurden zahlreiche runde und ovale Feuerstellen ausgegraben, und zusätzlich fand man Schichten mit verbrannten Pflanzenresten. Stücke aus verbranntem Flintstein, die man in den Feuerstellen sichtete, erwiesen sich als entscheidend für die Thermolumineszenzdatierung der Fundstelle und des Skeletts. Als Brennmaterial diente das Eichenholz der Gegend, auf dem offenbar wilde Erbsen sowie Gazellen- oder Hirschfleisch geröstet wurden. An der Nordwand der Höhle, abseits vom eigentlichen Wohnbereich, entdeckte man Abfallhaufen aus Tierknochen und Resten von der Werkzeugherstellung. Nach dem Bild, das sich aus diesen vielfältigen archäologischen Befunden ergibt, waren die Bewohner von Kebara technisch viel weiter entwickelt und raffinierter, als man es bei Neandertalern üblicherweise annimmt.

***Homo neanderthalensis*, Kebara 2.** Der Schädel dieses Skeletts, das in einer Höhle in Israel bestattet war, wurde nie gefunden, ansonsten ist Kebara 2 jedoch der vollständigste Neandertaler, den man kennt; zum erstenmal umfaßt der Fund auch Rippen, Wirbel und Becken. *Photo von David Brill; mit freundlicher Genehmigung der Sackler School of Medicine, Universität Tel Aviv.*

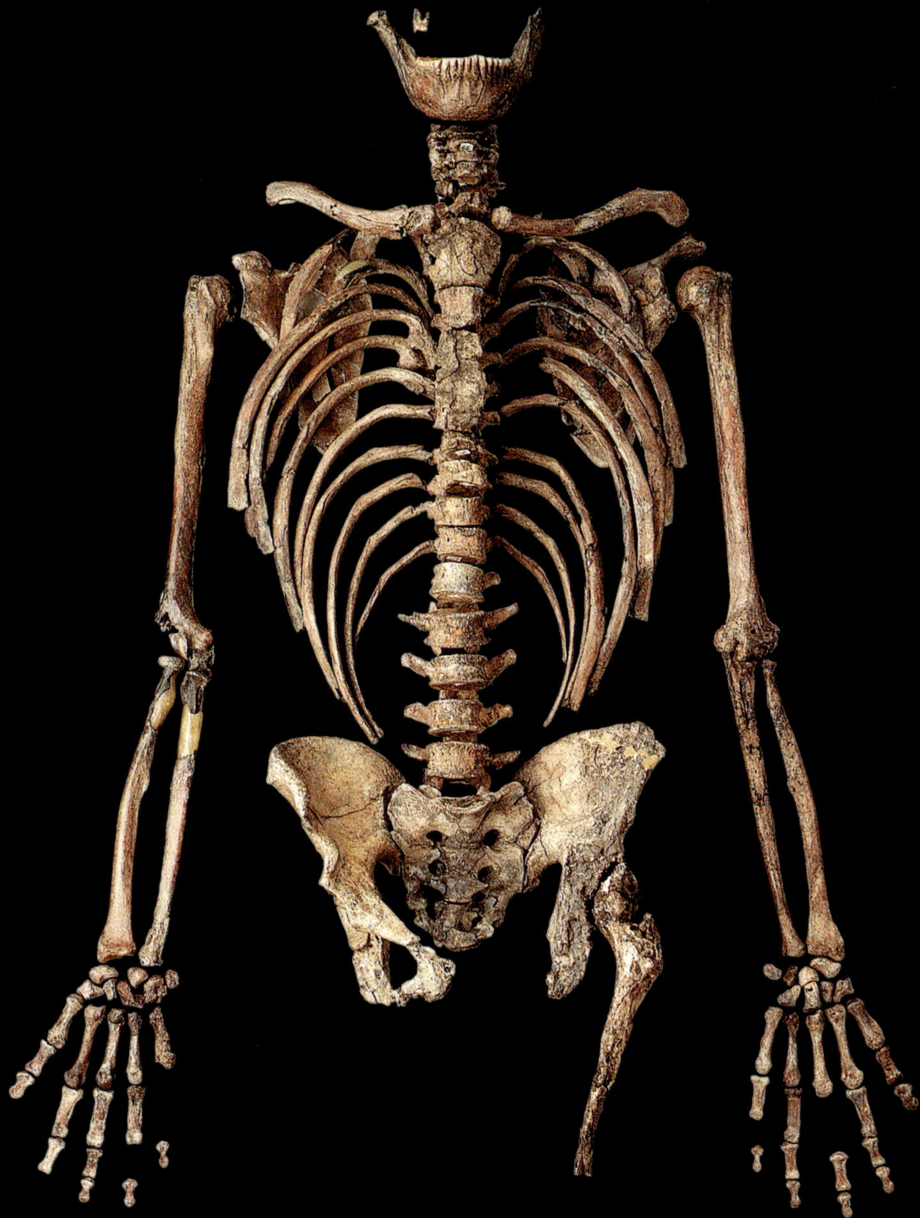

FUND	FUNDORT	ALTER	ENTDECKER	DATUM	VERÖFFENTLICHUNG
adultes maskulines Skelett	Amud-Höhle, Israel	40 000–50 000 Jahre	Hisashi Suzuki	28. Juni 1961	Suzuki, H. und F. Takai (Hrsg.), 1970. *The Amud Man and His Cave Site* (University of Tokyo Press, Tokio).

Homo neanderthalensis

AMUD 1

Das Skelett eines erwachsenen männlichen Hominiden, das in der Amud-Höhle in Israel gefunden wurde, kann man mit zwei Superlativen beschreiben. Erstens handelt es sich mit 1,80 Metern um den größten bekannten Neandertaler, und zweitens befand sich in seinem Schädel das größte Gehirn aller bekannten Hominiden – ein Klotz von 1 740 Kubikzentimetern. Nach der Verwachsung der Schädelnähte zu schließen, starb er vermutlich mit etwa 25 Jahren.

Das zerstückelte Skelett lag mit angewinkelten Gliedmaßen auf der linken Seite oben auf einer Schicht aus dem mittleren Paläolithikum, umgeben von jüngeren Werkzeugen des oberen Paläolithikums und sogar von noch jüngerer Keramik. Die blaßgrauen Knochen waren nicht vollständig versteinert und erwiesen sich im feuchten Höhlenboden als sehr brüchig. Als erstes fand man den von der Seite her zerquetschten Schädel; er war so mit Kalksteinschutt verkrustet, daß man ihn fast für ein heruntergefallenes Stück der Höhlendecke gehalten hätte. Leider fehlen der Gaumen und ein großer Teil der aufschlußreichen Gesichtsregion, aber der gewaltige Unterkiefer ist unversehrt. Die Kiefer enthalten das vollständige Gebiß mit 32 Zähnen, die für ein Individuum dieser Größe recht klein sind. Viele andere Teile sind weniger vollständig: Wirbel, Becken und rechtes Bein zum Beispiel waren stark beschädigt oder fehlten ganz.

Amud 1 zeigt eine bunte Mischung anatomischer Merkmale. Er ist zwar eindeutig ein Neandertaler, entspricht aber nicht dem „klassischen" Typ, zu dem die meisten berühmten Funde aus Europa gehören. Die größte Ähnlichkeit hat Amud 1 mit den Neandertalern aus der Shanidar-Höhle im Irak – Shanidar I diente bei der Rekonstruktion des Schädels als Orientierung – und Tabun in Israel, er hat jedoch auch einige Ähnlichkeit mit den Populationen des frühen modernen *Homo sapiens* aus Skhul und Qafzeh.

Das große, lange, schmale Gesicht liegt im gleichen Größenbereich wie das der europäischen Neandertaler, allerdings gibt es in den Einzelheiten Unterschiede. Der Brauenwulst über den Augen ist viel schmaler und seitlich am Gesicht nach hinten abgeknickt. Die Augenhöhlen haben scharf umrissene Grenzen wie beim Jetztmenschen und nicht die typischen abgerundeten Kanten der Neandertaler. Der Oberkiefer sieht im Wangenbereich weniger „aufgeblasen" aus als bei dem Neandertaler von La-Chapelle-aux-Saints oder sogar den Funden von Shanidar, und auch das Kinn ist deutlicher ausgeprägt, als es sonst bei Neandertalern üblich ist.

Am Gehirnschädel setzt sich die Mischung von Merkmalen der Neandertaler und Jetztmenschen fort. Der Schädel ist breit und lang, länger als bei allen Jetztmenschen und als bei dem größten europäischen Neandertaler, dem Fund von La Ferrassie. Der Warzenfortsatz des Schläfenbeines, der hinter dem Ohr wie ein Knopf vorsteht, hat fast die gleiche Größe wie bei heutigen Menschen und ist größer als bei den Neandertalern von La-Chapelle-aux-Saints und Gibraltar. Von hinten sieht der Schädel völlig rund aus wie eine Kegelkugel – ein typisches Merkmal der Neandertaler –, aber das Hinterhauptsbein zeigt eine Kombination aus dem für Neandertaler typischen, quer verlaufenden Wulst und einer stark gewölbten Gesamtform, die der eines modernen menschlichen Schädels ähnelt. Amud ist das hebräische Wort für „Pfeiler" und bezieht sich auf eine Steinsäule am Höhleneingang. Die Höhle lag etwa 30 Meter über dem Flußbett Wadi Amud, dessen Wasser in den See Genezareth fließt.

Auch eine nahegelegene, ganzjährig wasserführende Quelle könnte die Neandertaler angezogen haben. Erste Versuche, die Besiedlungszeit der Höhle mit der Radiokarbonmethode zu ermitteln, ergaben nicht das wahre Alter. Neuere Untersuchungen mit dem Elektronenspinresonanzverfahren lassen auf ein Alter von 40 000 bis 50 000 Jahren schließen, also auf eine relativ späte Phase im Dasein der Neandertaler. Das recht geringe Alter und die besonderen anatomischen Eigenschaften sind möglicherweise ein Hinweis, daß es sich bei Amud 1 um eine weiterentwickelte Form der Neandertaler handelt, als bei seinen unmittelbaren europäischen Vorfahren; vielleicht sind die Abweichungen aber auch einfach durch die geographische Trennung entstanden.

***Homo neanderthalensis,* Amud 1** (siehe auch Seite 116). Obwohl diesem Schädel der wichtige mittlere Gesichtsteil fehlt, ist er als Neandertaler zu erkennen; er ähnelt den Funden von anderen Stellen im Nahen Osten. Auffällig ist die Lücke hinter der Zahnreihe im Unterkiefer. Originalgröße. *Photo von David Brill; mit freundlicher Genehmigung der Israel Antiquities Authority, Rockefeller Museum.*

FUND	FUNDORT	ALTER	ENTDECKER	DATUM	VERÖFFENTLICHUNG
Teilskelett eines Säuglings	Amud-Höhle, Israel	50 000 bis 60 000 Jahre	Tina Hietala und Yoel Rak	9. Juni 1992	Rak, Y., W. H. Kimbel und E. Hovers, 1994. A Neandertal infant from Amud Cave, Israel. *Journal of Human Evolution* 26: 313–324.

Homo neanderthalensis

AMUD 7

Bei weiteren Ausgrabungen in der Amud-Höhle kamen Anfang der neunziger Jahre die Überreste von vier Menschen ans Licht. Wie man an den Knochen erkennt, starben alle während des ersten Lebensjahres, mit Ausnahme eines Kindes von etwa acht Jahren, auf das ein einziger Zahn hinweist. Der vollständigste Fund, das Skelett eines winzigen Neugeborenen, katalogisiert mit Amud 6, war genau an der Grenze einer Schicht aus dem mittleren Paläolithikum bestattet; aber bei der Radiokarbondatierung stellte sich heraus, daß es sich um einen zwischen 680 und 880 n. Chr. gestorbenen Jetztmenschen handelte, dessen Grab man in älteren Schichten ausgehoben hatte.

Ein Jahr später, 1992, wurde Amud 7 gefunden; er war in einer noch tieferen Schicht der stratigraphischen Höhlenabfolge bestattet als das 1961 entdeckte Neandertaler-Teilskelett Amud 1 (siehe Seite 220). Demnach gehört Amud 7 eindeutig in die Zeit der Neandertaler, oder genauer gesagt in die Periode vor 60 000 bis 50 000 Jahren. Nach dem Entwicklungszustand der Zähne zu schließen, starb der Säugling im Alter von nur zehn Monaten.

Der zerbrochene Schädel von Amud 7 besteht zwar nur noch aus Hinterhaupts-, Scheitel- und Schläfenbein, der Unterkiefer ist jedoch relativ vollständig; auch Rippen und Wirbel sind gut erhalten. Das Skelett wurde auf der rechten Seite liegend in einer Nische der Höhlennordwand gefunden; seine Haltung, insbesondere die der unversehrten Hand- und Fußknochen, weist auch hier auf eine absichtliche Bestattung hin. An den Resten des Beckens lehnte interessanterweise der Unterkiefer eines Rothirsches. Auch in Verbindung mit zwei bestatteten Jetztmenschen in den nahegelegenen Höhlen Qafzeh und Skhul wurden Tierknochen gefunden (siehe Skhul V, Seite 242), aber wenn der Hirschkiefer absichtlich neben den Säugling gelegt wurde, wäre er die älteste Grabbeigabe bei den Neandertalern in der Levante.

Bei der näheren Untersuchung des Skeletts Amud 7 stieß man auf einige bis dahin unbekannte Merkmale, die offenbar nur bei den Neandertalern vorkommen und sich bei der Identifizierung anderer Fossilien dieser Spezies als nützlich erweisen könnten. So ist beispielsweise das Foramen magnum (das Loch in der Schädelbasis, aus dem das Rückenmark austritt), bei Amud 7 stark verlängert und oval, während es bei Jetztmenschen die primitivere runde Form beibehalten hat – die man auch bei den meisten Primaten und vielen anderen Säugetieren findet. Ein ähnlich verlängertes, ovales Foramen magnum zeigen auch die jugendlichen Neandertalerschädel aus Engis, La Quina und Tešik-Taš (siehe Seite 215).

Drei eher typische Merkmale für Neandertaler erkennt man am Kiefer von Amud 7. Erstens hat er im Gegensatz zum Kiefer der Jetztmenschen kein knöchern ausgebildetes Kinn, so daß die Vorderseite des Kiefers, von unten gesehen, nicht spitz, sondern eher viereckig erscheint. Zweitens endet die U-förmige Kerbe oben auf dem senkrechten Teil des Kiefernastes in der Kondylenmitte, und nicht seitlich der Gelenkkondyle – die den Kiefer mit dem Schädel verbindet – wie bei allen anderen Hominiden. Drittens kennzeichnet eine auffällige, ausgezogene Randverdickung an der Innenseite des aufsteigenden Kieferastes die Ansatzstelle des Musculus pterygoideus medialis. Dieser Muskel wirkt beim Kauen mit, und seine oberen Fasern waren bei den Neandertalern offenbar besonders stark entwickelt. Diese starke Verdickung an der Kieferinnenfläche, an der sie ansetzen, gibt es bei keinem anderen Frühmenschen.

Da solche Merkmale schon am Schädel eines Säuglings auftreten, waren sie offenbar genetisch bestimmt, was bestätigt, daß es zwischen Neandertalern und Jetztmenschen eine Vielzahl anatomischer Unterschiede gab. Wenn man schon Babys so leicht unterscheiden kann, ist das ein weiteres Indiz, daß die Neandertaler tatsächlich eine andere Spezies waren als die heutigen Menschen.

***Homo neanderthalensis*, Amud 7.** Die in der Amud-Höhle ausgegrabenen Überreste eines zehn Monate alten Kindes zeigen einige typische Merkmale der Neandertaler, zum Beispiel ein ovales Foramen magnum an der Schädelbasis. *Photo von David Brill*

FUND	FUNDORT	ALTER	ENTDECKER	DATUM	VERÖFFENTLICHUNG
adultes maskulines Skelett	Bouffia Bonneval, La Chapelle-aux-Saints, Frankreich	ca. 50 000 Jahre	Amadee und Jean Bouyssonie und Josef Bonneval	3. August 1908	Boule, M. 1908. L'Homme fossile de La Chapelle-aux-Saints (Covrèze). *C. R. Acad. Sci. Paris* 147: 1349–1352.

Homo neanderthalensis

LA CHAPELLE-AUX-SAINTS

Dieser zur Zeit seiner Entdeckung vollständigste Neandertalerfund, das Skelett eines fast zahnlosen alten Mannes aus La Chapelle-aux-Saints, wurde zum Inbegriff der Neandertaler überhaupt – allerdings in der irrigen Annahme, diese Menschen seien tapsige, brutale Höhlenbewohner gewesen. Damit macht man sich allerdings von ihrer Anatomie, ihrem Gang und ihrer Intelligenz eine völlig falsche Vorstellung. Ein derart schädliches, bis heute verbliebenes Bild zeichnete Marcellin Boule mit seiner eingehenden Untersuchung des Skeletts, die zwischen 1909 und 1912 veröffentlicht wurde. Zu Recht stellte er fest, daß die Neandertaler sich in einer ganzen Reihe anatomischer Merkmale von heutigen Menschen unterschieden, aber aufgrund seiner unglückseligen Beschreibung konnte man glauben, sie stünden den Menschenaffen näher als den Menschen. Indem er den Fund von La Chapelle-aux-Saints zum Referenzobjekt für die Spezies machte, ließ er für die Neandertaler keinen Platz in unserer eigenen Abstammungslinie. Wegen seiner einflußreichen, überzeugenden Untersuchung wurden die Neandertaler jahrzehntelang verunglimpft. Auch trug sie dazu bei, daß die Prä-sapiens-Hypothese (siehe Seite 43) in der aufkeimenden Diskussion um Geist und Gehirngröße in den Mittelpunkt des Interesses rückte.

Boules falsche Interpretation gründete sich auf mehrere krankhafte Veränderungen des Skeletts und auch auf Merkmale, die der Anpassung an kaltes Klima dienten und die er irrigerweise für primitiv und affenähnlich hielt. So ist zum Beispiel die linke Hüfte durch eine Krankheit verformt, ein Zeh ist zerquetscht, an den Halswirbeln bestand eine schwere Arthritis, und eine Kniescheibe ist beschädigt. Mit seinen festgefahrenen Vorurteilen nahm Boule das gewaltige Gehirnvolumen des Individuums von La Chapelle-aux-Saints – 1 625 Kubikzentimeter, weit mehr als der Mittelwert bei Jetztmenschen – zwar zur Kenntnis, angesichts derart vieler „primitiver" Merkmale leugnete er jedoch die geistigen Fähigkeiten der Neandertaler.

Erst in den fünfziger Jahren zeigte die nochmalige Untersuchung des Skeletts durch die Anatomen William Straus und A. J. E. Cave, daß die Arthritis Boule zu falschen Ansichten über den Gang des Neandertalers veranlaßt hatte. Plötzlich schätzte man die Neandertaler und nahm sie nur allzu bereitwillig als Unterart in die Menschenfamilie auf. Seither hat diese plötzliche Renaissance der einhelligen Meinung Platz gemacht, daß es sich um eine eigene Spezies handelt, und zwar um eine sehr erfolgreiche mit abgeleiteten – und nicht primitiven – Merkmalen, die aber letztlich ausstarb. Die Neandertaler in Europa hatten nicht genügend Zeit, sich zu Jetztmenschen weiterzuentwickeln; unsere unmittelbaren Vorfahren können sie nicht sein.

In letzter Zeit spielte der Fund von La Chapelle-aux-Saints eine große Rolle für die Diskussion über die Frage, ob die Neandertaler eine Entsprechung zur heute gesprochenen Sprache besaßen. Wegen der ungewöhnlich flachen Schädelbasis glaubte man, der Kehlkopf müsse bei den Neandertalern so weit oben im Hals gelegen haben, daß sie die Vokale a, i und u nicht hervorbringen konnten. Bei heutigen Menschen, die über das Säuglingsalter hinausgewachsen sind, hat die Schädelbasis einen Knick, so daß der Kehlkopf im Hals nach unten wandert und über den Rachen ein breiteres Lautspektrum ausstoßen kann. Eine neuere Rekonstruktion des Schädels von La Chapelle-aux-Saints zeigte hingegen auch hier eine stärkere Biegung der Schädelbasis, als Boule es in seinen Überlegungen zugelassen hatte; allerdings ist sie offenbar immer noch flacher als bei Jetztmenschen. Welche Folgerungen man daraus im einzelnen ziehen kann, ist nicht geklärt, aber vielleicht sollte man aus dem kranken, geschundenen Menschen von La Chapelle-aux-Saints keine weiteren allgemeinen Aussagen über die Neandertaler mehr ableiten.

***Homo neanderthalensis*, La Chapelle-aux-Saints.** Das Skelett eines alten, kranken Menschen aus La Chapelle führte zu der verbreiteten, falschen Ansicht, die Neandertaler seien unbeholfene, dumme Bestien gewesen. Dieses Individuum hatte eine ganze Reihe von Leiden, unter anderem Zahnbettschwund beider Kiefer, Arthritis und Knochenbrüchen. Originalgröße. *Photo von John Reader, Science Source/Photo Researchers.*

FUND	FUNDORT	ALTER	ENTDECKER	DATUM	VERÖFFENTLICHUNG
adultes maskulines Skelett	La Ferrassie, Frankreich	ca. 50 000 Jahre	Denis Peyrony und Louis Capitan	17. September 1909	Capitan, L. und D. Peyrony, 1909. Deux squelettes humains au milieu de foyers de l'époque moustérienne. *Revue anthrop.* 19: 402–409.

Homo neanderthalensis

LA FERRASSIE 1

Das erwachsene männliche Skelett mit der Katalogbezeichnung La Ferrassie 1 zeigt am besten die „klassische" Anatomie der Neandertaler, die sich im eiszeitlichen Europa auf halbem Weg zwischen Auftauchen und Aussterben der Spezies entwickelte. An dem Schädel von La Ferrassie 1 sind alle charakteristischen Merkmale der Neandertaler zu erkennen: die fliehende Stirn, das lange, niedrige Schädeldach, die runde Form beim Betrachten von hinten, der kräftige Brauenwulst aus zwei Bögen, der vorspringende mittlere Gesichtsteil mit den nach hinten verlagerten Wangenknochen, das schwach entwickelte Kinn, die Lücke hinter den letzten Molaren (die entsteht, weil die Zähne mit dem ganzen Gesicht nach vorn verlagert sind), und das riesige Gehirnvolumen (in diesem Fall über 1 600 Kubikzentimeter). Die Extremitäten zeigen die allgemein dicken, kräftigen Knochen der Neandertaler und ihre großen Gelenke.

In der gesamten Evolution des Menschen sind die klassischen Neandertaler das beste Beispiel für eine Population, die durch eine Reihe charakteristischer, einmaliger anatomischer Merkmale gekennzeichnet ist. Betrachtet man sie einzeln, erscheinen diese Merkmale selbstverständlich, aber in ihrer Gesamtheit bilden sie eine einheitliche Kombination, mit deren Hilfe man die Neandertaler als Evolutionseinheit definieren kann – als eigene, von Jetztmenschen und anderen Hominiden verschiedene Spezies. An La Ferassie 1 sind unter anderem folgende Merkmale zu erkennen: in Seitenansicht die Tuberositas mastoideus hinter der Ohröffnung über dem Warzenfortsatz (Processus mastoideus) an der Schädelunterseite sowie die Hinterhauptsleiste unmittelbar hinter dem Warzenfortsatz; und von hinten gesehen ein Hinterhauptswulst, eine waagerechte Schädelknochenleiste, und unmittelbar darüber die elliptisch vertiefte Fossa suprainiaca.

Besonders interessante Aufschlüsse liefern die Zähne des Schädels. Im Kiefer beobachtet man nicht nur Abszesse und Knochenschwund, sondern auch sehr stark abgenutzte Zähne: Viele Zahnschmelzkronen sind überhaupt nicht mehr vorhanden, so daß vor allem links unten das Zahnbein oder sogar die Pulpahöhle freiliegen. Im Oberkiefer sind die Zähne auf der rechten Seite stärker abgeschliffen. Furchen an der Rückseite der Zähne weisen darauf hin, daß der Unterkiefer vorwiegend mit waagerechten Bewegungen kaute und weniger auf und ab ging; die Zähne zerkleinerten dabei grobe, körnige Nahrung.

Die Schäden an den vorderen Zähnen dürften vor allem dadurch entstanden sein, daß sie als „dritte Hand" dienten. Als man die mikroskopischen Schäden an den Zahnoberflächen von La Ferrassie 1 mit denen von Gorillas (strenge Herbivoren mit harter, faseriger Nahrung) und Inuit (die unter allen Menschen und sonstigen Primaten das wenigste Gemüse essen) verglich, stellte sich heraus, daß die Abnutzungsspuren bei dem Neandertaler ganz ähnlich aussahen wie bei den heutigen Polarbewohnern. Die Schneidezähne von La Ferrassie 1 haben abgerundete Kanten mit oberflächlichen Absplitterungen und tieferen, bis zum Zahnbein reichenden Löchern; auch feine, gerade Kratzer kommen vor. Die Inuit benutzen ihre Zähne als Werkzeug und halten alles mögliche damit wie in einem Schraubstock fest, von Hundeleinen bis zu Stiefeln aus Robbenfell. Das gleiche taten offenbar auch die Neandertaler, und zwar in noch größerem Umfang als die heutigen Bewohner nördlicher Breiten.

Neben dem fast vollständigen Skelett eines Mannes im mittleren Alter fand man in dem Felsüberhang von La Ferrassie auch ein weitgehend unbeschädigtes weibliches Skelett und die Reste von fünf Kindern, vom Ungeborenen bis zum Zehnjährigen. Insgesamt handelt es sich hier um die größte Gruppe jugendlicher Fossilien in ganz Frankreich. Die Skelette befanden sich in sechs Gräbern. Die beiden Erwachsenen lagen bei der Entdeckung Kopf an Kopf, und den Schädel eines Kindes hatte man abgetrennt, allein unter einer Steinplatte mit seltsamen Vertiefungen bestattet. An den Berichten über die Neandertaler-Begräbnisstätte von La Chapelle-aux-Saints (siehe Seite 224), die man einige Jahre zuvor gefunden hatte, waren immer wieder Zweifel laut geworden, aber die Befunde von La Ferrassie sprachen eindeutig dafür, daß die Neandertaler ihre Toten bestatteten.

Schon bald nachdem man La Ferrassie 1 und 2 entdeckt hatte, benutzte Marcellin Boule sie für seine berüchtigten Untersuchungen des Fundes von La Chapelle-aux-Saints, dessen fehlende Knochen er hier genauer studierte. Die gesamte Fossilsammlung von La Ferrassie wurde zunächst nicht gründlich analysiert; die erste vollständige Beschreibung stammt von Jean-Louis Heim und wurde erst 1976 als Monographie veröffentlicht. Durch Heims Arbeiten und spätere Untersuchungen an den Funden kennen wir heute eine Reihe neuer Tatsachen aus dem Leben der Neandertaler.

***Homo neanderthalensis*, La Ferrassie 1** (siehe auch Seite 9). Die schräg abgeschliffenen Vorderzähne, deren Zahnbein an einigen Stellen freiliegt, weisen auf waagerechte Kaubewegungen hin. Außerdem wurden die Zähne offenbar wie eine zusätzliche Hand oder wie ein Schraubstock zum Festhalten von Tierfellen und anderen Gegenständen benutzt. Originalgröße. *Photo von David Brill; mit freundlicher Genehmigung des Musée de l'Homme.*

La Ferrassie 1
23.645

FUND	FUNDORT	ALTER	ENTDECKER	DATUM	VERÖFFENTLICHUNG
adulte Calotte	Feldhofer-Grotte, Neanderthal, Deutschland	ca. 40 000 bis 50 000 Jahre	unbekannt	August 1856	Fuhlrott, C. von, 1859. Menschliche Überreste aus einer Felsengrotte des Düsselthals. *Verh. naturk. Ver. der preuss. Rheinl.* 16: 131–153.

Homo neanderthalensis

NEANDERTAL 1 TYPUSEXEMPLAR

Den Beginn der wissenschaftlichen Paläoanthropologie stellt die Entdeckung und Untersuchung eines erwachsenen männlichen Teilskeletts aus dem Neandertal bei Düsseldorf dar, die gleichzeitig der erste Versuch waren, unsere entwicklungsgeschichtliche Vergangenheit zu verstehen. Als Arbeiter in einem Kalksteinbruch dieses Skelett entdeckten, hatte man zwar bereits einige andere Reste von Neandertalern gefunden, so die Stücke von Engis und Gibraltar (siehe Seite 230), aber bei Neandertal 1 erkannte man zum ersten Mal, daß es sich wirklich um etwas anderes handelte. Es war sogar so anders, daß es zur ersten neu benannten Hominidenspezies wurde: Der Geologe William King schlug 1863 auf einer Tagung der Brtish Association den Namen *Homo neanderthalensis* vor. In gedruckter Form behauptete er sogar, die Neandertaler verdienten die Einordnung als eigene Gattung. Das glaubt heute niemand mehr, der Artname hingegen hat der Überprüfung durch die Zeit und spätere Befunde standgehalten. Heute sind sich die Paläoanthropologen uneins, ob man *neanderthalensis* als eigene Spezies oder als Unterart des *Homo sapiens* betrachten soll.

Das Neandertal, wo die Knochen gefunden wurden, liegt in der Nähe von Düsseldorf; es erhielt seinen Namen im Andenken an Joachim Neumann, einen Komponisten und Geistlichen, der im 17. Jahrhundert lebte und den Namen Neander („neuer Mann") angenommen hatte. Anfang des 20. Jahrhunderts änderte sich die Rechtschreibung von „Thal" zu „Tal", aber in dem Artnamen *neanderthalensis* und der Ortsbezeichnung blieb die alte Schreibweise erhalten.

Als die Arbeiter mit ihren Schaufeln 1856 auf Knochen stießen, entdeckten sie als erstes ein Schädeldach. Anschließend fanden sie die beiden Oberschenkelknochen, die drei Knochen des rechten Armes, zwei Knochen vom linken Arm, einen Teil des linken Darmbeines sowie Bruchstücke eines Schulterblattes und einiger Rippen. Möglicherweise lagen noch andere Teile des Skeletts im Schlamm der Höhle, doch wurden nur die größten Knochen eingesammelt und für Johann Carl Fuhlrott aufbewahrt, einen örtlichen Lehrer und Amateur-Naturforscher. Daß hier wahrscheinlich die Gelegenheit bestanden hätte, ein vollständiges Neandertalerskelett auszugraben, ist ein ernüchternder Gedanke, aber die Arbeiter dachten, es handele sich um Knochen eines Höhlenbären. Fuhlrott hatte dagegen sofort den Verdacht, die Fossilien aus der Feldhofer-Grotte könnten einzigartige Belege für die Vergangenheit der Menschen sein. Er überließ die Beschreibung dem Anatomen Hermann Schaaffhausen; ihre gemeinsame Veröffentlichung erschien 1857, zwei Jahre vor Darwins bahnbrechendem Werk *Die Entstehung der Arten.*

Schaaffhausen bemerkte die dicken, gut entwickelten Muskelansatzstellen und Wülste der Knochen. Noch auffälliger war die ovale Form der Schädeldecke mit der niedrigen, fliehenden Stirn und den ausgeprägten Brauenwülsten. Da er ganz anders aussah als jeder menschliche Schädel, wurde der Neandertalerschädel als „affenartig" bezeichnet.

Wenn Neandertal 1 die Geburt der Paläoanthropologie darstellt, dann löste er auch zum ersten Mal hitzige Meinungsverschiedenheiten aus, wie sie seitdem zum Kennzeichen dieser Wissenschaft geworden sind. Angesehene deutsche Gelehrte führten die gebogenen Oberschenkelknochen des Neandertalers auf häufiges Reiten oder auf Rachitis zurück. Die Brauenwülste hielt man für eine Folge längeren Stirnrunzelns, dessen Ursache die Schmerzen an einem schlecht verheilten Bruch der linken Elle sein sollten. Mit solchen Scheinargumenten machte man Neandertal 1 vom Vertreter einer bis dahin unbekannten Spezies zu einem kranken Jetztmenschen – vielfach hieß es, er sei ein berittener Kosak gewesen. Aber schließlich siegte die Vernunft, und während die Echtheit des Neandertalers im Land seiner Entdeckung noch in Frage gestellt wurde, setzte sich in England die Anerkennung durch. Thomas Henry Huxley äußerte sich 1863 in seiner Aufsatzsammlung *Zeugnisse für die Stellung des Menschen in der Natur* über die Knochen des Neandertalers, doch erst King ging im gleichen Jahr das Wagnis ein, den Fossilien die Identität zu verleihen, die sie heute für uns besitzen.

***Homo neanderthalensis*, Neandertal 1.** Diese Schädeldecke war zwar nicht der erste Fund eines Neandertalers, aber erst ihre Entdeckung im Jahr 1856 führte dazu, daß man in den Neandertalern alte, ausgestorbene Verwandte der Menschen sah. Damit begann die heute noch anhaltende Diskussion um ihren Platz in unserer Vorfahrenreihe. Originalgröße. *Mit freundlicher Genehmigung des Rheinischen Landesmuseums Bonn.*

FUND	FUNDORT	ALTER	ENTDECKER	DATUM	VERÖFFENTLICHUNG
adultes feminines Cranium	Forbes' Quarry, Gibraltar	unsicher	Lieutenant Flint	unbekannt	Busk, G. Pithecoid Priscan Man from Gibraltar, *The Reader*, 23. Juli 1864.

Homo neanderthalensis

GIBRALTAR 1

Dieses Individuum, das durch einen 1848 in Gibraltar gefundenen Schädel repräsentiert ist, könnte man als „vergessenen Neandertaler" bezeichnen. Der eindrucksvolle, bemerkenswert vollständige Schädel wurde acht Jahre früher gefunden als die Schädeldecke und die Extremitätenknochen aus der Feldhofer-Grotte in Deutschland (siehe Seite 228), denen wir den Namen „Neandertaler" verdanken. Mit dem Fund von Gibraltar wußte damals niemand etwas anzufangen, weshalb er 16 Jahre lang unbeachtet blieb, bevor man seine Bedeutung erkannte. Aber auch danach schenkte man ihm wenig Aufmerksamkeit; erst 1907 wurde er endlich eingehend beschrieben, allerdings nicht von einem Anatomen, sondern von einem Geologen.

Der genaue Ort und die Umstände seiner Entdeckung sind nicht geklärt. Ein gewisser Captain Brome, der Leiter des Militärgefängnisses in Gibraltar, war Amateur-Fossilsammler und ließ die Häftlinge in den Höhlen der Gegend herumstöbern – eine Übertretung, die Brome seine Stellung kostete. Der Schädel tauchte offenbar bei Bauarbeiten auf der Halbbinsel auf, und zwar irgendwann vor dem 3. März 1848, denn an diesem Tag wurde das Stück in den Notizen der Wissenschaftlichen Gesellschaft von Gibraltar kurz erwähnt. Stratigraphische, archäologische oder botanische Befunde, die zur Bestimmung seines Alters beitragen könnten, gibt es nicht.

Glücklicherweise wurde der Schädel 1863 an George Busk geschickt, einen Londoner Zoologen, der 1861 die Erstbeschreibung von Hermann Schaaffhausen und Johann Fuhlrott über die Funde aus dem Neandertal ins Englische übersetzt hatte. Obwohl der Schädel von anhaftendem Gestein bedeckt war, erkannte Busk darin einen Neandertaler. In Zusammenarbeit mit dem Paläontologen Hugh Falconer stellte er den Fund 1869 der British Association vor. Im gleichen Jahr untersuchte der französische Anatom Paul Broca den Fund aus Gibraltar und bezeichnete ihn ebenfalls als Neandertaler. Falconer nennt den Menschen von Gibraltar »einen sehr niedrigen Typus des Menschseins – sehr niedrig und wild, und von äußerster Altertümlichkeit – aber dennoch ein Mensch«. Begeistert schlug er für den Fund mehrere Namen vor, unter anderem *Homo calpicus* nach Calfe, einem alten Namen für Gibraltar.

Doch auch Gibraltar 1 war nicht der allererste Neandertaler, den man fand. Dieses Attribut gebührt dem Kinderschädel aus der Engis-Höhle in Belgien, der 1829 oder 1830 entdeckt wurde. Auch seine Bedeutung wurde nicht erkannt, unter anderem weil der einflußreiche französische Paläontologe Georges Cuvier das hohe Alter von Engis leugnete. Gibraltar 1 war aber der erste vollständige und ausgewachsene Schädel. Auf der Rück- und Unterseite zeigt er typische Merkmale der Neandertaler wie das vorspringende Hinterhauptsbein mit der Fossa suprainiaca und einer ausgeprägten Knochenleiste hinter dem runden Warzenfortsatz des Schläfenbeines. Außerdem hat er ein Gesicht, das dem Fund aus der Feldhofer-Grotte fehlt, und gerade im Gesicht sind viele besondere Merkmale der Neandertaler zu erkennen. Es ist bemerkenswert, daß William King, ohne ein Gesicht untersuchen zu können, an den Fossilien aus dem Neandertal eine ausreichende Zahl von Unterschieden beobachtete und deshalb den Artnamen *neanderthalensis* für gerechtfertigt hielt. Hätte King mit der Veröffentlichung seiner Beschreibung noch gewartet, wäre er sicher auf Busks Stück aufmerksam geworden und hätte diesen weiblichen Neandertalerschädel davor bewahrt, in Vergessenheit zu geraten.

***Homo neanderthalensis*, Gibraltar 1.** Dieser weibliche Schädel war der erste vollständige Fund eines erwachsenen Neandertalers. Er zeigt das große, vorspringende Gesicht und die zurückweichenden Wangenknochen, die für diese Spezies typisch sind. Originalgröße. *Photo von John Reader, Science Source/Photo Researchers.*

FUND	FUNDORT	ALTER	ENTDECKER	DATUM	VERÖFFENTLICHUNG
adultes Teilskelett	Pierrot-Felsen, Charente-Maritime, Frankreich	36 000 Jahre	François Lévêque	27. Juli 1979	Lévêque, F. und B. Vandermeersch, 1980. Les découvertes de restes humains dans un horizon castelperronien de Saint-Césaire (Charente-Maritime). *Bull. Soc. Prehist. Francaise* 77: 35.

Homo neanderthalensis

SAINT-CÉSAIRE

Früher der unumstrittene „letzte Neandertaler", mußte dieser Fund den Titel Anfang der achtziger Jahre an den Unterkiefer von Zafarraya (Spanien) abgeben, der kürzlich auf 33 400 Jahre datiert wurde, wie auch das 34 000 Jahre alte Schläfenbein eines Neandertalers aus Arcy-sur-Cure in Frankreich jünger ist. Dennoch ist das Skelett von Saint-Césaire nach wie vor von entscheidender Bedeutung für die Diskussion über die Frage, was letztlich aus den Neandertalern wurde.

Die Ausgrabungen an dem Felsüberhang begannen 1976, nachdem bei der Verbreiterung einer Straße, die zu einem Champignon-Zuchtbetrieb in den Kalksteinhöhlen des Pierrot-Felsens führt, Steinwerkzeuge ans Tageslicht gekommen waren. Zusammen mit dem Neandertaler entdeckte man viele Säugetierknochen und einige Werkzeuge der Technologie des mittleren und oberen Paläolithikums.

Das Skelett wurde in zusammengekauerter Haltung in einem kleinen, ovalen Grab gefunden. Vorhanden sind noch die rechte Hälfte des Schädels, einige Rippen, ein Schulterblatt, zwei kräftige Armknochen sowie Stücke der Kniescheiben und Schienbeine. Der Schädel zeigt typische Merkmale der Neandertaler: Die Vertiefung über den oberen Schneidezähnen fehlt, die Zahnreihe hat hinter dem dritten Molaren eine Lücke, und der Unterkiefer besitzt kein ausgeprägtes Kinn.

Das Alter der Fundstelle von Saint-Césaire hatte man ursprünglich durch Vergleiche mit der Pflanzenwelt und den archäologischen Funden von anderen Stellen bekannten Alters abgeschätzt; Aufregung gab es jedoch 1991, als man bei dem Skelett gefundene verbrannte Flintsteine mit der Thermolumineszenzmethode auf 36 300 ± 2 700 Jahre datierte. Wie man aus dieser Datierung und den noch jüngeren Funden von Zafarraya und Arcy-sur-Cure erkennt, haben die Neandertaler und der *Homo sapiens* (Cro-Magnon) in Westeuropa bis zu 10 000 Jahre lang nebeneinander gelebt. Die Frage, wie diese Coexistenz aussah – ob sie friedlich oder gewalttätig, vertraut oder distanziert war – gab Anlaß zu vielen Debatten und Spekulationen. Vielleicht waren die Wechselbeziehungen auch in einzelnen Gegenden unterschiedlich geartet.

Für kulturelle Annäherung war die Zeit der Coexistenz sicher mehr als ausreichend, aber sie dürfte zu kurz gewesen sein, als daß die Neandertaler die moderne Morphologie des Cro-Magnonmenschen hätten entwickeln können. Das Gesicht des Menschen von Saint-Césaire springt weniger stark vor als bei den älteren westeuropäischen Neandertalern, weshalb man vermutet hat, dies könne auf eine Vermischung mit dem *Homo sapiens* hinweisen. Zwar ist es schwierig, Arten – von Mischlingen ganz zu schweigen – allein anhand der Fossilien zu erkennen, nach der eindeutig unterschiedlichen Anatomie jedoch zu urteilen, waren diese Gruppen biologisch zu verschiedenartig, als daß sie außer der Kultur andere Gemeinsamkeiten haben konnten.

Der Felsüberhang von Saint-Césaire liefert faszinierende Einblicke in die Kultur der späten Neandertaler. Er ist eine der beiden Stellen, an denen man identifizierbare menschliche Überreste in Verbindung mit charakteristischen Werkzeugen des Châtelperronien gefunden hat, wie Speerspitzen und Klingen mit Rücken. Die Châtelperronien-Kultur in Frankreich und Spanien zeigt sowohl Merkmale des früheren, zum mittleren Paläolithikum gehörenden Moustérien, das man allgemein mit den Neandertalern verbindet, als auch solche des späteren Aurignacien, das allgemein als erstes Stadium des oberen Paläolithikums gilt und mit dem modernen *Homo sapiens* in Verbindung gebracht wird. Vor der Entdeckung des Menschen von Saint-Césaire hatte man die Werkzeuge des Châtelperronien oft den Händen und dem Geist des *Homo sapiens* zugeschrieben, aber offenbar waren sie die Produkte fleißiger Neandertaler.

Nach einer Interpretation war gerade diese Industrie der Versuch der Neandertaler, die neumodische Technologie nachzuahmen und zu beherrschen, die mit den Jetztmenschen nach Europa vorgedrungen war. Ob sich die Industrie des Châtelperronien in einer Atmosphäre der Konkurrenz oder der Cooperation entwickelte, bleibt ungeklärt, der Fund von Saint-Césaire ist jedenfalls eine Momentaufnahme des körperlichen und kulturellen Übergangs, der vor 40 000 bis 30 000 Jahren in der Bevölkerung Europas stattfand.

***Homo neanderthalensis*, Saint-Césaire.** Auffällig ist die fehlende Vertiefung im Wangenknochen über dem Eckzahn; dieses Individuum hatte also die typischen ausgedehnten Wangen der Neandertaler. Weitere typische Merkmale dieser Gruppe erkennt man in der Seitenansicht (siehe Seite 109): Im Unterkiefer befindet sich hinter den Molaren eine Lücke, und das Kinn fehlt. Originalgröße. *Photo von David Brill; mit freundlicher Genehmigung der Université de Bordeaux I.*

FUND	FUNDORT	ALTER	ENTDECKER	DATUM	VERÖFFENTLICHUNG
adultes maskulines Cranium	Dali, Provinz Shaanxi, China	ca. 200 000 Jahre	Liu Shuntang	März 1978	Wu, X. 1981. A well-preserved cranium of an archaic type of early *Homo sapiens* from Dali, China. *Scientia Sinica* 241: 530–539.

Homo sapiens

DALI

Der erwachsene männliche Schädel aus Dali in China ist außerhalb Afrikas der beste Kandidat für den frühesten Jetztmenschen. Der Fund spielt in der multiregionalen Theorie für die Entstehung des *Homo sapiens* eine Schlüsselrolle. Nach dieser Theorie (siehe Seite 46) sind der Fund von Dali und ein älterer, aus dem mittleren Pleistozän stammender Schädel mit Skelett, der in Jinniushan in der chinesischen Provinz Liaoning gefunden wurde, die Bindeglieder zwischen den älteren Fossilien von *Homo erectus* aus Zhoukoudian (siehe Seite 108) und den heutigen Chinesen; demnach gab es in dieser Region eine lange, ununterbrochene Evolution.

In den meisten Schädelmaßen liegt Dali zwischen *H. erectus* und dem modernen *H. sapiens*. Wie bei *erectus* ist der Gehirnschädel von Dali dickwandig mit einem sehr großen, dicken Brauenwulst. In dem unregelmäßig geformten Nackenbereich liegt eine deutliche Verdickung, und oben auf dem Kopf befindet sich ein schwach ausgeprägter Scheitelkamm.

Im Unterschied zu *H. erectus* liegt die breiteste Stelle des Schädels bei Dali höher, und die Einschnürung hinter den Augenhöhlen ist geringer. Das geschätzte Gehirnvolumen des Dali-Schädels ist mit 1 120 Kubikzentimetern geringfügig größer als bei den Funden von Zhoukoudian. Der Gesichtsschädel läßt das kleine, flache Gesicht und die vorstehenden Wangenknochen der heutigen Chinesen vorausahnen. Leider fehlen die Zähne, so daß man nicht überprüfen kann, ob die Schneidezähne schaufelförmig sind – heute ein häufiges Merkmal in der asiatischen Bevölkerung. Mit seinen nach vorn weisenden Wangenknochen hatte Dali ein flacheres Gesicht als viele archaische Menschen aus Europa (wie beispielsweise *Homo heidelbergensis*) oder Afrika, und mit Sicherheit war es viel flacher als bei den Neandertalern. Das Gesicht war relativ gedrungen, aber da sein unterer Teil während der Lagerung im Boden verformt wurde, läßt sich seine Höhe kaum genau messen. Das Gesicht des lebenden Menschen war sicher länger und sprang stärker vor.

Trotz solcher fortgeschrittenen Merkmale ist ein einfaches Bild, wonach der Dali-Schädel das Bindeglied zwischen früheren und späteren chinesischen Hominiden darstellt,

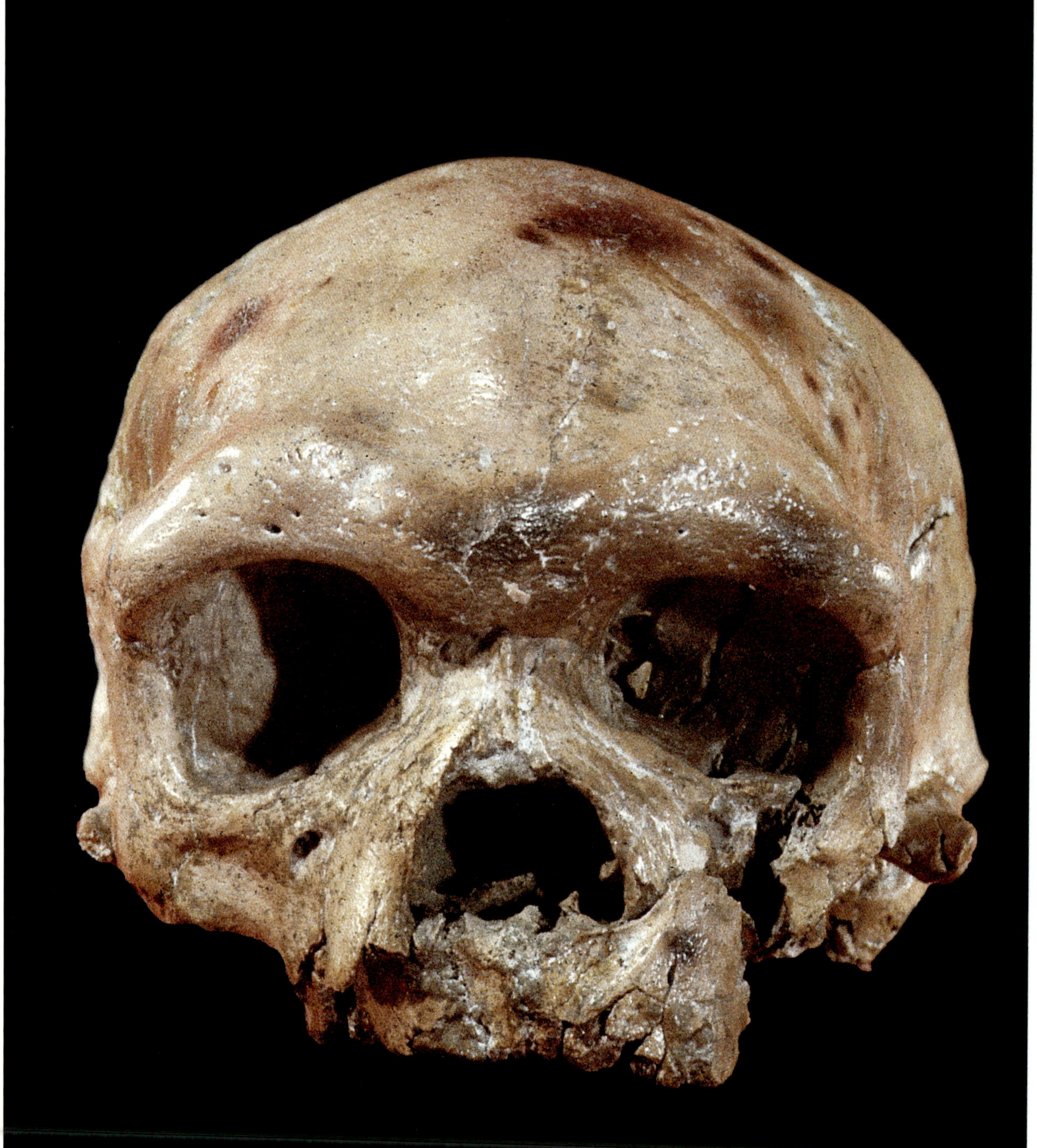

***Homo sapiens*, Dali.** Mit seinem kurzen, flachen Gesicht unter einem kräftigen Brauenwulst ist Dali eine Mischung der Merkmale von *Homo erectus* und *Homo sapiens*. In der Seitenansicht erinnern die niedrige Schädeldecke und der Wulst auf der Rückseite an *erectus*, aber das Gehirnvolumen ist größer als beim Pekingmenschen. Originalgröße. *Mit freundlicher Genehmigung von Wu Xinzhi, Chinesische Akademie der Wissenschaften.*

nicht zu beweisen. In mancherlei Hinsicht ist es schlicht ein typisches Gesicht aus dem mittleren Pleistozän mit Anklängen an die Jetztmenschen von Qafzeh (siehe Seite 239). Wie sich in Analysen der Schädelform gezeigt hat, unterscheidet sich der Dali-Schädel eindeutig sowohl von jüngeren Jetztmenschen aus China (darunter die Schädel aus der Oberen Höhle von Zhoukoudian) als auch von der heutigen chinesischen Bevölkerung. In seiner Form ähnelt der Fund von Dali sogar eher den heutigen Europäern als den Asiaten, und er hat auch Ähnlichkeiten mit afrikanischen Fossilien aus dem späten mittleren Pleistozän (zum Beispiel mit denen von Omo, siehe Seite 236). Statt einer langen regionalen Evolution in China könnte sich in der Form des Dali-Schädels auch die Ausbreitung des *Homo heidelbergensis* von Europa oder Afrika nach Asien widerspiegeln. Wenn das Alter stimmt, das mit der Uranreihendatierung auf 209 000 ± 23 000 Jahre bestimmt wurde, war Dali vermutlich ein Vorläufer des aus Afrika auswandernden modernen *Homo sapiens*.

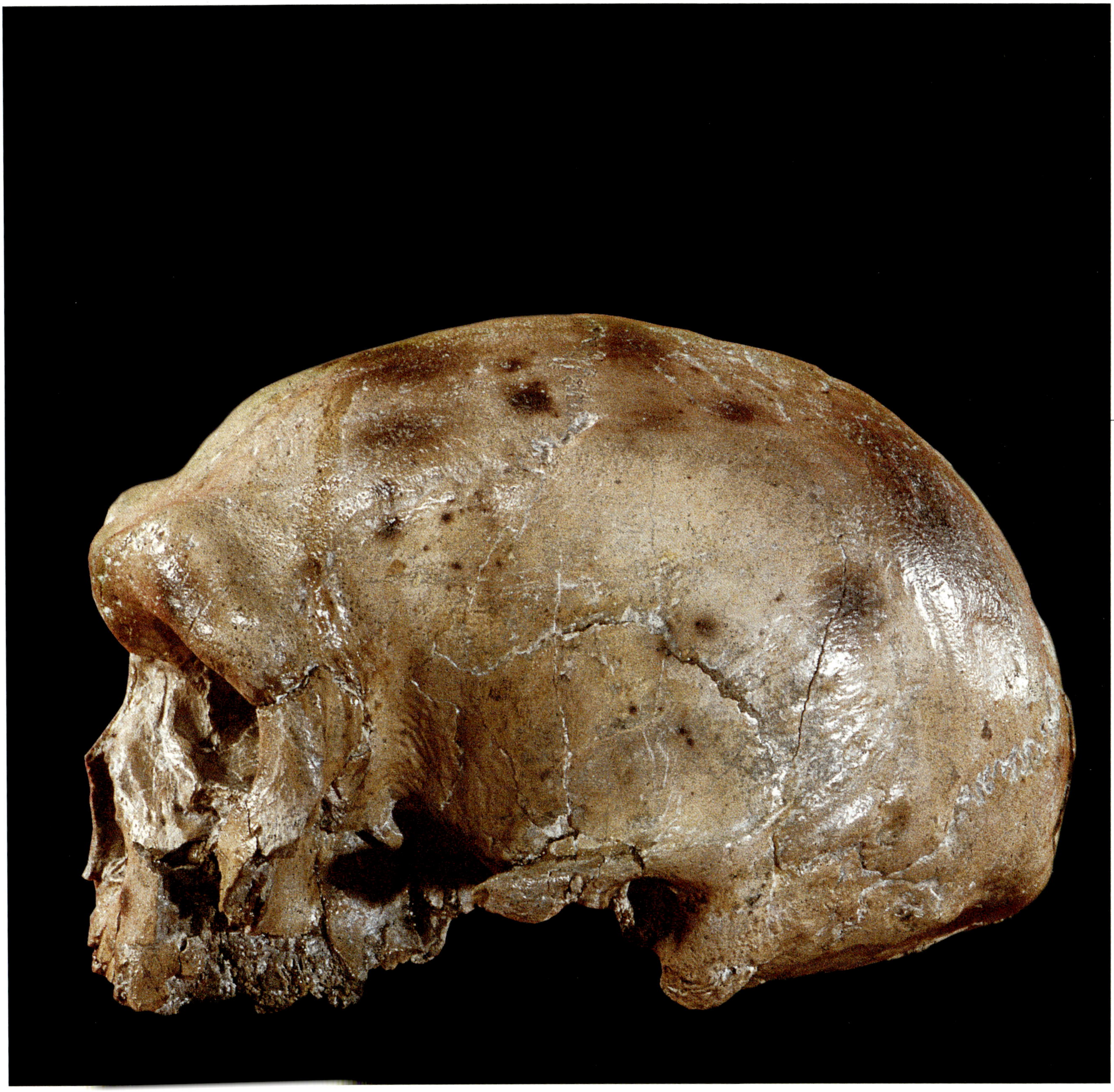

FUND	FUNDORT	ALTER	ENTDECKER	DATUM	VERÖFFENTLICHUNG
adultes Teilskelett und Cranium	Kibish, Omo-Becken, Äthiopien	ca. 130 000 Jahre	Kamoya Kimeu	1967	Leakey, R. E. F., K. W. Butzer und M. H. Day, 1969. Early *Homo sapiens* remains from the Omo River region of Southwest Ethiopia, *Nature* 222: 1132–1138.

Homo sapiens

OMO I UND OMO II

Eine zweifellos moderne Anatomie hat der Fund mit der Katalognummer Omo I aus dem Omo-Becken in Äthiopien und ist ein entscheidendes Beweisstück für diejenigen, nach deren Ansicht sich der *Homo sapiens* vor relativ kurzer Zeit zunächst in Afrika entwickelt hat und sich dann erst über die übrige Welt ausbreitete. Zur Zeit seiner Entdeckung verdoppelte sich durch Omo I die Zeitspanne, seit unsere Spezies bekanntermaßen existiert. Allerdings erwies sich die Datierung bei diesem Fund als schwierig. Sein Alter liegt außerhalb des Bereichs, für den sich die Radiokarbonmethode eignet, und die vorläufige Uranreihendatierung auf 130 000 Jahre anhand von Muschelschalen muß noch mit einer anderen Methode bestätigt werden.

Nicht nur der Schädel, sondern auch die zugehörigen postkranialen Knochen – Schulter, Arm, Hand, Rippen, Wirbelsäule, Beine und Füße – zeigen eine vollständig moderne Anatomie. Auch wenige Steinwerkzeuge und zerbrochene Tierknochen sowie ein vollständiges Büffelskelett wurden in der Nähe gefunden.

Zu den eindeutig modernen Merkmalen von Omo I gehören die langen, gewölbten Scheitelbeine eines erweiterten Gehirnschädels, der die breiteste Stelle des gesamten Schädels darstellt, sowie ein kurzes, breites Gesicht mit hoher Stirn. Der deutlich ausgeprägte Brauenwulst ist kein einheitlich dicker Balken wie bei altertümlicheren Menschen, sondern läuft an den Seiten aus. Die Gesichtsknochen sind nur bruchstückhaft erhalten, aber der zusammengefügte Oberkiefer hat einen modernen, U-förmigen Gaumen. Der Unterkiefer ist mit einem Kinn ausgestattet, und die beiden noch vorhandenen Zähne sind in Form und Größe ebenfalls modern. Von der Schädelbasis war kaum etwas erhalten, da sich jedoch im Felsenbein – dem härtesten Teil des Schläfenbeines auf der Innenseite des Gehörganges – ein Bruch befand, konnten sich Abdrücke von der Schnecke (Cochlea) und den Bogengängen des Innenohres bilden.

Omo II, ein weiterer Fund mit vermutlich ähnlichem Alter, ist ein Schädel ohne Gesicht mit einer deutlich anderen, eher archaischen Anatomie. Er ist kräftiger gebaut als Omo I und besitzt gezackte Muskelansätze, eine fliehende Stirn sowie auf der Rückseite eine ausgeprägte Hinterhauptsleiste. Wie Omo I besitzt er dagegen als moderne Merkmale die langen, gewölbten Scheitelbeine, und der Gehirnschädel ist oben breiter als an der Basis. Das Gehirnvolumen von Omo II liegt nach Schätzungen bei 1 435 Kubikzentimetern. Bei Omo I ist es wegen der unvollständigen Erhaltung schwieriger zu messen, aber sein Gehirn war mindestens ebenso groß und lag damit im gleichen Bereich wie bei heutigen Menschen. Die auffälligen morphologischen Unterschiede zwischen Omo I und Omo II werfen allerdings die Frage auf, ob einer der beiden Funde erst später in die Schicht gelangte, aus der sie ausgegraben wurden. Vielleicht stammen sie nicht beide aus der gleichen Population.

***Homo sapiens*, Omo I** (siehe auch Seite 45). Der Schädel mit Teilsklett Omo I ist mit 130 000 Jahren eines der ältesten bekannten Fossilien von Jetztmenschen. Originalgröße. *Photo von Michael Day.*

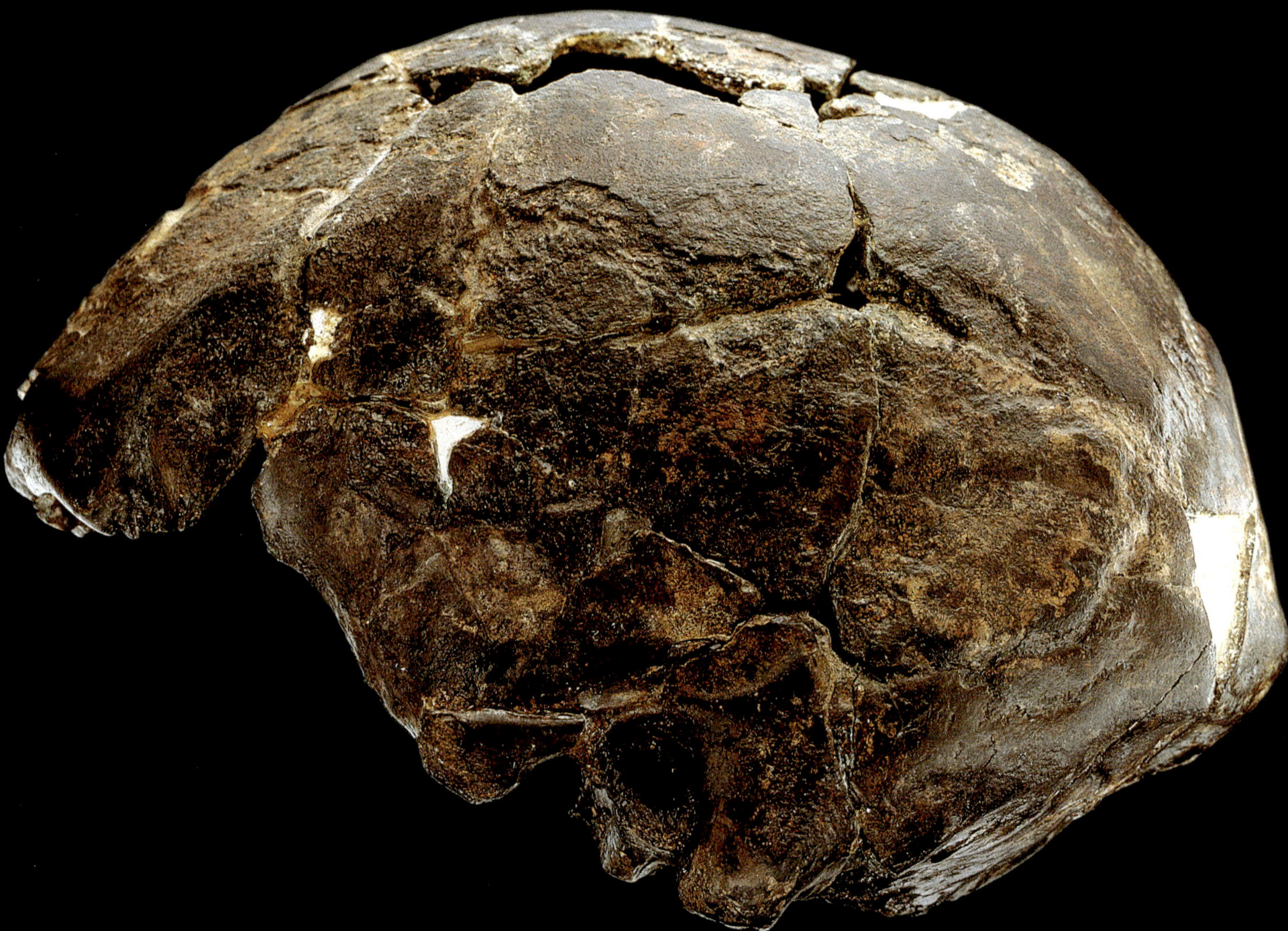

***Homo sapiens,* Omo II** (siehe vorangegangene Seite). Der zweite Schädel aus Omo-Kibish hat kein Gesicht und ist massiver gebaut; er zeigt kräftige Muskelansätze und eine fliehende Stirn. Originalgröße. *Photo von David Brill; mit freundlicher Genehmigung des äthiopischen Nationalmuseums.*

FUND	FUNDORT	ALTER	ENTDECKER	DATUM	VERÖFFENTLICHUNG
adultes feminines Skelett	Qafzeh-Höhle, Israel	ca. 90 000–100 000 Jahre	Bernard Vandermersch	1969	Vandermersch, B. 1969. Les nouveaux squelettes moustériens découverts à Qafzeh (Israël) et leur signification, *C. R. Acad. Sci. Paris* 268: 2562–2565.

Homo sapiens

QAFZEH IX

Die Frau, deren Überreste 1969 in der Qafzeh-Höhle in Israel gefunden wurden, ist einer der ältesten bekannten Jetztmenschen. Sie dürfte wie Skhul V (siehe Seite 242) zu der Population gehört haben, aus der alle anatomisch modernen Menschen außerhalb Afrikas hervorgegangen sind. Es ist das vollständigste von insgesamt 21 Skeletten von Säuglingen, Kindern, Jugendlichen und Erwachsenen, die in der Qafzeh-Höhle bestattet wurden. Sieben Individuen wurden in den dreißiger Jahren ausgegraben, und bei späteren Grabungsarbeiten vor dem Höhleneingang entdeckte man zwischen 1965 und 1980 die Reste von mindestens vierzehn weiteren Menschen, die durch Bruchstücke und acht Teilskelette vertreten sind; eines davon ist Qafzeh IX.

Mit ungefähr 20 Jahren starb die Frau und wurde in einem Doppelgrab beigesetzt. Das Skelett lag auf seiner linken Seite, und neben ihren gebeugten Beinen befand sich das Skelett eines sehr kleinen Kindes. Nachdem man die Grabstätte entdeckt hatte, hüllte man den eine Tonne schweren Brekzienblock mit den darin befindlichen Skeletten zum Schutz in Gips, dann hob ein Hubschrauber der israelischen Luftwaffe das ganze vorsichtig hoch und brachte es in ein Labor, wo man die Knochen schonender freilegen konnte.

In den fünfziger Jahren untersuchte der Paläoanthropologe Clark Howell die ersten Funde aus Qafzeh und verglich sie mit denen aus Skhul; er erkannte die Bedeutung der Stücke und bezeichnete beide Populationen als „Proto-Cro-Magnon", um auf ihre moderne Anatomie hinzuweisen. In den achtziger Jahren gewannen die Fossilien von Qafzeh noch mehr an Bedeutung, denn jetzt stellte sich durch neue Datierungsmethoden heraus, daß die Fundstelle doppelt so alt war, wie man bis dahin geschätzt hatte. Mit dem Thermolumineszenzverfahren wurde Qafzeh auf 92 000 Jahre datiert, und nach Schätzungen mit der Elektronenspinresonanzmethode wurde sie sogar in die Zeit vor 120 000 bis 100 000 Jahren verlegt. Diese frühe Datierung in Verbindung mit der vorwiegend modernen Morphologie der Skelette bedeutet, daß die Funde nahe bei der ursprünglichen Form unserer Spezies stehen – vorausgesetzt, die genetischen Befunde stimmen und wir sind tatsächlich während der letzten 200 000 Jahre entstanden (siehe Seite 43). Außerdem ist es von der Qafzeh-Höhle nicht weit nach Afrika, was ebenfalls für die genetischen wie auch aus Fossilien abgeleiteten Befunde spricht, wonach die Jetztmenschen zunächst auf diesem Kontinent entstanden sind.

Der rekonstruierte Schädel Qafzeh IX zeigt Verformungen vom Druck des umgebenden Sediments bei der Grablege, aber zum größten Teil kann man die anatomischen Verhältnisse eindeutig beobachten und beschreiben. Die Schädeldecke ist dünner als bei den Neandertalern und läßt sich mit dem Mittelwert bei heutigen Europäern vergleichen. Im Vergleich zu den in der Levante gefundenen Neandertalern aus gleicher und späterer Zeit, beispielsweise aus Tabun, Kebara und Amud, hat der Schädel von Qafzeh IX eine hohe Stirn, einen hohen Gehirnschädel mit parallelen Seiten und einen nur schwach ausgeprägten Brauenwulst. Kennzeichen des Gesichtsschädels und Unterkiefers sind eine Grube über den Eckzähnen (Fossa canina), ein flacher mittlerer Gesichtsteil, ein teilweise entwickeltes Kinn und das Fehlen einer Lücke hinter dem dritten Molaren – alles Eigenschaften, die auch den heutigen Menschen charakterisieren. Wie bei Skhul V, so springt auch bei Qafzeh IX der untere Gesichtsteil stark vor, um den großen Zähnen Platz zu bieten. Sowohl dieses Exemplar als auch das männliche Individuum Qafzeh VI haben ein Gehirnvolumen von 1 554 Kubikzentimetern – mehr als der heutige Mittelwert für unsere Spezies. Das postkraniale Skelett ist von unserem eigenen praktisch nicht zu unterscheiden.

***Homo sapiens*, Qafzeh IX** (siehe vorangegangene Seite). Neben den angewinkelten Beinen dieser erwachsenen Frau, die zu den ersten Mitgliedern unserer Spezies gehört, lag das Skelett eines Kleinkindes. Mit seiner hohen Stirn, den parallelen Seiten des Gehirnschädels und dem schwächeren Brauenwulst unterscheidet Qafzeh IX (*links*: von vorn; *rechts*: von der Seite) sich deutlich von den Neandertalern aus dem nahegelegenen Amud (siehe Seite 116 und 230). Originalgröße. *Photos von David Brill; mit freundlicher Genehmigung der Israel Antiquities Authority, Rockefeller Museum*

FUND	FUNDORT	ALTER	ENTDECKER	DATUM	VERÖFFENTLICHUNG
adultes maskulines Skelett	Skhul-Höhle, Mount Carmel, Israel	ca. 90 000 Jahre	Theodore McCown und Hallum Movius Jr.	2. Mai 1932	McCown, T. D. und A. Keith, 1939. The fossil remains from the Levalloiso-Mousterian. *The Stone Age of Mount Carmel*, vol. II (The Clarendon Press, Oxford).

Homo sapiens

SKHUL V

Der Fund eines männlichen Erwachsenen, der als Skhul V bezeichnet wird, sowie neun weitere Erwachsene und Kinder, die in der Skhul-Höhle in Israel ausgegraben wurden, dürften zusammen mit den Bewohnern der nahegelegenen Qafzeh-Höhle (siehe Seite 239) die Urbevölkerung der Jetztmenschen darstellen, die sich später über die ganze Erde verbreitete. Wie man an den Belegen aus Skhul und Qafzeh erkennt, tauchten Menschen im Nahen Osten auf, lange bevor sie ihren Fuß nach Europa setzten, und damit spielen diese Funde eine Schlüsselrolle, wenn man das Geheimnis um den Ursprung der Jetztmenschen lösen will.

Anfangs glaubte man, Skhul sei nur etwa 40 000 Jahre alt; diese Schätzung gründete sich auf einen Vergleich zwischen den an dieser Stelle und im benachbarten Tabun gefundenen Pflanzenresten und Steinwerkzeugen. Eine derart späte Datierung hätte bedeutet, daß die in Tabun lebenden urtümlichen Neandertaler genügend Zeit gehabt hätten, sich zu den modern aussehenden Menschen von Skhul und Qafzeh weiterzuentwickeln. Ende der achtziger Jahre stellte sich jedoch durch neue Datierungsmethoden heraus, daß die Funde von Skhul mindestens doppelt so alt waren, wie man bis dahin angenommen hatte. Diese Menschen waren Zeitgenossen der Bewohner von Tabun, und lebten früher als andere Neandertaler im Nahen Osten und in großen Teilen Europas. Daß die Neandertaler sich zur modernen Bevölkerung weiterentwickelt haben sollten, erschien plötzlich sehr viel weniger plausibel.

Die Überreste von acht Männern und zwei Frauen wurden in der Höhle absichtlich bestattet, und die gleiche Schicht enthielt auch fast 10 000 Werkzeuge aus dem Moustérien. Das Individuum Skhul V lag mit Blick nach rechts auf dem Rücken, das Kinn war an den Brustkorb gedrückt, und die Beine waren eng angezogen. Der linke Arm lag quer über dem Körper, und die Hand hielt früher offenbar einen Wildschweinkiefer umklammert – bei diesen Gräbern die einzige Grabbeigabe.

Skhul V ist der größte Mann, und sein Schädel ist am vollständigsten erhalten. Allerdings fehlt der mittlere Teil des Gesichts. Nach der Abnutzung der Zähne (die Hälfte der Kronen an den ersten Molaren ist bis auf das Zahnbein abgeschliffen) und den Schädelnähten zu schließen, war dieses Individuum bei seinem Tod zwischen 30 und 40 Jahre alt.

In den Schädeln der Menschen von Skhul vereinigen sich moderne und primitive Merkmale, aber die Anatomie ähnelt zum allergrößten Teil der von heutigen Menschen und ist insbesondere deutlich anders als bei den „klassischen" europäischen Neandertalern. So zeigt Skhul V vorn am Gehirnschädel eine starke Wölbung, hinten befindet sich ein abgerundetes Hinterhauptsbein (das ganz anders aussieht als der abgeflachte Nackenbereich der Neandertaler), und die Schädelbasis hat wie bei heutigen Menschen einen Knick. Das Kinn ist weniger stark ausgeprägt als bei anderen Individuen aus Skhul. Auffällige Unterschiede zwischen diesem Individuum und einem durchschnittlichen heutigen Schädel sind der ausgeprägte Brauenwulst und die vorspringende untere Gesichtshälfte, die sich unter den schlanken Wangenbeinen wie eine Schnauze nach vorn wölbt. An den Zähnen sind Anzeichen für Abszesse und Zahnfleischerkrankungen zu erkennen, und am Kiefergelenk, das den Unterkiefer mit dem Schädel verbindet, findet man Spuren einer rheumatoiden Arthritis.

Oben am Schädel brachte man eine kleine Öffnung an, durch die man Bohrer und Meißel einführen konnte, und dann wurde in langwieriger Arbeit der Kalkstein aus dem Schädelinneren entfernt, damit man einen Innenabguß herstellen konnte. Dieser Abguß zeigt, daß das Gehirn in seiner Gesamtform und in den Größenverhältnissen seiner Lappen im wesentlichem wie bei heutigen Menschen aussah. Außerdem konnte man nach Entfernen des Gesteins das Gehirnvolumen messen: Es liegt bei 1 518 Kubikzentimetern und ist damit geringfügig kleiner als der Mittelwert bei heutigen Europäern.

Außer dem Schädel gehören zu den noch erhaltenen Resten von Skhul V einige Wirbel und Rippen, der größte Teil des linken Schulterblattes, das rechte und Teile des linken Schlüsselbeines, beide Oberarmknochen, die rechte Speiche und ein Teil des Schaftes der linken, die rechte Elle und der linke Ellenschaft, einige Knochen beider Hände, das rechte Darmbein (Os ilium) und die Hälfte des Sitzbeines (Os ischium), ein großer Teil des rechten und ein kleinerer des linken Oberschenkelknochens, Teile von rechtem und linkem Schienbein, der größte Teil des linken Wadenbeines und einige Knochen des linken Fußes. Die Extremitätenknochen sind nicht kräftig und gebogen wie bei den Neandertalern, sondern lang und schlank.

Theodore McCown und Arthur Keith weisen in ihrer Beschreibung der Fossilien auf die Unterschiede zwischen den Funden von Skhul und den Neandertalern hin. Nach ihrer Ansicht ist die Anatomie von Skhul ein Vorläufer dessen, was man bei Funden wie Cro-Magnon I beobachtet (siehe Seite 244), aber McCown und Keith gelangten zu dem Schluß, Skhul und Tabun seien Teile einer einzigen, vielgestaltigen Population. Andere Autoren glaubten später, in der Anatomie von Skhul V Hinweise auf eine Kreuzung der Jetztmenschen- und Neandertalerpopulation zu erkennen. Eine solche Hybridbildung ist bei Fossilien schwer nachzuweisen, und wenn sie in seltenen Fällen vorgekommen sein sollte, heißt das nicht, daß Neandertaler und Jetztmenschen zu derselben Spezies gehörten. Die Individuen aus Tabun unterscheiden sich eindeutig von denen in Skhul, die zweifellos am Anfang des Weges zu den heutigen Menschen standen.

***Homo sapiens*, Skhul V** (siehe auch Seite 10). Die Bewohner von Skhul waren Zeitgenossen der Menschen von Qafzeh und hatten ebenfalls einen sehr modernen Körperbau. Diesem männlichen Schädel fehlt allerdings im Vergleich zu heutigen Menschen ein ausgeprägtes Kinn, und der untere Gesichtsteil steht stärker vor. Originalgröße. *Photo von David Brill; mit freundlicher Genehmigung des Peabody Museum of Archaeology and Ethnology, Harvard University.*

FUND	FUNDORT	ALTER	ENTDECKER	DATUM	VERÖFFENTLICHUNG
adultes maskulines Skelett	Abri Cro-Magnon, Les Eyzies, Frankreich	30 000–32 000 Jahre	Louis Lartet und Henry Christy	März 1868	Jones, T. R. (Hrsg.), 1868. On the human skulls and bones found in the cave of Cro-Magnon, near Les Eyzies, *Reliquiae aquitanicae.*

Homo sapiens
CRO-MAGNON I

Der Felsüberhang von Les Eyzies ist für Laien und viele Anthropologen gleichbedeutend mit dem Jetztmenschen geworden. Die Anatomie der im französischen Cro-Magnon gefundenen Menschen war im wesentlichen die gleiche wie bei uns. Sie waren in der Evolution aber nicht die ersten Jetztmenschen, und sie sind auch nicht repräsentativ für die gesamte europäische Bevölkerung ihrer Zeit. Dennoch erkennen wir beim Betrachten der Fossilien von Cro-Magnon das Spiegelbild unserer selbst. Solche Menschen waren es, die Höhlenwände bemalten und raffinierte Elfenbeinfiguren schnitzten.

Heute wird die Kleinstadt Les Eyzies häufig als „Hauptstadt der Vorgeschichte" bezeichnet. Cro-Magnon bedeutet „große Klippe"; der Name bezeichnet ein Kalksteinmassiv, das sich über der Stadt erhebt. Als Arbeiter dort eine Eisenbahnlinie und einen Bahnhof bauten, fanden sie fünf Skelette: drei erwachsene Männer, eine erwachsene Frau und einen Säugling. Die Körper waren offenbar absichtlich in einem gemeinsamen Grab bestattet worden, und zwar zusammen mit Körperschmuck: Bei ihnen lagen durchbohrte Muschelschalen und Tierzähne, die vermutlich als Halsband oder Anhänger getragen wurden. Vervollständigt wurde der Fund durch Knochen von Rentieren, Bisons, Wollmammuts und anderen Säugetieren sowie durch steinerne Klingen und Messer aus dem Aurignacien (dem frühesten Werkzeugstil des oberen Paläolithikums). Geleitet wurden die Ausgrabungen an dem Felsüberhang von dem Geologen Louis Lartet und dem Bankier Henry Christy; die beiden sortierten und untersuchten die Knochen, die von den Bahnarbeitern unabsichtlich entfernt und zertrümmert worden waren.

Cro-Magnon I, der früheste eindeutig moderne Mensch in Westeuropa, wird auch „alter Mann" genannt: Das Gesicht ist von einer Pilzinfektion bedeckt, und er starb vermutlich im mittleren Alter. Von den Zähnen und den Gelenkkondylen des Oberkiefers abgesehen, ist der Schädel vollständig. Er zeigt die klassischen Kennzeichen des Jetztmenschen: Der Gehirnschädel ist hoch und gewölbt, die Stirn verläuft steil nach oben, das Gehirnvolumen ist sehr groß (über 1 600 Kubikzentimeter), das Gesicht ist kurz und hat rechteckige Augenhöhlen, die Nasenöffnung ist hoch und schmal, der Gaumen gewölbt und das Kinn deutlich ausgeprägt. Aber es gibt in den Skeletten von Cro-Magnon auch Unterschiede, insbesondere in der Größe und Dicke des Brauenwulstes sowie am Hinterhauptsbein.

Dennoch verallgemeinerte man von Cro-Magnon I auf die Merkmale aller Cro-Magnonmenschen oder europäischen Frühmenschen mit Ausnahme der Neandertaler und ihrer Vorfahren. Der französische Paläoanthropologe Marcellin Boule verglich zum Beispiel Cro-Magnon mit dem Neandertaler von La Chapelle-aux-Saints (siehe Seite 224), der danach eine schwerfällige, brutale, primitive Evolutionssackgasse war. Der Cro-Magnonmensch dagegen, der aufrecht ging, sich empfindsame Gedanken machte und Kunst schuf, wurde unnötig verklärt.

An den Skeletten von Cro-Magnon sind mehrere Krankheiten zu erkennen. Bei manchen sind die Halswirbel verschmolzen, und die erwachsene Frau überlebte einen Schädelbruch. Solche Verletzungen zeigen nicht nur, daß diese Menschen ein hartes Leben führten, sondern auch, daß sie von ihren Mitmenschen gepflegt wurden.

Die heutigen Europäer haben sich in der Schädelform von den Cro-Magnonmenschen entfernt. Die ursprünglich eingewanderten Jetztmenschen, unter ihnen auch die Bewohner von Cro-Magnon, sehen den heutigen Afrikanern und anderen Gruppen in subtropischen Gebieten ähnlicher als der Bevölkerung nördlicher Breiten; dies zeigt sich in Analysen, bei denen man die Gesamtgröße und -form der Schädel mit zwei Dutzend Messungen je Exemplar charakterisierte. Die Ähnlichkeit zu Menschen aus subtropischen Regionen läßt vermuten, daß die Cro-Magnonmenschen aus wärmeren Gegenden einwanderten, vermutlich aus Afrika oder dem Nahen Osten.

***Homo sapiens,* Cro-Magnon I.** Der 30 000 Jahre alte Schädel Cro-Magnon I zeigt eine Reihe eindeutig moderner Merkmale: ein flaches Gesicht mit eingedrückten Wangenknochen und vorspringendem Nasenbein, scharf abgegrenzte Augenhöhlen, eine hohe Stirn, gewölbte Scheitelbeine, die dort am Gehirnschädel die größte Schädelbreite schaffen. Originalgröße. *Photo von David Brill; mit freundlicher Genehmigung des Musée de l'Homme.*

***Homo sapiens*, Cro-Magnon I**
(siehe vorangegangene Seite). Originalgröße.
Photo von David Brill; mit freundlicher Genehmigung des Musée de l'Homme.

FUND	FUNDORT	ALTER	ENTDECKER	DATUM	VERÖFFENTLICHUNG
adultes maskulines Skelett	Kow Swamp, Victoria, Australien	10 000 Jahre	Alan Thorne und Phillip Macumber	10. Oktober 1967	Thorne, A. G. und P. G. Macumber, 1972. Discoveries of Late Pleistocene Man at Kow Swamp, Australia. *Nature* 238: 316–319.

Homo sapiens

KOW SWAMP 1

Die primitive Anatomie von Gesicht und Vorderhälfte das Schädels von Kow Swamp ist bei einem so jungen Angehörigen unserer Spezies ein Rätsel. Mit der flachen, fliehenden Stirn, kräftigen Brauenwülsten, breiten Wangenknochen und einer vorspringenden unteren Gesichtshälfte unterscheidet sich dieser Schädel eindeutig von den heutigen australischen Ureinwohnern, den Aborigines. Entweder gehörte Kow Swamp 1 zu einer isolierten Restpopulation in Australien, die mehrere Merkmale des archaischen *Homo sapiens* beibehalten hatte, oder – so die Behauptung der Entdecker – die besonderen Merkmale verbinden die Menschen von Kow Swamp in unmittelbarer Abstammung mit dem *Homo erectus* aus Java, wo man ganz ähnliche, aber etwa eine Million Jahre alte Fossilien gefunden hat.

Die archaischen Eigenschaften fielen dem Anthropologen Alan Thorne 1967 auf, als er im Nationalmuseum von Victoria ein mit Karbonaten verkrustetes Teilskelett erblickte. Im folgenden Jahr unternahm er eine Expedition nach Kow Swamp, einem Süßwassersee in der Nähe des Murray River. Dort fand er die übrigen Knochen dieses kräftig gebauten Mannes, der als Kow Swamp 1 bezeichnet wurde. Aus dem vom Wind angewehten Sedimenten von Kow Swamp hat man mittlerweile mindestens 40 Individuen freigelegt, die vor 14 000 bis 9 500 Jahren lebten. In den Grabstätten fand man Erwachsene, Jugendliche und Säuglinge, und manche Skelette waren mit Tierknochen, Muschelschalen, Elfenbeinperlen und den Zähnen von Beuteltieren geschmückt. Ein Leichnam war eingeäschert, die anderen Skelette lagen in unterschiedlicher Haltung – manche ausgestreckt, andere ganz oder teilweise kauernd. Die vollständigsten Skelette von dieser Fundstelle sind Kow Swamp 1 und ein zweiter Mann, Kow Swamp 5 genannt.

Thorne und sein Kollege Milford Wolpoff stellten im Rahmen ihrer multiregionalen Theorie der menschlichen Ursprünge die Hypothese auf, die Skelette von Kow Swamp seien das jüngste Ende einer aus Java stammenden Fossilreihe, die mit dem *Homo erectus*-Fund Sangiran 17 beginnt (siehe Seite 191). Gemeinsame Kennzeichen von Kow Swamp 1, Kow Swamp 5 und Sangiran 17 sind das große, aber kurze, vorspringende Gesicht mit flacher Stirn, die dicke Schädeldecke und Einzelheiten wie eine Abrundung an der Unterkante der Augenhöhlen oder das Fehlen einer deutlichen Grenze zwischen Nasenboden und unterem Gesichtsteil. Diese und andere Ähnlichkeiten lassen für die Hominiden Australiens und Asiens auf eine regionale morphologische Kontinuität während der letzten Million Jahre schließen.

Die übrigen Teile des Skeletts sprechen für eine andere Vorstellung. Von hinten gesehen, haben die Schädel von Kow Swamp die typischen hohen, geraden Seiten des modernen Menschen und nicht die charakteristische, gedrungene Form von *erectus*, die man bei Sangiran 17 erkennt. Bei der Untersuchung der Oberschenkelknochen von Kow Swamp stellte sich heraus, daß diese eine vollkommen moderne Form und einen dünnwandigen Schaft haben. Diesen Knochen fehlen sowohl die dicke Umhüllung (Substantia corticalis) als auch die hochgelegene „Taille" mit der geringsten Schaftbreite, die für das Femur bei *erectus* typisch sind. Manche Studien an den Schädeln von Kow Swamp und insbesondere an Kow Swamp 5 gelangten zu dem Schluß, die charakteristische Anatomie könne von Verformungen herrühren, die diese Menschen im Rahmen kultureller Rituale erlebten, vielleicht weil der Kopf längere Zeit gedrückt oder eingeschnürt wurde. Das Zusammendrücken der Stirnknochen wurde auch von modernen Bevölkerungsgruppen in Teilen Australiens und des Pazifikraumes praktiziert; solche kulturellen Faktoren oder vielleicht auch unbekannte Umwelteinflüsse könnten dazu geführt haben, daß die Schädel von Kow Swamp denen des javanischen *Homo erectus* ähneln.

***Homo sapiens*, Kow Swamp 1** (siehe vorangegangene Seite). Originalgröße. *Mit freundlicher Genehmigung von Alan Thorne, Australian National University.*

***Homo sapiens*, Kow Swamp 5** (siehe Seite 248). Dieser männliche Schädel aus Kow Swamp zeigt ähnlich primitive Merkmale wie Kow Swamp 1. Gehen sie auf kulturelle oder umweltbedingte Einflüsse zurück, oder stammt diese Population unmittelbar vom indonesischen *Homo erectus* ab? Originalgröße. *Mit freundlicher Genehmigung von Alan Thorne, Australian National University.*

STEINZEITLICHE TECHNIK

Technik ist ein wichtiges Merkmal des Menschseins; ihre Entstehung und Evolution nachzuzeichnen, stellt einen entscheidenden Teil der Paläoanthropologie dar. Bei weniger als 20 Tierarten hat man in freier Wildbahn beobachtet, daß sie Werkzeuge benutzen, und unter den Primaten tun nur Menschen und Schimpansen dies regelmäßig. Zur Auswahl und Bearbeitung der Rohstoffe für die Steinwerkzeuge bedienten die Frühmenschen sich hochentwickelter Wahrnehmungsmechanismen. Im weiteren Sinne entwickelte sich die Steintechnologie von recht rudimentären Anfängen zu raffinierteren Typen, die immer kompliziertere Herstellungsverfahren erforderten.

Die frühesten Hominiden, die Australopithecinen, konnte man nie mit Herstellung und Verwendung von Steinwerkzeugen in Verbindung bringen; andersartige Werkzeuge könnten sie allerdings durchaus benutzt haben. So zeigen manche in Swartkrans ausgegrabenen Knochen aus Antilopenhörnern seltsame Streifen, die in der Nähe der abgerundeten Spitze senkrecht und waagerecht verlaufen. Sie könnten entstanden sein, weil ein Hominide mit dem Horn Knollen und Wurzeln aus dem steinigen Boden unter dem Geröll in der Nähe der Höhle ausgrub – in ihrer großen Mehrzahl gehören die Fossilien von Swartkrans zu *Australopithecus robustus.* Steinwerkzeuge dagegen dürften eine Neuerung und Anpassung gewesen sein, die unserer eigenen Gattung *Homo* vorbehalten war. Die Frühmenschen benutzten Steinwerkzeuge als Erweiterung ihrer eigenen Körperteile und bearbeiteten oder veränderten damit andere Gegenstände oder Elemente ihrer Umwelt. Dies wurde zu einem wichtigen Teil unserer ökologischen Anpassung, und das ging so weit, daß die Evolution der Steinzeittechnologie offenbar parallel zur Vergrößerung des Gehirns und zur Entwicklung des Sozialverhaltens von *Homo* ablief. Die folgende Zusammenfassung nennt die charakteristischen Merkmale der vier Hauptgruppen steinzeitlicher Technik, die Typen ihrer Artefakte und die Herstellungsmethoden für Stein- und Knochenwerkzeuge.

Oldowan

Die ältesten Zeugnisse von Steintechnologie wurden auf etwa 2,4 Millionen Jahre datiert und stammen aus Gona sowie aus dem Omo-Becken; beides liegt in Äthiopien. Der älteste gemeinsame Fund von Hominidenfossilien und Steinwerkzeugen ist 2,3 Millionen Jahre alt: Steinabschläge aus Basalt und Flintstein sowie ein Oberkiefer von *Homo* aus der Region Makaamitalu in Hadar, Äthiopien (siehe Seite 89). Die Werkzeuge an diesen Fundstellen gehören zur Oldowan-Industrie, die in den sechziger Jahren von Mary Leakey aufgrund umfangreicher Ausgrabungen in der Olduvai-Schlucht (Tansania) benannt und definiert wurde. Nebenbei erwähnt, ist „Oldowan" die Adjektivform des Wortes Olduvai. Oldowan-Werkzeuge tauchen in den archäologischen Funden aus Ostafrika durchgängig bis vor etwa 1,5 Millionen Jahren auf. Meist schreibt man sie *Homo habilis* zu, aber auch andere Spezies kommen als Hersteller in Frage, so beispielsweise *Homo rudolfensis* aus Koobi Fora in Kenia.

In diesen groben Hack- und Schabegeräten sowie in den Steinabschlägen spiegelt sich das Heraufdämmern der menschlichen Kultur wider, und sie dürften auch die ersten persönlichen Besitztümer gewesen sein. Die auffälligsten Artefakte der Oldowan-Industrie sind einfache, abgeschlagene Steine, die aus Kieseln oder Geröllbrocken hergestellt wurden und meist aus Quarz oder Basalt bestehen. Mary Leakey beschrieb mehrere Typen solcher Geröllgeräte, von denen nur wenige Stücke abgeschlagen waren, und benannte sie nach der Form oder ihrer mutmaßlichen Funktion. Unter ihnen sind Schlagsteine (oft unbearbeitete Brocken, mit denen Splitter von anderen Steinen abgeschlagen oder Knochen zertrümmert wurden), ein- oder beidseitig bearbeitete Haumesser (*Chopper*), schwere und leichte Schaber sowie rundliche Sphäroide. Eine ähnliche Kultur, „Entwickeltes Oldowan" genannt, tauchte vor etwa 1,5 Millionen Jahren auf: Sie umfaßt weniger Chopper und zweiflächig behauene Geräte, dafür aber mehr Schaber, Sphäroide und Subsphäroide. Die Artefakte des frühen und entwickelten Oldowan finden sich über lange Zeit hinweg in den archäologischen Funden aus Afrika und überschneiden sich zeitlich in großem Umfang mit dem nachfolgenden Acheuléen.

Der Archäologe Nicholas Toth führt überzeugende Argumente dafür an, daß die Kernsteine des Oldowan kein Endprodukt, sondern ein Mittel zum Zweck waren. Sie dienten als Ausgangsmaterial für die scharfkantigen Steinabschläge, die dann die eigentlichen Werkzeuge zum Aufschneiden toter Tiere waren und zum Durchtrennen der Sehnen bei der Beschaffung von Fleisch und Knochenmark dienten. Auch die seltsam geformten, manchmal in großer Zahl vorhandenen Sphäroide sind möglicherweise kein gewolltes Endprodukt. In Experimenten verwendete man eckige Quarzbrocken als Schlagsteine, mit denen Stücke von anderen Steinen abgeschlagen wurden. Wie sich dabei herausstellte, verwandeln sich die Quarzstücke unter solchen Umständen innerhalb weniger Stunden in Gebilde, die einem Sphäroid ähneln. Demnach kann man annehmen, daß die Schlagsteine von den frühen Hominiden immer wieder verwendet und auch mitgenommen wurden.

Während die Sphäroide also wohl ein unbeabsichtigtes Nebenprodukt der Steinbearbeitung waren, tragen andere Oldowan-Werkzeuge die Spuren gezielter Herstellung; so erkennt man die Schlagfläche, auf die der Schlagstein auftraf, oder eine durch die Erschütterung entstandene Verdickung auf der Innenfläche eines Abschlages. Aber im Oldowan wurden die Steine nur mit möglichst geringem Aufwand bearbeitet, ohne daß es für die Herstellung Konventionen und Regeln gab, wie sie in späteren Kulturen deutlich zu erkennen sind. Die grundlegende Abschlagtechnik des Oldowan bestand in harten Schlägen, bei denen ein weicher, runder Stein als Hammer zur Herstellung von Abschlägen diente. Die Bruchfläche an dem ursprünglichen Stein war dann relativ glatt und hatte eine scharfe Kante – und damit war sie die ideale Schlagfläche zum Abschlagen eines zweiten Stückes. Außerdem gab es im Oldowan eine Amboß-Technik, bei der man einen Stein auf eine feste Unterlage legte und dann daraufschlug, und eine doppelseitige Technik, bei der die Stücke von einem Steinkern abgeschlagen wurden, den man vor einen Amboß hielt.

Oben: Oldowan-Haumesser, Gadeb (Äthiopien). Die Artefakte der Oldowan-Kultur wurden vor 2,4 bis 1,5 Millionen Jahren hergestellt. Zu den ersten Werkzeugen gehörten Kernsteine wie dieser, von denen wenige scharfe Splinte abgeschlagen wurden. Originalgröße. *Photo von David Brill; mit freundlicher Genehmigung des äthiopischen Nationalmuseums.*

Rechts: Kerngerät aus Horn, Swartkrans (Südafrika). In größerer Zahl kennt man Knochenwerkzeuge erst aus viel jüngeren archäologischen Funden, aber dieser Antilopenhornzapfen wurde offenbar zum Graben in steinigem Boden benutzt: Er trägt am stumpfen Ende kreuz und quer verlaufende Streifen, die man im Experiment nachahmen konnte. Originalgröße. *Photo von David Brill; mit freundlicher Genehmigung des Transvaal Museum.*

Unten: Knochenspitze, Swartkrans (Südafrika). Auch dieses Knochenwerkzeug aus derselben Höhle dürfte bis zu zwei Millionen Jahre alt sein. Originalgröße. *Photo von David Brill; mit freundlicher Genehmigung des Transvaal Museum.*

Links: Oldowan-Hauwerkzeug, Olduvai-Schlucht (Tansania). Der Name „Oldowan" erinnert an die Olduvai-Schlucht, wo Mary Leakey diese Kultur definierte und beschrieb; sie teilte die Werkzeuge wie diesen *Chopper* aus Olduvai-Bed I nach ihrer Form und mutmaßlichen Funktion ein. Originalgröße. *Photo von David Brill; mit freundlicher Genehmigung des Nationalmuseums von Tansania.*

Rechts oben: Sphäroid, Olduvai-Schlucht (Tansania). Die Sphäroide, die an manchen Fundstellen in Ostafrika allgegenwärtig sind, entstanden wahrscheinlich als unbeabsichtigtes Nebenprodukt, wenn ein eckiger Quarzblock als Schlagstein diente, mit dem Abschläge von anderen Gesteinsbrocken entfernt wurden. Originalgröße. *Photo von David Brill; mit freundlicher Genehmigung des Nationalmuseums von Tansania.*

Rechts unten: Großer Schaber, Olduvai-Schlucht (Tansania). Dieses Artefakt wurde wegen der scharfen, durch Abschlagen erzeugten Kante als Schaber eingeordnet, aber anderen Forschungsergebnissen zufolge diente nicht dieser klobige Brocken, sondern die von ihm gewonnenen Abschläge als Werkzeuge. Originalgröße. *Photo von David Brill; mit freundlicher Genehmigung des Nationalmuseums von Tansania.*

Faustkeil aus dem Acheuléen, Olduvai-Schlucht (Tansania). Das charakteristische Werkzeug des Acheuléen ist ein Faustkeil, der auf beiden Seiten so bearbeitet wird, daß seine mittlere Verdickung gut in der Hand liegt. Die Grundform dieses Vielzweckwerkzeugs änderte sich über eine Million Jahre lang kaum. Originalgröße. *Photo von David Brill; mit freundlicher Genehmigung des Nationalmuseums von Tansania.*

Acheuléen

Auf große, strapazierfähige, scharfkantige Werkzeuge war diese Kultur spezialisiert, die nach der archäologischen Fundstelle von Saint-Acheul in Frankreich benannt ist. Die Analyse der mikroskopischen Abnutzungsspuren an den Schneiden dieser Geräte läßt vermuten, daß sie vor allem zum Zerlegen von Tieren sowie zur Holzbearbeitung dienten. Acheuléen-Werkzeuge, meist aus Quarzit, Lava, Feuer- und Flintstein gefertigt, sind in der Regel beidseitig bearbeitet, weshalb sie unter dem Begriff *Bifaces* zusammengefaßt werden. An manchen Fundstellen sehen die Werkzeuge grob und klobig aus, an anderen sind sie elegant und länglich; insgesamt beobachtet man im Acheuléen jedoch eine Vereinheitlichung in Herstellungstechnik und Werkzeugform, wie man sie im Oldowan nicht findet. Diese einheitliche Technik blieb über eine Million Jahre lang erhalten, und zwar in einem Gebiet, das sich über Afrika, große Teile Europas, den Nahen Osten und Indien erstreckte. Der wichtigste Unterschied zum Oldowan sind spezialisierte Werkzeuge für bestimmte Funktionen anstelle einfacher, scharfer Steinsplitter. Die wichtigsten dieser Werkzeugtypen sind spitze Faustkeile, Pickel und Spaltkeile (*Cleaver*) mit gerader Schneide. Die Herstellung solcher Artefakte erforderte einen komplizierten Ablauf von Arbeitsgängen, vom Finden eines geeigneten Steinbrockens bis zu dem schwierigen Abschlagen, Formen und Ausdünnen des Ausgangssteines, so daß schließlich das spitze Ende eines Faustkeiles oder die breite Schneide eines Cleavers entsteht. Trotz dieser komplizierten Herstellung bestehen die archäologischen Funde des Acheuléen zu einem großen Teil aus Faust- und Spaltkeilen.

Acheuléen-Werkzeuge tauchten zum ersten Mal vor etwa 1,4 Millionen Jahren auf. Die älteste bekannte Fundstelle ist Konso-Gardula in Äthiopien; dort wurden 1991 zusammen mit einem Unterkiefer von *Homo ergaster* zahlreiche über 1,3 Millionen Jahre alte Werkzeuge gefunden. Weitere Fundstellen mit Acheuléen-Werkzeugen ähnlichen Alters sind die Olduvai-Schlucht in Tansania und Gadeb in Äthiopien. Werkzeuge aus den ältesten europäischen Fundstellen stehen dem Oldowan näher als dem Acheuléen, das heißt, die ersten Auswanderer aus Afrika besaßen vermutlich noch keine Faustkeilkultur. Vor etwa 500 000 Jahren hatte sich die eigentliche Acheuléen-Kultur aber auch in Europa durchgesetzt, und dort blieb sie bis vor 200 000 Jahren erhalten. In Frankreich fand man Acheuléen-ähnliche Werkzeuge einer etwas anderen, als Tayacien bezeichneten Kultur in der Höhle von Arago zusammen mit Resten von *Homo heidelbergensis* (siehe Seite 98). Andere Acheuléen-Fundstellen mit dieser Hominidenspezies sind Steinheim in Deutschland (siehe Seite 202) und Swanscombe in England. Nach Ostasien gelangten die Werkzeuge des Acheuléen offenbar nie, vielleicht weil dort andere geeignete Rohstoffe wie Bambus reichlich zur Verfügung standen oder weil geographische Hindernisse den biologischen und kulturellen Austausch verhinderten.

Die Herstellung der Acheuléen-Werkzeuge erfordert große Geschicklichkeit und Kraft. Am riskantesten ist der erste Arbeitsgang: Mit beträchtlicher Kraft wird von einem Gesteinsbrocken ein großes Stück abgeschlagen, das dann als Ausgangsmaterial für ein Biface dient. Der Abschlag wird mit einem Schlagstein weiter bearbeitet, und durch abwechselndes Entfernen kleiner Stücke von beiden Seiten werden die dicksten Bereiche allmählich dünner, so daß eine eher symmetrische Form entsteht. Abschließend benutzt der Werkzeugmacher ein weicheres Schlaggerät aus Knochen, Holz oder Geweih, um dünnere Splitter zu entfernen und eine ununterbrochene Kante zu erzeugen.

Vor etwa einer Million Jahren wurden schlanke, symmetrisch zweiflächige Werkzeuge zum beherrschenden Element der Acheuléen-Funde, insbesondere die klassischen, tropfen- oder lanzettförmigen Faustkeile. An der Fundstelle Isimila in Tansania entdeckte man einige so unglaublich überdimensionierte Faustkeile und Pickel aus dem Acheuléen, daß man sich nur mit sehr viel Phantasie ausmalen kann, wie sie praktisch genutzt wurden. An Orten wie Olorgesailie in Kenia, wo die Besucher von einem erhöhten hölzernen Steig aus eine ärchäologische Fundstelle besichtigen können, beschwört die unglaubliche Menge der Artefakte das Bild von einer steinzeitlichen Fließbandproduktion herauf.

Links: Spaltkeil aus dem Acheuléen, Bihorel oest (Frankreich). Ebenfalls häufig anzutreffen, ist der zweiflächig behauene *Cleaver*, er wurde aus einem einzigen großen Abschlag hergestellt, der durch weitere Bearbeitung eine breite, gerade Spitze erhielt. Originalgröße. *Photo von David Brill; mit freundlicher Genehmigung von Denise de Sonneville-Bordes, Université de Bordeaux I.* **Rechts: lanzettförmiger Faustkeil aus dem Acheuléen, Briqueterie (Frankreich).** In Europa tauchen Artefakte aus dem Acheuléen vor etwa 500 000 Jahren auf; sie haben oft eine längliche, symmetrische Form wie dieses Stück aus Flintstein. Originalgröße. *Photo von David Brill; mit freundlicher Genehmigung der Université de Bordeaux I.*

Moustérien

Die Form der Steinbearbeitung, die für das Acheuléen typisch war, setzte sich auch im nachfolgenden Moustérien fort, die Werkzeuge waren nun jedoch kleiner, und das Formen- und Gebrauchsspektrum vergrößerte sich. Die Kultur ist nach der Fundstelle Le Moustier in Frankreich benannt, wo man die Überreste eines erwachsenen Neandertalers mit Säugling gefunden hatte. Sie taucht vor etwa 200 000 Jahren auf – überschneidet sich um mehrere tausend Jahre mit dem Acheuléen – und blieb bis vor 40 000 Jahren erhalten. In verschiedenen regionalen Formen kommt sie in Europa, dem Nahen Osten und Afrika praktisch in dem gleichen Gebiet vor, in dem auch die Werkzeuge des Acheuléen gefunden wurden. In Europa findet man diese Artefakte meist in Verbindung mit *Homo neanderthalensis*, aber in anderen Gegenden, so an den nahöstlichen Fundstellen von Kebara (siehe Seite 218), Tabun, Qafzeh (siehe Seite 239) und Skhul (siehe Seite 242) wurden Moustérien-Werkzeuge sowohl von Neandertalern als auch vom frühen *Homo sapiens* hergestellt.

Viele Werkzeughersteller des Moustérien bedienten sich einer von zwei Techniken, um einen Stein so vorzubereiten, daß sie dann einen Splitter mit vorherbestimmter Form und Größe abschlagen konnten; anschließend stellten sie daraus in einem als Retuschieren bezeichneten Vorgang unterschiedlich geformte Werkzeuge her: Sie schufen durch Entfernen winziger Splitter eine scharfe Kante und konnten auch eine stumpf gewordene Schneide wieder schärften. Zusammenfassend bezeichnet man diese Schlagtechniken als Levallois; nach einem Vorort von Paris, in dem man die Methode an ausgegrabenen Artefakten zum ersten Mal nachwies. Das Levallois gilt zwar manchmal als verschwenderisch, weil an jedem Stein nur ein großer Abschlag gewonnen werden kann, dagegen erlaubte es die Herstellung möglichst vieler scharfer Kanten aus nur einem Ausgangsstein. Die erste Technik geht von einem abgeflachten Stein aus. An seinem Umfang wurden Stücke abgeschlagen, so daß eine aus Facetten bestehende Schlagfläche für das Abschlagen eines großen ovalen Stückes entstand. Auf diese Weise entstand ein „Schildkröten-Kernstein", der so genannt wird, weil der fertige Stein mit der gewölbten Ober- und flachen Unterseite einem Schildkrötenpanzer ähnelt. Der daraus gewonnene Abschlag wurde häufig an den Kanten noch weiter behauen, bis schließlich ein Schaber fertig war, der zur Fell- und Holzbearbeitung benutzt werden konnte. Auch bei der zweiten Levallois-Technik wurde der Kernstein für das Abschlagen eines einzigen großen Stückes vorbereitet, aber dieser Abschlag war dreieckig und spitz, so daß er wahrscheinlich meist als Pfeil- oder Speerspitze diente.

Weitere Werkzeuge aus der Moustérien-Kultur sind gekerbte Abschläge mit einer gezähnten Schneide sowie Steinklingen, die für das spätere obere Paläolithikum typisch sind. Stand den Hominiden in der Nähe feinkörniger Flintstein zur Verfügung, wurde er häufig als Ausgangsmaterial für die Artefakte des Moustérien genutzt. Eher ungewöhnliche Moustérien-Werkzeuge brachte die nordafrikanische Atérien-Kultur hervor, die in die Zeit vor 100 000 bis 75 000 Jahren gehören dürfte. Ihre Speerspitzen wurden zwar nach der traditionellen Levallois-Technik hergestellt, auffällig ist jedoch ein viereckiger Zapfen am Hinterende, der wahrscheinlich der Befestigung an einem Pfeil oder Speer diente. Diese Neuerung wurde im oberen Paläolithikum beträchtlich weiterentwickelt.

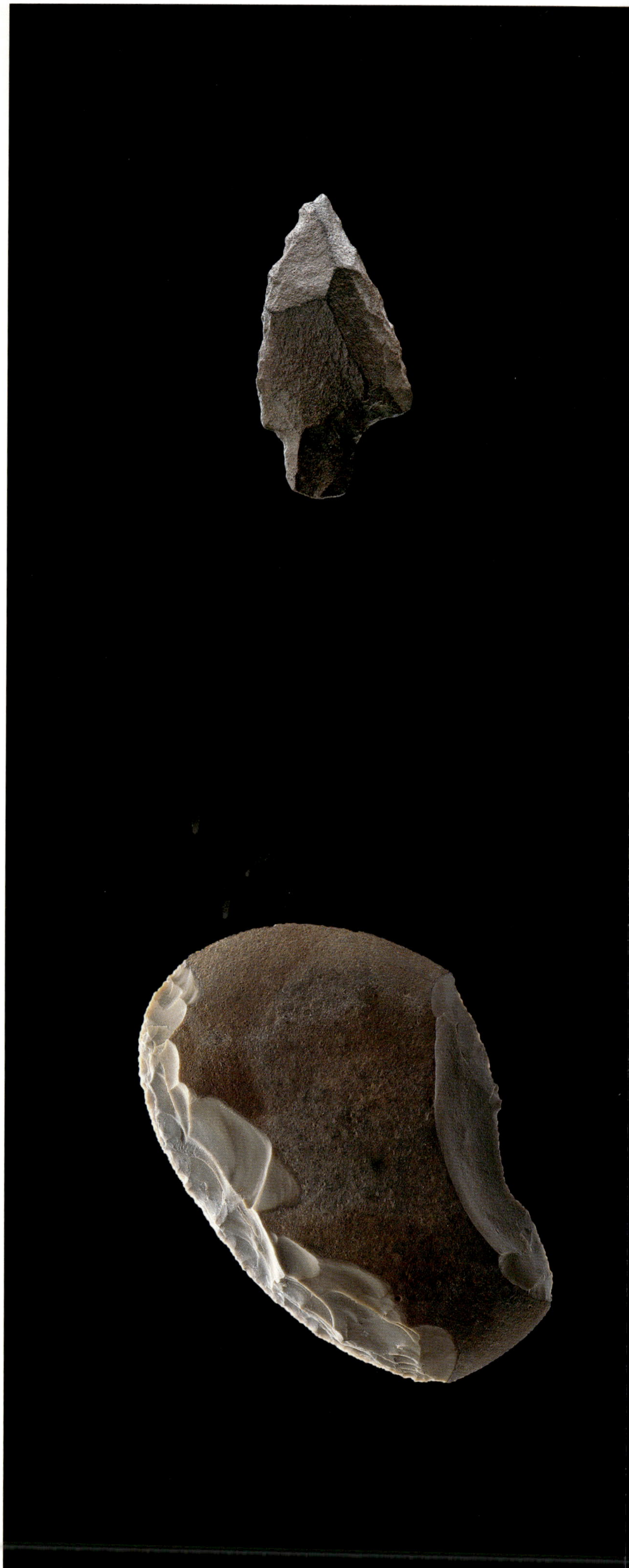

Links oben: Speerspitze aus dem Atérien, Colomb-Bechar (Frankreich). Der Zapfen an dieser Steinspitze kennzeichnet sie als Produkt der vielseitigen Atérien-Kultur. Sie wurde vermutlich am Ende eines Holzstabes befestigt, der damit zum Speer wurde. Originalgröße. *Photo von David Brill; mit freundlicher Genehmigung von André Debenath, Université de Bordeaux I.*

Links unten: Doppelseitiger Schaber mit Quina-Retusche, Combe-Grenal (Frankreich). Bis zu 80 Prozent der Werkzeuge aus der Quina-Form des Moustérien sind Schaber. Sie haben oft konvexe Kanten, die durch Entfernen vieler kleiner Splitter bearbeitet (retuschiert) wurden. Originalgröße. *Photo von David Brill; mit freundlicher Genehmigung der Université de Bordeaux I.*

Rechts oben: Speerspitze aus dem Moustérien, Houppeville (Frankreich). Dieser große, spitze Splitter, der durch Abschlagen von einem sorgfältig vorbereiteten Kernstein erzeugt wurde, ist ein typisches Werkzeug der Moustérien-Kultur, die vor 200 000 bis 40 000 Jahren existierte. Die Spitzen dürften zur Herstellung von Wurfgeschossen gedient haben. Originalgröße. *Photo von David Brill; mit freundlicher Genehmigung von Denise de Sonneville-Bordes, Université de Bordeaux I.*

Rechts unten: Kernstein und Spitze in Levallois-Technik, Le Tillet (Frankreich). Dieser Kernstein aus Flint zeigt, wie an den Kanten Stücke abgeschlagen wurden, weil man oben eine gerade Schlagfläche schaffen wollte; anschließend konnte man den Splitter abschlagen, ohne daß er durch den Schlag mit einem anderen Stein beschädigt wurde. Originalgröße. *Photo von David Brill; mit freundlicher Genehmigung von Denise de Sonneville-Bordes, Université de Bordeaux I.*

Oberes Paläolithikum

Formenvielfalt und Spezialisierung kennzeichnen die archäologischen Funde aus dem oberen Paläolithikum. Damit stehen sie im deutlichen Gegensatz zur Technik des Moustérien und aller früheren Kulturen. Die Werkzeuge des oberen Paläolithikums lassen sich leichter in Gruppen einteilen als die der anderen altsteinzeitlichen Kulturen, und man erkennt, daß sie ganz bestimmte Funktionen haben. Dieser Weiterentwicklung der Technik entsprechend gibt es auch erste Anzeichen für eine beschleunigte kulturelle Evolution – und körperlich sahen die Hersteller dieser Werkzeuge im wesentlichen aus wie wir. Die charakteristischsten Werkzeuge des oberen Paläolithikums bestehen aus dünnen Klingen, die von größeren Steinen abgeschlagen wurden. Eine solche Klinge ist definiert als ein Abschlag, der mindestens doppelt so lang wie breit ist. Mit dieser Technik erhielt man aus einem einzigen Stein eine wesentlich größere Zahl von Schneidkanten. Oft wurden die Klingen auch zerbrochen und zu Mikrolithen weiterverarbeitet, kleinen, geometrisch geformten Splittern, die mit einem Griff versehen wurden. Ein charakteristisches Werkzeug aus dieser Zeit, der Stichel, hatte eine meißelartige Schneide, mit der die Bearbeitung von Knochen einfacher wurde. Häufig findet man an Fundstätten aus dem oberen Paläolithikum spezialisierte Werkzeuge aus Knochen und Geweih. Die technischen und kulturellen Neuentwicklungen des oberen Paläolithikums führten dazu, daß andere Bestandteile des menschlichen Lebens häufiger wurden oder sich stärker entwickelten, wie die Verwendung des Feuers, die Bestattung der Toten, die Herstellung von Kleidung und Behausungen sowie die Schaffung von Kunst.

Das obere Paläolithikum umfaßt in Europa die Zeit vor 40 000 bis 10 000 Jahren. Seine Kultur ging wahrscheinlich ungefähr um die gleiche Zeit von Westasien und Afrika aus; einige Funde aus Afrika lassen allerdings vermuten, daß manche charakteristischen Neuerungen des oberen Paläolithikums bereits viel früher entstanden sind. So wurden zum Beispiel an der Fundstelle Katanda am Semliki-Fluß in Zaire scharfzackige Harpunen und Pfeilspitzen aus Knochen ausgegraben. Diese Artefakte, die stark den klassischen Knochenwerkzeugen des oberen Paläolithikums in Europa ähneln, sind Schätzungen zufolge bis zu 90 000 Jahre alt, das heißt, sie stammen vermutlich mitten aus dem vorangegangenen mittleren Paläolithikum. Darüber hinaus kamen an der Fundstelle Kapthurin in Kenia Klingen und Kernsteine ans Licht, die an das obere Paläolithikum erinnern und 240 000 Jahre alt sind.

Anders als in den früheren Kulturen entwickelte sich im oberen Paläolithikum sehr schnell eine große Vielfalt, so daß verschiedene Regionalstile zu erkennen sind. Die erste Industrie des oberen Paläolithikums war das Aurignacien (vor 40 000 bis 28 000 Jahren); der Name erinnert an den Felsüberhang von Aurignac in den Ausläufern der Pyrenäen, wo man derartige Werkzeuge 1860 zum ersten Mal fand. Aurignacien-Werkzeuge lagen in den Grabstätten der Jetztmenschen von Cro-Magnon und wurden auch an vielen anderen Stellen überall in Europa gefunden. Im Nahen Osten umfaßt das Aurignacien die Zeit vor mindestens 32 000 bis 17 000 Jahren. Charakteristisch für die Fundstellen ist eine große Zahl von Schabern, Sticheln, Elfenbeinperlen und Halsketten aus Tierzähnen; gelegentlich findet man auch abstrakte Figürchen von Menschen und Tieren, darunter die vor kurzem entdeckte „tanzende Venus" aus Gelgenberg in Österreich, eine flache kleine Frauenfigur aus grünem Serpentin. Auch die ältesten bekannten französischen Höhlenmalereien in Chauvet und Cosquer, stammen aus dem späten Aurignacien vor 32 000 beziehungsweise 27 000 Jahren.

Eine weitere Kultur des oberen Paläolithikums zur gleichen Zeit wie das Aurignacien war das Châtelperronien, das nach einer Fundstelle in der französischen Höhle Châtelperron benannt ist. In dieser Kultur vereinigte sich ein weiterentwickeltes Moustérien mit der Benutzung von Klingen und Knochenwerkzeugen; man kann sie mit großer Sicherheit dem *Homo neanderthalensis* zuschreiben, denn sowohl das Skelett von Saint-Césaire (siehe Seite 232) als auch das Schläfenbein eines jugendlichen Neandertalers aus Arcy-sur-Cure in Frankreich wurden zusammen mit Châtelperronien-Werkzeugen gefunden. Diese Kultur entwickelte sich vermutlich parallel zum Aurignacien oder wurde von den Neandertalern übernommen, nachdem das Aurignacien sich in Westeuropa durchgesetzt hatte. Das Châtelperronien verschwand vor etwa 34 000 Jahren zusammen mit den Neandertalern; das Aurignacien und alle späteren Perioden des oberen Paläolithikums dagegen waren das Werk des *Homo sapiens*.

Im Gravettien (vor 28 000 bis 22 000 Jahren) kamen zum Werkzeugsortiment des oberen Paläolithikums auch Klingen mit einem Rücken hinzu (das heißt, eine Seite der Schneide war durch Absplitterung unter Druck verbreitert), und es gab Knochenspitzen mit abgeschrägter Basis, die als neue, stromlinienförmige Speerspitzen dienten. In dieser Periode setzten sich Elfenbeinperlen als Körperschmuck bei Bestattungen durch, und in Ost-, Mittel- und Westeuropa tauchen die ersten Venusfiguren auf, sinnliche Frauendarstellungen aus Elfenbein. Das kurze Solutréen (vor 21 000 bis 19 000 Jahren) erlebte einen unglaublichen Aufschwung der Steinwerkzeugherstellung; das beste Beispiel sind zweiflächig behauene, blattförmige Messer, die über dem Feuer erhitzt wurden, damit man die nötigen Schläge anbringen konnte, ohne daß das Stück zerbrach. Diese Phase einer hochentwickelten Steinbearbeitung taucht in den archäologischen Funden aus Frankreich sehr plötzlich auf und verschwindet auch ebenso schnell wieder.

Seinen Höhepunkt erlebte das obere Paläolithikum wohl vor 18 000 bis 12 000 Jahren mit der Kultur des Magdalénien. Sie ist vor allem durch ihre Kunstwerke bekannt – aus dieser Zeit stammen die berühmten Höhlenmalereien von Lascaux, Altamira und anderen Orten. Das Magdalénien – der Name erinnert an den französischen Felsüberhang La Madeleine – war eine Zeit der zunehmenden Verwendung von Mikrolithen, aus denen man mit auswechselbaren Griffen eine ganze Palette von Werkzeugen herstellte. Man findet eine große Zahl knöcherner Harpunenspitzen mit vielen Widerhaken sowie Speerschleudern aus Holz, Knochen oder Geweih, die einen geworfenen Speer schneller und weiter fliegen ließen. Alle diese Fortschritte weisen darauf hin, daß Geschicklichkeit und Perfektionierung bei der Jagd stark zugenommen hatten.

Links: Doppelseitige Knochenspitze aus dem Magdalénien, Abri Faustin (Frankreich). Zugespitzte Knochen kommen seit dem oberen Paläolithikum vor 40 000 Jahren vor, aber dieser Fund stammt aus dem Magdalénien, das vor 18 000 Jahren begann. Originalgröße. *Photo von David Brill; mit freundlicher Genehmigung von Michael Lenoir, Université de Bordeaux I.*
Rechts: Flintklinge aus dem Perigordien, Corbiac (Frankreich). Lange Klingen, die charakteristischen Werkzeuge des oberen Paläolithikums, waren der Ausgangspunkt für die Herstellung von Mikrolithen, die häufig zu zusammengesetzten Werkzeugen weiterverarbeitet wurden oder verschiedenen spezialisierten Zwecken dienten. Originalgröße. *Photo von David Brill; mit freundlicher Genehmigung von Denise de Sonneville-Bordes, Université de Bordeaux I.*

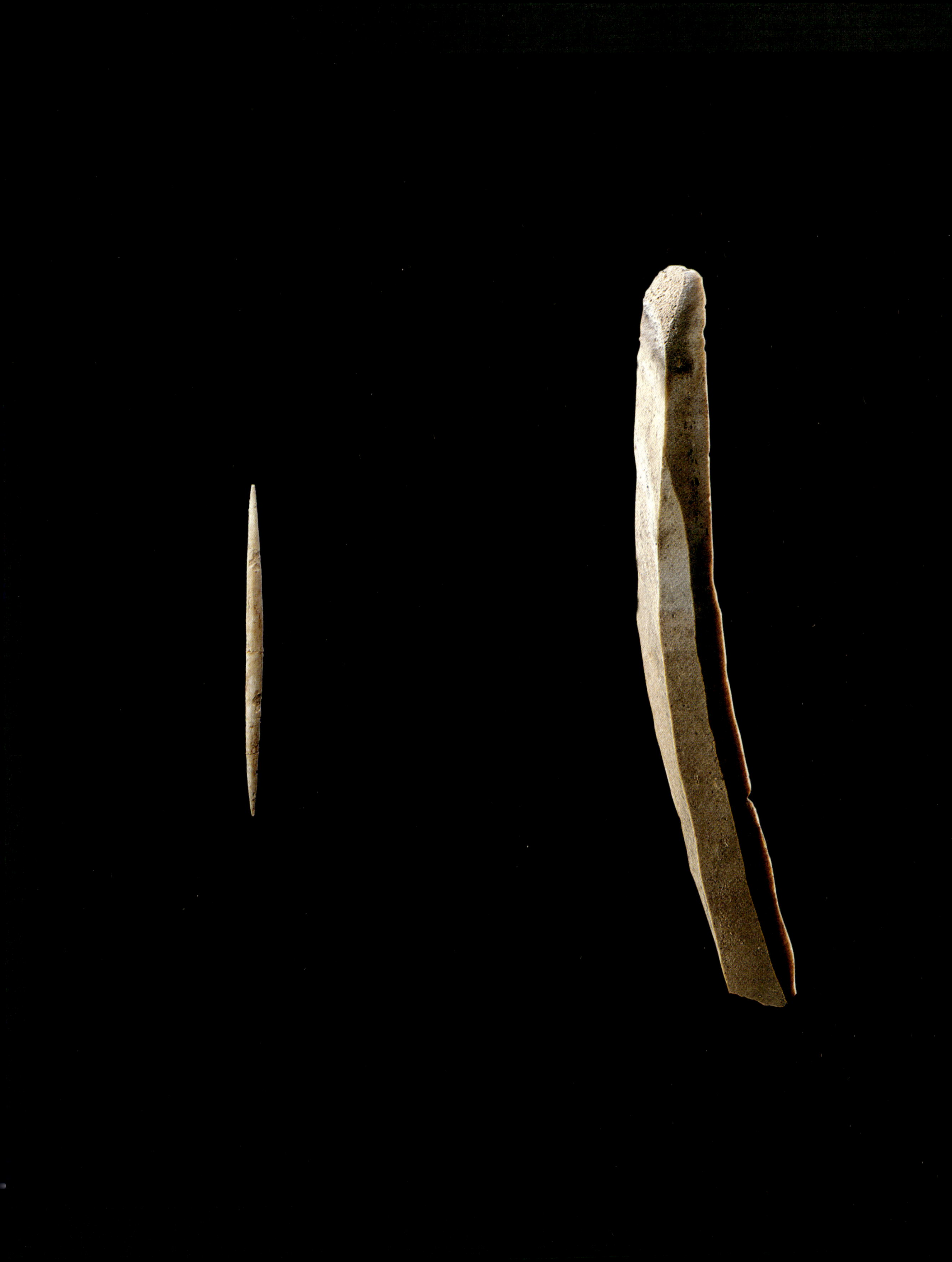

Links: Prismenförmiger Klingenkernstein, Corbiac (Frankreich). Von dem Kernstein wurde ein Ende abgeschlagen, und durch Schläge auf die so entstandene glatte Fläche rundherum eine Reihe schmaler Klingen erzeugt. Originalgröße. *Photo von David Brill; mit freundlicher Genehmigung von Denise de Sonneville-Bordes, Université de Bordeaux I.*

Mitte: Blattspitze aus dem Solutréen, Fourneau du Diable (Frankreich). Diese schöne, doppelseitige Klinge entstand vor etwa 20 000 Jahren während einer kurzen Blütezeit der Flintsteinbearbeitung. Sie diente vermutlich eher rituellen als praktischen Zwecken. Originalgröße. *Photo von David Brill; mit freundlicher Genehmigung der Université de Bordeaux I.*

Rechts: Harpune mit zwei Hakenreihen aus dem Magdalénien, Le Morin (Frankreich). Harpunen aus Knochen verbreiteten sich gegen Ende des oberen Paläolithikums; sie zeigen, daß die Menschen neue Nahrungsquellen erschlossen. Neben solchen Angelgeräten findet man häufig auch Pfeile und besondere Speerschleudern. Originalgröße. *Photo von David Brill; mit freundlicher Genehmigung von R. Deffarge, Université de Bordeaux I.*

Anhang 1

TYPUSEXEMPLARE DER HOMINIDENARTEN

SPEZIES	KATALOGNUMMER	ART DES FUNDES	SEITE
Ardipithecus ramidus	ARA-VP-6/1	mehrere zusammengehörige Zähne	siehe *116*
Australopithecus praegens	KNM-T1 13150	Unterkiefer eines Erwachsenen	*39*
A. anamensis	KNM-KP 29281	Unterkiefer eines Erwachsenen	*123*
A. bahrelghazali	KT12/H1	Unterkiefer eines Erwachsenen	*119*
A. afarensis	L.H.-4	Unterkiefer eines Erwachsenen	*131*
A. africanus	Taung	Schädel eines Kindes	*79 und 143*
A. crassidens	SK 6	Unterkiefer eines Jugendlichen	*149*
A. robustus	TM 1517	Teilschädel mit Unterkiefer eines Erwachsenen	*145*
A. aethiopicus	Omo 18	Unterkiefer eines Erwachsenen	*155*
A. boisei	OH 5	Schädel eines Erwachsenen	*5, 30, 74 und 157*
Homo rudolfensis	KNM-ER 1470	Schädel eines Erwachsenen	*178 und 179*
H. habilis	OH 7	Teilskelett eines Knaben	*171*
H. ergaster	KNM-ER 992	Unterkiefer eines Erwachsenen	*163*
H. erectus	Trinil 2	Teilschädel eines Erwachsenen	*187*
H. heidelbergensis	Mauer 1	Unterkiefer eines Erwachsenen	*197*
H. neanderthalensis	Neandertal 1	Teilschädel eines Erwachsenen	*229*
H. sapiens	keine		

Als Typusexemplar bezeichnet man einen Fund, auf den der Artname zum ersten Mal richtig angewandt wurde. Die Regeln für die Benennung biologischer Arten sind im Internationalen Code für Zoologische Nomenklatur festgelegt. Existiert von einer Fundstelle nur ein einziger Fund wie im Fall des Hominiden KT12/H1 aus dem Tschad, ist sofort klar, welches Individuum mit dem neuen zweiteiligen Namen (aus Gattungs- und Artbezeichnung; binäre Nomenklatur) benannt wurde; diesen Fund bezeichnet man dann auch als Holotypus.

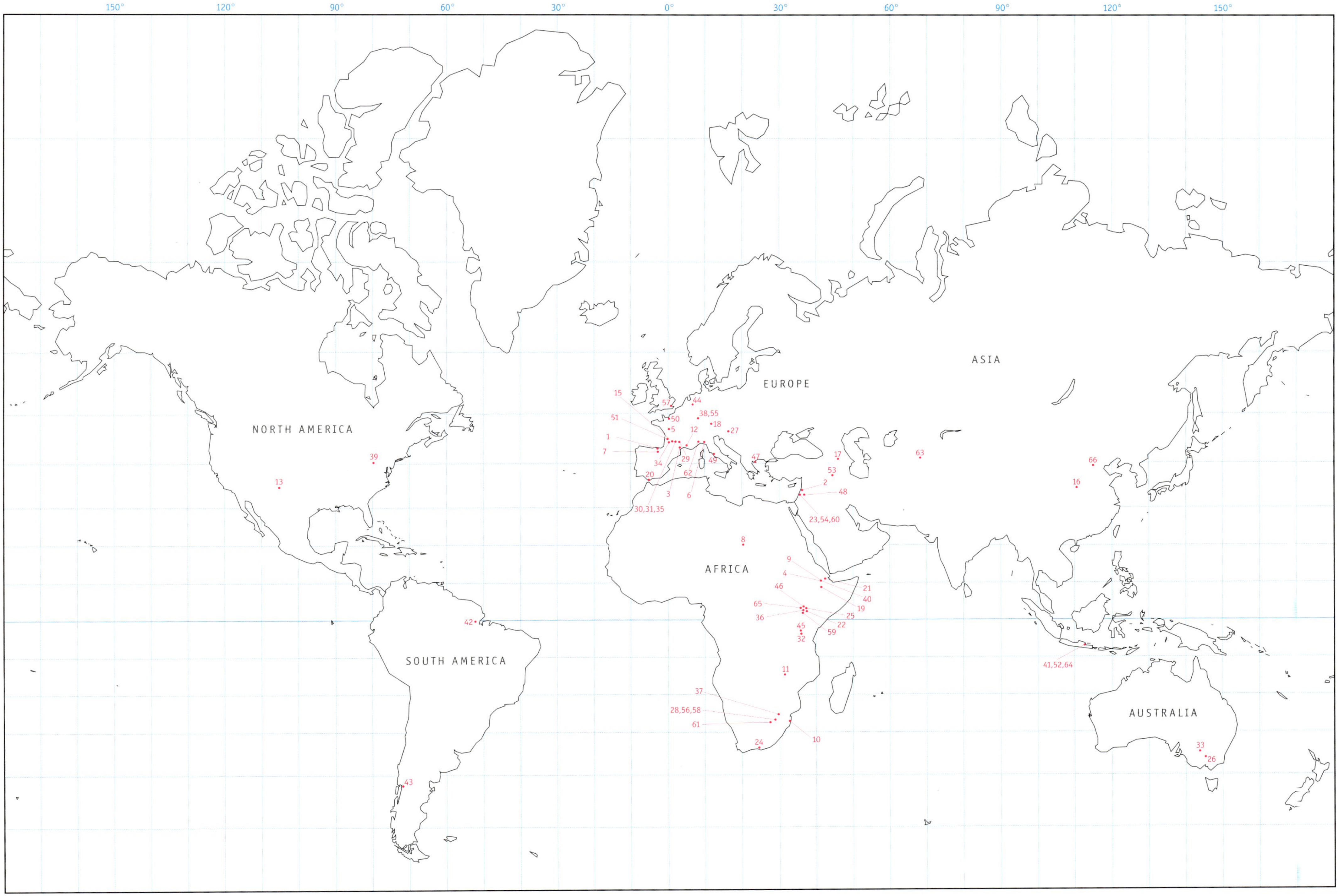

Anhang 2

Fundstellen der Hominidenfossilien und archäologischer Belege

1 Altamira
2 Amud
3 Arago
4 Aramis
5 Arcy-sur-Cure
6 Arene Candide
7 Atapuerca
8 Bahr el Ghazal
9 Bodo
10 Border Cave
11 Broken Hill
12 Chauvet
13 Clovis
14 Combe-Grenal
15 Cro-Magnon
16 Dali
17 Dmanisi
18 Dolní Vestonice
19 Gadeb
20 Gibraltar
21 Hadar
22 Kanapoi
23 Debara
24 Mündung des Klasies River
25 Koobi Fora
26 Kow Swamp
27 Krapina
28 Kromdraai
29 La Chapelle-aux-Saints
30 La Ferrassie
31 La Madeleine
32 Laetoli
33 Lake Mungo
34 Lascaux
35 Le Moustier
36 Lothagam
37 Makapansgat
38 Mauer
39 Meadowcroft Rockshelter
40 Middle Awash
41 Modjokerto
42 Monte Alegre
43 Monte Verde
44 Neandertal
45 Olduvai
46 Omo
47 Petralona
48 Qafzeh
49 Saccopastore
50 St. Acheul
51 Saint-Césaire
52 Sangiran
53 Shanidar
54 Skhul
55 Steinheim
56 Sterkfontein
57 Swanscombe
58 Swartkrans
59 Tabarin
60 Tabun
61 Taung
62 Terra Amata
63 Tešik-Taš
64 Trinil
65 West Turkana
66 Zhoukoudian

DANKSAGUNG

Dieses Buch hätte nicht entstehen können, gäbe es nicht die vielen engagierten Wissenschaftler in Freiland und Labor, die ihr Leben der Aufgabe gewidmet haben, vollständigere Kenntnisse über die Vergangenheit der Menschheit zu gewinnen. Die Freilandforscher arbeiteten auf der ganzen Welt oftmals unter alles anderem als idealen Bedingungen; sie nahmen alle möglichen Mühen und Gefahren auf sich, einzig mit dem Ziel, fossile und archäologische Spuren unserer Vorfahren zu finden und zu bergen. Ebenso ist nicht zu ermessen, welch endlose Stunden Wissenschaftler im Labor damit zubrachten, aus diesen Funden alle nur möglichen Informationen zu gewinnen. Immer noch liegt im Zusammenhang mit unseren Vorfahren vieles im dunkeln, und bereits wenn dieses Buch in den Regalen der Buchhandlungen steht, werden die Forscherteams, die zur Zeit intensiv bei der Arbeit sind, den hier dargestellten Befunden weitere wichtige Entdeckungen hinzugefügt haben.

José Conde vom Studio Pepin in Tokio kann man nur gratulieren für die elegante Gestaltung und die Nachdenklichkeit, mit der er unsere Worte und Bilder fesselnd und ansprechend darbietet.

Die Lektorin Majorie Pannell schaffte es hervorragend, unsere unterschiedlichen Sprachstile zu einem lesbaren, lehrreichen Text zu verschmelzen, und die Zeichnerin Diana Salles lieferte wichtige Abbildungen, die für den Leser eine hilfreiche Orientierung sind.

Besondere Unterstützung erhielten wir von Ian Tattersall, Gary Sawyer, Joanna Grand, Anibal Rodriguez und Paul Goldstein vom American Museum of Natural History. Das Museum ist eine nationale Schatzkammer, und seine wahren Qualitäten spiegeln sich auch in der großzügigen Hilfe unserer dort arbeitenden Freunde wider.

Dankbar sind wir auch Meave Leakey und William Anyonge von den Nationalmuseen Kenias, wo einige der wichtigsten Hominidenfossilien (und zahlreiche andere Fossilien von Wirbeltieren, viele davon auch als Ausstellungsstücke) aufbewahrt werden. Sie gestatteten uns, Photos von erst kürzlich entdeckten *Australopithecus*-Funden zu veröffentlichen, manche davon zum allerersten Mal.

Des weiteren danken wir Robert I. M. Campbell aus Nairobi (Kenia) für seine oft unter starkem Zeitdruck entstandenen, hervorragenden Aufnahmen der Fossilien aus seinem Land.

Ein besonderes Dankeschön geht an Enrico Ferorelli aus New York für seine Reisebegleitung nach Hadar, seine freundliche Kooperation und seinen sachkundigen Photographenblick.

Maryellen Ruvolo von der Harvard University danken wir, daß sie uns im voraus Kopien noch unveröffentlichter Forschungsberichte zur Verfügung stellte.

Besonderer Dank gebührt Paul G. Bahn, einem weltweit anerkannnten Fachmann für Felskunst, der kritische Anmerkungen über steinzeitliche Kunst lieferte.

Außerdem gilt unsere Dankbarkeit folgenden Personen, die uns Photos lieferten oder den Zugang zu Originalfunden ermöglichten, so daß wir sie photographieren konnten: David Coulson, Nairobi; Steven Gerard, Photo Researchers, New York; Rose Taylor, Science Photo Library, London; Michael Day, Natural History Museum, London; David Hunt, Richard Thorington und Chip Clark vom National Museum of Natural History, Washington, D.C.; Lindsay Hooper, South African Museum, Kapstadt; Juan-Luis Arsuaga, Universidad Complutense de Madrid; Javier Trueba, Madrid Scientific Films, Madrid; Wu Xinchi, Institut für Wirbeltierpaläontologie und Paläoanthropologie, Beijing; Alan Thorne, Australian National University, Canberra; Fachroel Aziz, Geological Research and Development Centre, Bandung, Indonesien; Anna C. Roosevelt, Field Museum of Natural History, Chicago; Gerald Newslands, High River, Alberta; Jean Clottes, International Committee on Rock Art, Frankreich; Lena Godina, Staatliche Universität Moskau; Chris Dean, University College, London; Bob Brain, Transvaal Museum, Pretoria; Tom Dillehay, University of Kentucky, Louisville; James Adovasio und David Pedler, Mercyhurst Archeological Institute; Andrew Hill, Yale University, New Haven; Carola Lang und Daniela Schere, Staatliches Museum für Naturkunde, Stuttgart; Norbert Aujoulat, Centre National de Prehistoire, Frankreich; Michel Brunet, Université de Poitiers, Frankreich; Giorgio Manzi, Museo di Anthropologia der Universität Rom „La Sapienza"; Hoyer von Prittwitz, Rheinisches Landesmuseum, Bonn; Giacomo Giacobini, Universita di Torino; Eligio Vacca, Staatliche Universität Bari; John Gurche, Denver Museum of Natural History; Jean-Jacques Hublin, Musée de l'Homme, Paris; Owen Lovejoy, Kent State University; Lyman Jellema und Bruce Latimer, Cleveland Museum of Natural History; John Reader, Richmond, England; Jay Matternes, Fairfax, Virginia; Yves Coppens, College de France, Paris; Romulo Fialdini, Museo Goeldi, Brasilien; Teuku Jacob, Gadjah Mada University, Indonesien; und Tim White, University of California, Berkeley.

Den folgenden Personen danken wir für ihre fachkundige Unterstützung bei Druck und Veröffentlichung des Buches: Fabio Bortolazzi, Fulvio Forcellini und Bert Paolucci, Editoriale Bortolazzi-Stei, Verona; William S. Rosen, Janice Easton und Marie Florio, Simon and Schuster Editions, New York; Cheryl Brant, Witwatersrand University Press, Johannesburg; und Michael Dover, Clare Currie und Caroline Earle, Weidenfeld & Nicolson, London.

Ich (DCJ) möchte meine persönliche Dankbarkeit gegenüber meinen engsten Kollegen am Institute of Human Origins zum Ausdruck bringen, die mich stets unterstützten und meine Begeisterung für die Paläoanthropologie teilten: William H. Kimbel, Robert C. Walter, W. E. Meikle, Ann M. Blair, Michelle T. Nolan, Kaye E. Reed, Yoel Z. Rak und Gerald G. Eck haben zu dem Projekt mehr beigetragen, als sie selbst ahnen.

Zutiefst dankbar bin ich auch dem Direktorium des Institute of Human Origins, dessen Mitglieder mir die moralische und finanzielle Unterstützung gewährten, damit wir unsere faszinierende Arbeit fortsetzen konnten – die Suche nach den Ursprüngen des Menschen.

Auch die Unterstützung des Ministeriums für Information und Kultur Äthiopiens und den Center for Research and Conservation of Cultural Heritage wußten wir sehr zu schätzen.

Große Bewunderung verdienen unsere Lebenspartnerinnen, die während der Entstehung dieses Buches viel Geduld haben mußten. Melissa Merz las Teile des Manuskripts und half bei der Indexerstellung. Lenora Carey Johanson machte Espresso, hielt das Faxgerät betriebsbereit und stand an der Spitze derer, die uns anfeuerten.

Zu großem Dank sind wir Peter N. Nevraumont und Ann J. Perrini von der Nevraumont Publishing Company verpflichtet, die uns das Projekt antrugen, uns begeistert ermutigten und – letztlich – dafür sorgten, daß es fertig wurde. Ihre Sachkenntnis, Anleitung und Aufmerksamkeit für Details inspirierten uns und haben beträchtlich zur Qualität dieses Buches beigetragen.

AUSGEWÄHLTE LITERATUR

Die hier genannten Werke wurden beim Verfassen dieses Buches zu Rate gezogen. Sie sollen dem Leser, der über die behandelten Themen weitere Einzelheiten erfahren möchte, zur Orientierung dienen.
Mit einem Stern versehene Literaturstellen enthalten eine ausführliche Bibliographie, eine Zusammenstellung von Übersichtsartikeln oder einen allgemeinen Überblick über die Evolution der Hominiden.

TEIL 1: *Zentrale Themen der Paläoanthropologie*

1. Der Mensch

Diamond, J. *Der dritte Schimpanse.* Frankfurt (S. Fischer) 1994.

2. Die Suche nach den Ursprüngen

*Bowler, P. J. *Theories of Human Evolution: A Century of Debate, 1844-1944.* Baltimore (Johns Hopkins University Press) 1986.

Landau, M. *Narratives of Human Evolution.* New Haven (Yale University Press) 1991.

3. Ist die Evolution der Menschen anders?

Bonner, J. T. *The Evolution of Culture in Animals.* Princeton (Princeton University Press) 1980. [Deutsche Ausgabe: Bonner, J. *Kultur-Evolution bei Tieren.* Berlin (Parey) 1983.]

Lumsden, C. J.; Wilson, E. O. *Promethean Fire.* Cambridge (Harvard University Press) 1983. [Deutsche Ausgabe: Lumsden, C. J.; Wilson E. O. *Das Feuer des Prometheus: wie das menschliche Denken entstand.* München (Piper) 1984.]

Wilson, E. O. *Sociobiology: The New Synthesis.* Cambridge (Harvard University Press) 1975.

4. Die Wissenschaft der Paläoanthropologie

Howell, F. C. *Recent advances in human evolutionary studies.* In: *The Quarterly Review of Biology* 42 (1967) S. 471-513.

Johanson, D. C. *The Strategy of Paleoanthropology: Early African Hominids.* In: *Yearbook of Physical Anthropology.* 39 (1996) S. 1-10.

5. Fossilfunde von Frühmenschen

*Klein, R. G. *The Human Career.* Chicago (University of Chicago Press) 1989.

6. Wie findet man Fossilfundstellen?

Asfaw, B.; Ebinger, C.; Harding, D.; White, T. D.; Woldegabriel, G. *Space based imagery in paleoanthropological research: an Ethiopian example.* In: *National Geographic Research* 6 (1990) S. 418-434.

*Johanson, D.; Edey, M. A. *Lucy. Die Anfänge der Menschheit.* München (Piper) 1992.

7. Die Bergung der Reste von Frühmenschen

Fagan, B. M. *In the Beginning: An Introduction to Archaeology.* Boston (Little, Brown) 1978.

Fagan, B. *Archäologie: Abenteuer und Forschung.* Gütersloh (Bertelsmann) 1988.

*Walker, A. C.; Shipman, P. *The Wisdom of the Bones.* New York (Alfred A. Knopf) 1996.

8. Die Datierung von Fossilien und Artefakten

Lewin, R. *Rock of ages - cleft by Laser.* In: *New Scientist* 131 (1788) (1991) S. 36-40.

Marshall, E. *Paleoanthropology Gets Physical.* In: *Science* 247 (1990) S. 798-801.

Shreeve, J. *The Dating Game.* In: *Discover* 13(9) (1992) S. 76-83.

9. Klima und die Evolution des Menschen

deMenocal, P. B. *Plio-Pleistocene African Climate.* In: *Science* 270 (1995) S. 53-58.

Hill, A. *Causes of perceived faunal change in the later Neogene of East Africa.* In: *Journal of Human Evolution* 16 (1987) S. 583-596.

Kingston, J. D.; Marino, B. D.; Hill, A. *Isotopic Evidence for Neogene Hominid Paleoenvironments in the Kenya Rift Valley.* In: *Science* 264 (1994) S. 955-959.

*Vrba, E. S.; Denton, G. H.; Partridge, T. C.; Burckle, L. H. (Hrsg.) *Paleoclimate and Evolution with Emphasis on Human Origins.* New Haven (Yale University Press) 1995.

10. Zähne

*Aiello, L.; Dean, C. *Human Evolutionary Anatomy.* London (Academic Press) 1990.

Beynon, A. D.; Dean, M. C. *Distinct dental development patterns in early fossil hominids.* In: *Nature* 335 (1988) S. 509-514.

Hillson, S. *Teeth.* Cambridge (Cambridge University Press) 1986.

Macho, G. A.; Wood, B. A. *The role of time and timing in hominid dental evolution.* In: *Evolutionary Anthropology* 4 (1995) S. 17-31.

*Martin, R. D. *Primate Origins and Evolution.* Princeton (Princeton University Press) 1990.

Swindler, D. R. *Dentition of Living Primates.* London (Academic Press) 1976.

White, T. D. *Human Osteology.* San Diego (Academic Press) 1991.

11. Proteine, DNA, und menschliche Evolution

Sarich, V. M.; Wilson, A. C. *Immunological Time Scale for Hominid Evolution.* In: *Science* 158 (1967) S. 1200-1203.

Sibley, C. G.; Ahlquist, J. E. *The Phylogeny of the Hominoid Primates, as Indicated by DNA-DNA Hybridization.* In: *Journal of Molecular Evolution* 20 (1984) S. 2-15.

12. Woher kommt der Streit in der Paläoanthropologie?

*Lewin, R. *Bones of Contention: Controversies in the Search for Human Origins.* New York (Simon and Schuster) 1987.

*Tuttle, R. H. *What's new in African paleoanthropology?* In: *Ann. Rev. Anthropol.* 17 (1988) S. 391-426.

13. Unsere nächsten lebenden Verwandten

King, M.-C.; Wilson, A. C. *Evolution at Two Levels in Humans and Chimpanzees.* In: *Science* 188 (1975) S. 107-116.

Ruvolo, M. *Seeing the forest and the trees.* In: *Am. J. Phys. Anthropol.* 98 (1995) S. 211-232.

14. Der letzte gemeinsame Vorfahre von Affen und Menschen

Andrews, P. *Aspects of hominoid phylogeny.* In: Patterson, C. (Hrsg.) *Molecules and morphology in Evolution: Conflict or Compromise.* Cambridge (Cambridge University Press) 1987. S. 21-53.

Andrews, P.; Cronin, J. E. *The relationships of Sivapithecus and Ramapithecus and the evolution of the orang-utan.* In: *Nature* 297 (1982) S. 541-546.

Benefit, B. R.; McCrossin, M. L. *Miocene hominoids and hominid origins.* In: *Ann. Rev. Anthropol.* 24 (1995) S. 237-256.

*Ciochon, R. L.; Corruccini, R. S. (Hrsg.) *New Interpretations of Ape and Human Ancestry.* New York (Plenum Press) 1983.

Darwin, C. *Die Abstammung des Menschen.* Wiesbaden (Fourier) 1996.

Greenfield, L. O. *On the adaptive pattern of Ramapithecus`.* In: *Am. J. Phys. Anthropol.* 50 (1979) S. 527-548.

Greenfield, L. O. *A late divergence hypothesis.* In: *Am. J. Phys. Anthropol.* 52 (1980) S. 351-06.

McHenry, H. M. *The common ancestor.* In: Susman, R. L. (Hrsg.) *The Pygmy Chimpanzee.* New York (Plenum) 1984. S. 201-230.

Pilbeam, D. *New hominoid skull material from the Miocene of Pakistan.* In: *Nature* 295 (1982) S. 323-324.

Simons, E. L. *Ramapithecus.* In: *Scientific American* 236(5) (1977) S. 28-35.

15. Der Stammbaum des Menschen

*Johanson, D. C.; White, T. D. *A systematic assessment of early African hominids.* In: *Science* 203 (1979) S. 321-30.

Skelton, R. R.; McHenry, H. M. *Evolutionary relationships among early hominids.* In: *Journal of Human Evolution* 23 (1992) S. 309-349.

*Tattersall, I. *The Fossil Trail.* New York (Oxford University Press) 1995. [Deutsche Ausgabe: Tattersall, I. *Puzzle Menschwerdung. Auf der Spur der menschlichen Evolution.* Heidelberg (Spektrum Akademischer Verlag) 1997.]

Wood, B. A. *Origin and evolution of the genus Homo.* In: *Nature* 355 (1992) S. 783-790.

- *The oldest hominid yet.* In: *Nature* 371 (1994) S. 280-281.

16. Schöpfung in Afrika

Ferguson, W. W. *Taxonomic status of the hominid mandible KNM-ER TI 13150from the middle Pliocene of Tabarin, in Kenya.* In: *Primates* 30 (1989) S. 383-387.

Hill, A.; Ward, S. *Origin of the Hominidae: The record of African large hominoid evolution between 14 My and 4 My.* In: *Yearbook of Physical Anthropology* 31 (1988) S. 49-83.

Leakey, M. G.; Feibel, C. S.; McDougall, I.; Walker, A. C. *New four-million-year-old hominid species from Kanapoi and Allia Bay, Kenya.* In: *Nature* 376 (1995) S. 565-571.

White, T. D.; Suwa, G.; Asfaw, B. *Australopithecus ramidus, a new species of early hominid from Aramis, Ethiopia.* In: *Nature* 371 (1994) S. 306-312.

17. Frühmenschen und Jetztmenschen

*Johanson, D.; Johanson, L.; Edgar, B. *Ancestors: In Search of Human Origins.* New York (Villard Books) 1994.

*Jurmain, R.; Nelson, H. *Introduction to Physical Anthropology.* 6. Aufl. Minneapolis/St. Paul (West Publishing Co.) 1994.

*Tattersall, I. *The Fossil Trail.* New York (Oxford University Press) 1995. [Deutsche Ausgabe: Tattersall, I. *Puzzle Menschwerdung. Auf der Spur der menschlichen Evolution.* Heidelberg (Spektrum Akademischer Verlag) 1997.]

18. Eva – und Adam

Ayala, F. J. *The Myth of Eve: Molecular Biology and Human Origins.* In: *Science* 270 (1995) S. 1930-1936.

Hammer, M. F. *A recent common ancestry for human Y chromosomes.* In: *Nature* 378 (1995) S. 376-378.

Ruvolo, M. *A New Approach to Studying Modern Human Origins: Hypothesis Testing with Coalescence Time Distributions.* In: *Molecular Phylogenetics and Evolution* 5(1) (1996) S. 202-219.

Tishkoff, S. A.; Dietzsch, E.; Speed, W.; Pakstis, A. J.; Kidd, J. R.; Cheung, K.; Bonneé-Tamir, B.; Santachiara-Benerecetti, A. S.; Moral, P.; Krings, M.; Pääbo, S.; Watson, E.; Risch, N.; Jenkins, T.; Kidd, K. K. *Global Patterns of Linkage Disequilibrium at the CD4 Locus and Modern Human Origins.* In: *Science* 271 (1996) S. 1380-1387.

Whitfield, L. S.; Sulston, J. E.; Goodfellow, P. N. *Sequence variation of the human Y chromosome.* In: *Nature* 378 (1995) S. 379-380.

Wilson, A. C.; Cann, R. L. *Afrikanischer Ursprung des modernen Menschen.* In: *Spektrum der Wissenschaft* 6 (1992) S. 72-79.

19. Die ältesten Fossilien anatomisch moderner Menschen

Bar-Yosef, O.; Vandermeersch, B. *Koexistenz von Neandertaler und modernem Homo sapiens.* In: *Spektrum der Wissenschaft* 6 (1993) S. 32-39.

Klein, R. G. *The problem of modern human origins.* In: Nitecki, M. H.; Nitecki, D. V. (Hrsg.) *Origins of Anatomically Modern Humans.* New York (Plenum Press) 1994. S. 3-17.

- *Anatomy, Behavior, and modern human origins.* In: *Journal of World History* 9 (1995) S. 167-198.

*Mellars, P.; Stringer, C. (Hrsg.) *The Human Revolution: Behavioural and Biological Perspectives on the Origins of Modern Humans.* Princeton (Princeton University Press) 1989.

20. Out of Africa

Carbonell, E.; Bermúdez de Castro, J. M.; Arsuaga, J. L.; Diez, J. C.; Rosas, A.; Cuenca-Bescós, G.; Sala, R.; Mosquera, M.; Rodriguez, X. P. *Lower Pleistocene Hominids and Artifacts from Atapuerca-TD6 (Spain).* In: *Science* 269 (1995) S. 826-830.

Gabunia, L.; Vekua, A. *A Plio-Pleistocene hominid from Dmanisi, East Georgia, Caucasus.* In: *Nature* 373 (1995) S. 509-512.

Gutin, J. C. *Remains in Spain Now Reign As Oldest Europeans.* In: *Science* 269 (1995) S. 754-755.

Parés, J. M.; Pérez-González, A. *Paleomagnetic Age for Hominid Fossils in Atapuerca Archaeological Site, Spain.* In: *Science* 269 (1995) S. 830-832.

Shreeve, J. *Erectus Rising.* In: *Discover* 15(9) (1994) S. 80-89.

Swisher, C. C. III; Curtis, G. H.; Jacob, T.; Getty, A. G.; Suprijo, A. *Age of the Earliest Known Hominids in Java, Indonesia.* In: *Science* 263 (1994) S. 1118-1121.

21. Die ersten Amerikaner

Adovasio, J. M.; Carlisle, R. C. *Pennsylvania Pioneers.* In: *Natural History* 95(12) (1986) S. 20-27.

Dillehay, T. D. *By the Banks of the Chinchihuapi.* In: *Natural History* 96(4) (1987) S. 8-11.

Marshall, E. *Clovis Counterrevolution.* In: *Science* 249 (1990) S. 738-741.

- *The Perils of a Deeply Held Point Of View.* In: *Science* 257 (1992) S. 621-622.

Meltzer, D. *Stones of contention.* In: *New Scientist* 146 (1995) S. 31-35.

Morell, V. *Confusion in Earliest America.* In: *Science* 248 (1990) S. 439-441.

Roosevelt, A. C.; Lima da Costa, M.; Lopes Machado, C.; Michab, M.; Mercier, N.; Valladas, H.; Feathers, J.; Barnett, W.; Imazio da Silveira, M.; Henderson, A.; Silva, J.; Chernoff, B.; Reese, D. S.; Holman, J. A.; Toth, N.; Schick, K. *Paleoindian Cave Dwellers in the Amazon: The Peopling of the Americas.* In: *Science* 272 (1996) S. 373-384.

22. Weltweite Verbreitung

Cavalli-Sforza, L. L.; Cavalli-Sforza, F. *The Great Human Diasporas.* New York (Addison-Wesley (Helix Books)) 1995.

Gamble, C. *Timewalkers: The Prehistory of Global Colonization.* Cambridge (Harvard University Press) 1994.

Roberts, R. G.; Jones, R.; Spooner, N. A.; Head, M. J.; Murray, A. S.; Smith, M. A. *The Human Colonisation of Australia: Optical Dates of 53,000 and 60,000 Years Bracket Human Arrival at Deaf Adder Gorge, Northern Territory.* In: *Quaternery Geochronology* 13 (1994) S. 575-583.

23. Die Definition der menschlichen Spezies

Dawkins, R. *Und es entsprang ein Fluß in Eden.* München (C. Bertelsmann) 1996.

*Eldredge, N. *Unfinished Synthesis.* New York (Oxford University Press) 1985.

*Kimbel, W. H.; Martin L. B. (Hrsg.) *Species, Species Concepts and Primate Evolution.* New York (Plenum Press) 1993.

*Meikle, W. E.; Taylor Parker, S. *Naming our Ancestors.* Prospect Heights (Waveland Press) 1994.

Tattersall, I. *Species recognition in human paleontology.* In: *Journal of Human Evolution* 15 (1986) S. 1655-175.

24. Coexistenz von Hominidenarten

Bower, B. *Pruning the Family Tree.* In: *Science News* 148 (1995) S. 154-155.

Walker, A. C. *Australopithecus, Homo erectus and the single species hypothesis.* In: *Nature* 261 (1976) S. 572-574.

25. Die Vielfalt der Menschen heute und 26. Was sind Rassen?

Brace, C. L. *A Four-Letter Word Called „Race".* Vortrag bei der Jahrestagung der American Association for the Advancement of Science. 1995.

*Marks, J. *Human Biodiversity: Genes, Race, and History.* New York (Aldine de Gruyter) 1995.

Vines, G. *Genes in Black and White.* In: *New Scientist* 147 (1985) 1995. S. 34-37.
Wills, C. *The skin we're in.* In: *Discover* 15(11) (1994) S. 76-81.

27. Die Größe der Frühmenschen

*Jungers, W. L. (Hrsg.) *Size and Scaling in Primate Biology.* New York (Plenum Press) 1985.
McHenry, H. M. *How big were early hominids?* In: *Evolutionary Anthropology* 1 (1992 a) S. 15-20.
- *Body size and proportions in early hominids.* In: *Am. J. Phys. Anthropol.* 87 (1992 b) S. 407-431.
Robinson, J. T. *Early Hominid Posture and Locomotion.* Chicago (University of Chicago Press) 1972.

28. Geschlechtsdimorphismus

Frayer, D. W.; Wolpoff, M. H. *Sexual Dimorphism.* In: *Ann. Rev. Anthropol.* 14 (1985) S. 429-73.
McHenry, H. M. *Sexual dimorphism in Australopithecus afarensis.* In: *Journal of Human Evolution* 20 (1991) S. 21-32.
Plavcan, J. M.; Schaik, C. P. van *Canine dimorphism.* In: *Evolutionary Anthropology* 2 (1993/94) S. 208-214.
Plavcan, J. M.; Schaik, C. P. van; Kappeler, P. M. *Competition, coalitions and canine size in primates.* In: *Journal of Human Evolution* 28 (1995) S. 245-276.

29. Schwangerschaft

Fischman, J. *Putting a New Spin on the Birth of Human Birth.* In: *Science* 264 (1994) S. 1082-1083.
Rak, Y.; Arensburg, B. *Kebara 2 Neanderthal pelvis: First look at a complete inlet.* In: *Am. J. Phys. Anthropol.* 73 (1987) S. 227-231.
Trinkaus, E. *Neandertal Pubic Morphology and Gestation Length.* In: *Current Anthropology* 25(4) (1984) S. 509-514.

30. Reifung

Beynon, A. D.; Wood, B. A. *Patterns and rates of enamel growth in the molar teeth of early hominids.* In: *Nature* 326 (1987) S. 493-496.
Bromage, T. G.; Dean, M. C. *Re-evaluation of the age at death of immature fossil hominids.* In: *Nature* 317 (1985) S. 525-527.
Mann, A. E. *Some Paleodemographic Aspects of the South African Australopithecines.* Philadelphia (University of Pennsylvania Publications in Anthropology 1) 1975.
Shipman, P. *An Age-Old Question: Why did the Human Lineage Survive.* In: *Discover* 8(4) (1987) S. 60-64.
Smith, B. H. *Dental Development in Australopithecus and early Homo.* In: *Nature* 323 (1986) S. 327-330.

31. Die Evolution des menschlichen Gehirns

Bilsborough, A. *A multivariate study of evolutionary change in the the hominid cranial vault and some evolution rates.* In: *Journal of Human Evolution* 2 (1973) S. 387-404.
Deacon, T. W. In: Hawkins, J. A.; Gell-Mann, M. (Hrsg.) *The Evolution of Human Languages.* New York (Addison-Wesley) 1990.
Passingham, R. *The Human Primate.* Oxford (W. H. Freeman) 1982.
Wills, C. *The Runaway Brain: The Evolution of Human Uniqueness.* New York (Basic Books) 1993. [Deutsche Ausgabe: Wills, C. *Das vorauseilende Gehirn: die Evolution der menschlichen Sonderstellung.* München (Bertelsmann) 1996.]

32. Wie sahen die frühen Hominiden aus?

Johanson, D. C. *Face-to-Face with Lucy's Family.* In: *National Geographic Magazine* 189(3) (1996) S. 96-117.
Rensberger, B. *Facing the Past.* In: *Science* 81 2(8) (1981) S. 40-51.
Waters, T. *Almost Human.* In: *Discover* 11(5) (1990) S. 42-45.

33. Primatengesellschaften und das Sozialverhalten der Frühmenschen

Ghiglieri, M. P. *Hominoid Sociobiology and Hominid Social Evolution.* In: Heltne, P. G.; Marquardt, L. A. (Hrsg.) *Understanding Chimpanzees.* Cambridge (Harvard University Press) 1989. S. 370-379.
Wrangham, R. W. *The Significance of African apes for reconstructing human social evolution.* In: Kinzey, W. G. (Hrsg.) *The Evolution of Human Behavior: Primate Models.* Albany (State University of New York Press) 1987. S. 51-71.

34. Indizien für den aufrechten Gang

Coppens, Y.; Senut, B. (Hrsg.) *Origine(s) de la Bipédie chez les Hominidés.* Paris (Cahiers de Paléoanthropologie) 1991.
Leakey, M. D.; Harris, J. M. (Hrsg.). *Laetoli: A Pliocene Site in Northern Tanzania.* Oxford (Clarendon Press) 1987.
Lovejoy, C. O. *Die Evolution des aufrechten Ganges.* In: *Spektrum der Wissenschaft* 1 (1989) S. 92-100.
Stern, J. T. Jr.; Susman, R. L. *The locomotor anatomy of Australopithecus afarensis.* In: *Am. J. Phys. Anthropol.* 60 (1983) S. 279-317.
Susman, R. L.; Stern, J. T.; Jungers, W. L. *Arboreality and bipedality in the Hadar hominids.* In: *Folia primatologica* 43 (1984) S. 113-156.
White, T. D.; Suwa, G. *Hominid footprints at Laetoli: facts and interpretations.* In: *Am. J. Phys. Anthropol.* 73 (1987) S. 485-515.

35. Der Ursprung des aufrechten Ganges

Chaplin, G.; Jablonski, N. G.; Cable, N. T. *Physiology, thermoregulation and bipedalism.* In: *Journal of Human Evolution* 27 (1994) S. 497-510.
Hrdy, S. B.; Bennett, W. *Lucy's husband: What did he stand for?* In: *Harvard Magazine* Juli-August (1981) S. 46.
Jablonski, N. G.; Chaplin, G. *Origin of habitual terrestrial bipedalism in the ancestor of the Hominidae.* In: *Journal of Human Evolution* 24 (1993) S. 259-280.
Lovejoy, C. O. *The origin of man.* In: *Science* 211 (1981) S. 341-350.
- *Modeling human origins: are we sexy because we're smart, or smart because we're sexy?* In: Rasmussen, D. T. (Hrsg.) *The Origin and Evolution of Humans and Humanness.* Boston (Jones and Bartlett Publisher) 1993.
Rodman, P. S.; McHenry, H. M. *Bioenergetics and the origin of hominid bipedalism.* In: *Am. J. Phys. Anthropol.* 52 (1980) S. 103-106.
Shreeve, J. *Sunset on the Savanna.* In: *Discover* 17(7) (1996) S. 116-125.
Wheeler, P. E. *Stand tall and stay cool.* In: *New Scientist* 1612 (1988) S. 62-65.

36. Die ersten Steinwerkzeuge

Kimbel, W. H.; Walter, R. C.; Johanson, D. C.; Aronson, J. L.; Assefa, Z.; Eck, G. G.; Hovers, E.; Marean, C. W.; Bobe-Quinteros, R.; Rak, Y.; Reed, K. E.; Vondra, C.; Yemane, T.; York, D.; Chen, Y.; Evensen, N. M.; Smith, M. *Late Pliocene Homo and Oldowan tools from the Hadar Formation (Kada Hadar Member), Ethiopia.* In: *Journal of Human Evolution* (1996).
*Leakey, M. D. *Olduvai Gorge: Excavations in Beds I and II, 1960-1963.* Cambridge (Cambridge University Press) 1971.
Roche, H.; Tiercelin, J.-J. *Découverte d'une industrie lithique ancienne in situ dans la formation d'Hadar, Afar central, Ethiopie.* In: *Comptes Rendus des séances de l'Académie des Sciences (Paris)* 284 (1977) S. 1871-1874.
*Schick, K. D.; Toth, N. *Making Silent Stones speak.* New York (Simon and Schuster) 1993.

37. Jäger, Sammler oder Aasverwerter?

Binford, L. R. *Bones: Ancient Men and Modern Myths.* New York (Academic Press) 1981.
- *Fact and fiction about the Zinjanthropus floor: data, arguments, and interpretations.* In: *Current Anthropology* 29, S. 123-149.
Blumenshine, R. J. *Characteristics of an early hominid scavenging niche.* In: *Current Anthropology* 28 (1987) S. 383-407.
- *Breakfast at Olorgesailie: The natural history approach to early stone age archaeology.* In: *Journal of Evolution* 21 (1991) S. 307-327.
Blumenshine, R. J.; Cavallo, J. A. *Frühe Hominiden - Aasfresser.* In: *Spektrum der Wissenschaft* 12 (1992) S. 88-95.
Brain, C. K. *The Hunters or the Hunted?* Chicago (University of Chicago Press) 1981.
Bunn, H. T.; Kroll, E. M. *Systematic butchery by Plio/Pleistocene hominids at Olduvai Gorge, Tanzania.* In: *Current Anthropology* 27 (1986) S. 431-452.
Issac, G. L. *Food sharing and human evolution: archaeological evidence from the Plio-Pleistocene of East Africa.* In: *Journal of Anthropological Research* 34 (1978) S. 311-325.
*Lee, R. B.; DeVore, I. *Alan the Hunter.* Chicago (Aldine) 1968.
Shipman, P.; Walker, A. C. *The costs of becoming a predator.* In: *Journal of Human Evolution* 18 (1989) S. 373-392.
Tooby, J.; DeVore, I. *The reconstruction of hominid behavioral evolution through strategic modelling.* In: Kinzey, W. G. (Hrsg.) *The Evolution of Human Behavior: Primate models.* Albany (State University of New York Press) 1987. S. 183-237.

38. Ernährung

Benyon, A. D.; Wood, B. A. *Variations in enamel thickness and structure in East African hominids.* In: *Am. J. Phys. Anthropol.* 70 (1986) S. 177-194.
Grine, F. E. *Quantitative analysis of occlusal microwear in Australopithecus and Paranthropus.* In: *Scanning Microscopy* 1 (1987) S. 647-656.
Grine, F. E.; Kay, R. F. *Early hominid diets from quantitative image analysis of dental microwear.* In: *Nature* 333 (1988) S. 765-768.
Kay, R. F. *The functional adaptations of primate molar teeth.* In: *Am. J. Phys. Anthropol.* 43 (1975) S. 195-215.
Ryan, A. S.; Johanson, D. C. *Anterior dental microwear in Australopithecus afarensis: comparisons with human and non human primates.* In: *Journal of Human Evolution* 18 (1989) S. 235-268.
Teaford, M. F. *Dental microwear and dental function.* In: *Evolutionary Anthropology* 3 (1994) S. 17-30.
Walker, A. C. *Diet and teeth.* In: *Phil. Trans. Roy. Soc. Lond.* B292 (1981) S. 57-64.

39. Kannibalismus

Fernández-Jalvo, Y.; Diez, J. C.; Bermúdez de Castro, J. M.; Carbonell, E.; Arsuaga, J. L. *Evidence of Early Cannibalism.* In: *Science* 217 (1996) S. 277-278.
Villa, P.; Bouville, C.; Courtin, J.; Helmer, D.; Mahieu, E.; Shipman, P.; Belluomini, G.; Branca, M. *Cannibalism in the Neolithic.* In: *Science* 233 (1986) S. 431-437.
Villa, P.; Mahieu, E. *Breakage patterns of human long bones.* In: *Journal of Human Evolution* 21 (1991) S. 27-48.
White, T. D. *Cut Marks on the Bodo Cranium: A Case of Prehistoric Defleshing.* In: *Am. J. Phys. Anthropol.* 69 (1986) S. 503-509.
White, T. D.; Toth, N. *Engis: Preparation Damage, Not Ancient Cutmarks.* In: *Am. J. Phys. Anthropol.* 78 (1989) S. 361-367.

40. Feuer

Brain, C. K.; Sillen, A. *Evidence from the Swartkrans Cave for the Earliest Use of Fire.* In: *Nature* 336 (1988) S. 464-466.
Fischman, J. *A Fireplace in France.* In: *Discover* 17(1) (1996) S. 69.
Gowlett, J. A. J.; Harris, J. W. K.; Walton, D.; Wood, B. A. *Early archaeological sites, hominid remains and traces of fire from Chesowanja, Kenya.* In: *Nature* 294 (1981) S. 125-129.
James, S. R. *Hominid Use of Fire in the Lower and Middle Pleistocene.* In: *Current Anthropology* 30(1) (1989) S. 1-26.
Straus, L. G. *On Early Hominid Use of Fire.* In: *Current Anthropology* 30(4) (1989) S. 488-491.

41. Behausungen

Bordes, F. *A Tale of Two Caves.* New York (Harper and Row) 1972.
Gladkin, M. I.; Kornietz, N. L.; Soffer, O. *Mammutknochen-Behausungen in der russischen Ebene.* In: *Spektrum der Wissenschaft* Januar (1985) S. 112ff.
Klein, R. G. *Ice Age Hunters of the Ukraine.* Chicago (The University of Chicago Press) 1973.

42. Kleidung

Spindler, K. *The Man in the Ice.* New York (Harmony Books) 1994. [Deutsche Originalausgabe: Spindler, K. *Der Mann im Eis: die Ötztaler Mumie verrät Geheimnisse der Steinzeit.* München (Bertelsmann) 1993.]
White, R. *Dark Caves, Bright Visions. Life in Ice Age Europe.* New York (W. W. Norton) 1986.

43. Die Bestattung

Chase, P. G.; Dibble, H. C. *Middle Paleolithic Symbolism: A Review Of Current Evidence and Interpretations.* In: *Journal of Anthropological Archaeology* 6 (1987) S. 263-296.
Gargett, R. H. *Grave Shortcomings: The Evidence for Neandertal Burial.* In: *Current Anthropology* 30(2) (1989) S. 157-190.
Harrold, F. B. *A comparative analysis of Eurasian Paleolithic burials.* In: *World Archeology* 12(2) (1980) S. 195-211.

44. Kunst

*Bahn, P. G.; Vertut, J. *Images of the Ice Age.* New York (Facts on File) 1988.
Chauvet, J. M.; Deschamps, E. B.; Hillaire, C. *Dawn of Art: The Chauvet Cave.* New York (Harry N. Abrams) 1996. [Deutsche Ausgabe: Chauvet, J. M.; Deschamps, E.; Hillaire, C. *Grotte Chauvet: altsteinzeitliche Höhlenkunst im Tal der Ardèche.* Sigmaringen (Thorbecke) 1995.]
Clottes, J.; Courtin, J. *The Cave Beneath the Sea.* New York (Harry N. Abrams) 1996. [Deutsche Ausgabe: Clottes, J.; Courtin, J. (Hrsg.) *Grotte Cosquer bei Marseille: eine im Meer versunkene Bilderhöhle.* Sigmaringen (Thorbecke) 1995.]
Lewis-Williams, J. D. *Believing and Seeing: Symbolic Meanings in southern San Rock Paintings.* New York (Academic Press) 1981.
Lorblanchet, M. *From the cave art of the reindeer hunters to the rock art of the kangaroo hunters.* In: *L'Anthropologie* 92 (1988) S. 271-316.
*Marshack, A. *The Roots of Civilization.* Mount Kisco (Moyer Bell) 1991.

45. Der Ursprung der Sprache

Arensburg, B.; Tillier, A.-M.; Vandermeersch, B.; Duday, H.; Schepartz, L. A.; Rak, Y. *A Middle Paleolithic human hyoid bone.* In: *Nature* 338 (1989) S. 758-760.
Noble, W.; Davidson, I. *The Evolutionary Emergence of Modern Human Behaviour: Language and its Archaeology.* In: *Man* 26(2) (1991) S. 223-254.
Pinker, S. *Der Sprachinstinkt. Wie der Geist die Sprache bildet.* München (Kindler) 1996.

46. Das Problem des Bewußtseins

Bower, B. *Consciousness Raising.* In: *Science News* 142 (1992) S. 232-235.
Dennett, D. C. *Philosophie des menschlichen Bewußtseins.* Hamburg (Hoffmann und Campe) 1994.
Horgan, J. *Can Science Explain Consciousness?* In: *Scientific American* 268(7) (1994) S. 88-94.
Humphrey, N. *Die Naturgeschichte des Ich.* Hamburg (Hoffmann und Campe) 1995.
Wright, R. *Can Machines Think?* In: *Time* 147(13) (1996) S. 50-57.

47. Werden die Menschen aussterben?

McKibben, B. *The End of Nature.* New York (Random House) 1989. [Deutsche Ausgabe: McKibben, B. *Das Ende der Natur.* München (List) 1990.]
Nitecki, M. H. (Hrsg.) *Extinctions.* Chicago (The University of Chicago Press) 1984.
Ward, P. *The End of Evolution: On Mass Extinctions and the Preservation of Biodiversity.* New York (Bantam Books) 1994.
Wilson, E. O. *The Diversity of Life.* Cambridge (Harvard University Press) 1992. [Deutsche Ausgabe: Wilson, E. O. *Der Wert der Vielfalt.* 2. Aufl. München (Piper) 1996.

48. Der Platz des Menschen in der Natur

Huxley, T. H. *Evidence as to Man's Place in Nature.* London (Williams and Norgate) 1863. [Deutsche Ausgabe: Huxley, T. H. *Zeugnisse für die Stellung des Menschen in der Natur.* Braunschweig (Vieweg) 1863.]

TEIL 2: *Die Belege*

Ardipithecus ramidus, ARA-VP-1/129

Day, M. H. *Remarkable delay.* In: *Nature* 376 (1995) S. 111.
Kalb, J. E.; Jolly, C. J.; Oswald, E. B.; Whitehead, P. F. *Early Hominid habitation in Ethiopia.* In: *American Scientist* März/April 72 (1984) S. 168–178.
Kappelman, J.; Fleagle, J. G. *Age of early hominids.* In: *Nature* 376 (1995) S. 558–559.
Woldegabriel, G.; White, T. D.; Suwa, G.; Renne, P.; Heinzelin, J. de; Hart, W. K.; Heiken, G. *Ecological and temporal placement of early Pliocene hominids at Aramis, Ethiopia.* In: *Nature* 371 (1994) S. 330–333.
White, T. D.; Suwa, G.; Asfaw, B. *Australopithecus ramidus, a new species of early hominid from Aramis, Ethiopia.* In: *Nature* 375 (1995) S. 88.

Australopithecinen

Broom, R.; Robinson, J. T. *Further Evidence of the Structure of the Sterkfontein Ape-man Plesianthropus.* In: *Transvaal Mus. Memoir* 4 (1950) S. 11–84.
- *Swartkrans Ape-man: Paranthropus crassidens.* In: *Transvaal Mus. Memoir* 6 (1952) S. 1–123.
Broom, R.; Schepers, G. W. H. *The South African Fossil Ape-Men. The Australopithecinae.* In: *Transvaal Mus. Memoir* 2 (1946) S. 1–271.
Brunet, M.; Beauvilain, A.; Coppens, Y.; Heintz, E.; Moutaye, A. H. E.; Pilbeam, D. *The first australopithecine 2 500 kilometers west of the Rift Valley (Chad).* In: *Nature* 378 (1995) S. 273–275.
Brunet, M.; Beauvilain, A.; Coppens, Y.; Heintz, E.; Moutaye, A. H. E.; Pilbeam, D. *Australopithecus bahrelghazali, une nouvelle espèce d'Hominide ancien de la region de Koro Toro (Tchad).* In: *Comptes Rendus des séances de l'Académie des Sciences, Paris* 322 (1996) S. 907–913.
Grine, F. E. *Australopithecine taxonomy and phylogeny: historical background and recent interpretation.* In: Ciochon, R. L.; Fleagle, J. G. (Hrsg.) *The Human Evolution Source Book.* Englewood Cliffs (Prentice Hall) 1993. S. 145–175.
Grine, F. F. (Hrsg.) *Evolutionary History of the „Robust" Australopithecines.* New York (Aldine de Gruyter) 1988.
Howell, F. C. *Hominidae.* In: Maglio, V. J.; Cooke, H. B. S. (Hrsg.) *Evolution of African Mammals.* Cambridge (Harvard University Press) 1978. S. 154–428.
Johanson, D. C.; White, T. D. *A systematic assessment of early African hominids.* In: *Science* 202 (1979) S. 3321–3330.
Le Gros Clark, W. E. *Man-Apes or Ape-Men? The Story of Discoveries in Africa.* New York (Holt, Rinehart and Winston) 1967.
Rak, Y. *The Australopithecine Face.* New York (Academic Press) 1983.
Reed, C. A. *A short history of the discovery and early study of the Australopithecines: the first find to the death of Robert Broom (1924–1951).* In: Reichs, K. J. (Hrsg.) *Hominid Origins: Inquiries Past and Present.* Washington, D. C. (University Press of America) 1983. S. 1–77.
Robinson, J. T. *The Dentition of the Australopithecinae.* In: *Transvaal Mus. Memoir* 9 (1956) S. 1–179.
Tobias, P. V. *The Cranium and Maxillary Dentition of Australopithecus (Zinjanthropus) boisei. Olduvai Gorge.* Bd. 2. Cambridge (Cambridge University Press) 1968.
Tobias, P. V. *Australopithecus afarensis and A. africanus: critique and an alternative hypothesis.* In: *Palaeontologia Africana* 23 (1980) S. 1–17.
Wallace, J. A. *The Dentition of the south African Early Hominids: A study of form and Function.* PhD Dissertation. (The University of the Witwatersrand) 1972.
- *Dietary adaptations of Australopithecus and early Homo.* In: Tuttle, R. H. (Hrsg.) *Paleoanthropology, Morphology and Paleoecology.* Den Haag (Mouton Publishers) 1974. S. 204–223.
White, T. D.; Johanson, D. C.; Kimbel, W. H. *Australopithecus africanus: its phyletic position reconsidered.* In: *South African Journal of Science* 77 (1981) S. 445–470.

Australopithecus anamensis, KNM-KP 29281

Coffing, K.; Feibel, C.; Leakey, M.; Walker, A. *Four-million-year-old hominids from east Lake Turkana, Kenya.* In: *Am. J. Phys. Anthropol.* 93 (1994) S. 55–65.
Leakey, M. *The farthest horizon.* In: *National Geographic Magazine* 188 (1995) S. 38–51.

Australopithecus afarensis, A.L. 288-1, Lucy

*Johanson, D.; Edey, M. A. *Lucy. Die Anfänge der Menschheit.* München (Piper) 1992.
Johanson, D. C.; Lovejoy, C. O.; Kimbel, W. H.; White, T. D.; Ward, S. C.; Bush, M. E.; Latimer, B. M.; Coppens, Y. *Morphology of the Pliocene partial hominid skeleton (A.L. 288-1) from the Hadar Formation, Ethiopia.* In: *Am. J. Phys. Anthropol.* 57 (1982) S. 403–451.

Australopithecus afarensis, A.L. 333, die „Erste Familie"

Johanson, D. C. *Ethiopia yields first „family" of early man.* In: *National Geographic Magazine* 150 (1976) S. 791–811.
Kimbel, W. H.; Johanson, D. C.; Coppens, Y. *Pliocene hominid cranial remains from the Hadar Formation, Ethiopia.* In: *Am. J. Phys. Anthropol.* 57 (1982) S. 453–499.
White, T. D.; Johanson, D. C. *The hominid composition of Afar locality 333: some preliminarv observations.* In: Giacobini, G (Hrsg.) *Hominidae.* Mailand (Jaca Book) 1989. S. 97–101.

Australopithecus afarensis, A.L. 444-2

Johanson, D. C. *Face-to-face with Lucy's family.* In: *National Geographic Magazine,* 189 (1996) S. 96–117.
Kimbel, W. H.; White, T. D.; Johanson, D. C. *Cranial morphology of Australopithecus afarensis: a comparative study based on composite reconstruction of the adult skull.* In: *Am. J. Phys. Anthropol.* 64 (1984) S. 337–388.

Australopithecus afarensis, A.L. 129-la+lb

Johanson, D. C.; Lovejoy, C. O.; Heiple, K. G. *Functional implications of the Afar knee joint.* In: *Am. J. Phys. Anthropol.* 45 (1976) S. 188.
Tardieu, C. *Étude comparative des déplacements du centre de gravité du corps pendant la marche par une nouvelle méthode d'analyse tridemensionnelle. Mise à l'épreuve d'une hypothèse évolutive.* In: Coppens, Y.; Senut, B. (Hrsg.) *Origine(s) de la Bipédie chez les Hominidés.* Paris (Cahiers de paléoanthropologie) 1991. S. 49–58.

Australopithecus afarensis, LH 4, fossile Fußabdrücke von Hominiden

Feibel, C. S.; Agnew, N.; Latimer, B.; Demas, M.; Marshall, F.; Waane, S. A. C.; Schmid, P. *The Laetoli hominid footprints – a preliminary report on the conservation and scientific restudy.* In: *Evolutionary Anthropology* 4 (1995) S. 149–154.
Hay, R. L.; Leakey, M. D. *Die versteinerten Fußspuren von Laetoli.* In: *Spektrum der Wissenschaft* April (1982) S. 44ff.
Johanson, D. C.; White, T. D.; Coppens, Y. *A new species of the genus Australopithecus (Primates: Hominidae) from the Pliocene of Eastern Africa.* In: *Kirtlandia* 28 (1978) S. 1–14.
*Leakey, M. D.; Harris, J. M. (Hrsg.) *Laetoli: A Pliocene Site in Northern Tanzania.* Oxford (Clarendon Press) 1987.
White, T. D. *New fossil hominids from Laetoli, Tanzania.* In: *Am. J. Phys. Anthropol.* 46 (1977) S. 197–230.

Australopithecus africanus, Sts 5, Mrs. Ples

Rak, Y. *The Australopithecine Face.* New York (Academic Press) 1983.

Australopithecus africanus, STS 14

Abitbol, M. M. *Reconstruction of the STS 14 (Australopithecus africanus) pelvis.* In: *Am. J. Phys. Anthropol.* 96 (1995) S. 143–158.
Robinson, J. T. *Early Hominid Posture and Locomotion.* Chicago (University of Chicago Press) 1972.

Australopithecus africanus, Sts 71 und Sts 36

Rak, Y. *The Australopithecine Face.* New York (Academic Press) 1983.

Australopithecus africanus, Kind von Taung

Berger, L. R.; Clarke, R. J. *Eagle involvement in accumulation of the Taung child fauna.* In: *Journal of Human Evolution* 29 (1995) S. 275–299.
Broom, R. *Some notes on the Taungs skull.* In: *Nature* 115 (1925) S. 569–571.
Dart, R. A. *Adventures with the Missing Link.* Philadelphia (The Institutes Press) 1967.
Tobias, P. V. *New researches at Sterkfontein and Taung with a note on Piltdown and its relevance to the history of paleo-anthropology.* In: *Trans. Roy. Soc. S. Afr.* 48 (1992) S. 1–14.

Australopithecus africanus, TM 1517

Rak, Y. *The Australopithecine Face.* New York (Academic Press) 1983.
Robinson, J. T. *The Dentition of the Australopithecinae.* In: *Transvaal Mus. Memoir* 9 (1956) S. 1–179.

Australopithecus africanus, Stw 252

Clarke, R. J. *The genus Paranthropus: What's in a name?* In: Meikle, W. E.; Howell, F. C.; Jablonski, N. G. (Hrsg.) *Contemporary Issues in Human Evolution.* San Francisco (California Academy of Sciences) 1996.

Australopithecus robustus, SK6, SK 48, und SK 79

Rak, Y. *The Australopithecine Face.* New York (Academic Press) 1983.
Robinson, J. T. *The Dentition of the Australopithecinae.* In: *Transvaal Mus. Memoir* 9 (1956) S. 1–179.

Australopithecus aethiopicus, KNM-WT 17 000, Schwarzer Schädel

Arambourg, C.; Coppens, Y. *Sur la découverte dans le Pléistocène inférieur de la vallée de l'Omo (Éthiopie) d'une mandibule d'Australopithécien.* In: *Comptes Rendus des séances de l'Académie des Sciences, Paris* 265 (1968) S. 589–590.
Arambourg, C.; Coppens, Y. *Découverte d'un Australopithécien nouveau dans les gisements de l'Omo (Ethiopia).* In: *South African Journal of Science* 64 (1968) S. 58–59.
Kimbel, W. H.; White, T. D.; Johanson, D. C. *Implications of KNMWT 17 000 for the evolution of „Robust" Australopithecus.* In: Grine, F. E. (Hrsg.) *Evolutionary History of the „Robust" Australopithecines.* New York (Aldine de Gruyter) 1988. S. 259–268.
Leakey, R. E. F.; Lewin, R. *Der Ursprung des Menschen.* Frankfurt (S. Fischer) 1993.

Australopithecus boisei OH 5, Nußknackermensch

*Tobias, P. V. *The Cranium and Maxillary Dentition of Australopithecus (Zinjanthropus) boisei. Olduvai Gorge.* Bd. 2. Cambridge (Cambridge University Press) 1968.

Australopithecus boisei, KNM-ER 406, und KNM-ER 732

Walker, A. C.; Leakey, R. E. F. *Die Hominiden von Ostturkana.* In: *Spektrum der Wissenschaft* November (1978) S. 56ff.

Homo

Groves, C. P.; Mazák, V. *An approach to the Hominidae: gracile Villafranchian hominids of Africa.* In: *Cas. Miner. Geol.* 20 (1975) S. 225–247.
Kramer, A.; Donnelly, S. M.; Kidder, J. H.; Ousley, S. D.; Olah, S. M. *Craniometric variation in large-bodied hominoids: testing the single-species hypothesis for Homo habilis.* In: *Journal of Human Evolution* 29 (1995) S. 443–462.
Miller, J. A. *Does brain size variability provide evidence for multiple species in Homo habilis?* In: *Am. J. Phys. Anthropol.* 94 (1991) S. 385–398.
Stringer, C. B. *The credibility of Homo habilis.* In: Wood, B. A.; Martin, L.; Andrews, P. (Hrsg.) *Major Topic in Primate and Human Evolution.* Cambridge (Cambridge University Press) 1986. S. 266–294
*Wood, Bernard A. *Koobi Fora Research Project.* Vol. 4: *Hominid Cranial Remains.* Oxford (Clarendon Press) 1991.
- *Origin and evolution of the genus Homo.* In: *Nature* 355 (1992) S. 783–790.
- *Early Homo. How many species?* In: Kimbel, W. H.; Martin, L. B. (Hrsg.) *Species, Species Concepts, and Primate Evolution.* New York (Plenum Press) 1993. S. 485–522.

Homo habilis, OH 7 und OH 24

Leakey, Louis S. B.; Tobias, P. V.; Napier J. R. *A new species of Genus Homo from Olduvai Gorge.* In: *Nature* 202 (1964) S. 7–9.
Leakey, M. D.; Clarke, R. J.; Leakey, L. S. B. *New Hominid Scull from Bed 1, Olduvai Gorge, Tanzania.* In: *Nature* 232 (1971) S. 308–312.
Rightmire, G.; Philip *Variation among early Homo Crania from Olduvai Gorge and the Koobi Fora Region.* In: *American Journal of Physical Anthropology* 90 (1993) S. 1–33.
*Tobias, P. V. *Olduvai Gorge: The Skulls, Endocasts and Teeth of Homo habilis.* Bd. 4. Cambridge (Cambridge University Press) 1991.

Homo habilis, KNM-ER 1813

Leakey, R. E. F. *Further evidence of Lower Pleistocene hominids from East Rudolf, North Kenya, 1973.* In: *Nature* 248 (1974) S. 653–656.
Leakey, R.; Lewin, R. *Der Ursprung des Menschen.* Frankfurt (S. Fischer) 1993.
Wood, B. A. *Koobi Fora Research Project Volume 4: Hominid Cranial Remains.* Oxford (Oxford University Press) 1991.

Homo habilis, OH 62

Hartwig-Scherer, S. *Body weight prediction in early fossil hominids: Towards a taxon-"independent" approach.* In: *Am. J. Phys. Anthropol.* 92 (1993) S. 17–36.
Johanson, D. C.; Shreeve, J. *Lucy's Child: The Discovery of a Human Ancestor.* New York (William Morrow) 1989. [Deutsche Ausgabe: Johanson, D.; Shreeve, J. *Lucys Kind: auf der Suche nach den ersten Menschen.* München (Piper) 1990.]

Homo rudolfensis, KNM-ER 1470

Alekseev, V. P. *The Origin of the Human Race.* Moskau (Progress Publishers) 1986.
Leakey, R. E. F. *Evidence for an Advanced Plio-Pleistocene Hominid from East Rudolf, Kenya.* In: *Nature* 242 (1973) S. 447–450.
Wood, B. A. *Koobi Fora Research Project (Volume 4). Hominid Cranial Remains.* Oxford (Oxford University Press) 1991.

Homo ergaster, KNM-ER 3733

Leakey, R. E. F. *New hominid fossils from the Koobi Fora formation in Northern Kenya.* In: *Nature* 261 (1976) S. 574–576.

Homo ergaster, KNM-WT 15 000

Brown, F.; Harris, J.; Leakey, R.; Walker, A. *Early Homo erectus skeleton from west Lake Turkana, Kenya.* In: *Nature* 316 (1985) S. 788–792.
Walker, A.; Leakey, R. (Hrsg.) *The Nariokotome Homo erectus Skeleton.* Cambridge (Harvard University Press) 1993. [Deutsche Ausgabe: Walker, A.; Leakey, R. (Hrsg.) *The Nariokotome Homo erectus Skeleton.* Berlin (Springer) 1993.]

Homo ergaster, SK 847

Clarke, R. J.; Howell, F. C. *Affinities of the Swartkrans 847 Hominid Cranium.* In: *Am. J. Phys. Anthropol.* 37(3) (1972) S. 319–335.
Clarke, R. J.; Howell, F. C.; Brain, C. K. *More Evidence of an Advanced Hominid at Swartkrans.* In: *Nature* 225 (1970) S. 1219–1222.

Homo erectus, Trinil 2, Javamensch

Dubois, E. *On the principal characters of the cranium and the brain, the mandible and the teeth of Pithecanthropus erectus.* In: *Proc. Acad. Sci. Amst.* 27 (1926) S. 265–278.

Homo erectus, Pekingmensch

Rukang, W.; Shenglong, L. *Der Peking-Mensch.* In: *Spektrum der Wissenschaft* August (1983) S. 102ff.

Tattersall, I.; Sawyer, G. J. *The Skull of Sinanthropus from Zhoukoudian, China: A New Reconstruction.* In: *Journal of Human Evolution* 31 (1996) S. 311-312.

Weidenreich, F. *The Skull of Sinanthropus pekinensis: a comparative study on a primitive hominid skull.* In: *Palaeontologia Sinica*, New Series D, 10 (1943) S. 1-485.

Homo erectus, Sangiran _17_

Jacob, T. *Morphology and paleoecology of early man in Java.* In: Tuttle, R. H. (Hrsg.) *Paleoanthropology, Morphology and Paleoecology.* Den Haag (Mouton Publishers) 1975. S. 311-326.

Sartono, S. *Implications arising from Pithecanthropus VIII.* In: Tuttle, R. H. (Hrsg.) *Paleoanthropology, Morphology and Paleoecology.* Den Haag (Mouton Publishers) 1975. S. 327-360.

Sartono, S. *Discovery of Another Hominid Skull at Sangiran, Central Java.* In: *Current Anthropology* 13(1) (1972) S. 124-125.

Homo heidelbergensis, Bodo

Clark, J. D.; Heinzelin, J. de; Schick, K. D.; Hart, W. K.; White, T. D.; Woldegabriel, G.; Walter, R. C.; Suwa, G.; Asfaw, B.; Vrba, E.; H-Selassie, Y. *African Homo erectus: Old Radiometric Ages and Young Oldowan Assemblages in the Middle Awash Valley, Ethiopia.* In: *Science* 264 (1994) S. 1907-1909.

Conroy, G. C.; Jolly, C. J.; Cramer, D.; Kalb, J. E. *Newly discovered fossil hominid skull from the Afar depression, Ethiopia.* In: *Nature* 276 (1978) S. 67-70.

Homo heidelbergensis, Mauer 1

Kraatz, R. In: Eric Delson (Hrsg.) *Ancestors: The Hard Evidence.* New York (Alan R. Liss) 1985.

Schoetensack, O. *Der Unterkiefer des Homo heidelbergensis aus den Sanden von Mauer bei Heidelberg.* Leipzig (Wilhelm Engelmann) 1908.

Homo heidelbergensis, Arago XXI

Lumley, H. de (Hrsg.). *L'Homme de Tautavel.* In: *Dossiers de l'Archéologie* 36 (1979).

Homo heidelbergensis, Petralona 1

Kokkoros, R.; Kanellis, A. *Découverte d'un crâne d'homme paléolithique dans la peninsule Chalcidique.* In: *Anthropologie* 64 (1960) S. 132-147.

Poulianos, A. N. *Petralona: A Middle Pleistocene cave in Greece.* In: *Archaeology* 24 (1971) S. 6-11.

Stringer, C. B. *A Multivariate Study of the Petralona Skull.* In: *Journal of Human Evolution* 3 (1974) S. 397-404.

Homo heidelbergensis, Steinheim

Adam, K. D. *The chronological and systematic position of the Steinheim skull.* In: Delson, E. (Hrsg.) *Ancestors: The Hard Evidence.* New York (Alan R. Liss) 1985. S. 272-276.

Homo heidelbergensis, Atapuerca 5

Arsuaga, J.-L.; Martínez, I.; Gracia, A.; Carretero, J.-M.; Carbonell, E. *Three new human skulls from the Sima de los Huesos Middle Pleistocene site in Sierra de Atapuerca, Spain.* In: *Nature* 362 (1993) S. 534-537.

Stringer, C. B. *Secrets of the Pit of the Bones.* In: *Nature* 362 (1993) S. 501-502.

Homo heidelbergensis, Broken Hill 1

Keith, A. *The Antiquity of Man.* 2. Aufl. London (Williams and Norgate) 1926.

Klein, R. G. *Geological Antiquity of Rhodesian Man.* In: *Nature* 244 (1973) S. 311-312.

Woodward, A. S. *A New Cave Man from Rhodesial South Africa.* In: *Nature* 108(2716) (1921) S. 371-372.

Homo neanderthalensis, Krapina C

Smith, F. H. *The Neandertal remains from Krapina: A descriptive and comparative study.* In: *Univ. Tenn. Dep. Anthropol. Rep. Invest.* 15 (1976) S. 1-359.

Homo neanderthalensis, Saccopastore 1

Manzi, G.; Passarello, P. *Anténéandertaliens et Néandertaliens du Latium (Italie Centrale).* In: *L'Anthropologie* 95(2/3) (1991) S. 501-522.

Homo neanderthalensis, Teshik-Tash

Movius, H. L. Jr. *The Mousterian Cave of Teshik-Tash, Southeastern Uzbekistan, Central Asia.* In: *American School of Prehistoric Research Bulletin* 17 (1953) S. 11-71.

Homo neanderthalensis, Kebara 2

Bar-Yosef, O.; Vandermeersch, B.; Arensburg, B.; Belfer-Cohen, A.; Goldberg, P.; Laville, H.; Meignen, L.; Rak, Y.; Speth, J. D.; Tchernov, E.; Tillier, A.-M.; Weiner, S. *The Excavations in Kebara Cave, Mt. Carmel.* In: *Current Anthropology* 33(5) (1992) S. 497-550.

Homo neanderthalensis, Amud 1

Suzuki, H.; Takal, E. (Hrsg.) *The Amud Man and His Cave Site.* Tokyo (The University of Tokyo) 1970.

Homo neanderthalensis, Amud 7

Rak, Y.; Kimbel, W. H.; Hovers, E. *A Neandertal infant from Amud Cave, Israel.* In: *Journal of Human Evolution* 26 (1994) S. 313-324.

Homo neanderthalensis, La Chapelle-aux-Saints

Boule, M. *L'homme fossile de La-Chapelle-aux-Saints.* In: *Annales de Paléontologie* 6-8 (1911-1913).

Straus, W. L. jr.; Cave, A. J. E. *Pathology and the Posture of Neanderthal Man.* In: *Quarterly Review of Biology* 32(4) (1957) S. 348-363.

Homo neanderthalensis, Ferrassie 1

Heim, J.-L. *Les hommes fossiles de la Ferrassie I.* In: *Archives de l'Institut de Paléontologie Humaine* 35 (1976) S. 1-331.

Puech, P.-F. *Tooth Wear in La Ferrassie Man.* In: *Current Anthropology* 22(4) (1981) S. 424-430.

Homo neanderthalensis, Neandertal 1

King, W. *The Reputed Fossil Man of the Neanderthal.* In: *Quarterly Review of Science* 1 (1864) S. 88-97.

Schaaffhausen, H. *Zur Kenntnis der ältesten Rassenschädel.* In: *Archiv. Anat. Phys. Wiss. Medizin* (1858) S. 453-478.

Homo neanderthalensis, Gibraltar 1

Keith, A. *The early history of the Gibraltar cranium.* In: *Nature* 87 (1911) S. 313-314.

Homo neanderthalensis, St.-Césaire

ApSimon, A. M. *The last neanderthal in France?* In: *Nature* 287 (1980) S. 271-272.

Mardis, S. E. *The Last Neanderthals.* In: *Archeology* 48(6) (1995) S. 12-13.

Mercier, N.; Valladas, H.; Joron, J.-L.; Reyss, J.-L.; Leveque, F.; Vandermeersch, B. *Thermoluminescence dating of the late Neanderthal remains from Saint-Césaire.* In: *Nature* 351 (1991) S. 737-739.

Stringer, C. B.; Grün, R. *Time for the last Neanderthals.* In: *Nature* 351 (1991) S. 701-702.

Homo sapiens, Dali

Stringer, C. B. *Reconstructing recent human evolution.* In: *Phil. Trans. R. Soc. Lond.* B 337 (1992) S. 217-224.

Wu, X.; Poirier, F. F. *Human Evolution in China: A Metric Description of the Fossils and a Review of the Sites.* New York (Oxford University Press) 1995.

Homo sapiens, Omo I und Omo II

Leakey, R. E. F.; Butzer, K. W.; Day, M. H. *Early Homo sapiens Remains from the Omo River Region Of South-west Ethiopia.* In: *Nature* 222 (1969) S. 1132-1138.

Homo sapiens, Qafzeh IX

Vandermeersch, B. *Les Hommes Fossiles de Qafzeh.* Paris (Editions du Centre National de la Recherche Scientifique) 1981.

Homo sapiens, Skhul V

McCown, T. D.; Keith, A. *The Stone Age of Mount Carmel (volume II).* Oxford (The Clarendon Press) 1939.

Homo sapiens, Cro-Magnon 1

Lartet, E.; Christy, H. In: Jones, T. R. (Hrsg.) *Reliquiae aquitanicae.* London (Williams and Norgate) 1868.

Stringer, C. B.; Hublin, J.-J.; Vandermeersch, B. In: Smith, F. H.; Spencer, F. (Hrsg.) *The Origin of Modern Humans: A World Survey of the Fossil Evidence.* New York (Alan R. Liss) 1984.

Homo sapiens, Kow Swamp 1

Kennedy, G. E. *Are the Kow Swamp 1-hominids 'Archaic'?* In: *Am. J. Phys. Anthropol.* 65 (1984) S. 163-168.

Thorne, A. G.; Macumber, P. G. *Discoveries of Late Pleistocene Man at Kow Swamp, Australia.* In: *Nature* 238 (1972) S. 316-319.

Steinzeitliche Technik

Asfaw, B.; Beyene, Y.; Suwa, G.; Walter, R. C.; White, T. D.; Woldegabriel, G.; Yemane, T. *The earliest Acheulean from Konso-Gardula.* In: *Nature* 360 (1992) S. 732-734.

Gutin, J. *Do Kenya Tools Root Birth of Modern Thought in Africa?* In: *Science* 270 (1995) S. 1118-1119.

Hublin, J.-J.; Spoor, F.; Braun, M.; Zonneveld, F.; Condemi, S. *A late Neanderthal associated with Upper Palaeolithic artefacts.* In: *Nature* 381 (1996) S. 224-226.

*Schick, K. D.; Toth, N. *Making Silent Stones Speak – Human Evolution and the Dawn of Technology.* New York (Simon and Schuster) 1993.

Wymer, J. *The Paleolithic Age.* London (Croom Helm) 1982.

ALLGEMEINE LITERATUR

Aiello, L.; Dean, M. C. *An Introduction to Human Evolutionary Anatomy.* London (Academic Press) 1990.

Clochon, R.; Fleagle, J. G. (Hrsg.) *Primate Evolution and Human Origins.* New York (Aldine de Gruyter) 1987.

Ciochon, R.; Fleagle, J. G. (Hrsg.) *The Human Evolution Source Book.* Englewood Cliffs (Prentice Hall) 1993.

Day, M. H. *Guide to Fossil Man.* 4. Aufl. New York (Cassell) 1986.

Delson, E. (Hrsg.) *Ancestors: The Hard Evidence.* New York (Alan R. Liss) 1985.

*Johanson, D.; Edey, M. A. *Lucy. Die Anfänge der Menschheit.* München (Piper) 1992.

Johanson, D.; Johanson, L.; Edgar, B. *Ancestors: In Search of Human Origins.* New York (Villard Books) 1994.

Jones, S.; Martin, R.; Pilbeam, D. (Hrsg.) *The Cambridge Encyclopedia of Human Evolution.* New York (Cambridge University Press) 1992.

Klein, R. G. *The Human Career: Human Biological and Cultural Origins.* Chicago (The Universitv of Chicago Press) 1989.

Martin, R. D. *Primate Origins and Evolution.* Princeton (Princeton University Press) 1990.

Mayr, E. *The Growth of Biological Thought: Diversity, Evolution, and Inheritance.* Cambridge (Harvard University Press) 1982. [Deutsche Ausgabe: Mayr, E. *Die Entstehung der biologischen Gedankenwelt. Vielfalt, Evolution und Vererbung.* Berlin (Springer) 1984.]

Meikle, W. E.; Howell, F. C.; Jablonski, N. G. (Hrsg.) *Contemporary Issues in Human Evolution.* San Francisco (California Academy of Sciences) 1996.

Milner, R. *The Encyclopedia of Evolution: Humanity's Search for Its Origins. New* York (Henry Holt) 1993.

Reader, J. *Missing Links: The Hunt for Earliest Man.* London (Collins) 1981. [Deutsche Ausgabe: Reader, J. *Die Jagd nach den ersten Menschen: eine Geschichte der Paläoanthropologie von 1857-1980.* Basel (Birkhäuser) 1982.]

Rightmire, G. P. *The Evolution of Homo erectus: Comparative anatomical studies of an extinct human species.* Cambridge (Cambridge University Press) 1990.

Sherratt, A. (Hrsg.) *The Cambridge Encyclopedia of Archaeology.* New York (Crown Publishers) 1980.

Shreeve, J. *The Neandertal Enigma: Solving the Mystery of Modern Human Origins.* New York (William Morrow) 1995.

Stringer, C.; Gamble, C. *In Search of the Neanderthals.* London (Thames and Hudson) 1993.

Stringer, C.; McKie, R. *African Exodus: The Origins of Modern Humanity.* London (Cape) 1996. [Deutsche Ausgabe: Stringer, C.; McKie, R. *Afrika – Wiege der Menschheit. Die Entstehung, Entwicklung und Ausbreitung des Homo sapiens.* München (Limes) 1996.]

Tattersall, I. *The Last Neandertal: The Rise, Success, and Mysterious Extinction of Our Closest Human Relatives.* New York (Macmillan) 1995.

– *The Fossil Trail: How We Know What We Think We Know about Human Evolution.* New York (Oxford University Press) 1995. [Deutsche Ausgabe: Tattersall, I. *Puzzle Menschwerdung. Auf der Spur der menschlichen Evolution.* Heidelberg (Spektrum Akademischer Verlag) 1997.]

Tattersall, I.; Delson, E.; Van Couvering, J. (Hrsg.) *Encyclopedia of Human Evolution and Prehistory.* New York (Garland Publishing) 1988.

Tobias, P. V. (Hrsg.) *Hominid Evolution: Past, Present and Future.* New York (Alan R. Liss) 1985.

Trinkaus, E.; Shipman, P. *The Neandertals: Changing the Image of Mankind.* New York (Alfred A. Knopf) 1992. [Deutsche Ausgabe: Trinkaus, E.; Shipman, P. *Die Neandertaler: Spiegel der Menschheit.* München (Bertelsmann) 1993.]

Wood, B.; Martin, L.; Andrews, P. (Hrsg.) *Major Topics in Primate and Human Evolution.* Cambridge (Cambridge University Press) 1986.

INDEX